浙江省高职院校"十四五"重点立项建设教材

高聚物生产技术

陈艳君◎主编

GAOJUWU
SHENGCHAN
JISHU

化学工业出版社

·北京·

内容简介

《高聚物生产技术》是浙江省高职院校"十四五"重点立项建设教材。全书共12个模块：模块一介绍我们身边的高聚物以及高聚物科学发展史中的小故事和高聚物科学大师的故事；模块二介绍高聚物材料的基础知识；模块三至模块十一，介绍自由基聚合、自由基共聚合、离子型聚合、开环聚合、配位聚合、缩聚反应和逐步加聚反应、聚合反应的工业实施方法、高聚物的化学反应和高聚物的物理性能；模块十二介绍高聚物材料的安全性以及高聚物材料的专利保护等。

本书全面贯彻党的教育方针，落实立德树人根本任务，有机融入党的二十大精神，为培养高分子材料领域的高素质技术技能人才、赋能新质生产力的发展，提供坚实保障。各模块中的拓展阅读等内容，融入了高分子领域的前沿研究成果，让学生在学习专业知识的同时，树立正确的人生观和价值观，肩负起科技报国、科技强国的使命担当。

本书配备了教学大纲、教案、PPT课件和习题解答等辅助资料，可作为职业本科院校、高等职业院校、成人高校及本科院校化工技术类及其相关专业的教材，也可供相关生产技术人员和科技人员参考。

图书在版编目（CIP）数据

高聚物生产技术/陈艳君主编．--北京：化学工业出版社，2024.5. -- ISBN 978-7-122-45850-6

I.TQ316

中国国家版本馆CIP数据核字第20241Q4A07号

责任编辑：提　岩　熊明燕　　　　文字编辑：邢苗苗
责任校对：李雨函　　　　　　　　装帧设计：王晓宇

出版发行：化学工业出版社
　　　　　（北京市东城区青年湖南街13号　邮政编码100011）
印　　装：大厂聚鑫印刷有限责任公司
787mm×1092mm　1/16　印张20　字数443千字
2024年6月北京第1版第1次印刷

购书咨询：010-64518888　　　　　　售后服务：010-64518899
网　　址：http://www.cip.com.cn
凡购买本书，如有缺损质量问题，本社销售中心负责调换。

定　　价：58.00元　　　　　　　　　　版权所有　违者必究

更高素质的劳动者是新质生产力的第一要素。党的二十大报告提出"加快建设国家战略人才力量，努力培养造就更多大师、战略科学家、一流科技领军人才和创新团队、青年科技人才、卓越工程师、大国工匠、高技能人才"。高等职业教育的目标就是培养高素质技术技能人才、能工巧匠和大国工匠，为新质生产力提供强有力的"新质人才"支撑。以适应经济社会发展需求为导向，我们根据专业人才培养方案和人才培养目标，组建了一支由高校教师和行业专家组成的产教融合、校企合作的"双元"教材开发团队，编写了这本《高聚物生产技术》教材。

更高科技含量的劳动资料是新质生产力的动力源泉。作为浙江省高职院校"十四五"重点立项建设教材，本书在内容上从高聚物材料入手，激发学生学习热情，培养学生的专业兴趣。全书分模块讲解了高聚物的合成反应、聚合反应的工业实施方法、高聚物的化学反应和高聚物的物理性能，让学习者能获得高聚物的基本知识和各类鲜活的应用实例。同时挖掘社会关注的高聚物热点问题，在绪论和高聚物杂谈中，介绍了高聚物发展史、高聚物材料的安全性以及高聚物的专利保护案例，开阔学习者的视野，使其既了解专业原理，又能融会贯通，运用已有知识、能力去解决"未知"的问题，实现知识的迁移，培养后续学习能力，提高分析问题、解决生产实践问题的能力，更好地促进高分子材料科学的发展，赋能新材料等战略新兴产业，加快形成新质生产力，增强发展新动能。

本教材的主要特色如下：

（1）思政引领、双元育人

联合行业龙头企业，组建高水平"双师"团队，实施"三位一体"的思政融入教材建设模式：开设拓展阅读专栏，点燃课程学习热情；融思政专业于一体，激发专业学习活力；设德育渗透居一位，增强化工使命担当。

（2）产教同频、虚实双学

将高聚物材料领域的国内外科学研究成果以及企业生产和创新项目研究成果融入教材，实现校企优势互补、产教良性互动。扫描书中二维码即可观看讲解视频、动画等数字化资源，线上线下虚实结合，助力突破教学难点，满足学生的个性化学习需求。

（3）三融三化、知行合一

课赛融合-竞赛项目教学化、课岗融合-教学过程岗位化、课证融合-能力培养职业化，融职业素养、职业规范、技能技术要素于教学内容，知识向生产转化，技能向工匠转化，激发学生科技报国的家国情怀，培养学生知行合一的实践能力，实现职业教育精准育人。

（4）知其所来、明其将往

在新授知识点之前设置"知识链接"，在知识点之后设置"知识拓展"，开拓学习者的视野，让学生了解理论知识的"前因后果"，将高聚物的理论知识拓展至日常生活的衣食住行，让学生既掌握了原理，又能将其应用到实际的生产和生活中。

（5）双色印刷、突出重点

本教材的主要标题、公式等内容采用了双色印刷，使其更加醒目，便于学生重点学习和理解。对部分重难点内容增加了特别提示字样，并采用了双色印刷，提醒学生要重点学习和掌握。

本教材共 12 个模块，教材编写人员均从事高聚物领域的科学研究或者生产工艺研究。模块一、模块七、模块八、模块十、模块十二由宁波职业技术学院陈艳君编写；模块二、模块六由兰州石化职业技术大学张海亮编写；模块三由宁波职业技术学院简钰坤编写；模块四、模块九由宁波职业技术学院乐梦颖编写；模块五由宁波职业技术学院李威威编写；模块十一由宁波职业技术学院姚鹏军编写；中国石化（北京）化工研究院有限公司高级专家高榕为本书提供了部分生产案例。全书由陈艳君担任主编并进行统稿，北京化工大学张树教授主审。

由于编者水平所限，书中不足之处在所难免，敬请广大读者批评指正。

编者
2024年2月

CONTENTS

模块九　聚合反应的工业实施方法   209

模块十　高聚物的化学反应   238

模块十一　高聚物的物理性能　　265

模块十二　高聚物杂谈　　295

二维码资源目录

模块一
绪　论

知识导读

高聚物，又称为高分子、大分子。在人们的生活中，高聚物材料无处不在。比如，棉、麻、丝、木材、淀粉等都是天然高分子化合物，从某种意义上说，甚至连人体自身也是一个复杂的高聚物体系。高聚物材料在国民经济、日常生活和科学技术领域中起着非常重要甚至不可替代的作用。

学习目标

知识目标

1. 了解高聚物材料在人类的生活中各个方面的应用。
2. 了解高分子科学和高分子材料的发展过程与展望。

能力目标

1. 能够识别塑料制品的分类及其用途。
2. 能够识别塑料制品的材质，了解其使用用途。

素质目标

1. 形成科学的价值观、社会责任感和职业道德。
2. 坚定"四个自信"，具有专业使命感。

单元一　我们身边的高聚物

材料是人类生产和生活的物质基础，与能源及信息技术并列称为现代科学技术发展的三大支柱。按照化学成分分类，材料可分为金属材料、无机非金属材料、有机高分子材料和复合材料四大类。高分子合成材料是 20 世纪用化学方法制造的一种新型材料，它具有不同于小分子化合物的独特的物理、化学和力学性能，在短短的几十年内，高分子材料迅速发展，已经与有几百上千年历史的传统材料并驾齐驱。高分子材料的合成原料来自石油、天然气和煤，其资源比金属矿藏丰富得多。目前，在相当程度上已经取代了钢材、水泥、木材和陶瓷等材料。高分子材料具有许多优良性能，是当今世界发展最迅速的产业之一。已经广泛应用到电子信息、生物医药、航天航空、汽车工业、包装、建筑等各个领域。

高分子材料在人类的现代生活的衣、食、住、行、用等各个方面的应用更是不胜枚举，即使我们足不出户，从客厅到厨房，几乎到处都有高分子材料，日常使用的脸盆、保鲜膜由聚乙烯制成；塑料袋、下水管道主要由聚氯乙烯制造；水杯的主要材质是聚碳酸酯；工程塑料主要材质是聚丙烯腈；轮胎主要材质是丁苯橡胶；轮胎内胆则主要由丁基橡胶制成；黏合剂的主要成分是环氧树脂和聚丙烯酸酯类；衣服主要由尼龙、腈纶、涤纶制成，它们的主要成分分别是聚酰胺、聚丙烯腈和聚酯。甚至说，所有的生命体都可以看作是高分子的集合。

按照使用用途，高聚物可分为塑料、橡胶、纤维、涂料、黏合剂、离子交换树脂及功能高分子等。

一、生活中的塑料

塑料是指，在一定温度和压力下具有流动性，可塑化加工成型，而产品最后能在常温下保持形状不变的一类高分子材料。通常，按照塑料的受热行为和是否具备反复成型加工性，将塑料分为热塑性塑料与热固性塑料两种。热塑性塑料，在一定条件下可以反复加工成型，对塑料制品的再生很有意义，占塑料总产量的 70% 以上，如聚乙烯、聚丙烯、聚氯乙烯等；热固性塑料在一定温度与压力下加工成型时，由于加热产生新的化学键而固化，不可以反复加工，如酚醛树脂、脲醛树脂、环氧树脂等。

塑料制品上会印有一个箭头组成的三角形标志（如图 1-1 所示），相当于塑料制品的"身份证"，是国际通用的可回收标志，代表塑料制品本身是可以回收再利用的。三角形标志内的数字代表着材质，根据数字可以判断是哪种塑料。有时在三角形标志的下方直接标注塑料品种的英文缩写。不过，塑料制品上印有这个标志表明这是环保塑料制品，但并不意味着它是可降解的，这是两个不同的概念。

图1-1　塑料的分类及标识

1 号塑料，PET，中文名称聚对苯二甲酸乙二醇酯。一般的矿泉水、碳酸饮料和功能饮料瓶都是用这一材质做的，耐热至 65℃，耐冷至 −20℃，由于其在长时间高温下容易变形，可能会有一些对人体有害的物质微量析出，因此在高温天气时不要把这类瓶子放在露天或车里暴晒，也不要直接把开水倒进瓶里。

2 号塑料，HDPE，中文名称高密度聚乙烯。这种材质的容器多半不透明，手感似蜡，比较耐高温，但不易清洗，容易滋生细菌。广泛用于制作盛装清洁剂、洗发精、沐浴乳、食用油、农药等的容器。

3 号塑料，PVC，中文名称聚氯乙烯。多用以制造水管、雨衣、书包、建材、塑料膜、塑料盒等器物。但是其中的增塑剂含有有害物，遇到高温和油脂时容易析出，我国比较少将这类材质用于食品包装塑料制品，如果有发现用这种材质包装售卖的食品，最好不要购买。

4 号塑料，LDPE，中文名称低密度聚乙烯。随处可见的塑料袋多以 LDPE 制造。其耐热性不强，合格的保鲜膜在温度超过 110℃时会出现热熔现象，用保鲜膜包裹食物加热，食物中的油脂很容易将保鲜膜中的有害物质溶解出来，因此不建议将其和食品一起加热。

5 号塑料，PP，中文名称聚丙烯。多用于制造水桶、垃圾桶、箩筐、篮子和微波炉用食物容器等。透明度差，耐 130℃高温，可放置于微波炉中加热。

6 号塑料，PS，中文名称聚苯乙烯。由于吸水性低，除了用于制造建材、玩具、文具、滚轮，还用于制造碗状泡面盒、发泡快餐盒，耐热抗寒，但不能放进微波炉中，建议尽量避免用快餐盒打包滚烫的食物。

7 号塑料，其他类，通常是聚碳酸酯类，强度高，透明性好，用于制造家电外壳、光盘、飞机汽车玻璃、透镜、太空杯、奶瓶等，也尽量不要用来盛装开水。

塑料的科学使用

二、生活中的橡胶

橡胶是一种在外力作用下能发生较大的形变，当外力解除后又能迅速恢复其原来形状的高分子弹性体。橡胶具有独特的高弹性，还具有良好的耐疲劳强度、电绝缘性、耐化学腐蚀性以及耐磨性等，是国民经济中不可缺少和难以替代的重要材料。常见的有天然橡胶、丁苯橡胶、顺丁橡胶、异戊橡胶、氯丁橡胶、丁基橡胶等。

橡胶最重要的应用是轮胎，大约占其总应用的 60%。除了汽车轮胎，其实在日常生活中人们到处都看得到橡胶的身影，如鼠标垫、气球、胶布雨衣、医用手套和橡皮筏等，以及大量垫圈等工业零件。口香糖应当是我们最亲密接触过的橡胶。橡胶是口香糖的基料，口香糖除了少量甜味剂和香精外基本上都是橡胶。

橡胶的应用

三、生活中的纤维

纤维分为天然纤维和化学纤维两大类。天然纤维直接从自然界得到，如棉花、羊毛、蚕丝等；化学纤维包括人造纤维和合成纤维两类。合成纤维是指把小分子化合物聚合成线型高分子，再经过纺丝和后处理加工制得的纺织纤维，如涤纶、尼龙等。而人造纤维是利用天然高分子为原料，经化学加工制得的纤维，如黏胶纤维、乙酸纤维等。几乎所有的合成纤维的原料都可以做成塑料，但两者的分子量要求不同，例如聚对苯二甲酸乙二醇酯是涤纶的原料，它可以做成可乐瓶；但反过来不一定成立，因为高聚物要有成纤性（可纺性）才能纺丝。

成纤高聚物需满足以下基本条件：

① 线型分子，而不能是支化高分子。线型大分子能较好取向，能沿纤维纵轴方向拉伸而有序排列，从而具有较高的拉伸强度和伸长率。

② 适宜的分子量。线型高聚物分子链的长度对纤维的物理 - 力学性能影响很大，尤其是对纤维的机械强度、耐热性和溶解性的影响更为显著。分子量太小影响性能；分子量太大不易加工，而造成纺丝困难。常见的主要成纤高聚物的分子量如表 1-1 所示。

表1-1　主要成纤高聚物的分子量

高聚物	分子量	高聚物	分子量
聚酰胺 -6 或 66	16000～22000	聚乙烯醇	60000～80000
聚酯	16000～20000	全同聚丙烯	180000～300000
聚丙烯腈	50000～80000		

③ 超分子结构具有取向并部分结晶。高聚物的物理 - 力学性能与次价力有密切关系。当次价力大于 20.92kJ/mol 时纤维才具有足够的强度。往往分子中有氢键或极性较大的基团，才有足够的分子间作用力。

④ 有可溶性或熔融性。溶解成溶液或熔融成熔体，高聚物才能再经纺丝、凝固或冷却而形成纤维，否则就不能进行纺丝。

实质上，塑料、橡胶和纤维这三类聚合物有时很难严格区分。例如聚丙烯既可制成塑料制品，也可制成丙纶纤维；聚酯、聚酰胺既可以做工程塑料又可做纤维等。

四、生活中的涂料

涂料是指能均匀涂覆于物体表面并形成连续性涂膜，从而对物体起到装饰、保护或使物体具有某种特殊功能的材料。

环顾四周，涂料无处不在。室内的墙壁、冰箱、家具到处都有涂料的踪迹，室外的大楼、汽车、广告牌等也都被涂料装饰。甚至平时喝的啤酒和饮料的罐头，里里外外都有涂料的保护和装饰。涂料丰富多彩，在人们的生活中扮演了极其重要的角色。

涂料的使用已有相当悠久的历史。从浙江河姆渡出土的文物表明，早在约 7000 年前，我国劳动人民就开始用颜料涂饰陶器。约在公元前 14 世纪，在奴隶社会的商代，手工业者已经能制作出相当精美的漆器，秦始皇兵马俑个个都披着彩色的战袍。到了西汉，漆器工艺已达到了相当水平，马王堆出土的汉代文物中就有非常精美的脱胎漆器。两汉以后，开始人工培植漆树，造漆技术已基本完善。特别是明代的油漆技术，在世界文化史上享有很高的声誉。

乳胶漆也称乳胶涂料，属于水性涂料的一种，是用途广泛的建筑涂料品种，主要用于内墙涂料。20 世纪 60 年代以前，人们粉刷房屋所用的涂料还主要是石灰水，

涂料的使用历史

这种无机涂料的附着性很差，目前已经完全被乳胶漆所取代。乳胶漆是以合成聚合物乳液为基料，将颜料、填料、助剂分散于其中而形成的水分散系统。早期的乳胶涂料以丁苯胶乳作为成膜物，因此此类涂料被称为乳胶漆，但随着涂料工业的发展，成膜物质逐渐被其他聚合物乳液所替代，所以该类涂料又称为乳液涂料。

乳胶漆的分散介质是水，具有以下优点：①安全无毒，绿色环保，不易燃，避免了火灾的危险；②保光保色性好，可以根据需要制成平光、半光（亦称蛋壳光）或有光涂料；③施工方便，可以采用刷涂、辊涂或喷涂等方法，施工工具可以用水清洗；④涂膜干燥快，性能好，成本低。但是，乳胶漆的漆膜硬度和耐磨性都比溶剂型树脂漆差，目前主要用于建筑涂料，还不能用于家具的涂饰。

绿色环保的
乳胶漆

五、生活中的黏合剂

凡能把同种的或不同种的固体材料表面连接在一起的媒介物质统称为黏合剂，又称胶黏剂。可以将其看成是与涂料一样的聚合物薄膜，只不过这张薄膜的两面都连有被涂物体，而且薄膜与被涂物结合得很牢固，所以两个被涂物便以此薄膜为媒介而粘连成为一体。

黏合剂的品种很多，组成不一。常用的糨糊就是最简单的一种，它是将淀粉和水均匀混合后，加热使淀粉熟化，然后加入防腐剂制成的。

黏合剂通常可分为天然高分子黏合剂，无机黏合剂和合成黏合剂。

各类黏合剂
的特点

1. 天然高分子黏合剂

天然高分子黏合剂是人类最早应用的黏合剂。如糯米、石灰和黄沙用于古长城的建筑，天然树脂用于古埃及木乃伊的密封防腐等。此外，骨胶、鱼胶、生漆、糨糊等都是人们在日常生活中常用的天然高分子黏合剂。

天然高分子黏合剂使用方便、粘接迅速、储存时间长、价格便宜，且大多无毒或低毒。但它也有不少缺点，如来源受自然条件的影响和限制，质量容易波动，黏结力低，品种单一，不能大量发展等，近半个世纪以来大部分逐渐被合成黏合剂所取代。但由于石油资源的短缺，开发和利用再生资源来制作黏合剂又重新被人们所重视。

2. 无机黏合剂

无机黏合剂具有不燃烧、耐高温、耐久性好的特点，而且原料来源丰富，不污染环境，施工方便，是一类大量使用且有发展前途的黏合剂。特别是它的耐高温性好，是有机黏合剂无法取代的。

无机黏合剂按化学组成可分为硅酸盐（如水玻璃、水泥）、磷酸盐和氧化物（氧化铜无机黏合剂）等。无机黏合剂适用于金属、玻璃、陶瓷、氧化铝、石料等的粘接。一些在高温条件下运行的设备，如电灯泡、电热设备、炼油设备、发动机以及航空、航天设备等只能采用无机黏合剂来粘接。

3. 合成黏合剂

合成黏合剂品种繁多，现已成为黏合剂的主要品种，主要包括溶剂型黏合剂、

合成黏合剂
的分类

热固性高分子黏合剂、橡胶黏合剂、压敏黏合剂、热熔胶黏合剂和特种黏合剂。

（1）溶剂型黏合剂　是将线型聚合物溶解在溶剂中或制成乳液。使用时只需把黏合剂涂在被粘物的表面，溶剂适当挥发后把它们粘在一起，溶剂完全挥发后即可粘牢。

市场上以商品出售的"白胶"是一种聚乙酸乙烯酯乳液，也可以看成是一种用水作溶剂的胶水。不过聚合物不是直接溶解在水中的，它是通过乳化剂的作用，生成非常微细的乳胶粒子分散在水中的。这种胶水是通过乳液聚合的方法制备的，广泛用于家庭装潢和木材的粘接中。

（2）热固性高分子黏合剂　热固性高分子黏合剂通常是由分子量不大的线型聚合物（预聚体）为黏体与固化剂配制而成。聚合物分子结构中含有反应活性基团，在加热或在催化剂作用下固化成为不溶不熔的物质。这类黏合剂的黏结强度高、耐热性好，因此又称为结构型黏合剂。不过这类黏合剂的起始黏结力小，固化时间较长，而且需加热加压，固化时还容易产生体积收缩和内应力，使胶接强度下降，所以常常需加入填料来弥补这些缺陷。

这类黏合剂有单组分和双组分之分。单组分黏合剂需要在高温下交联，双组分黏合剂分别由胶液同固化剂配制而成。使用时将两个组分按比例混合均匀，然后加以固定，在室温或高温下进行固化。

（3）橡胶黏合剂　橡胶黏合剂是一类以氯丁、丁腈等合成橡胶或天然橡胶为主配制成的黏合剂。具有优良的弹性，适于粘接柔软的或热膨胀系数相差悬殊的材料，如橡胶与橡胶、橡胶与金属，以及塑料、织物、皮革等，在建筑、轻工、橡胶制品加工等部门中有着广泛的应用。世界橡胶总耗量的 5% 以上是用于黏合剂。

如果把橡胶黏合剂同树脂类黏合剂混合（一般为 50%～80%）可得到黏结强度很好的结构型黏合剂，如橡胶-酚醛黏合剂、橡胶-环氧黏合剂等。

室温硫化硅橡胶

还有一种在建筑上大量使用的黏合剂是室温硫化硅橡胶，它的主要成分也是聚二甲基硅氧烷。这种黏合剂主要用于交通工具和房屋建筑的密封。室内装饰中塑料门窗的密封和浴缸四周的防水密封等都大量使用这种硅橡胶密封胶。这种单组分的有机硅黏合剂在空气中能够吸收空气中的湿气固化，使用十分方便。平时装在一个塑料圆筒中，施工时采用专门的硅胶枪将密封胶压出来，直接以线条状涂嵌在需要密封的地方。

（4）压敏黏合剂　压敏黏合剂是一类无需借助于溶剂或热、只需施加轻度指压，即能与被粘物黏合牢固的黏合剂。它主要用于制造包装封口用的封箱带（胶带），作为商品运输过程中使用的压敏标签、文具用的压敏胶带、包装用压敏商标等。比如日常生活中常用的双面胶带、便利贴等。压敏黏合剂使用方便，撕下后一般不影响被粘物表面状态，用途十分广泛。

热熔胶特点

（5）热熔胶黏合剂　热熔胶黏合剂是一种以热塑性聚合物为基体的多组分混合物，在室温下呈固态，加到一定温度后，会熔融成液态。将其涂布在被粘物表面，压合、冷却后，就能完成粘接。同其他胶黏剂相比，热熔胶有如下一些特点。

① 固化速度快（只需几秒），因此效率高、使用方便、适于自动化和连续化作业。

② 无溶剂、无毒害、能反复使用，是一种绿色胶黏剂。

③ 黏结力大，能用于多种材料的粘接，包括如聚乙烯、聚丙烯类较难粘接的

材料。

④ 性能稳定，耐水，耐酸，耐溶剂，电性能好。

热熔胶的主要缺点是耐热性差，一般不高于 100℃，不能在较高的温度下使用。另外热熔胶往往需要有专用的设备，被粘的物体最好先预热，因此，工艺较复杂。

热熔胶的配方很简单，它是由聚合物基料同一些改性剂如增黏剂、抗氧剂、增塑剂等配制而成的。聚乙烯 - 乙酸乙烯酯的共聚物（EVA）、聚酰胺、聚酯和聚氨酯树脂都能作为热熔胶的基体树脂。其中 EVA 热熔胶用途最为广泛。

热熔胶黏合剂广泛应用于书籍装订、服装加工、包装、胶合板、木工等工业领域，用它粘接的书籍不易霉变。

现在，热熔枪和热熔胶条在大型超市中已有成品出售，成为居室装潢常用的工具之一。

（6）特种黏合剂 以常用的 501 胶和 502 胶为例介绍特种黏合剂之一的瞬间黏合剂。501 胶和 502 胶实际上是由 α- 氰基丙烯酸甲酯的单体配制而成的，其结构为：

$$\begin{array}{c} CN \\ | \\ -CH_2-C-]_n \\ | \\ C=O \\ | \\ OCH_3 \end{array}$$

平时这种黏合剂需密封保存在聚乙烯的容器中，且溶液中加入少量二氧化硫（SO_2）作为阻聚剂，以防止单体在保存时聚合。使用时，阻聚剂在室温下迅速挥发，单体就会在瞬间聚合，达到粘接的目的。这种黏合剂无溶剂，不需要外加催化剂，也不需要加热，黏结速度快、强度高，应用广泛。但其物理性能比较脆，只适于硬质材料的粘接，因此，主要适用于需要快速应急修补或固定的情况。例如在煤气管发生漏气需要临时抢修时，在无法关闭总阀进行焊接或更换的情况下，可以先用 502 胶掺在水泥中进行修补，以堵住漏气，然后再用环氧树脂与玻璃布加固。

瞬间黏合剂对皮肤有很强的黏合能力，基本无毒，在临床上已经得到应用。如国产的 504 瞬间胶可作为黏合人体伤口的医用胶，其主要成分是聚 α- 氰基丙烯酸丁酯。

黏合剂在我们的生活中并不少见，甚至可以说在我们的周围无所不在。随着经济和科学的发展，黏合剂需求量愈来愈大，并已进入了工业、农业、交通、医学、国防和人民日常生活各个领域，在国民经济中发挥愈来愈大的作用。黏合剂工业现已发展为一个独立的工业部门。

瞬间黏合剂的贮存和使用

单元二 高聚物科学的发展简史

一、理论研究发展史

1953 年施陶丁格（Hermann Staudinger）获诺贝尔化学奖，主要贡献是创建了高分子学说。

早在 1861 年，胶体化学奠基人、英国化学家格雷姆（Thomas Graham）提出了高分子是胶体的理论，并得到了许多化学家的支持。在当时只有德国有机化学家施陶丁格不同意这个观点，1920 年，他发表了《论聚合》的论文，从甲醛和丙二烯的聚合反应出发，认为聚合是分子靠正常的化学键结合起来的。这篇论文一经发表，立刻引起了一场激烈而又严肃的学术争论。

1922 年，施陶丁格进一步提出了高分子是由长链大分子构成的观点，动摇了传统的胶体理论的基础。胶体论者坚持认为，天然橡胶是通过部分价键缔合起来的，这种缔合归结于异戊二烯的不饱和状态。他们自信地预言：橡胶加氢将会破坏这种缔合，得到的产物将是一种低沸点的小分子烷烃。针对这一点，施陶丁格研究了天然橡胶的加氢过程，结果得到的是加氢橡胶而不是小分子烷烃，而且两者性质几乎没有什么区别，增强了天然橡胶是由长链大分子构成的结论。随后他又将研究成果推广到多聚甲醛和聚苯乙烯，指出它们的结构同样是由共价键结合形成的长链大分子。

在当时，关于高分子的争论其实主要集中在两个问题上。一是分子量的测定，在这一问题上施陶丁格认为测定高分子溶液的黏度就可以换算出其分子量，并且通过反复研究，建立了黏度与分子量的定量关系式，也就是著名的施陶丁格方程。另一个问题是高分子结构中晶胞与其分子的关系。双方都使用 X 射线衍射法来观测纤维素，都发现单体（小分子）与晶胞大小很接近。对此双方的看法截然不同。胶体论者认为一个晶胞就是一个分子，晶胞通过晶格力相互缔合，形成高分子。施陶丁格认为晶胞大小与高分子本身大小无关，一个高分子可以穿过许多晶胞。对同一实验事实有不同解释，可见正确的解释与正确的实验同样是重要的。

正当双方观点争执不下时，最终在 1926 年由瑞典化学家斯韦德贝里（Theodor Svedberg）用超高速离心机成功地测量了血红蛋白的平衡沉降，由此证明了高分子的分子量的确是从几万到几百万。事实上，参加这场论战的科学家都是严肃认真和热烈友好的，他们为了追求科学的真理，都投入了严密的实验研究，都尊重客观的实验事实。当许多实验逐渐证明施陶丁格的理论更符合事实时，支持施陶丁格的队伍也随之壮大，到 1926 年的德国化学会上除一人持保留态度外，大分子的概念已得到与会者的公认。

在大分子理论被接受的过程中，最使人感动的是原先大分子理论的两位主要反对者，晶胞学说的权威马克和迈那在 1928 年公开地承认了自己的错误，同时高度评价了施陶丁格的出色工作和坚韧不拔的精神，并且还具体地帮助施陶丁格完善和发展了大分子理论。这就是真正的科学精神。

1932 年，施陶丁格总结了自己的大分子理论，出版了《有机高分子化合物——橡胶和纤维素》，成为了高分子科学诞生的标志。

20 世纪 20 年代末，卡罗瑟斯（Carothers）完善了大分子的长链理论，对缩聚反应及理论进行了系统的研究，提出了一些新的合成高分子化合物的方法。他本人于 1935 年合成了聚酰胺 -66。并于 1938 年投产。不久，以烯类单体的自由基聚合制备的产品也相继投产，如聚氯乙烯、聚甲基丙烯酸甲酯、聚苯乙烯等。从此，合成高分子突破了经典有机化学的范畴，奠定了高分子化学学科发展的基础。

40 年代末，著名的高分子科学家弗洛里（Flory）创建了高分子溶液理论和分子

施陶丁格高分子学说的提出

高分子科学的创始人施陶丁格的故事

聚乙烯和聚四氟乙烯的发现

量的测定方法。该方法成为当时高分子表征的主要手段，对促进高分子科学的发展作出了重大的贡献。他也因此于 1974 年获得诺贝尔奖。

尼龙的传奇

二、高聚物材料发现和使用发展史

人类从远古时期就已开始使用如皮毛、天然橡胶、棉花、纤维素、蚕丝等天然高分子材料。11 世纪，南美印第安人将天然橡胶树汁涂覆在脚上，依赖空气中的氧连接天然橡胶树汁中的长链分子使其变硬，制成了早期的"靴子"。但是，人类开始制备高分子材料的历史却只有 100 年左右。

通过化学反应对天然产物进行改性，使人类从原始利用进入有目的改造天然产物而得到的高聚物材料，称为人造高聚物材料。19 世纪中叶，制备出第一个人造高分子产品——硝酸纤维素。但是硝酸纤维素难于加工成型，因此人们又在其中加入樟脑，使其易于加工成型，做成了称为"赛璐珞"的塑料材料。"赛璐珞"的应用极为普遍，可用来制作台球、乒乓球、梳子、假牙、电影胶片、照相底片等。还可用纺丝制造人造织物。1839 年，美国 Goodyear 发现用硫原子取代空气中的氧使天然橡胶树汁变硬的方法，把橡胶与硫黄一起加热可以消除上述变硬发黏的缺点，并可以大大增加橡胶的弹性和强度，使天然橡胶成为一种高聚物材料，有力地推动了橡胶工业的发展，因为硫化胶的性能比生胶优异得多，从而开辟了橡胶制品广泛应用的前景。同时，橡胶的加工方法也在逐渐完善，形成了塑炼、混炼、压延、压出、成型这一完整的加工过程，使得橡胶工业蓬勃兴起。

从小分子化合物出发制备的第一个合成高分子是 1907 年投产的酚醛树脂。它由苯酚同甲醛反应聚合而成。由于找到了用木屑和纤维等填充的方法来改善树脂的脆性，这个被称作"电木"的树脂由于其优良的绝缘性，至今还在电气工业中大量地应用。另一个类似的材料——氨基树脂也在 1929 年投放市场。同一个时代的产品还有醇酸树脂等。酚醛树脂是人类历史上第一个完全靠化学合成方法生产出来的合成树脂。自此以后，合成并工业化生产的高分子材料种类迅速扩展。

20 世纪 50 年代，高分子化学最重大的事件莫过于金属有机络合引发体系 Ziegler-Natta 催化剂的发现。在 Ziegler-Natta 催化剂催化下，乙烯低压聚合制备高密度聚乙烯和丙烯定向聚合制备全同聚丙烯成为可能，由此把高分子工业带入了一个崭新的时代。1963 年其发明者齐格勒（Karl Ziegler，1903～1979 年）和纳塔（Giulio Natta，1898～1973 年）获诺贝尔化学奖。

在 20 世纪 60 年代后期，高分子合成工业发展日新月异，新的产物和新工艺层出不穷，合成了具有各种特性的塑料材料，如聚甲醛、聚氨酯、聚碳酸酯、聚砜、聚酰亚胺、聚醚醚酮、聚苯硫醚等；合成了特种涂料、黏合剂、液体橡胶、热塑性弹性体以及耐高温特种有机纤维，高分子合成的产品成为国民经济和日常生活中不可缺少的材料。高聚物科学的发展不仅促进了高分子材料自身的发展，也对其他学科的发展起了很大的推动作用。

随着科学技术的进步和经济的发展，耐高温、高强度、高模量、高抗冲击性、耐极端条件等高性能的高分子材料发展十分迅速，为电子、汽车、交通运输、航空航天工业提供了必需的新材料。

天然高分子
的发现

天然高分子
的改性

橡胶硫化方法
的发明

高分子的
人工合成

第一种人造聚
合物——酚醛
树脂

齐格勒、纳塔
与高分子合成
的重大突破

三、高聚物科学的展望

高分子材料的广泛应用促进了生产力的发展，生产力的发展又极大地推动了高分子科学的发展。近年来，人们对高分子材料的结构和性质的认识更加深入，新的聚合方法和新的加工技术及设备不断涌现。在新的理论的指导下，新技术被大量用于老品种的改造。通过共混、共聚和填充、复合等方法使高分子材料的品种更加多样，性能更加优秀。

目前，高分子材料正向功能化、智能化、精细化方向发展，使其由结构材料向具有光、电、声、磁、生物医学、仿生、催化、物质分离及能量转换等效应的功能材料方向扩展，分离材料、生物材料、智能材料、贮能材料、光导材料、纳米材料、电子信息材料等的发展都表明了这种发展趋势。与此同时，在高分子材料的生产加工中也引进了许多先进技术，如等离子体技术、激光技术、辐射技术等。而且结构与性能关系的研究也由宏观进入微观；从定性进入定量；由静态进入动态，正逐步实现在分子设计水平上合成并制备达到所期望功能的新型材料。

今后，高分子科学的发展主要体现在以下三个方面：

① 从传统的结构材料向具有光、电、声、磁、生物和分离等效应的功能材料延伸。

② 高分子结构材料向高强度、高韧性、耐高温、耐极端条件等高性能材料发展。

③ 高分子材料的结构和性能关系的研究从定性进入半定量或定量，并进行分子设计。

高分子科学将为人类社会发展继续作出贡献。

高分子科学的发展趋势

拓展阅读

人类文明史上黏合剂的使用

中国是人类文明史上使用黏合剂最早的国家之一。许多出土文物表明，5000年前我们祖先就会用黏土、淀粉和松香等天然产物做黏合剂。2000多年前的秦朝用糯米浆与石灰黄沙制成砂浆，黏合长城的基石，使万里长城成为中华民族伟大文明的象征之一。公元前200年东汉时期用糯米糨糊制成棺木密封胶，配以防腐剂，使马王堆古尸出土时肌肉及关节仍有弹性，足见当时胶接技术之高超。到了20世纪，黏合剂工业有了突飞猛进的发展。20世纪50年代后期我国建立起自己的合成黏合剂工业，目前我国生产环氧、酚醛、氨基树脂、聚氨酯、有机硅、橡胶和丙烯酸酯等各类合成黏合剂，品种已达1500余种。随着国民经济和科学技术的蓬勃发展，我国黏合剂工业一定会出现更加令人可喜的局面。

小 结

1. 按照使用用途，聚合物可分为塑料、橡胶、纤维、涂料、黏合剂。

2. 20世纪高分子科学从无到有、到系统形成。现在高分子材料已成为人类社会文明的标志之一，在整个材料工业占有重要的地位，对提高人类生活质量、创造社会财富，促进国民经济发展和科学进步做出巨大贡献。

简答题

1.列举平时使用的学习用具中哪些是用塑料制成的？是几号塑料？

2.作图比较下列聚合反应中分子量分布随时间的变化：①逐步聚合反应；②连锁聚合反应。

3.列举生活中高聚物材质的用品有哪些？

4.说一说高聚物材料给人们的生活带来了哪些改变和便利？

5.查阅资料，寻找高聚物材料发展历史中的重要成果。

6.试分析高分子材料的发展与经济社会发展的关系。

模块二
高聚物基础知识

知识导读

高聚物的应用极为广泛，遍及人们的衣、食、住、行、教育、医疗、文娱等方面。当今化学工业一半以上的产能是各种高聚物的生产，它们在日常生活、国民经济各部门和科学技术领域中起着不可替代的作用。那么，究竟什么是高聚物？高聚物有哪些不同的种类？它们是如何生成的，有什么独特的结构和性质？本模块将对以上问题逐一进行解答，使同学们对高聚物相关基础知识能有较为全面的掌握。

学习目标

知识目标
1. 掌握高聚物的基本概念、分类及命名方法。
2. 掌握聚合反应的类型及基本特点。
3. 掌握高分子链的结构与形态、构象与柔性。
4. 掌握高聚物聚集态中的晶态结构、非晶态结构、取向态结构。
5. 掌握高聚物的力学状态、特征温度和力学性能。
6. 了解高聚物的热、电、光、溶解、透气等性能。

能力目标
1. 能正确辨别高聚物不同于小分子物质的各种基本概念。
2. 能正确区分各种不同类型的高聚物及其合成反应。

素质目标
1. 培养运用科学理论指导工作实践的习惯。
2. 培养较好的专业思维能力和良好的职业习惯。

　　高分子在人们生活中是无处不在的。在人们周围，充满有生命的植物、动物，组成它们机体的纤维素和蛋白质，体腺，消化液，分泌物，植物的树胶，动物的皮毛指爪，以及大地岩石的主要成分如长石、云母、石英，矿物中的石棉、水晶、沸石等等都是天然的高分子。人们把对它们进行粗加工后的材料，如皮革、毛线、木材、棉绒、纸张等都称为高分子材料。各种人工合成的高分子也已经渗透到人们的日常生活中，各种各样的化学纤维、五光十色的塑料及其制品、性能各异的合成橡胶，以及多种多样的涂料、黏合剂，成了几乎不可或缺的东西。

单元一　高聚物的基本概念

一、高聚物的定义

　　高分子（高分子化合物的简称），是由成千上万个原子通过化学键连接而成的分子量足够大的化合物，分子结构整体呈链状。这里的"大"一般是大于 1 万，即分子量超过 1 万的分子称为高分子。与"高分子"对译的英文名词有两个，一个是"macromolecule"，直译是"大分子"；另一个是"high polymer"，直译为"高的聚合物、高级聚合物或高聚合的聚合物"，简称"高聚物"，突出了此类化合物的形成反应特点。

　　分子量低于约 1000 的称为小分子，介于高分子和小分子之间的称为低聚物。一般聚合物的分子量为 $10^4 \sim 10^6$，分子量大于这个范围的称为超高分子量聚合物。

高聚物的定义

高分子区别
于小分子的
特点

高聚物的特点

【实例】聚丙烯的分子式如下：　　　　　　　　　　　　　　简写为：

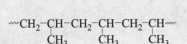

$$\sim CH_2-CH-CH_2-CH-CH_2-CH\sim \qquad \begin{array}{c}CH_3 \quad\quad CH_3 \quad\quad CH_3\end{array}$$

$$\left[\!\!\!\begin{array}{c}CH_2-CH\\ |\\ CH_3\end{array}\!\!\!\right]_{\!n}$$

二、高聚物的一些重要概念

1. 链和链节

　　合成的高聚物是由许多重复出现的单元以化学键形成原子集合接连而成的，线状的高分子长度与横截面之比为 $10^3 \sim 10^5$，类似于一条链子，形象地称为大分子链。这些重复出现的单元，形象地称为链节。

2. 主链和支链

　　构成大分子链骨架的主要链条称为主链。与主链相连接的次要分子链称为支链，有时叫侧链。最常见的是—C—C—C—链，即碳主链，如聚乙烯、聚氯乙烯、聚苯乙烯、聚丁二烯、聚异戊二烯等。也有非碳原子加入的，如杂入 O、S、N 等原子，这些主链称为碳杂链，例如聚醚、聚酯、聚酰胺等。也有主链原子全部非碳的，如含有—Si—O—Si—O—链的硅油、硅橡胶等。

高聚物的侧链是指与主链原子相连接的原子集合基团或较氢大的原子。如果侧链并不是很长的链条，也简称为侧基。例如主链碳原子上连接的氟，也叫侧基，另外还有氯、羟基、氨基、乙烯基、苯环、羧基、酯基、长链烃基等等。

3. 结构单元

结构单元是指组成高分子链的那些最简单的、重复出现的基本结构式。高聚物的分子尽管很大，原子成千上万，但其基本结构是比较简单的。

例如，聚丙烯 $+CH_2-CH+_n$，结构单元就是 $-CH_2-CH-$
$\qquad\qquad CH_3 \qquad\qquad\qquad CH_3$

通常把"结构单元"与形成高聚物的原料相联系。

例如，聚乙烯 $+CH_2-CH_2+_n$ 的结构单元是 $-CH_2-CH_2-$，不能认为是 $-CH_2-$，因为生成它的原料是 $H_2C=CH_2$。

单体和结构单元

有些高聚物由不止一种原料合成，就有两种以上的结构单元。如聚酰胺 -66：

$$+C-(CH_2)_4-C-NH-(CH_2)_6-NH+_n$$
$$\quad O \qquad\quad O$$

合成它的原料为己二酸和己二胺，因此其结构单元是：

$$-C-(CH_2)_4-C- \quad 和 \quad -NH-(CH_2)_6-NH-$$
$$\ O \qquad\qquad O$$

4. 重复单元

重复单元即是高分子的链节，是高分子中重复出现的那部分，高聚物的分子式常用 $+链节+_n$ 表示，n 表示重复单元的数目。

重复单元等同于结构单元的情况

如果高聚物是由同一种分子聚合而成的，其重复单元就是结构单元。如聚丙烯、聚氯乙烯、聚四氟乙烯等的情况就是如此：

高聚物	$+CH_2-CH+_n$	$+CH_2-CH+_n$	$+CF_2-CF_2+_n$
	$\quad CH_3$	$\quad Cl$	
结构单元	$-CH_2-CH-$	$-CH_2-CH-$	$-CF_2-CF_2-$
	$\quad CH_3$	$\quad Cl$	

如果由两种或两种以上的小分子物质聚合而成的高聚物，其重复单元有时很难确定，需要分情况加以讨论。一种情况是，高聚物是由两种或两种以上的物质通过化学官能团反应而成的，其重复单元就是由不同的结构单元组成。例如，上文中提到的聚酰胺 -66，它是由己二酸和己二胺通过羧基官能团和氨基官能团的反应而生成的聚合物，其重复单元是 $-CO(CH_2)_4CONH(CH_2)_6NH-$，结构单元则分别是 $-CO(CH_2)_4CO-$ 和 $-NH(CH_2)_6NH-$ 两种。

重复单元不同于结构单元的情况

另一种情况，如乙烯和丙烯以不同比例共同聚合而成的高聚物，它的结构单元分别是 $-CH_2-CH_2-$ 和 $-CH_2-CH-$，但是重复单元就不能说是 $-CH_2-CH_2-CH_2-CH-$，
$\qquad\qquad\qquad\qquad\qquad\qquad\qquad CH_3 \qquad\qquad\qquad\qquad\qquad\qquad\qquad CH_3$
高聚物也不能表达为 $+CH_2-CH_2-CH_2-CH+_n$，有时为了表达方便，可写成
$\qquad\qquad\qquad\qquad\qquad\qquad\qquad\qquad\qquad CH_3$

$$+CH_2-CH_2 \cdot_m + CH_2-CH \cdot_n \text{。}$$
$$\qquad\qquad\qquad\ CH_3$$

5. 单体

通常将生成高聚物的那些小分子原料称为单体，或者反过来说，在高聚物中形成结构单元的小分子物质叫单体。生成一种高聚物，可能就是一种单体，也可能不止一种单体。例如，生成聚四氟乙烯 $+CF_2-CF_2 \cdot_n$ 的单体是 $F_2C=CF_2$；生成聚酰胺 -66 的单体为己二酸 $HOOC(CH_2)_4COOH$ 和己二胺 $H_2N(CH_2)_6NH_2$。

单体的分类

单体按聚合反应中的情况可分为 4 类：

① 含有不饱和键的烃及其衍生物，如乙烯、丙烯、苯乙烯、丙烯酸等。

② 一些环状化合物，如己内酰胺、环氧乙烷、环内酯、环醚等。

③ 有两个或两个以上化学反应官能团的，如二醇、二胺、二酸、二异氰酸酯、三醇、二酸酐、环氧氯丙烷等。

④ 其他一些具有聚合能力的单体，如苯酚、二甲酚、甲醛、含硫双键小分子等。

6. 聚合度

聚合度是衡量高分子大小的一个指标，一般是平均值，为平均聚合度，简称聚合度，用 DP 表示。聚合度就是高分子链中结构单元的平均数目。

DP 与 n 的关系

需要注意的是，不要把上述高分子表达式中的重复单元平均数目 n 与这里的结构单元的平均数目 DP 混淆。有些情况下，DP 与 n 是相等的，有些情况下则不相等。例如：

$$+CH_2-CH \cdot_n \text{，} \quad +CH_2-CH \cdot_n \text{，} \quad +CF_2-CF_2 \cdot_n \text{，} \quad +C-(CH_2)_5-NH \cdot_n$$
$$\qquad CH_3 \qquad\qquad\qquad Cl \qquad\qquad\qquad\qquad\qquad\ O$$

上述单一单体的聚合物，$DP = n$。

但在两种以上单体合成的高聚物中，聚合度 DP 与重复单元数 n 之间的关系，显得比较复杂。例如聚酰胺 -66 和聚对苯二甲酸乙二醇酯：

$$+C-(CH_2)_4-C-NH-(CH_2)_6-NH \cdot_n \text{，} \quad +C-\text{⬡}-C-O-CH_2-CH_2-O \cdot_n$$
$$\ \ O \qquad\qquad O \qquad\qquad\qquad\qquad\qquad\quad O \qquad\quad O$$

$DP = 2n$。

再比如 ABS 树脂（丙烯腈、丁二烯和苯乙烯共同聚合而成）：

$$+CH_2-CH \cdot_x + CH_2-CH=CH-CH_2 \cdot_y + CH_2-CH \cdot_z$$
$$\qquad\ CN$$

$DP=x+y+z$。

聚合度

7. 分子量和分子量分布

如果用 M 表示某一高分子的分子量，在已知结构单元和聚合度 DP 的情况下，就可以用结构单元的"分子量"乘以聚合度得到该高分子的分子量：

$$M = DP \times M_0 \text{（} M_0 \text{是结构单元的分子量）}$$

高聚物的
多分散性

高聚物的
多分散性

但该式只能说明它们之间的关系，并没有实际意义，原因是组成高聚物的所有高分子的分子量并不相等，而且相差较大，即高聚物是分子量不等的同系聚合物的混合物，该特性称为高聚物分子量的多分散性。

为此，实际中描述高聚物的分子量都是某一范围（如表 2-1 所示），或者以组成高聚物的所有高分子分子量统计意义上的平均值进行表述。由于平均值的计算方法不同，就会得到不同的数值。重要的有以分子数目为基数的平均值，叫作"数均分子量"；以每个分子的相对质量为平均基数的计算值，叫作"重均分子量"；以高分子溶液黏度表示的分子量计算值，叫作"黏均分子量"。

表2-1   某些常见高聚物的分子量

塑料	分子量/万	橡胶	分子量/万	纤维	分子量/万
高密度聚乙烯	6～30	天然橡胶	20～40	聚对苯二甲酸乙二醇酯	1.8～2.3
聚氯乙烯	5～15	丁苯橡胶	16～20	聚酰胺 -66	1.2～1.8
聚苯乙烯	10～30	顺丁橡胶	25～30	聚乙烯醇缩甲醛	6～7.5
聚碳酸酯	2～6	氯丁橡胶	10～12	聚丙烯腈	5～8

【1】 数均分子量

$$\overline{M}_n = \frac{n_1 M_1 + n_2 M_2 + n_3 M_3 + \cdots}{n_1 + n_2 + n_3 + \cdots} = \frac{\sum n_i M_i}{\sum n_i} = \sum x_i M_i$$

式中 x_i——分子量为 M_i 组分的物质的量分数，$x_i = \frac{n_i}{\sum n_i}$；

M_i——i 组分的分子量。

【2】 重均分子量

$$\overline{M}_w = \frac{m_1 M_1 + m_2 M_2 + m_3 M_3 + \cdots}{m_1 + m_2 + m_3 + \cdots} = \frac{\sum m_i M_i}{\sum m_i} = \frac{\sum n_i M_i^2}{\sum n_i M_i} = \sum w_i M_i$$

式中 w_i——分子量为 M_i 组分的质量分数，$w_i = \frac{m_i}{\sum m_i}$。

数均分子量
和重均分子
量的定义及
应用

注意，对于多分散体系，$\overline{M}_w > \overline{M}_n$。几乎所有高聚物的分子尺寸大小都是不整齐的，多分散的。在实际运用中，常采用重均分子量与数均分子量的比值来表示高聚物分子量的分散程度，将其定义为高聚物分子量分散系数，一般用 HI 表示，即：

$$HI = \frac{\overline{M}_w}{\overline{M}_n}$$

当 $HI=1$ 时，表明体系是单分散的；当 $HI > 1$ 时，表明体系是多分散的。

分子量分布也常用于描述高聚物分子量的多分散性，通常做成图来表示。先按分子量大小分级，以分子量为横坐标，不同分子量等级所占的物质的量分数为纵坐标作图，称之为分子量分布曲线。如图 2-1 所示。

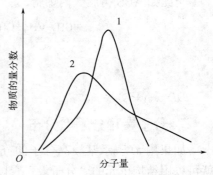

图2-1   分子量分布曲线

1—分子量分布较窄；2—分子量分布较宽

　　高聚物的分子量分布宽或窄，对材料的性能有何影响？如何测定高聚物的分子量？

单元二　高聚物的分类和命名

一、高聚物的分类

1. 根据来源分类

　　（1）天然高聚物　包括天然无机高聚物和天然有机高聚物。天然无机高聚物是在高温高压的地质条件下缓慢形成的，如天然石墨、金刚石、云母、长石、石棉、水晶等。天然有机高聚物是广泛存在于动植物体内的一系列物质，它们与生物体形态结构、生命功能等密切相关，在这些生物体内发挥着不可或缺的作用，并被人们所利用。来自于植物的天然高聚物有淀粉、纤维素、木质素、天然树脂、天然橡胶等；而来源于动物的天然高聚物有蛋白质、核酸等，由蛋白质所形成的天然材料有羊毛、蚕丝、毛发、皮肤、肌肉等等。

　　（2）合成高聚物　合成高聚物是用结构和分子量已知的小分子化合物为原料，经过一定的聚合反应人工合成的产物。合成高聚物都是以石油、天然气或者煤作为原料合成，种类非常丰富。其中，有被称为世界五大通用合成树脂的聚乙烯、聚丙烯、聚氯乙烯、聚苯乙烯和 ABS 树脂，还有像聚酯、聚氨酯、聚酰胺、聚醚等等广泛应用于生产生活的其他各类高聚物。

天然高聚物与合成高聚物的区别

　　目前，基于植物或者微生物得到原料，再进行聚合得到高分子引起了人们广泛的关注。例如，将植物通过光合作用得到的糖发酵便可得到乳酸，乳酸直接聚合，或者将两个乳酸分子形成的环状化合物丙交酯进行开环聚合，都可以得到聚乳酸，见图2-2。聚乳酸具有良好的生物可降解性，使用后能被自然界中微生物完全降解，最终生成二氧化碳和水，不污染环境，这对保护环境非常有利，是公认的环境友好型材料。

高聚物的分类——按来源

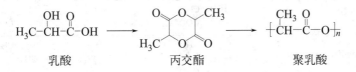

图2-2　聚乳酸的结构

　　你还知道哪些生物可降解性材料？

2. 根据性能和用途分类

根据高聚物制成材料的性能和用途，一般分为塑料、橡胶、纤维、涂料、黏合剂、离子交换树脂及功能高分子等。其中，塑料、橡胶和纤维统称为三大合成材料。具体介绍见模块一。

3. 根据高分子主链结构分类

高分子化合物通常以有机化合物为基础，根据主链结构，可分为碳链、杂链、元素有机高聚物和无机高聚物。

（1）**碳链高聚物** 主链完全由碳原子组成的高聚物。绝大部分的烯类和二烯类聚合物均属于此类，如聚乙烯、聚丙烯、聚氯乙烯、聚苯乙烯、聚甲基丙烯酸甲酯等。常见的碳链高聚物如表 2-2 所示。

（2）**杂链高聚物** 主链上除碳原子外，还含有氧、氮、硫等杂原子的高聚物，如聚甲醛、聚酯、聚酰胺、聚氨酯、聚碳酸酯、聚醚等。

（3）**元素有机高聚物** 主链中没有碳原子，而是由硅、铝、硼、氧、氮、硫、钛等原子组成，但侧链却由有机基团如甲基、乙烯基、芳基等组成的高聚物，如有机硅橡胶、聚钛氧烷、聚硅氧烷等。

常见的杂链高聚物和元素有机高聚物见表 2-3。

（4）**无机高聚物** 主链和侧链上均无碳原子的高聚物，如硅酸盐类等。

表2-2 常见的碳链高聚物

高聚物名称	结构式	单体
聚乙烯（PE）	$\text{+CH}_2\text{—CH}_2\text{+}_n$	$H_2C\text{=}CH_2$
聚丙烯（PP）	$\text{+CH}_2\text{—CH+}_n$ CH$_3$	$CH_2\text{=}CH$ CH$_3$
聚氯乙烯（PVC）	$\text{+CH}_2\text{—CH+}_n$ Cl	$CH_2\text{=}CH$ Cl
聚苯乙烯（PS）	$\text{+CH}_2\text{—CH+}_n$ ⬡	$CH_2\text{=}CH$ ⬡
聚四氟乙烯（PTFE）	$\text{+CF}_2\text{—CF}_2\text{+}_n$	$F_2C\text{=}CF_2$
聚乙酸乙烯酯（PVAc）	$\text{+CH}_2\text{—CH+}_n$ OCOCH$_3$	$CH_2\text{=}CH$ OCOCH$_3$
聚丙烯酸甲酯（PMA）	$\text{+CH}_2\text{—CH+}_n$ COOCH$_3$	$CH_2\text{=}CH$ COOCH$_3$
聚甲基丙烯酸甲酯（PMMA）	CH$_3$ $\text{+CH}_2\text{—C+}_n$ COOCH$_3$	CH$_3$ $CH_2\text{=}C$ COOCH$_3$
聚丙烯酸（PAA）	$\text{+CH}_2\text{—CH+}_n$ COOH	$CH_2\text{=}CH$ COOH
聚丙烯酰胺（PAM）	$\text{+CH}_2\text{—CH+}_n$ CONH$_2$	$CH_2\text{=}CH$ CONH$_2$
聚乙烯醇（PVA）	$\text{+CH}_2\text{—CH+}_n$ OH	$CH_2\text{=}CH$ (假想) OH

塑料、橡胶、纤维三大合成材料的特点

高聚物根据主链结构的分类

高聚物的分类——按主链结构

常见的碳链高聚物

续表

高聚物名称	结构式	单体
聚丙烯腈 （PAN）	$-\!\!-\!CH_2\!-\!CH\!-\!\!-_n$ $\quad\quad CN$	$CH_2\!=\!CH$ $\quad\quad CN$
聚丁二烯 （PB）	$-\!\!-\!CH_2\!-\!CH\!=\!CH\!-\!CH_2\!-\!\!-_n$	$CH_2\!=\!CH\!-\!CH\!=\!CH_2$
聚异戊二烯 （PIP）	$-\!\!-\!CH_2\!-\!CH\!=\!C\!-\!CH_2\!-\!\!-_n$ $\quad\quad\quad\quad CH_3$	$CH_2\!=\!CH\!-\!C\!=\!CH_2$ $\quad\quad\quad\quad CH_3$

表2-3　常见的杂链高聚物和元素有机高聚物

高聚物名称	结构式	单体
聚甲醛（POM）	$-\!\!-\!CH_2\!-\!O\!-\!\!-_n$	$CH_2\!=\!O$
聚酰胺-6，聚己内酰胺（PA-6）	$-\!\!-\!NH\!-\!(CH_2)_5\!-\!C\!-\!\!-_n$	己内酰胺
聚酰胺-66，聚己二酰己二胺（PA-66）	$-\!\!-\!C\!-\!(CH_2)_4\!-\!C\!-\!NH\!-\!(CH_2)_6\!-\!NH\!-\!\!-_n$	$HOOC(CH_2)_4COOH$ $H_2N(CH_2)_6NH_2$
聚对苯二甲酸乙二醇酯（PET）	结构式	$HOOC\!-\!C_6H_4\!-\!COOH$ $HO\!-\!CH_2\!-\!CH_2\!-\!OH$
聚碳酸酯（PC）	结构式	双酚A, $COCl_2$
聚氨酯（PU）	$-\!\!-\!O(CH_2)_2O\!-\!C\!-\!NH(CH_2)_6NH\!-\!C\!-\!\!-_n$	$HO\!-\!CH_2\!-\!CH_2\!-\!OH$ $O\!=\!C\!=\!N(CH_2)_6N\!=\!C\!=\!O$
环氧树脂（EP）	结构式	双酚A, $CH_2\!-\!CH\!-\!CH_2Cl$
酚醛树脂（PF）	结构式	苯酚, $H_2C\!=\!O$
脲醛树脂（UF）	$-\!\!-\!NH\!-\!C\!-\!NH\!-\!CH_2\!-\!\!-_n$	$NH_2\!-\!C\!-\!NH_2$, $H_2C\!=\!O$
不饱和聚酯（UP）	$-\!\!-\!O\!-\!CH_2CH_2\!-\!O\!-\!C\!-\!CH\!=\!CH\!-\!C\!-\!\!-_n$	$HO\!-\!CH_2\!-\!CH_2\!-\!OH$ $HC\!=\!CH$
聚苯醚（PPO）	结构式	2,6-二甲基苯酚
聚二甲基硅氧烷或硅橡胶（SI）	$-\!\!-\!O\!-\!Si\!-\!\!-_n$ CH_3	$HO\!-\!Si\!-\!Cl$ CH_3

4.根据高分子链的几何形状分类

？ 想一想

高分子链不同的几何形状，对其性能有何影响？

（1）**线型高聚物** 在分子链上没有分叉（即没有支链）的高聚物是线型高聚物。其特点是热塑性的，加热可以熔融而且在适当的溶剂中可以溶解，例如聚丙烯、聚酯等等。如图2-3（a）所示。

（2）**支链型高聚物** 支链型高聚物是线型长链上有分叉，即带有长短不等支链的高聚物。其特点与线型高分子相似，但热塑性和可溶性会随支化程度的不同而改变，例如 ABS 树脂等。如图2-3（b）所示。

聚乙烯既有线型结构的，也有支链型结构的。前者分子间隙小，分子排列紧密，因而密度较高，称为高密度聚乙烯；后者因为支化结构的存在，分子排列疏松，密度较低，称为低密度聚乙烯。

（3）**体型高聚物** 由许多线型高分子或支链型高分子在一定条件下交联成三维网状结构的高聚物，因此也被称为交联网状高聚物。其特点是在适当溶剂中可以溶胀而形成凝胶（gel），但不能溶解，受热可软化但不能熔化，强热则分解，不可反复熔化，如固化后的酚醛树脂、脲醛树脂、硫化橡胶等。如图2-3（c）所示。

HDPE 和
LDPE 的
区别

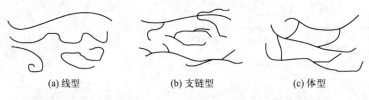

(a) 线型　　　　　　(b) 支链型　　　　　　(c) 体型

图2-3　线型高聚物、支链型高聚物和体型高聚物的分子链形状

（4）**其他类型的高聚物** 高分子链呈梯形的称为梯形高聚物。从一个中心发射出几根分子链的是星形高聚物。星形高聚物分出更多的分支，其分支的位置和数量受到严格控制的叫作树枝状高聚物，其分支的位置和数量不受控制的称为超支化高聚物。见图2-4。

高聚物的
链结构

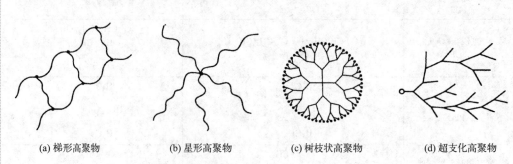

(a) 梯形高聚物　　　(b) 星形高聚物　　　(c) 树枝状高聚物　　　(d) 超支化高聚物

图2-4　梯形高聚物、星形高聚物、树枝状高聚物、超支化高聚物的分子链形状

5.根据组成分类

〔1〕均聚物 结构单元只有一种的高聚物称为均聚物。也就是说，均聚物由一种单体聚合而成。例如均聚的聚乙烯、聚丙烯等等。

〔2〕共聚物 结构单元有很多种的高聚物称为共聚物，即共聚物是由两种或两种以上单体共同聚合而成。通过多种单体的共聚，共聚物能够同时具备多个单一均聚物的优势性能，获得 1+1 ＞ 2 的效果。例如 ABS 树脂，它由丙烯腈、丁二烯、苯乙烯三种单体共聚而成。丙烯腈组分在 ABS 中表现的特性是耐热性、耐化学性、刚性、拉伸强度，丁二烯组分表现的特性是冲击强度，苯乙烯组分表现的特性是加工流动性、光泽性。这三个组分的结合，优势互补，使 ABS 树脂具有优良的综合性能：刚性好，冲击强度高，耐热、耐低温、耐化学药品性、机械强度和电气性能优良，易于加工，加工尺寸稳定性和表面光泽好，容易涂装、着色，还可以进行喷涂金属、电镀、焊接和粘接等二次加工。

如图 2-5 所示，两种不同的结构单元 M 和 N（空白球表示结构单元 M，阴影球表示结构单元 N），以…MNMNMNMNMNM…这种方式相互结合的叫作交替共聚物（alternating copolymer）；M 和 N 没有特定结合顺序的叫作无规共聚物（random copolymer）；M 和 N 在主链上呈…MMMMMMNNNNN…的叫作嵌段共聚物（block copolymer）；在 M 构成的主链中生出以 N 构成的枝干的是接枝共聚物（graft copolymer）。

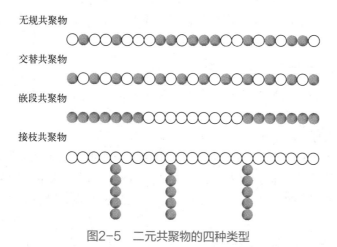

图2-5 二元共聚物的四种类型

共聚物的名称可用各个成分的名称（如 M、N）表示，例如，交替共聚物可表示为 poly(M-alt-N)，无规共聚物为 poly(M-ran-N)。在不特别说明 M 和 N 的聚合方式的时候，共聚物记作 poly(M-co-N)。例如，乙烯和乙酸乙烯酯的无规共聚物为 poly(ethylene-ran-vinyl acetate)，一般简写为 EVA。

二、高聚物的命名

高聚物的命名方法有系统命名法和习惯命名法两种。前者由国际纯粹与应用化学联合会（IUPAC）提出，应用上较为严谨，但因命名规则烦琐，目前尚未普遍使用。后者则简单、方便，也是现如今广泛采用的命名方法。本节内容，我们将重点学习高聚物的习惯命名法，系统命名法在此不做介绍。

1. 在单体（或假想单体）名称前加个"聚"字来命名

这是最常见的命名法。例如：$+CH_2-CH+_n$ 称为聚丙烯。
$\quad\quad\quad\quad\quad\quad\quad\quad\quad CH_3$

特别注意聚乙烯醇的命名，乙烯醇单体是不存在的，这里聚乙烯醇的名字是假想其具有乙烯醇的结构单元。实际上，聚乙烯醇是聚乙酸乙烯酯的醇解产物：

$$+CH_2-CH+_n + CH_3OH \xrightarrow{NaOH} +CH_2-CH+_n + CH_3COOCH_3$$
$$\quad\quad OCOCH_3 \quad\quad\quad\quad\quad\quad\quad\quad OH$$

2. 在单体名称（或简名）后缀"树脂""橡胶"等词来命名

两种或两种以上单体合成的共聚物，常常取单体的简名置于前面，再后缀上"树脂""橡胶"等词来命名，不用"聚"字。例如，苯酚和甲醛的聚合产物称为酚醛树脂，尿素与甲醛的聚合产物称为脲醛树脂，丁二烯与苯乙烯聚合产物称为丁苯橡胶，丁二烯与丙烯腈聚合产物称为丁腈橡胶。比较特别的是 ABS 树脂，它的名字是取了三种单体——丙烯腈（acrylonitrile）、丁二烯（butadiene）、苯乙烯（styrene）的英文首字母。

当然，某些由单一单体合成的高聚物，也采用这种方法命名。例如，氯丁二烯（即 2- 氯 -1,3- 丁二烯）的聚合产物称为氯丁橡胶，丁二烯聚合的顺式结构产物称为顺丁橡胶。

3. 以高聚物的结构特征命名

常常利用结构特征来命名某一大类高聚物，例如，高分子主链重复单元中含有酯键（—OCO—）的一类高聚物称为聚酯，含有醚键（—O—）的称为聚醚，含有酰胺键（—NHCO—）的称为聚酰胺，含有氨酯键（—NH—OCO—）的称为聚氨酯等等。若加以区别，可以在这些词汇中加上一些单体的特征名称，如对苯二甲酸与乙二醇的聚合产物称为聚对苯二甲酸乙二醇酯，对苯二甲酸与 1,4- 丁二醇的聚合产物称为聚对苯二甲酸丁二醇酯，己二酸与己二胺的聚合产物称为聚己二酰己二胺等。

4. 俗名、商品名或译名

许多高聚物在日常使用中有俗名，如有机玻璃（又叫亚克力，来自英语 acrylic），实际上是聚甲基丙烯酸甲酯，还有电木（酚醛树脂）、电玉（脲醛树脂）、塑料王（聚四氟乙烯）、太空塑料（聚碳酸酯）等。

商品名称主要是根据外来语来命名的，并且大多数用于合成纤维的命名，我国习惯以"纶"字作为后缀。如涤纶（聚对苯二甲酸乙二醇酯纤维）、腈纶（聚丙烯腈纤维）、维纶（聚乙烯醇缩甲醛纤维）、氯纶（聚氯乙烯纤维）、丙纶（聚丙烯纤维）、特氟纶（聚四氟乙烯纤维，此名为译名，来自英语 teflon）。商品名称中比较典型的是尼龙，它代表聚酰胺一类聚合物。如尼龙 -66 是己二胺和己二酸的聚合产物，后面第一个数字表示二元胺中的碳原子数，第二个数字表示二元酸中的碳原子数，同理，尼龙 -610 就是己二胺和癸二酸的聚合产物；尼龙 -6 是己内酰胺的聚合产物，这里的 6 表示己内酰胺中的碳原子数。

5. 高聚物名称的英文缩写

高聚物的名称很多都太长、太繁，为了简便，常常用英文缩写来代替，这样更易被人掌握，许多英文缩写已广为人知。常见高聚物的中文名称、英文缩写、分子结构和单体均列于表 2-2 和表 2-3。

单元三　高聚物的合成

小分子单体合成高聚物的化学反应称为聚合反应。聚合反应的类型很多，具体分类如下。

一、按照单体与聚合物在元素组成和结构上的变化分类

1. 加聚反应

加聚反应即加成聚合反应，通常是烯类、炔类等含有不饱和键（双键、三键、共轭双键）的单体，在引发剂或辐射等外加条件作用下，经加成而聚合起来的反应，其主产物称为加聚物，加聚反应无副产物。此类反应的特点是聚合产物结构单元的元素组成与其单体完全相同，仅仅是电子结构有所变化；加聚物的分子量是单体分子量的整数倍。绝大多数烯类高聚物或碳链高聚物都是通过加聚反应合成的，例如聚丙烯、聚氯乙烯等。

$$n CH_2{=}CH \atop X \longrightarrow {\big(}CH_2{-}CH{\big)}_n \atop X$$

加聚反应的定义及特点

手拉手的加聚反应

2. 缩聚反应

缩聚反应即缩合聚合反应，是指由一种或多种单体相互缩合生成高分子的反应，其主产物称为缩聚物。缩聚反应的单体为带有 2 个（或以上）反应官能团的化合物，在聚合过程中，除形成高聚物外，同时还有水、醇、氨或氯化氢等小分子副产物产生。因此，缩聚物的结构单元要比单体少若干原子，其分子量不再是单体分子量的整数倍，但能保留官能团的结构特征。大部分杂链高聚物是通过缩聚反应合成的，例如聚酯、聚酰胺等等。

缩聚反应的定义及特点

$$n HOOC(CH_2)_4COOH + n H_2N(CH_2)_6NH_2 \longrightarrow$$
$$HO{\big(}OC(CH_2)_4CONH(CH_2)_6NH{\big)}_n H + (2n{-}1)H_2O$$

聚己二酰己二胺（聚酰胺-66）

又大又小的缩聚反应

3. 开环聚合反应

开环聚合反应是指环状化合物单体经过开环加成转变为线型高聚物的反应。在

聚合过程中，无小分子副产物产生，结构单元的元素组成与其单体基本相同。能进行开环聚合反应的环状单体多数是杂环高聚物，例如己内酰胺开环聚合成聚己内酰胺（聚酰胺-6），环氧乙烷开环聚合生成聚环氧乙烷等。

$$n \left(\begin{array}{c} O \quad H \\ \parallel \quad | \\ C-N \end{array} \right) \longrightarrow -\!\!\!\left[NH-(CH_2)_5-\!\!\begin{array}{c} C \\ \parallel \\ O \end{array} \right]_{\!n}$$

己内酰胺　　　聚己内酰胺（聚酰胺-6）

$$n\, CH_2 \!-\! CH_2 \longrightarrow -\!\!\!\left[OCH_2CH_2 \right]_{\!n}$$
$$\underset{O}{\diagdown\!\!\diagup}$$

环氧乙烷　　　聚环氧乙烷

？ 想一想

除了上文中提到的高聚物外，你还知道哪些高聚物是通过加聚反应，或者缩聚反应，或者开环聚合反应得到的？

二、按照聚合机理分类

1. 连锁聚合反应

连锁聚合反应又称为链式聚合反应。在聚合反应过程中，首先要有活性中心（或称为活性种，通常为自由基或离子）形成。活性种一般通过引发剂诱导产生，引发剂在加热、光照、辐射的作用下会发生裂解，产生自由基、负离子或正离子的活性种；活性种一旦产生，就会快速与单体发生反应，生成的产物会继续和另一个单体快速加成，如此连续不断地快速反应下去，形成分子量很大的高聚物大分子，因此被称为连锁聚合。这种多米诺骨牌式的连锁反应几乎是瞬间完成的。这里，"引发"的意义大概来源于火药的"引信"，因为其形式有些类似于放鞭炮一样，一个一个地被炸开。

如果把某个活性种表示为 A•，单体记为 M，形成高分子的过程可示意为：

$$A\cdot \xrightarrow{\ M\ } A\!-\!M\cdot \xrightarrow{\ M\ } A\!-\!MM\cdot \xrightarrow{\ M\ } A\!-\!MMM\cdot \xrightarrow{\ M\ } \cdots \xrightarrow{\ M\ } A\!\left[M \right]_{\!n}\!M\cdot$$

连锁聚合反应由链引发、链增长、链终止等各步基元反应组成，体系始终由单体、高聚物和微量引发剂组成，没有分子量递增的中间产物，单体转化率随时间的延长而增加，连锁聚合反应一般为不可逆反应。适合于连锁聚合的单体往往是含有双键的或一些环状的化合物。

按活性中心的不同，连锁聚合反应可细分为自由基型聚合反应、阳离子型聚合反应、阴离子型聚合反应和配位聚合反应四种类型。

2. 逐步聚合反应

逐步聚合反应是含有两个或两个以上有机官能团的单体，进行的官能团之间的化学反应，从而连接成聚合物大分子。这种官能团之间相互反应、进而由小分子转变为高分子的过程较为缓慢，逐步进行。在反应初期，大部分单体很快聚合形成二聚体、三聚体、四聚体等低聚物，随后，低聚物之间继续发生聚合反应，分子量逐步提高，每一步的反应速率和活化能基本相同。聚合体系由单体和分子量递增的系列中间产物组成。

　　逐步聚合涉及的主要化学反应有：

酯化反应

$$\text{R-C-OH} + \text{HO-R}' \longrightarrow \text{R-C-O-R}' + \text{H}_2\text{O}$$

酯交换反应

$$\text{R-C-O-R}' + \text{HO-R}'' \longrightarrow \text{R-C-O-R}'' + \text{HO-R}'$$

酰胺化反应

$$\text{R-C-OH} + \text{H}_2\text{N-R}' \longrightarrow \text{R-C-NH-R}' + \text{H}_2\text{O}$$

酰氯反应

$$\text{R-C-Cl} + \text{HO-R}' \longrightarrow \text{R-C-O-R}' + \text{HCl}$$

环氧加成反应

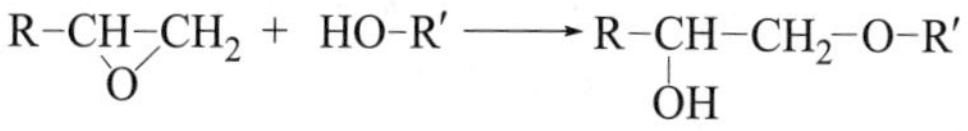

$$\text{R-CH-CH}_2 + \text{HO-R}' \longrightarrow \text{R-CH-CH}_2\text{-O-R}'$$
$$\qquad\qquad\qquad\qquad\qquad \text{OH}$$

异氰酸酯化反应

$$\text{R-N=C=O} + \text{HO-R}' \longrightarrow \text{R-NH-C-O-R}'$$

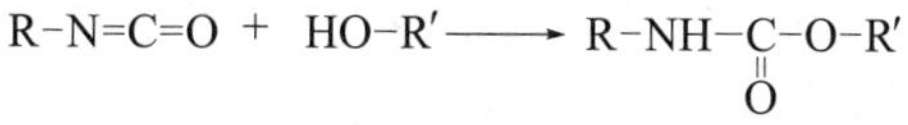

　　上述酯化反应、酯交换反应、酰胺化反应、酰氯反应，会产生 H_2O、R—OH、HCl 等小分子，以这些反应原理为基础的聚合反应就是典型的缩聚反应。对于环氧加成反应和异氰酸酯化反应来说，不产生小分子，以它们为基本原理的聚合反应称为逐步加聚反应。因此，逐步聚合反应主要包括缩聚反应和逐步加聚反应两类，缩聚占绝大多数。缩聚产生的 H_2O、醇等，还会与高分子链中的酯基、酰胺基等反应，导致高分子断裂，使聚合反应逆向进行。大多数逐步聚合反应为可逆反应，一定条件下反应可以达到一种平衡。

串珍珠式的
逐步聚合

单元四　高聚物的结构

　　高聚物的分子量一般都在 1 万以上，分子链很庞大且同一种高聚物的分子组成可能不均一，所以高聚物的分子结构很复杂。要想准确把握高聚物的分子结构，需要从三个不同层次加以认识，如图 2-6 所示。

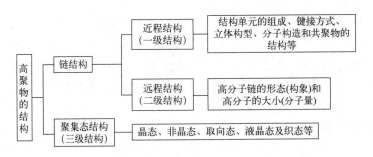

图2-6　高聚物结构的三个层次

一、高聚物的一级结构

　　高聚物的一级结构又称为高聚物的近程结构，主要是结构单元的组成，结构单元连接顺序和立体构型，链的几何形状等，如图 2-7。

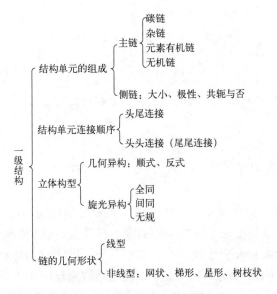

图2-7　高聚物的一级结构

1. 结构单元的组成

　　碳链、杂链、元素（无机元素）链，决定了链节的结构性能，如杂链耐热性大于碳链，而无机链具备无机高分子的性质，如耐气候强、抗老化强，甚至于阻燃强等等。主链上的取代基不同，对链节上电子排布有影响。取代基的极性、共轭的形成，直接影响分子的性能。

2. 结构单元连接顺序

　　单烯类单体聚合时，结构单元可能出现"头 - 尾""头 - 头（或尾 - 尾）"等不同的连接顺序（图 2-8），这里将结构单元有取代基的一端称为"头"。由于位阻效应等原因，一般高聚物以"头 - 尾"连接占大多数。

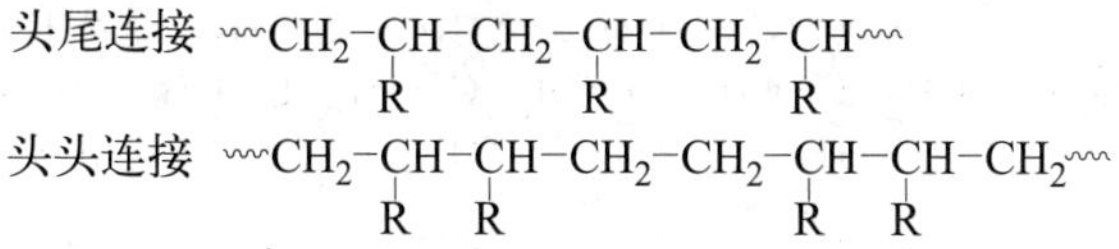

头尾连接　〜〜CH₂-CH-CH₂-CH-CH₂-CH〜〜
　　　　　　　　　｜　　　｜　　　｜
　　　　　　　　　R　　　R　　　R

头头连接　〜〜CH₂-CH-CH₂-CH-CH₂-CH-CH₂〜〜
　　　　　　　　　｜　｜　　　　　　｜　｜
　　　　　　　　　R　R　　　　　　R　R

图2-8　结构单元的连接顺序

3. 构型

构型是指分子中由化学键所固定的原子在空间的排列，即原子或原子团以什么样的方式结合在一起。构型的差异，一般可产生两类不同的分子异构现象，即几何异构和旋光异构。

【1】几何异构　这里所谓的几何异构，一般是指顺式和反式构型，这是由双烯类单体聚合后高分子链单元上有一个双键构成的。双烯类单体 1,4 加成产物的主链上存在双键，由于取代基不能绕双键旋转，因而双键上的基团在双键两侧排列的方式不同，从而有顺式构型和反式构型之分。

例如，1,4 加成的聚丁二烯，有顺式 1,4 和反式 1,4 两种几何异构体：

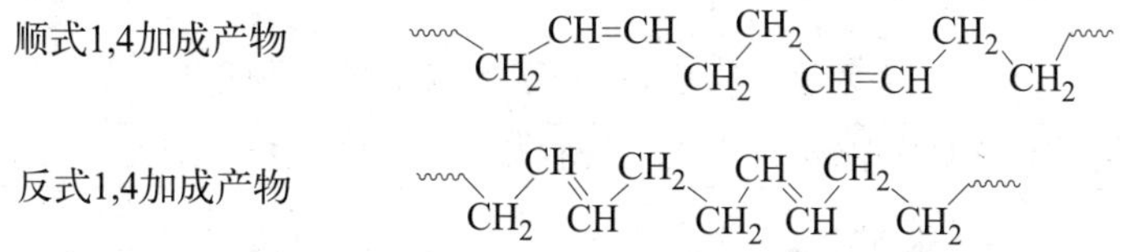

顺式1,4加成产物　〜〜CH₂-CH=CH-CH₂-CH₂-CH=CH-CH₂〜〜

反式1,4加成产物　〜〜CH₂-CH-CH₂-CH=CH-CH₂-CH₂〜〜

【2】旋光异构　CH_4 中碳原子的四个价键形成正四面体结构，键角都是 109.5°（图 2-9）。当四个取代基团或原子都不一样时，就形成了不对称碳原子，不对称碳原子（称为手性碳原子）及其取代基能构成互为镜影的两种结构。这样结构的物质能够使偏振光的偏振平面旋转一定的角度，因此称作旋光性物质，这两种结构互称为旋光异构体。比如，乳酸有两种旋光异构体，它们互为镜影结构，就如同左手和右手互为镜影而不能实际重合一样（图 2-10）。所以，旋光异构体也称为对映异构体或手性异构体。

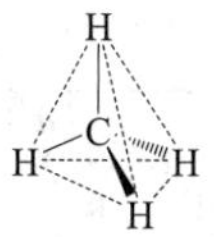

图2-9　CH_4分子构型 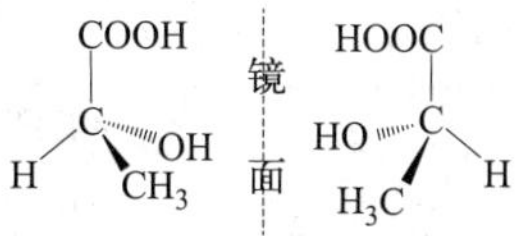　　　图2-10　乳酸分子的两种旋光异构体

高聚物也有类似的旋光异构现象，旋光异构的单元在高分子链中有"全同""间同"和"无规"三种排列方式。结构单元为 −CH₂CH− 型的单烯类高分子中，每一个结构单元有一个不对称碳原子。若将碳链放在一个平面上，则不对称碳原子上的 R 和 H 分别处于平面的上或下侧。当取代基全部处于平面的一侧时，称为全同立构高分子；当取代基相间地分布于平面上下两侧时，称为间同立构高分子；而不规则分布时称为无规立构高分子。图 2-11 是聚丙烯中三类不同旋光异构体的示意图。

高聚物的顺反异构

全同立构、间同立构、无规立构的定义及特点

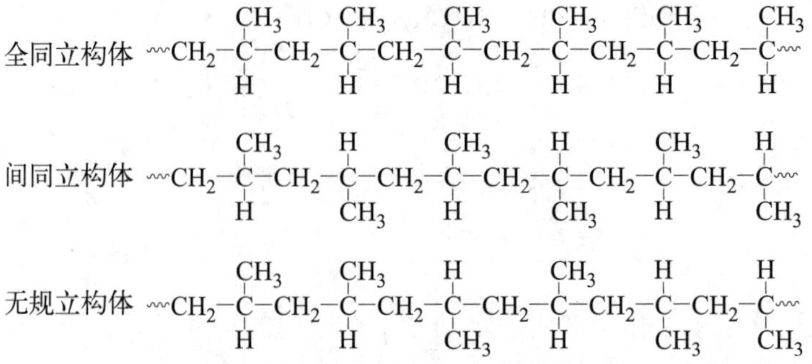

全同立构体　~CH₂－C－CH₂－C－CH₂－C－CH₂－C－CH₂－C－CH₂－C~

间同立构体　~CH₂－C－CH₂－C－CH₂－C－CH₂－C－CH₂－C－CH₂－C~

无规立构体　~CH₂－C－CH₂－C－CH₂－C－CH₂－C－CH₂－C－CH₂－C~

图2-11　聚丙烯的三种旋光异构体

有规立构高聚物结晶度高、熔点高、力学性能更好。如表2-4所示，全同立构聚丙烯结晶度高，熔点高，吸水率0.01%～0.03%，密度0.89～0.91g/cm³，熔点为170～190℃，连续使用温度达110～120℃，有高强度、高刚度、高耐磨性、高介电性。间同立构聚丙烯结晶度较低，为20%～30%，密度低，熔点低（120～150℃）。无规立构聚丙烯分子量小，一般为3000至几万，结构不规整，缺乏内聚力，在室温下是非结晶、微带粒性的蜡状固体。

表2-4　聚丙烯的不同构型对性能的影响

项目	密度 /（g/cm³）	结晶度 /%	熔点 /℃	弯曲强度 /MPa
全同立构	0.89～0.91	50～70	170～190	约1389
间同立构	0.87～0.89	20～30	120～150	约600
无规立构	0.85～0.86	约5		约200

4. 链的几何形状

许多高分子链为线型，也有支化或交联网状结构，一般支链分子不会整齐排列，有星形、树枝状等。支化和交联，使大分子不易排列整齐，结晶程度和密度均下降，例如线型的高密度聚乙烯（HDPE）和支链型的低密度聚乙烯（LDPE），其性能对比见表2-5。

表2-5　LDPE和HDPE的性能比较

性能	LDPE	HDPE
密度 /（g/cm³）	0.91～0.94	0.95～0.97
熔点 /℃	约105	约135
结晶度 /%	60～70	约95
拉伸强度 /MPa	6.9～14.7	21.6～36.5
最高使用温度 /℃	80～100	约120
主要用途	薄膜	硬质塑料制品

二、高聚物的二级结构

高聚物的二级结构又称远程结构，是指单个的高分子链在空间存在的各种形状，如伸展状态、螺旋状态、折叠状态和无规线团形态。

高分子链处于不断运动的状态，在高分子主链上如果都是 C—C 单键，就会绕着轴自由旋转，如果没有任何干扰，每一个单键都同时内旋转，一条高分子链就有千千万万个构象形态。高分子链由于单键内旋转而产生的分子在空间的不同形态称为构象。构象与构型的根本区别在于：构象通过单键内旋转可以改变，而构型无法通过内旋转改变。

由于主链碳原子上总接有各种基团，存在着吸引、排斥或电子共轭等作用，因此，内旋转总是不完全的。越是易旋转的，表现得越柔顺，因此就出现了一个高分子结构上的新概念，叫链的柔性。柔性就是高分子链的内旋转自由度大小和难易程度，内旋转越容易、自由度越大，则柔性越大。

1. 链的内旋转和柔性

链柔性大小可以用链段长度来表示。什么叫链段？链段是指高分子链的"运动单元"。"链段"是一个假想的段节，将长链的运动看成链段之间的运动。链段越长，则显得大分子越"刚"；链段越短，则大分子越"柔"。因此，如果链的柔顺性越好，链段就越短，一条高分子链的链段就越多。当然最柔顺的情况就是链段等于一个单键；最不柔顺，即最刚硬的就是链段等于一个高分子链。

链的柔性主要是因为分子的内旋转。因此，柔性主要取决于内因，与主链的结构有关，当然也有外因的影响。

〔1〕主链结构与高分子的柔性　主链结构对高分子柔性的影响非常大。

如果全链都是由单键（σ键）组成，则每个键都能内旋转，表现出柔性就很大，如聚烯烃类。而主链的原子种类与柔性也相关。Si—O 键比 C—O 键内旋转容易，而 C—O 键又比 C—C 键内旋转容易，这主要与键长、键角有关。例如，聚醚的主链结构为…C—C—O—C—C—O…，柔性较大。二甲基硅氧烷类，主链是一些 Si—O 键，其柔性更大，在室温下，甚至较低温度下，都能很好地内旋转，例如，

硅橡胶 $\left[\text{O-Si}\begin{smallmatrix}\text{CH}_3\\\text{CH}_3\end{smallmatrix}\right]_n$。

主链中如果含有芳杂环结构，由于芳杂环不能旋转，这类高分子刚性大，甚至在芳杂环中间夹有一些可使柔性增大的原子如 S、O、Si 等，也不能改善分子的柔

性。例如，聚苯醚 $\left[\text{O}-\begin{smallmatrix}\text{H}_3\text{C}\\\\\text{H}_3\text{C}\end{smallmatrix}\bigcirc\right]_n$。

含有孤立双键的高分子主链虽然双键本身并不能旋转，但它使邻近的 σ 键的内旋转势垒减小，例如聚丁二烯 $\sim\text{CH}_2\text{-CH=CH-CH}_2\text{-CH}_2\text{-CH=CH-CH}_2\sim$ 比聚乙烯 $\sim\text{CH}_2\text{-CH}_2\text{-CH}_2\text{-CH}_2\text{-CH}_2\text{-CH}_2\text{-CH}_2\text{-CH}_2\sim$ 的柔性还要好。

含有共轭双键 $\sim\text{C=C-C=C-C=C-C}\sim$ 的高分子，分子不能内旋转，因此刚性很好，耐热性很优良，但其性脆。例如，聚对亚苯：

主链结构对高分子柔性的影响

取代基对高分子柔性的影响

〔2〕取代基与高分子的柔性　取代基的性质、数量、体积大小和位置等对高分子的柔性有较大影响。

取代基的极性大小，决定着分子内的吸引力和势垒，与分子间作用力关系亦大。取代基的极性越小，势垒越小，分子内旋转越容易，表现出柔性越大。例如：聚丙烯、聚氯乙烯、聚丙烯腈的取代基分别为—CH_3、—Cl、—CN，它们的极性顺次增强，其高聚物的柔性也依次减小。

一般说来，取代基的数量越多，柔性越下降；而取代基在主链上间隔距离越远，其高分子柔性就会增大。例如聚氯乙烯和聚氯丁二烯，前者是每两个碳原子有一个极性基团，后者是每四个碳原子才有一个极性基团。所以，后者柔性大。

取代基的大小决定空间位阻，空间位阻大的基团，使分子内旋势垒大，不容易内旋。例如聚苯乙烯，虽然苯基的极性小，但它体积大，高分子柔性小。

交联对高分子柔性的影响

〔3〕交联程度对高分子柔性影响　交联会使高分子内旋转困难。但当交联度较低时，交联点之间的链长远远大于"链段"时，作为高分子运动单元的链段，并未受到交联的太多的影响，还是表现出高分子的良好柔性。交联度增大，则势必影响到"链段"的运动，使刚性增大、柔性下降。交联度再增大，直至失去了线型高分子的特征，成为体型结构，则无所谓柔性（内旋转）可言了。

〔4〕温度的影响　环境温度是高分子内旋转表现出柔性的外因。一般说来，温度越高，分子的热运动能越大，分子内旋转越自由，分子链越柔顺。例如，通常在室温下，塑料的柔性不大，远比橡胶要小，但当把塑料加热到一定的温度时，塑料也表现出如橡胶一样的柔性。在 $-70℃$ 以下的聚丁二烯，就失去了橡胶的那种柔顺性了。

 想一想

请总结一下，高分子链的柔顺与否都与哪些因素有关？

2. 链的形态

高分子有数以千计的碳原子，构象十分复杂，最可能出现的一定是不规整的卷曲状态，称为"无规线团"，整齐的形态出现的概率很小。通常有伸直链、折叠链、螺旋链、无规线团等几种，见图2-12。大多数高分子链都是无规线团状。

图2-12　高分子的五种构象

三、高聚物的三级结构（聚集态结构）

在分子间力的作用下，高分子互相聚集在一起所形成的结构，叫三级结构，或叫聚集态结构。主要的聚集态包括"非晶态（无规线团聚集结构）""结晶态"和"取向态"三个方面。三级结构受二级结构的影响甚大。

1. 非晶态（无定形高聚物，呈无规线团聚集结构）

非晶态，就是高分子链条是无规则地纠缠聚集在一起。

分子间作用力又称为"次价力"，不同于化学键（离子键、共价键、配位键、金属键）的力（化学键力常称为主价力）。主价力一般较强，而次价力则小得多。对于小分子来说，次价力与主价力比起来，不足为数，而高聚物中次价力就不能等闲视之了。假如一个结构单元产生的次价力等于一个单体分子的次价力的话，上百个结构单元的次价力就接近高分子链上的主价力了，聚合度成千上万的高分子，次价力常超过主价力。因此，高聚物的分子间力常常不能用某一种力来简单描述，通常用"内聚能"或"内聚能密度"来描述。

内聚能是衡量聚集态高分子间作用力的参数，是指 1mol 聚集态物质消除分子间全部作用力所需要的能量。内聚能密度（CED）就是单位体积高聚物的内聚能，单位是 J/cm^3。某些高聚物的内聚能密度如表 2-6 所示。

表2-6　某些高聚物的内聚能密度

聚合物	CED/（J/cm^3）	聚合物	CED/（J/cm^3）
聚苯乙烯	309	聚对苯二甲酸乙二醇酯	477
聚异丁烯	272	聚酰胺 -66	773
聚甲基丙烯酸甲酯	347	聚丙烯腈	991

一般来说，分子中所含基团的极性越大，分子间的作用力就越大，则相应的内聚能密度就越大；反之亦然。CED 小，说明高分子容易变形，分子链较柔顺，具有一定的弹性。CED 较高，分子刚性变大，可用作塑料。CED 大于 400 J/cm^3 时，强度较高，一般可作纤维。但 CED 不足以作材料使用的唯一判断。

2. 结晶态

结晶就是分子的有序排列，要达到短程有序和长程有序（或叫近程有序和远程有序），则称为结晶。所谓短程有序，即分子在一定的距离内，空间排布固定，叫三维空间有序；所谓长程有序，即在一定方向上，有序排列的情况重复出现。短程有序和长程有序同时存在，才叫结晶。

小分子化合物的结晶结构通常是完善的，结晶中分子均有序排列。但高聚物的结晶结构通常是不完善的，有晶区、非晶区之分。一根高分子链能同时穿过晶区与非晶区。也就是说，高聚物不能 100% 结晶，其中总是存在非晶部分，所以实际上只能算半结晶高聚物，可以用缨状胶束模型来描述这种结构（图 2-13）。晶区与非晶区两者的比例显著地影响着材料的性质。纤维的晶区较多，橡胶的非晶区较多，塑料居中。结果是，纤维的力学强度较大，橡胶较小，塑料居中。

高聚物需要用结晶度来描述结晶含量的多少。结晶度定义为：试样中结晶部分所占的质量分数。高聚物的结晶能力有很大差别，一般来说，分子结构越对称和越规则的，越容易结晶。因此，聚乙烯最易结晶；比较容易结晶的还有聚酰胺、聚丙烯、聚甲醛等；比较不易于结晶，结晶度很低的有聚氯乙烯、聚碳酸酯等；完全不

非晶态高聚物的特点

内聚能密度的定义及应用

结晶态高聚物的特点

结晶的有聚苯乙烯、聚甲基丙烯酸甲酯等。非晶高聚物的分子链构象是无规线团，由于它是各向同性的，材料是透明的，所以聚碳酸酯、聚苯乙烯和聚甲基丙烯酸甲酯的透明性很好，可用作有机光学玻璃；而结晶高聚物因为晶体的各向异性而表现出不透明性。

图2-13　描述晶区与非晶区同时存在的缨状胶束模型

高聚物结晶的结构

高聚物结晶的结构有片晶、球晶、串晶等。

（1）片晶　高分子在极稀溶液（＜0.01%）中加热，并缓慢降温处理，可沉淀出现几至几百微米大小的薄片状晶体，晶片厚度10～50nm。片晶是链折叠形成的，链的折叠方向与晶面垂直（图2-14）。

图2-14　片晶示意图

（2）球晶　球晶是高聚物最常见的结晶形态。它是以一个晶核为中心沿各径向方向生长而成的。由于各方向上的生长速度相同，因而生成一圆球状的多晶聚集体。球晶的尺寸为0.1μm到几毫米，通常为1～100μm。球晶具有双折射性，在正交偏光显微镜下能观察到特殊的黑十字消光图形（图2-15）。

（3）串晶　这种晶体具有伸直链结构的中心轴，周围生长着间隔出现的片晶。串晶又称为纤维晶（图2-16）。

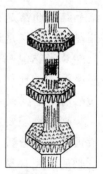

图2-15　典型球晶的正交偏光显微镜照片和球晶的形成过程　　　图2-16　串晶

（4）结晶对高聚物性能的影响

① 密度：完全结晶的高聚物密度最大，完全不结晶的密度最小。例如完全结晶的聚乙烯，密度为 $1g/cm^3$，完全不结晶的聚乙烯密度为 $0.85g/cm^3$。

② 强度：高聚物的拉伸强度随着结晶度的增大而增大。然而，高聚物结晶度增大，冲击强度下降，变脆，韧性变差，材料的变形能力下降，断裂伸长率降低。

③ 硬度：高聚物结晶度增大，材料的硬度有所提高。如聚乙烯，当结晶度由 65% 上升到 95% 时，硬度由大约 13MPa 上升到 65MPa 以上。

④ 耐热性：高聚物结晶度增大，材料的耐热性提高。例如聚乙烯，结晶度由 65% 增加到 95% 时，维卡软化温度由原来的 77～98℃ 上升到 121～124℃。

⑤ 透气性：高聚物结晶度增大，其透气能力减小，在用于某些抗气体渗透的场合，是有利的。

高聚物性能
与结晶的
关系

高聚物的聚集
态结构

3. 取向态

（1）概念　高聚物在外力作用下，分子链段或者整个分子链，以及结晶高聚物的晶粒都能沿着外力的方向进行有序排列，这种现象叫作取向，如图2-17所示。

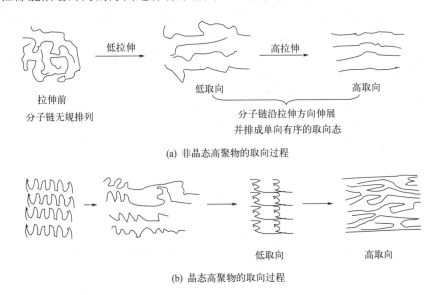

(a) 非晶态高聚物的取向过程

(b) 晶态高聚物的取向过程

图2-17　非晶态高聚物和晶态高聚物的取向过程

对于非晶态的无定形高聚物（无规线团）来说，在外力作用下，沿着力的方向上，将乱成一团的分子"梳理"有序，整个分子沿力的方向取向，叫分子取向。结晶态高聚物在外力作用下也会发生同样的分子取向。取向是一个分子链段松弛的过程。一般柔性大的链容易取向，能结晶的高聚物都能取向，但能取向的高聚物未必能结晶。

分子取向又分为单轴取向和双轴取向，如图 2-18 所示。单向拉伸或单向流动，分子链和链段倾向于沿着与拉伸方向平行的方向排列，聚合物出现单轴取向；聚合物沿着它的纵横两个方向拉伸，链倾向于与拉伸平面平行的方向无规排列，就是双轴取向。工业上通常有专门的单轴拉伸机、双轴拉伸机来完成这项工作。单轴取向

单轴取向和
双轴取向的
定义及应用

主要用于生产纤维、单丝、扁丝、窄带等，双轴取向主要用于生产薄膜、片材等。

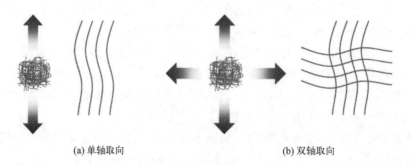

(a) 单轴取向　　　　　　　　　　　　(b) 双轴取向

图2-18　高聚物的单轴取向和双轴取向

（2）取向对力学性能的影响　单轴取向后，高聚物沿着取向的方向上，机械强度增加，而垂直于取向方向上则强度降低。双轴取向后，高聚物在纵横两个方向上的机械强度都会增加。

在工业生产中，合成纤维在从喷丝头喷出、表面凝固之后，总要将纤维进行单轴拉伸，拉伸数十倍之多，使高分子取向，而薄膜加工时，在它冷却之前通常进行双轴拉伸，以提高强度。

例如，聚酰胺纤维（尼龙）取向后，其拉伸强度可与钢铁相比。取向的聚酰胺与常见材料的拉伸强度比较如表 2-7 所示。

高聚物性能
与取向的
关系

表2-7　取向的聚酰胺与常见材料的拉伸强度比较

常见材料	聚酰胺取向后	钢	蚕丝	棉花	羊毛
拉伸（抗张）强度 /MPa	600～800	400～1000	50	95	15

 想一想

你知道 MOPP 和 BOPP 分别是什么材料吗？它们分别是怎么生产出来的？

拓展阅读

高质量发展与新质生产力

党的二十大报告指出，高质量发展是全面建设社会主义现代化国家的首要任务。要实现高质量发展，必须积极培育战略性新兴产业和未来产业，形成新质生产力。新质生产力是由技术革命性突破、生产要素创新性配置、产业深度转型升级而催生的当代先进生产力。

改革开放以来，中国经济发展成就显著，但同时中国在科技创新和产业竞争力方面与世界发达国家相比，仍存在差距。在当前世界经济形势下，尽快形成新质生产力，培育发展新动能尤为重要，面对新一轮科技革命和产业变革，只有加快新质生产力的创新，才能抢占发展先机，赢得国际竞争主动权。

中国化工业在不到百年的时间里，走完了西方国家几百年的现代化工发展史，建立了世界上规模最大、体系最为完整的化工产业体系，创造了前所未有的伟大成就。面对中国化工技术起步晚的困境，先辈虽知努力成效甚微，亦心怀强国志奋起直追。在社会主义革命和建设时期，中国化工人积极响应党的号召，发扬艰苦奋斗精神，在众多化工等领域实现零的突破，谱写了新中国化学工业的辉煌篇章。在改革开放和社会主义现代化建设时期，中国化工业坚持"引进来""走出去"相结合战略，迎来了化工业快速发展的腾飞期。进入新时代，中国化工业坚持新发展理念，深入实施创新驱动发展战略，迎来了化工业由大变强的高质量发展期。

小结

1.高聚物的定义

高聚物即高分子化合物，是由成千上万个原子通过化学键连接而成的分子量足够大的化合物，分子量一般在 1 万以上，分子结构整体呈链状。

2.高聚物的重要概念

（1）链和链节、结构单元和重复单元、主链和支链　合成的高聚物是由许多重复出现的单元以共价键接连而成的，分子结构类似于一条链子，形象地称为大分子链，这些重复出现的单元，形象地称为链节。

重复单元即高分子的链节，是高分子链中重复出现的那部分。结构单元是指组成高分子链的那些最简单的、重复出现的基本结构式。重复单元≥结构单元。

构成高分子链骨架的主要链条称为主链。与主链相连接的次要分子链称为支链，也叫侧链。

（2）单体　就是生成高聚物的那些小分子原料，也可以说，在高聚物中形成结构单元的小分子物质叫单体。

（3）聚合度　就是高分子链中结构单元的平均数目，用 DP 表示。

（4）高聚物分子量的多分散性　组成高聚物的所有高分子的分子量并不相等，且相差较大，即高聚物是分子量不等的同系聚合物的混合物。

3.高聚物的分类

（1）根据来源分类　天然高聚物、合成高聚物。

（2）根据性能和用途分类　塑料、橡胶、纤维、涂料、黏合剂、离子交换树脂及功能高分子等。

（3）根据高分子主链结构分类　碳链高聚物、杂链高聚物、元素有机高聚物和无机高聚物。

（4）根据高分子链的几何形状分类　线型高聚物、支链型高聚物、体型高聚物、其他类型的高聚物。

（5）根据组成分类　均聚物、共聚物。

4. 高聚物的命名

① 在单体（或假想单体）名称前加个"聚"字来命名。

② 在单体名称（或简名）后缀"树脂""橡胶"等词来命名。

③ 以高聚物的结构特征命名。

④ 俗名、商品名或译名。

⑤ 高聚物名称的英文缩写。

5. 聚合反应的类型

（1）按照单体与聚合物在元素组成和结构上的变化分类

① 加聚反应：即加成聚合反应，通常见于烯类、炔类等含有不饱和键（双键、三键、共轭双键）单体的聚合。加聚反应无副产物。

② 缩聚反应：即缩合聚合反应，是指带有2个（或以上）反应官能团的单体，通过缩合生成高分子的反应。聚合过程中还有小分子副产物产生。

③ 开环聚合反应：环状化合物单体经过开环加成转变为线型高聚物的反应。

（2）按照聚合机理分类

① 连锁聚合反应：在聚合反应过程中，首先要通过引发剂诱导产生活性中心（通常为自由基或离子），然后活性中心快速与单体发生反应，形成分子量很大的高聚物大分子。连锁聚合反应由链引发、链增长、链终止等各步基元反应组成。

② 逐步聚合反应：含有2个或2个以上有机官能团的单体，进行官能团之间的化学反应，从而连接成聚合物大分子。反应过程较为缓慢，逐步进行。

6. 高聚物的结构

（1）一级结构　高聚物的一级结构又称为高聚物的近程结构，主要是结构单元的组成，结构单元连接顺序和立体构型，链的几何形状等。

（2）二级结构　高聚物的二级结构又称为远程结构，是指单个的高分子链在空间存在的各种形状，如伸展状态、螺旋状态、折叠状态和无规线团形态。

（3）三级结构（聚集态结构）　在分子间力的作用下，高分子互相聚集在一起所形成的结构，叫三级结构，或叫聚集态结构。主要的聚集态包括"非晶态（无规线团聚集结构）""结晶态"和"取向态"。

习 题

一、填空题

1. 聚乙烯的结构单元是（　　　），聚丙烯的结构单元是（　　　），尼龙-66的结构单元是（　　　）和（　　　）。

2. 世界五大通用合成树脂是指聚乙烯、聚丙烯、（　　　）、（　　　）和 ABS 树脂。

3. 高密度聚乙烯的分子链结构为（　　　）结构，低密度聚乙烯的分子链结构为（　　　）结构。

4. 俗名"有机玻璃"的高聚物是指（　　　　　　　），英文名为"PET"的高聚物是指（　　　）。

5. 生成尼龙-6的单体是（　　　），这种聚合反应属于（　　　）。

6. 聚丙烯的三种旋光异构体中，全同立构聚丙烯的结晶度（　　　）、熔点（　　　）、力学性能（　　　）。

二、判断题

1. 高聚物的分子量呈多分散性，$\overline{M_w} > \overline{M_n}$。（　　）

2. 聚乳酸是一种天然高聚物，因为乳酸主要来自动植物。（　　）

3. PE、PP、PTFE、PVC、PVAc、ABS 都是碳链高聚物。（　　）

4. PA-6、PA-66、PET、PC、PMMA 都是杂链高聚物。（　　）

5. 线型高聚物和支链型高聚物是热塑性的，体型高聚物是热固性的。（　　）

6. 生成 PET 的反应属于连锁聚合反应，生成 PP 的反应属于逐步聚合反应。（　　）

7. 硅橡胶的高分子链柔性非常差，主要是因为其主链含有大量的 Si—O 键。（　　）

8. 聚苯乙烯质地较脆，冲击强度较低，主要是因为苯基的体积大、空间位阻大，使得分子链不容易内旋。（　　）

9. 结晶态高聚物就是所有高分子链都进行有序排列、结晶度为 100% 的高聚物。（　　）

10. 非晶态高聚物中，高分子链呈无规线团聚集结构，结晶度小于 100% 的高聚物就是非晶态高聚物。（　　）

11. 单轴取向后，高聚物沿着取向的方向上机械强度会增加，而垂直于取向方向上则强度会降低。（　　）

12. 塑料和纤维的使用温度都在其玻璃化温度（T_g）以下，而橡胶的使用温度则在其 T_g 以上。（　　）

三、简答题

1. 简述连锁聚合反应和逐步聚合反应的特点。

2. 简述影响高分子链柔性的因素。

3. 非晶态高聚物的力学状态有哪些？不同力学状态下，分子链的运动有何特点？

模块三

自由基聚合

知识导读

聚合物的性质非常独特，用途也非常广泛，已经是人们生产生活中不可缺少的成员。绝大多数的聚合物通过自由基聚合机理生产得来。自由基聚合主要是遵循连锁聚合的机理，这一机理在化学反应中是比较少见的。因此，在本模块学习的过程中，要认真体会自由基聚合反应的特点。

学习目标

知识目标

1. 了解可控自由基聚合的相关知识。
2. 了解自由基聚合相关产品的生产工艺。

能力目标

1. 掌握自由基聚合的基本概念。
2. 掌握自由基聚合适用的单体和引发剂。
3. 掌握自由基聚合的机理。
4. 掌握自由基聚合反应速率与聚合度的计算方法。

素质目标

1. 形成科学的价值观、社会责任感和职业道德。
2. 坚定"四个自信"，具有专业使命感。

前几个模块学习了聚合物的基本概念和特点，也初步了解了不同聚合反应的不同机理。从本模块开始，将系统学习各种聚合反应的机理及特点。

自由基聚合反应是当前研究最早、工业化应用最广泛的聚合反应。由于它具有单体来源广泛、工艺简单、产品丰富的特点，因而在高聚物的生产中也占据着极其重要的地位。在所有的商品化聚合物中，大约60%以上经自由基聚合生产而来，表3-1列出了常见的自由基聚合产物及它们的用途。

表3-1　常见的自由基聚合产物及其用途

聚合物名称	单体	用途
聚乙烯	乙烯	建筑材料、电线、电缆
聚苯乙烯	苯乙烯	绝缘与隔热材料
聚氯乙烯	氯乙烯	建材、管材
聚四氟乙烯	四氟乙烯	耐高温耐腐蚀材料
聚甲基丙烯酸甲酯	甲基丙烯酸甲酯	装饰及工艺材料
ABS 树脂	丙烯腈、丁二烯、苯乙烯	汽车、电子电器、建材

单元一　自由基聚合反应

一、自由基聚合反应的概述

所谓的自由基聚合，就是在光、热、引发剂等条件的作用下产生自由基，再由自由基引发单体聚合形成高聚物的化学反应。

> 自由基形成的机理

自由基聚合实际上是一种链式的聚合反应，这类反应往往不是由单体直接发生反应的，而是需要在特定条件下，产生一种活性较高的物质，由该活性较高的物质与单体反应生成新的活性中心，如此反复，生成分子较大的聚合物。在自由基聚合反应中，这种"活性较高的物质"就是自由基。

什么是自由基？自由基也叫游离基，是指化合物由于共价键发生均裂而形成的带有不成对电子的原子或基团。

$$R : R \xrightarrow{\text{均裂}} 2R\cdot$$

由于带有不成对的电子，这种基团具有强烈的与其他物质或基团反应的倾向，例如，自由基可以和含有双键的烯烃发生加成反应，反应方程式如下：

$$R\cdot + CH_2 = CH_2 \longrightarrow R-CH_2-\overset{\cdot}{C}H_2$$

这一反应实际上就是自由基聚合反应的基础，详细的反应机理将在后文中讨论。

二、自由基聚合反应的单体

1. 单体的聚合能力

从自由基聚合的定义中可以得知，能够进行自由基聚合反应的反应物叫作"单

自由基聚合反应

> 单体自由基聚合能力的影响因素

体"。大量的研究与实践表明，能够进行自由基聚合的单体数量庞大，可以用通式 $R_2C = CR_2$ 或 $RC \equiv CR$ 来表示，其中 R 可以是氢原子、卤素、烷基、苯环等基团。

这些单体从结构上来看比较相似，即都含有碳碳双键或三键，但从反应能力上来说，它们的聚合活性是天差地别的。影响单体反应活性的因素主要有两个，即取代基的电子效应与空间位阻效应。

电子效应是指由于取代基的存在，使碳碳双键的电子云密度增加或减少，从而影响其断裂难易程度的效应。电子效应可以通过多种方式传递，如诱导效应、共轭效应等。

通常来说，当双键上的取代基吸电子能力较强时（例如—CN、—COOR 等），双键电子云密度会降低，因而易于均裂，形成自由基；反之，当双键上的取代基推电子能力较强时（例如—CH_3、—C_6H_5 等），双键电子云密度增加，不易均裂，也就不容易发生自由基聚合反应。

当双键上的取代基也具有双键（或三键）时，会与 C = C 形成共轭的 π 键，使 C = C 电子云易于极化，也容易进行自由基聚合。

将以上三种效应对单体反应活性的影响进行排序的话，一般可以认为是含有共轭取代基单体的活性＞含有吸电子取代基单体的活性＞含有推电子取代基单体的活性。

空间位阻效应则是指，当 C = C 上连接有体积较大的取代基时，由于取代基的体积排斥作用，使得单体较难发生自由基聚合反应。总体来说，烯类单体发生自由基聚合反应的难易程度受到多种因素的影响，需要综合考虑判断，表 3-2 列出了常见自由基聚合单体的工业化情况，可以看到一些空间位阻较大的单体暂时还没能实现工业化聚合。

表3-2　常见自由基聚合单体的工业化情况

单体	取代基性质	应用情况	单体	取代基性质	应用情况
乙烯		工业化	乙烯基咔唑	推、吸电子	工业化
苯乙烯	推、吸电子	工业化	乙烯基吡咯烷酮	推、吸电子	工业化
氯乙烯	吸电子	工业化	乙烯酯	推电子	工业化
丁二烯	吸电子	工业化	丙烯酸酯	吸电子	工业化
异戊二烯	推、吸电子	工业化	甲基丙烯酸甲酯	推、吸电子	工业化
氯丁二烯	推、吸电子	工业化	α-氯代丙烯酸酯	吸电子	能聚合
α-甲基苯乙烯	推、吸电子	能聚合	丙烯酸酐	吸电子	能聚合
偏二氯乙烯	吸电子	工业化	羟甲基乙烯酮	吸电子	能聚合
氟乙烯	吸电子	工业化	丙烯腈	吸电子	工业化
四氟乙烯	吸电子	工业化	亚甲基丙二腈	吸电子	工业化

单体反应活性的影响因素

2. 单体的反应活性

结构不同的单体即使都能够发生自由基聚合反应，但聚合的活性肯定是不相同的。不同单体的聚合活性由不同单体与同一种自由基发生反应时的反应速率常数比较得出。

从表 3-3 的数据可以得出，除了苯乙烯自由基的数据较为特殊以外，其他自由基均为苯乙烯单体活性最高，乙酸乙烯酯的活性最低。

表3-3 不同单体-自由基链增长速率常数

单体	自由基				
	苯乙烯	甲基丙烯酸甲酯	丙烯腈	丙烯酸甲酯	乙酸乙烯酯
苯乙烯	145	1550	49000	14000	230000
甲基丙烯酸甲酯	276	705	13100	4180	154000
丙烯腈	435	578	1960	2510	46000
丙烯酸甲酯	203	376	1310	2090	23000
乙酸乙烯酯	2.9	35	230	230	2300

单体的聚合活性与其结构密切相关，是由它反应生成的自由基稳定性来决定的。

例如，苯乙烯单体形成的苯乙烯自由基，由于自由基上的独电子与苯环产生共轭效应，且苯环的共轭能力较强，因此苯乙烯自由基能量很低，非常稳定，那么苯乙烯就有较强的倾向生成苯乙烯自由基，即反应活性较高。

相对应的，对于乙酸乙烯酯来说，由于乙酸乙烯酯自由基不存在共轭效应，因而自由基比较活泼，所以乙酸乙烯酯单体就比较稳定。

值得注意的是，表3-3中的每一列表示的是不同单体与同一自由基反应的速率，实际上单体在发生均聚的时候，是单体与相对应的自由基本身发生反应的。例如，从表3-3中的数据可以得知，同时与苯乙烯自由基发生反应时，苯乙烯单体的活性是乙酸乙烯酯活性的50倍；但乙酸乙烯酯均聚的活性却是苯乙烯均聚活性的16倍（2300/145）。这是由于虽然苯乙烯单体的活性是乙酸乙烯酯单体活性的50倍左右，但乙酸乙烯酯自由基的活性是苯乙烯自由基活性的800倍以上，因此就总的均聚活性来说，乙酸乙烯酯要比苯乙烯高得多。

三、自由基聚合反应的引发剂

除单体以外，自由基聚合中另一个不可或缺的成分是"自由基"。自由基可以在光、热、引发剂的作用下产生，其中最普遍的是在引发剂的作用下产生。

1. 引发剂的种类

引发剂，是一类容易分解产生自由基的化合物，可以用于引发烯类单体的自由基聚合。由于自由基聚合的工业化应用极为广泛，自由基聚合引发剂的种类也较为丰富。如果按照引发剂的分子结构分类，可以将引发剂分为偶氮类、过氧类和氧化还原类；如果按照引发剂的溶解性能分类，则可以分为水溶性引发剂和油溶性引发剂。

（1）偶氮类引发剂 偶氮类引发剂是一类分子结构中含有偶氮基团（—N=N—）的，能够均裂产生偶氮自由基的化合物，表3-4列出了常见的偶氮类引发剂偶氮二异庚腈（ABVN）和偶氮二异丁腈（AIBN），其中AIBN的用途更为广泛。

偶氮类引发剂的分解几乎全部是一级反应，如果偶氮基团两边连接的基团相同，则只会生成一种自由基。偶氮类引发剂在分解过程中会生成氮气，因此可以用于测定引发剂分解速率，在工业上也可以用作泡沫塑料的发泡剂。

绝大多数偶氮类引发剂属于油溶性引发剂。为了满足某些特殊情况下的需要，研究人员通过将亲水性基团引入引发剂，也可以开发出水溶性较好的偶氮类引发剂，扩大了偶氮类引发剂的使用范围。

自由基聚合的
单体

引发剂的
分类方法

偶氮类引发
剂的引发
方式

表3-4 常用的偶氮类引发剂

符号	结构式与分解反应	$t_{1/2}=10h$ 的分解温度 /℃
ABVN	$(CH_3)_2CHCH_2\overset{\underset{\displaystyle CN}{\displaystyle CH_3}}{\underset{}{C}}{-}N{=}N{-}\overset{\underset{\displaystyle CN}{\displaystyle CH_3}}{\underset{}{C}}{-}CH_2CH(CH_3)_2 \longrightarrow$ （偶氮二异庚腈） $2(CH_3)_2CHCH_2\overset{\underset{\displaystyle CN}{\displaystyle CH_3}}{\underset{}{\overset{\cdot}{C}}} + N_2\uparrow$	52
AIBN	$CH_3\overset{\underset{\displaystyle CN}{\displaystyle CH_3}}{\underset{}{C}}{-}N{=}N{-}\overset{\underset{\displaystyle CN}{\displaystyle CH_3}}{\underset{}{C}}{-}CH_3 \longrightarrow 2CH_3\overset{\underset{\displaystyle CN}{\displaystyle CH_3}}{\underset{}{\overset{\cdot}{C}}} + N_2\uparrow$ （偶氮二异丁腈）	64

（2）过氧类引发剂 过氧类引发剂是一种含有过氧基团（—O—O—），能够均裂产生自由基的化合物。过氧类引发剂的种类很多，如果按照溶解性来分类，可以分为有机过氧引发剂（油溶性）和无机过氧引发剂（水溶性）两类。

在有机过氧化物引发剂中，过氧化二苯甲酰（BPO）是最常用的一种，活性与AIBN相当。其分子式为：

（过氧化二苯甲酰分子式，标注 δ^+、δ^- 电荷）

根据过氧基团上连接的取代基不同，引发剂的活性也有很大差别。总体上可以认为，当连接的取代基为碳酸酯基团时，引发剂活性最高；酰基次之；取代基为烷基时，活性最低。表3-5中列出了常用有机过氧化物引发剂的分解方式，可以看出大多数有机过氧化物引发剂分解时会产生二氧化碳。

表3-5 常用的有机过氧化物引发剂

符号	结构式与分解反应	$t_{1/2}=10h$ 的分解温度 /℃
BPO	（过氧化二苯甲酰）分解生成 $2\,C_6H_5COO\cdot \longrightarrow 2\,C_6H_5\cdot + 2CO_2\uparrow$	73
MBPO	（过氧化二甲苯甲酰）分解生成甲苯基自由基 $\cdot + 2CO_2\uparrow$	65
LPO	$CH_3(CH_2)_{10}\overset{\underset{\displaystyle O}{}}{C}{-}O{-}O{-}\overset{\underset{\displaystyle O}{}}{C}(CH_2)_{10}CH_3 \longrightarrow 2CH_3(CH_2)_{10}\overset{\underset{\displaystyle O}{}}{C}O\cdot$ （过氧化月桂酰） $\overset{\cdot}{C}_{11}H_{23} + 2CO_2\uparrow$	69
BPP	$(CH_3)_3CC{-}O{-}O{-}C(CH_3)_3 \longrightarrow (CH_3)_3\overset{\cdot}{C}\cdot + (CH_3)_3C{-}O\cdot + CO_2\uparrow$ （过氧化叔戊酸叔丁酯）	55

常见的无机过氧化物引发剂是过硫酸钾（KPS）和过硫酸铵（APS）。如 KPS 的分解反应如下：

$$KO-\overset{O}{\underset{O}{S}}-O-O-\overset{O}{\underset{O}{S}}-OK \longrightarrow 2KO-\overset{O}{\underset{O}{S}}-O\cdot$$

无机过氧化物引发剂是水溶性的引发剂，可以用于水溶液自由基聚合、乳液聚合等以水为分散介质的自由基聚合场景。

【3】氧化还原引发体系　氧化还原引发体系一般由氧化性物质与还原性物质组成，它们之间能够发生氧化还原反应，通过电子转移生成自由基，进而引发自由基聚合。氧化还原引发体系的反应活化能较低，因此引发聚合的速度较快，能够在比较低的温度下引发聚合。如表 3-6 所示，由过氧化氢和亚铁盐组成的引发体系，在 5℃ 左右就能够产生自由基，引发自由基聚合。

氧化还原引发体系的引发方式

表3-6　常见的氧化还原引发体系

性质	氧化剂	还原剂	电子转移反应示例	使用温度/℃
水溶性	过氧化氢	Fe^{2+}，$Na_2S_2O_8$，$NaHSO_4$，Na_2SO_3	$H_2O_2+Fe^{2+} \longrightarrow Fe^{3+}+OH^-+HO\cdot$	−10~20
	过硫酸钾 过硫酸铵	Fe^{2+}，$Na_2S_2O_8$，$NaHSO_4$，硫醇	$S_2O_8^{2-}+Fe^{2+} \longrightarrow Fe^{3+}+SO_4^{2-}+SO_4\cdot$ $S_2O_8^{2-}+HSO_3^- \longrightarrow SO_4^{2-}+SO_4\cdot+HSO_3$	
	氢过氧化物	Fe^{2+}，EDTA 钠盐，吊白块（SFS）	$R-O-O-H+Fe^{2+} \longrightarrow Fe^{3+}+OH^-+RO\cdot$	
	氯酸钠	亚硫酸	$ClO_3^-+H_2SO_3 \longrightarrow OClO^-+HSO_3\cdot+HO\cdot$	
油溶性	氢过氧化物、过氧化二烷基、过氧化二酰基	叔胺，脂肪酸亚铁盐，环烷酸亚铁盐，有机亚铁盐，萘酸亚铜		−10~20
			$C_{11}H_{23}-\overset{O}{C}-O-O-\overset{O}{C}-C_{11}H_{23} + (C_5H_{11}COO)_2Fe^{2+}$ $\longrightarrow C_5H_{11}COO-Fe^{3+} + C_{11}H_{23}-\overset{O}{C}-O\cdot$	−20~20

2. 引发剂的引发效率

引发剂引发效率的定义与影响因素

理想情况下，引发剂分解产生的自由基会进攻单体，引发自由基聚合。但在大量实践中，研究人员发现，实际引发自由基聚合的自由基数量往往少于引发剂分解产生的自由基数量。将引发自由基聚合的自由基数量与引发剂分解产生的自由基数

自由基聚合的
引发剂（上）

量的比值定义为引发效率，用字母 f 表示。

一般来说，引发剂的引发效率与引发剂的性质、单体性质和反应环境有关，通常在 0.3～0.8 之间。造成实际参与引发的自由基数量偏少的原因有很多，主要有笼蔽效应与诱导分解。

笼蔽效应的
定义

（1）笼蔽效应　笼蔽效应是指，引发剂分解形成的两个自由基处在周围分子（如溶剂、单体等）形成的"笼子"中，两个自由基极易相互碰撞发生副反应，导致自由基被白白消耗掉。例如，偶氮二异丁腈在分解过程中有可能发生下列副反应：

$$(CH_3)_2\underset{CN}{C}-N=N-\underset{CN}{C}(CH_3)_2 \longrightarrow 2(CH_3)_2\underset{CN}{C}\cdot \ + \ N_2\uparrow \ \begin{cases} \longrightarrow (CH_3)_2\underset{CN}{C}-\underset{CN}{C}(CH_3)_2 \\ \longrightarrow (CH_3)_2C=C=N-\underset{CN}{C}(CH_3)_2 \end{cases}$$

（2）诱导分解　诱导分解是指引发剂分解产生的自由基与引发剂反应，使原来的自由基终止，同时产生一个新的自由基的反应。从描述中可知，在反应的前后，消耗了一个自由基与一个引发剂分子，却只生成了一个自由基，即白白消耗了引发剂，却没有产生自由基。

诱导分解的
定义与影响

偶氮类引发剂一般不发生或很少发生诱导分解，过氧类引发剂较容易发生诱导分解现象，例如过氧化二苯甲酰发生诱导分解的方程式如下：

$$M_x\cdot \ + \ C_6H_5\underset{O}{C}-O-O-\underset{O}{C}C_6H_5 \longrightarrow C_6H_5\underset{O}{C}-O\cdot \ + \ M_xO-\underset{O}{C}C_6H_5$$

3. 引发剂分解动力学

引发剂分解
反应速率的
计算

自由基聚合的引发剂种类繁多，性质也天差地别。为了计算不同引发剂的引发速率，需要先搞清楚引发剂分解的反应类型。大多数情况下，引发剂分解不需要其他反应物的参与，为一级反应，分解反应的速率与引发剂浓度一次方成正比，表达式可以写为：

$$R_d = k_d[I] \tag{3-1}$$

式中，k_d 为引发剂的分解速率常数，s^{-1}。其是引发剂的一种固有属性。k_d 越大，引发剂的分解速率越快，引发剂的活性越高。

若取反应开始时引发剂的初始浓度为 $[I]_0$，反应至 t 时刻的引发剂浓度为 $[I]$，对式（3-1）进行积分，可得：

$$\ln \frac{[I]}{[I]_0} = -k_d t \tag{3-2}$$

简化得：

$$\frac{[I]}{[I]_0} = e^{-k_d t} \tag{3-3}$$

如果想要计算引发剂分解至初始浓度一半所需的时间，即 $\frac{[I]}{[I]_0}=0.5$，代入式（3-3）中，可得：

$$t_{1/2} = \frac{\ln 2}{k_d} = \frac{0.693}{k_d} \tag{3-4}$$

该式表明，特定引发剂分解至初始浓度的一半所需的时间为一个常数，与引发剂的初始浓度无关，这个时间可以被定义为引发剂的半衰期，以符号$t_{1/2}$来表示。

半衰期是自由基聚合引发剂的一个非常重要的特性参数，被广泛用于衡量引发剂的活性，表3-7列出了常见引发剂的半衰期。

半衰期的定义及常见引发剂的半衰期

表3-7 常见引发剂的半衰期

引发剂	反应温度/℃	溶剂	分解速率常数 k_d/s^{-1}	半衰期 $t_{1/2}/h$	分解活化能/（kJ/mol）	储存温度/℃	一般使用温度/℃
过氧化苯甲酰	49.4 61.0 74.8 100.0	苯乙烯	5.28×10^7 2.58×10^7 1.83×10^6 4.58×10^6	364.5 74.6 10.5 0.42	124.3	25	60～100
	60.0 80.0 85.0	苯	2.0×10^6 2.5×10^6 8.9×10^6	96.0 7.7 2.2			
偶氮二异丁腈	70 80 90 100	甲苯	4.0×10^{-5} 1.55×10^{-4} 4.86×10^{-4} 1.60×10^{-3}	4.8 1.2 0.4 0.1	121.3	10	50～90
偶氮二异庚腈	69.8 80.2	苯	1.98×10^4 7.1×10^4	0.97 0.27	121.3	0	20～80
过硫酸钾	50 60 70	0.1mol/L KOH	9.1×10^{-7} 3.16×10^{-6} 2.33×10^{-6}	212 61 8.3	140	25	（常与还原剂一起使用） 50

4. 引发剂的选择

总的来说，引发剂的选择需要考虑的因素很多，也没有固定的选择标准，但一般遵循以下原则：

引发剂的选择原则

从聚合反应的实施方法考虑，确定应选用水溶性引发剂还是油溶性引发剂。例如，对于本体聚合、悬浮聚合，一般采用油溶性的引发剂；对于乳液聚合，一般采用水溶性的引发剂；溶液聚合则需要根据溶剂的性质来判断。

从聚合的温度考虑，应当选用半衰期与聚合时间同数量级或相当的引发剂。例如，对于聚合温度较高的反应，可以选用中低活性，即半衰期较长的引发剂；对于聚合温度较低的反应，可以选用较高活性，即半衰期较短的引发剂。由于自由基聚合反应速率的特征是前期反应速度较慢，中期反应速度快，后期反应速度又较慢。为了平抑反应速率的波动，在工业生产中常采用高活性引发剂与低活性引发剂组成的复合引发剂，前期由高活性引发剂提供一定的反应速率，中期则需要低活性引发剂来平缓反应。

从反应的稳定性来考虑，引发剂除了引发单体聚合外，不能与体系内其他物质起反应。

除此以外，还需要考虑引发剂是否易对产品造成着色、是否具有毒性、贮存与运输时是否安全等。总而言之，引发剂的选用需要综合考虑，在某个方面有明显缺陷的引发剂一般不采用。

引发剂的用量一般需要经过大量实验确定，但一般用量在单体量的0.01%～0.5%，根据引发剂的活性与反应性质有一定差异。

自由基聚合的引发剂（下）

自由基聚合反应的机理

上一节学习了自由基聚合所需的单体和引发剂，这一节将对自由基聚合的机理进行详细讨论。

链引发反应的过程

一、链引发

链引发是链式反应中最初的一步，也是最关键的一步。链引发过程是单体分子在光、热、引发剂等外界条件的作用下，形成单体自由基的过程。

形成单体自由基的基元反应，由两步组成。

初级自由基的形成：引发剂分子发生均裂，生成两个初级自由基。反应以下列通式表示：

$$\underset{\text{引发剂}}{\text{I}} \xrightarrow[\text{或离解}]{\text{分解}} \underset{\text{初级自由基}}{\text{R·}}$$

单体自由基的形成：初级自由基和单体发生加成反应，生成单体自由基。反应以下列通式表示：

$$\text{R·} + \underset{\overset{|}{\text{X}}}{\text{H}_2\text{C=CH}} \longrightarrow \underset{\overset{|}{\text{X}}}{\text{R-CH}_2\text{-CH·}}$$
$$\text{单体自由基}$$

两步反应的性质有较大差异。其中，初级自由基的形成反应是一个吸热反应，反应活化能较高，因此反应速率较慢；而单体自由基的形成反应是一个放热反应，活化能较低，反应速率较快。总的来说，第一步反应的速率决定了整个链引发反应的速率。

二、链增长

在链引发过程中形成的单体自由基，继续和单体分子作用生成长链自由基的过程就叫作链增长反应。链增长反应的通式如下：

链增长反应的过程与通式

$$\text{RM·} + \text{M} \xrightarrow{k_{p1}} \text{RM}_2\text{·}$$
$$\text{RM}_2\text{·} + \text{M} \xrightarrow{k_{p2}} \text{RM}_3\text{·}$$
$$\vdots$$
$$\text{RM}_j\text{·} + \text{M} \xrightarrow{k_{pj}} \text{RM}_{j+1}\text{·}$$

或 $$\text{RM·} + j\text{M} \xrightarrow{k_p} \text{RM}_{j+1}\text{·}$$

从通式中我们可以看出，链增长反应实际就是自由基不断和单体发生反应，使聚合物链不断增长，并最终生成较高分子量的聚合物活性链的过程。

链增长反应的热效应与连接方式

链增长反应与单体自由基形成的反应类似，也是一个放热反应，活化能低（为$16\sim41\text{kJ/mol}$），因此反应速率较快，聚合物链的长度在几秒内就可以达到成千上万，反应体系内基本不存在中间产物。

　　由于聚合反应速度快，放热量巨大，因此在设计反应体系的时候，必须要考虑好体系的散热问题，否则可能会导致热量聚集，温度急剧升高，影响生产安全。

　　在链增长的过程中，由于烯类单体双键上连接的取代基不一定相同，因此大分子链形成过程可能存在三种形式：

$$头-尾连接 \quad \sim CH_2-CH-CH_2-CH\sim$$
$$X \qquad\quad X$$

$$头-头连接 \quad \sim CH_2-CH-CH-CH_2\sim$$
$$X \quad X$$

$$尾-尾连接 \quad \sim CH-CH_2-CH_2-CH\sim$$
$$X \qquad\qquad X$$

　　大分子链连接方式的影响因素比较多，主要取决于自由基进攻单体后形成单体自由基的稳定性以及取代基之间的空间位阻这两个因素。

　　以甲基丙烯酸甲酯为例，作为单体被自由基进攻时，生成的单体自由基有两种可能的结构。由于取代基的吸电子效应和共轭效应，当自由基独电子与取代基相连时，能量更低，因此更易于形成此种自由基。

$$\begin{matrix} CH_2-\overset{\cdot}{C}H \\ COOCH_3 \end{matrix} < \begin{matrix} \overset{\cdot}{C}H-CH_2 \\ COOCH_3 \end{matrix}$$

　　从空间位阻的角度来考虑，当连接方式为头 - 头连接或尾 - 尾连接时，必然会出现相邻的两个碳原子上都连接取代基的情况，相比之下，当连接方式为头 - 尾连接时，高分子链上每隔一个碳原子才会连接取代基。

　　综合以上两种因素考虑，自由基聚合中链增长的形式主要以头 - 尾连接为主。

自由基聚合的
机理（上）

三、链终止

　　在自由基聚合的过程中，由于自由基的能量极高，因此会有互相结合而形成稳定的、低能量的分子的倾向。这种长链自由基失去活性而形成稳定聚合物的反应就被称作链终止反应。由于自由基聚合的链终止反应是由两个自由基互相结合而发生的，也叫作双基终止反应。

链终止反应
的过程与
特点

　　链终止反应是一个双分子反应，反应活化能非常低，为 $8\sim21kJ/mol$，个别聚合反应的链终止活化能甚至为零，因此链终止反应的速率极快。

？想一想

　　为什么链终止的反应速率大于链增长，自由基聚合还能顺利形成大分子链呢？

链终止时活
性链的结合
方式

　　双基终止又可以分为偶合终止和歧化终止两种方式：

$$\sim CH_2-\overset{\cdot}{C}H + \overset{\cdot}{C}H-CH_2\sim \begin{cases} 偶合 \longrightarrow \sim CH_2-CH-CH-CH_2\sim \\ \qquad\qquad\qquad Cl \quad Cl \\ 歧化 \longrightarrow \sim CH_2-CH_2 + CH=CH\sim \\ \qquad\qquad\qquad Cl \qquad\quad Cl \end{cases}$$
$$Cl \qquad Cl$$

　　偶合终止时，两条自由基活性链结合形成一条聚合物链，所得大分子的聚合度是链自由基重复单元数的两倍；如果采用引发剂引发聚合，那么所得大分子的两端均为引发剂的残基。

　　歧化终止时，两条自由基活性链会交换部分原子，得到两条新的聚合物链，所得大分子的聚合度与链自由基重复单元数相当；如果采用引发剂引发聚合，所得的每个大分子只有一端为引发剂的残基，并且，一个大分子的端基是饱和结构，另一个大分子的端基是不饱和结构。

　　不同的自由基聚合体系的终止方式也是不同的，取决于具体的反应条件，如表3-8所示。一般来说，由于歧化终止反应的活化能比较高，随着反应温度的升高，歧化终止的比例会有一定提升。

表3-8　自由基聚合的终止方式（60℃）

单体	偶合终止 /%	歧化终止 /%
丙烯腈	约100	0
苯乙烯	77	23
甲基丙烯酸甲酯	21	79
乙酸乙烯酯	0	约100

四、链转移

链转移反应的不同方式及影响

　　由于链自由基的活性很高，它除了能与单体发生链增长反应、与其他自由基发生链终止反应以外，还可以从单体、引发剂、溶剂或大分子链上夺取原子而终止，并把电子转移给失去原子的分子，使其形成新的自由基，这一过程称为链转移。链转移反应的通式可以写作：

$$\sim CH_2\text{-}CH\cdot + AB \longrightarrow \sim CH_2\text{-}CHA + B\cdot$$
$$\quad\quad X \quad\quad\quad\quad\quad\quad\quad\quad X$$

　　（1）向单体转移　原长链自由基将电子转移到单体上并终止，单体则形成了新的自由基。在这一过程中，由于自由基的数量和种类均未发生变化，因此可以认为聚合速率也没有发生变化；但由于原长链自由基提前终止，造成产物的平均聚合度下降。如：

$$\sim CH_2\text{-}CH\cdot + CH_2\text{=}CH \longrightarrow \begin{cases} \sim CH_2\text{-}CH_2 + CH_2\text{=}C\cdot \\ \quad Cl \quad\quad\quad\quad Cl \\ \sim CH_2\text{=}CH + CH_2\text{-}CH\cdot \\ \quad Cl \quad\quad\quad\quad Cl \end{cases}$$

　　（2）向引发剂转移　原长链自由基将电子转移给引发剂分子并提前终止，并使引发剂产生诱导分解，产生一个新的初级自由基。新产生的自由基可以继续引发单体聚合，因此聚合速率基本不变；但诱导分解使产生的自由基数量减少，造成引发效率降低。反应形式如下：

$$\sim CH_2\text{-}CH\cdot + R\text{-}R \longrightarrow \sim CH_2\text{-}CHR + R\cdot$$
$$\quad\quad Cl \quad\quad\quad\quad\quad\quad\quad Cl$$

?　想一想

发生向引发剂转移的反应时，会导致聚合产物的分子量怎样变化？

（3）向溶剂转移　在部分含有溶剂的聚合体系中，长链自由基将电子转移给溶剂分子，提前终止形成稳定大分子，同时溶剂分子分解形成新的自由基，反应形式如下：

$$\underset{\substack{|\\Cl}}{\sim CH_2-CH\cdot} + S-Y \longrightarrow \underset{\substack{|\\Cl}}{\sim CH_2-CHY} + S\cdot$$

向溶剂转移的结果，会导致聚合速率发生变化，平均聚合度降低。

?　想一想

为什么向单体转移和向引发剂转移不会导致聚合速率变化，但向溶剂转移会导致聚合速率变化？向溶剂转移时，聚合速率如何变化？

（4）向大分子链转移　当自由基聚合反应进行一段时间后，体系内大分子链的浓度提高，长链自由基有可能向大分子链发生转移，使大分子链上产生新的活性位点并继续增长，在大分子链上形成支链。反应形式如下：

$$\underset{\substack{|\\X}}{\sim CH_2-CH\cdot} + \underset{\substack{|\\X}}{\sim CH_2-CH\sim} \longrightarrow \underset{\substack{|\\X}}{\sim CH_2-CH_2} + \underset{\substack{|\\X}}{\sim CH_2-\overset{\cdot}{C}\sim}$$

$$\underset{\substack{|\\X}}{\sim CH_2-\overset{\cdot}{C}\sim} + n\underset{\substack{|\\X}}{CH_2=CH} \longrightarrow \underset{\substack{|\\X\\|\\(CH_2-CH)_{n-1}CH_2-CH\cdot\\|\qquad\qquad\quad|\\X\qquad\qquad\quad X}}{\sim CH_2-\overset{\;}{C}\sim}$$

【知识拓展】
链转移反应对
产物分子量的
影响

自由基聚合的
机理（下）

单元三　自由基聚合反应动力学

上一节学习了自由基聚合反应的基元反应，明白了自由基聚合反应是如何发生的。本节将根据自由基聚合的详细步骤，来推导自由基聚合全过程的反应速率。

根据自由基聚合过程中转化率的变化，自由基聚合反应动力学可以分为微观动力学和宏观动力学两个部分，其中微观动力学主要研究较低转化率下的聚合速率、分子量与引发剂浓度、单体浓度、聚合温度等因素的定量关系；宏观动力学主要研究较高转化率下，凝胶效应对聚合产生的影响。

一、自由基聚合反应微观动力学

1. 一般情况下的微观动力学方程

在不考虑链转移的情况下，如果将反应速率 R 定义为单体的消耗速率，则可以

微观动力学
方程的推导
过程

得到：

$$R = -\frac{\mathrm{d}[M]}{\mathrm{d}t} \tag{3-5}$$

由于在自由基聚合的全过程中，只有链引发和链增长两步是消耗单体的，上式可以改写为：

$$R = -\frac{\mathrm{d}[M]}{\mathrm{d}t} = R_i + R_p \tag{3-6}$$

聚合度很大假设对微观动力学方程的影响

式中，R_i表示链引发反应速率；R_p表示链增长反应速率。

为了简化微观动力学方程，需要作出以下假设。

（1）聚合度很大假设　由于自由基聚合产物的聚合度往往都比较大，因此对于一条链来说，链增长所消耗的单体远远大于链引发所消耗的单体，因此可以将式（3-6）改写为：

$$R = R_i + R_p \approx R_p \tag{3-7}$$

根据链增长反应的反应通式，可以写出链增长反应速率的表达式：

$$R_p = k_p[M][M\cdot] \tag{3-8}$$

式中，k_p表示链增长反应的反应速率常数。

在整个聚合体系中，由于每一步链增长反应都会产生新的自由基（链长不同），因此式（3-8）可以写为多步链增长反应速率之和：

$$R_p = k_{p1}[M][M_1\cdot] + k_{p2}[M][M_2\cdot] + \cdots + k_{pn}[M][M_n\cdot] \tag{3-9}$$

为了简化计算过程，需要作出以下假设。

自由基等活性假设对微观动力学方程的影响

（2）自由基等活性假设　由于聚合体系内各自由基的种类相同，仅有链长度的差别，因此可以假设每种自由基的活性相同，则上式简化为：

$$R_p = k_p[M]([M_1\cdot] + [M_2\cdot] + \cdots + [M_n\cdot]) = k_p[M][M\cdot] \tag{3-10}$$

对某个特定的聚合体系来说，反应速率常数k_p和单体浓度[M]较易获得，但由于自由基性质活泼，寿命较短，很难直接计算或检测出自由基的浓度。为了便于计算，作出第三个假设。

稳态假设对微观动力学方程的影响

（3）稳态假设　在自由基聚合过程中，自由基的浓度保持稳定不变。在自由基聚合的整个过程中，影响自由基浓度的反应只有链增长反应和链终止反应，即稳态假设也可以表达为，链增长反应的速率与链终止反应速率相等（$R_i = R_t$）。

根据链引发与链终止反应的方程式，可以写出这两个基元反应的速率表达式：

$$R_i = 2fk_d[I] \tag{3-11}$$

$$R_t = 2k_t[M\cdot]^2 \tag{3-12}$$

联立两式可得：

$$[M\cdot] = \left(\frac{R_i}{2k_t}\right)^{\frac{1}{2}} = \left(\frac{fk_d[I]}{k_t}\right)^{\frac{1}{2}} \tag{3-13}$$

将式（3-13）代入式（3-12）中，可得：

$$R_p = k_p\left(\frac{fk_d}{k_t}\right)^{\frac{1}{2}}[I]^{\frac{1}{2}}[M] \tag{3-14}$$

式（3-14）表明，自由基聚合的速率与引发剂浓度的二分之一次方成正比，与单体浓度的一次方成正比。

需要说明的是，式（3-14）是在引发剂引发，且满足三个假设的情况下才能使用，但在实际使用中往往具有很大局限性，例如当转化率升高后，受到凝胶效应的影响，链终止速率下降，"稳态"很快就被破坏，因此只适用于低转化率的情况之下。

2. 特殊情况下的微观动力学方程

（1） 存在诱导分解时的微观动力学方程 式（3-14）是在引发剂引发，且引发剂全部正常分解时的动力学速率方程。但在实际应用中往往会偏离理想情况。例如，采用过氧化物引发时，由于存在诱导分解的情况，会使引发效率降低。存在诱导分解时，链引发的方程式为：

诱导分解对微观动力学方程的影响

$$I + M \longrightarrow R\cdot + M\cdot$$

相应的链引发速率则为：

$$R_i = 2fk_d[I][M] \tag{3-15}$$

将式（3-15）与式（3-12）联立并代入式（3-10），可得：

$$R_p = k_p\left(\frac{fk_d}{k_t}\right)^{\frac{1}{2}}[I]^{\frac{1}{2}}[M]^{\frac{3}{2}} \tag{3-16}$$

式（3-16）表明，聚合反应的速率与单体浓度的 3/2 次方成正比，与引发剂浓度的 1/2 次方成正比。

（2） 其他引发方式引发时的微观动力学方程 除了引发剂引发自由基聚合以外，还存在一些其他的引发方式，例如热引发、光引发、辐射引发等。引发方式不同时，链引发速率方程要进行相应的修订，也会导致聚合速率方程与引发剂引发时有所不同。

① 热引发。热引发聚合是指在不加引发剂的条件下，烯类单体在热的直接作用下，形成单体自由基而聚合的过程。对于热引发的机理，目前还没有定论，常见的机理包括双分子引发和三分子引发。假设按照三分子引发机理计算，则链引发速率可以写作：

热引发对微观动力学方程的影响

$$R_i = k_i[M]^3 \tag{3-17}$$

将式（3-17）与式（3-12）联立并代入式（3-10），可得：

$$R_p = k_p \left(\frac{fk_i}{k_t} \right)^{\frac{1}{2}} [\mathrm{M}]^{\frac{5}{2}} \tag{3-18}$$

此式表明，聚合速率与单体浓度的 5/2 次方成正比。

② 直接光引发。直接光引发是指单体在具有较高能量的光（例如紫外光）照射下，形成激发态单体，并引发聚合的过程。

光直接引发聚合时，链引发的方程式可以写作：

$$\mathrm{M} \xrightarrow{h\nu} \mathrm{M} \cdot \longrightarrow \mathrm{R} \cdot$$

引发速率可以写作：

$$R_i = 2\varPhi\varepsilon I_0 [\mathrm{M}] \tag{3-19}$$

式中，$\varPhi$ 表示光的引发效率；ε 表示单体的摩尔吸光系数；I_0 表示光照强度。

将上式与式（3-12）联立并代入式（3-10），可得：

$$R_p = k_p \left(\frac{\varPhi\varepsilon I_0}{k_t} \right)^{\frac{1}{2}} [\mathrm{M}]^{\frac{3}{2}} \tag{3-20}$$

此式表明，聚合速率与单体浓度的 3/2 次方成正比，与光照强度的 1/2 次方成正比。

③ 间接光引发。间接光引发是指部分引发剂可以在光照下，吸收能量分解形成自由基，并引发自由基聚合反应的过程。常见的自由基光引发剂有二苯甲酮、甲基苯丙酮等。光照引发引发剂分解的方程式可以写作：

$$\mathrm{I} \xrightarrow{h\nu} \mathrm{R} \cdot$$

引发速率可以写作：

$$R_i = 2\varPhi\varepsilon I_0 [\mathrm{I}] \tag{3-21}$$

将上式与式（3-12）联立并代入式（3-10），可得：

$$R_p = k_p \left(\frac{\varPhi\varepsilon I_0}{k_t} \right)^{\frac{1}{2}} [\mathrm{I}][\mathrm{M}] \tag{3-22}$$

此式表明，聚合速率与单体浓度、引发剂浓度成正比，与光照强度的 1/2 次方成正比。

二、自由基聚合反应宏观动力学

微观动力学速率方程可以帮我们解决在较低转化率以及较低的黏度下，聚合速率与单体浓度、引发剂浓度等参数之间的关系，但在实验室及工业生产中，需要有理论对整个聚合过程进行指导。

在整个聚合过程中，由于单体浓度、引发剂浓度、体系黏度等参数不断变化，聚合速率也是始终在变化的。根据经验，可以绘制自由基聚合转化率-时间曲线来描述整个聚合过程的速率变化。曲线的图像如图 3-1 所示。

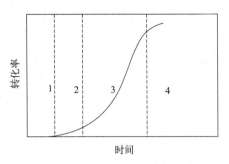

图3-1 转化率-时间曲线
1—诱导期；2—聚合初期；
3—聚合中期；4—聚合后期

宏观动力学
方程的各
阶段

典型的自由基聚合过程，可以分为诱导期、聚合初期、聚合中期和聚合后期四个阶段。聚合初期可以采用微观动力学速率方程进行研究，到了中后期就不再适用。

1. 诱导期

从图 3-1 中可以看出，当聚合处于诱导期阶段时，聚合速率为零。这是由于在这一阶段时，引发剂虽然已经开始分解，但分解产生的自由基与体系中的阻聚杂质结合而终止，无法引发单体聚合。在工业生产中，诱导期的存在会大大延长反应时间，降低生产效率，增加能耗。因此，在聚合生产之前，必须对原料进行精制提纯，尽可能清除阻聚的杂质。一般来说，聚合级单体纯度需要达到 99.8% 以上。通过提高单体浓度，诱导期能够尽可能缩短，甚至完全消除。

2. 聚合初期

阻聚杂质耗尽后，诱导期结束，由引发剂分解产生的自由基开始引发单体聚合。在这一阶段，由于高分子的浓度低，体系基本符合微观动力学假定，因而反应速率较为平稳。这一阶段的转化率一般在 20% 以下。

3. 聚合中期

随着转化率的上升，体系内的高分子浓度也逐渐升高，造成体系黏度升高。黏度升高后，聚合物活性链的运动受阻，根据分子碰撞理论，聚合物活性链之间碰撞机会的减少会导致双基终止难以发生。而单体分子受到的影响较小，因而链增长反应速率几乎不受影响。根据式（3-16），链增长速率几乎不变而链终止速率减小，会导致聚合反应速率 R_p 大幅上升。这一现象被称作凝胶效应或自动加速现象。图 3-2 展示出了 MMA 的转化率 - 时间的关系，可以看到普遍会出现自动加速现象。

自动加速现
象的产生
原因

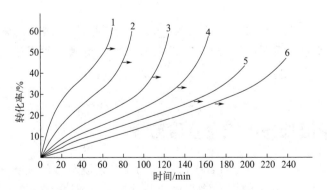

图3-2 MMA聚合的转化率-时间关系
引发剂浓度为：1—5.15×10^{-3}g/L；2—3.11×10^{-3}g/L；3—1.56×10^{-3}g/L；
4—1.04×10^{-3}g/L；5—0.52×10^{-3}g/L；6—0.41×10^{-3}g/L

　　自动加速现象会导致活性链自由基的寿命变长，聚合体系黏度增大，温度急剧升高，聚合产物分子量增大，分布变宽。自动加速现象会导致反应体系大量放热，如果不能把热量及时移出，会导致爆聚，甚至完全失控。因此，在聚合生产过程中必须采取措施避免或推迟自动加速现象的产生，使聚合速率控制在一定范围内。

　　在非均相聚合体系中，由于聚合产生的高分子链不溶于单体与溶剂中，受到来自溶剂和单体的强烈排斥作用而相互缠结，以固态形式沉淀出来，链自由基被包裹在聚合物线团内部，并且包裹程度远超凝胶效应。在这种情况下，自动加速现象从聚合刚开始时就会出现。

　　控制自动加速现象的措施主要是降低反应体系的黏度，例如采用溶液聚合或乳液聚合的方式，如图3-3所示，当单体浓度下降到40%时，几乎不会出现自动加速效应。

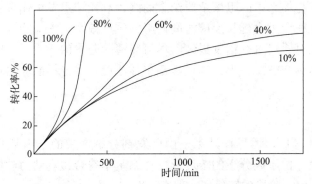

图3-3　甲基丙烯酸甲酯在不同浓度聚合时的自动加速
曲线附近数字代表单体浓度

4. 聚合后期

　　到了聚合后期，体系黏度相比聚合中期来说更大，使链终止速率常数 k_t 下降更明显，但此时单体也难以移动，链增长速率常数 k_p 也出现显著下降。同时单体接近耗尽，因此聚合速率会迅速下降，直至完全停止。

 思政园地

　　在工作和生活中，谁都不可避免地会遇到"诱导期"。身处"诱导期"时，付出的努力好像都是"无用功"，但这只是表面现象，要相信所有努力都是在为之后的"加速"积攒动力。

自由基聚合的
宏观动力学
研究

三、动力学链长与平均聚合度方程

　　上两节主要讨论了自由基聚合中微观动力学和宏观动力学，解决的是聚合速率的理论指导问题。在实际的聚合物生产过程中，除了聚合速率外，聚合物的聚合度也是一个非常重要的参数。要计算聚合物的聚合度，就要先引出动力学链长的概念。

1. 动力学链长

动力学链长是指一条活性链从引发到终止所消耗的单体数量，用符号 ν 表示。根据定义可知，在没有链转移反应，且自由基数量稳定时，动力学链长可以用链增长速率与链引发速率或链终止速率的比值计算而来：

$$\nu = \frac{R_p}{R_i} = \frac{R_p}{R_t} \tag{3-23}$$

将式（3-10）与式（3-11）代入式（3-23），可得：

$$\nu = \frac{k_p[M]}{2k_t[M\cdot]} = \frac{k_p^2[M]^2}{2k_t R_p} \tag{3-24}$$

该式表明，动力学链长与单体浓度的二次方成正比，与聚合速率成反比。

将式（3-16）代入式（3-24），可得：

$$\nu = \frac{k_p}{2(fk_d k_t)^{1/2}} \frac{[M]}{[I]^{1/2}} \tag{3-25}$$

该式表明，动力学链长与单体浓度成正比，与引发剂浓度的 1/2 次方成反比。在不同的引发方式下，动力学链长的方程也是不相同的，如表 3-9 所示。

表3-9　各种引发方式下的动力学链长

引发方式	引发速率方程 R_i	动力学链长 ν
引发剂引发	$2fk_d[I]$	$\dfrac{k_p}{2(fk_d k_t)^{1/2}} \dfrac{[M]}{[I]^{1/2}}$
	$2fk_d[I][M]$	$\dfrac{k_p}{2(fk_d k_t)^{1/2}} \dfrac{[M]^{1/2}}{[I]^{1/2}}$
热引发	$k_i[M]^2$	$\dfrac{k_p}{(2fk_d k_t)^{1/2}}$
	$k_i[M]^3$	$\dfrac{k_p}{(2fk_d k_t)^{1/2}} \dfrac{1}{[M]^{1/2}}$
直接光引发	$2\phi\varepsilon I_0[M]$	$\dfrac{k_p}{2(\phi\varepsilon I_0 k_t)^{1/2}}[M]^{1/2}$
	$2\phi\varepsilon I_0[I]$	$\dfrac{k_p}{2(\phi\varepsilon I_0 k_t)^{1/2}} \dfrac{1}{[M]^{1/2}}$

2. 平均聚合度方程

聚合物平均聚合度与动力学链长的关系，取决于链终止的方式。根据定义，动力学链长是活性链从引发到终止消耗的单体数，即活性链的长度，当自由基活性链发生偶合终止时，平均聚合度为动力学链长的两倍，即：

$$\overline{X}_n = 2\nu \tag{3-26}$$

同理，当自由基活性链发生歧化终止时，平均聚合度与动力学链长相等，即：

$$\overline{X}_n = \nu \tag{3-27}$$

当自由基活性链既发生偶合终止，又发生歧化终止时，平均聚合度则介于动力学链长与两倍动力学链长之间，取决于偶合终止和歧化终止各占的比例，表达式可以写为：

$$\overline{X}_n = \frac{v}{\dfrac{C}{2} + D} \tag{3-28}$$

式中，C 为偶合终止所占的比例；D 为歧化终止所占的比例。

链转移对平均聚合度方程的影响

3. 有链转移情况下的平均聚合度方程

上文中我们计算出的动力学链长及平均聚合度，是以无链转移反应且自由基数量保持稳定为前提推导出来的。但在实际的聚合反应中，链转移反应带来的影响是不可忽略的。

在单元二中，我们讨论了各种链转移的情况，明确了链转移反应对反应速率几乎没有影响，但对产物聚合度影响很大。因此，在讨论聚合产物的平均聚合度时，必须要加入链转移这一影响因素。

根据平均聚合度的定义，物质的平均聚合度是所有参加反应的单体数量与最终生成大分子数量的比值。

为了便于理解，在这里写出所有可能发生的链转移反应的方程式。

（1）向单体转移

$$\sim M\cdot + M \longrightarrow \sim M + M\cdot$$

该反应的速率方程可以写作：

$$R_{trM} = k_{trM}[M][M\cdot] \tag{3-29}$$

（2）向引发剂转移

$$\sim M\cdot + R{-}R \longrightarrow \sim MR + R\cdot$$

该反应的速率方程可以写作：

$$R_{trI} = k_{trI}[I][M\cdot] \tag{3-30}$$

（3）向溶剂转移

$$\sim M\cdot + S{-}Y \longrightarrow \sim MY + S\cdot$$

该反应的速率方程可以写作：

$$R_{trS} = k_{trS}[S][M\cdot] \tag{3-31}$$

（4）向大分子链转移

$$\sim M\cdot + PH \longrightarrow \sim MH + P\cdot$$

该反应的速率方程可以写作：

$$R_{trP} = k_{trP}[P][M\cdot] \tag{3-32}$$

式中，k_{trM}、k_{trI}、k_{trS}、k_{trP} 分别表示向单体、向引发剂、向溶剂、向大分子链转移的链转移反应速率常数。

则：

$$\overline{X}_n = \frac{R_p}{R_t + R_{trM} + R_{trI} + R_{trS} + R_{trP}} \tag{3-33}$$

为了便于计算，将式（3-33）取倒数得：

$$\frac{1}{\overline{X}_n} = \frac{R_t}{R_p} + \frac{R_{trM}}{R_p} + \frac{R_{trI}}{R_p} + \frac{R_{trS}}{R_p} + \frac{R_{trP}}{R_p} \tag{3-34}$$

将各式表达式代入式（3-34），可得：

$$\frac{1}{\overline{X}_n} = \frac{2k_t R_p}{k_p^2 [M]^2} + \frac{k_{trM}}{k_p} + \frac{k_{trI}}{k_p}\frac{[I]}{[M]} + \frac{k_{trS}}{k_p}\frac{[S]}{[M]} + \frac{k_{trM}}{k_p}\frac{[P]}{[M]} \tag{3-35}$$

可以发现，式中存在很多类似 $\frac{k_{trM}}{k_p}$ 的表达式，则我们可以将式子进一步简化。

令 $C_M = k_{trM}/k_p$，$C_I = k_{trI}/k_p$，$C_S = k_{trS}/k_p$，$C_P = k_{trP}/k_p$，分别表示向单体转移常数，向引发剂转移常数，向溶剂转移常数和向大分子链转移常数，则上式进一步简化为：

$$\frac{1}{\overline{X}_n} = \frac{2k_t R_p}{k_p^2 [M]^2} + C_M + C_I\frac{[I]}{[M]} + C_S\frac{[S]}{[M]} + C_P\frac{[P]}{[M]} \tag{3-36}$$

式（3-36）表明了在聚合反应的历程中，各个基元反应（链终止、链转移的不同情况）对最终产物平均聚合度的贡献，但具体贡献大小要根据具体反应来分析。特别是链转移反应，在不同的反应体系中，链转移的形式有很大区别。因此在计算具体反应的聚合度时，要针对反应实际情况来讨论。

以氯乙烯的自由基聚合为例，如果采用本体聚合，则可以认为 [S] 为 0；如果选用没有诱导分解的引发剂（例如偶氮类引发剂），则可以认为 C_I 为 0；同时，氯乙烯向单体转移的倾向比向聚合物链转移的倾向大得多，可以认为 C_P 近似为 0。因此，上式可以简化为：

$$\frac{1}{\overline{X}_n} = \frac{2k_t R_p}{k_p^2 [M]^2} + C_M \tag{3-37}$$

氯乙烯的分子中，C—Cl 键的键能较低，容易断裂，因此氯乙烯在聚合时，极易发生向单体的链转移反应，链转移速率远远超过正常的终止速率，则对于氯乙烯的聚合反应来说，平均聚合度的表达式可以写作：

$$\frac{1}{\overline{X}_n} \approx C_M \tag{3-38}$$

根据定义，C_M 值是向单体转移的速率常数与链增长速率常数之比，该参数与温度有关。聚合温度升高，C_M 升高，平均聚合度下降。

在实际生产中，研究人员也发现在生产聚氯乙烯时，产品聚合度仅与温度相关，因此，在生产上通过调节反应温度就可以较好地调整聚氯乙烯产品的聚合度。

聚合温度对聚氯乙烯的聚合度的影响

单元四 自由基聚合反应的影响因素

相比于一般小分子的化学反应，自由基聚合反应涉及的组分较多，影响因素也比较复杂。一般来说，会对聚合产生影响的因素有原料纯度、原料浓度、体系黏度、温度、压力等。

一、原料纯度

原料纯度对自由基聚合反应的影响

聚合反应的原料包括单体、引发剂、溶剂及各类助剂等，由于杂质对于诱导期的影响很大，聚合原料对纯度有非常严格的要求。例如，聚合级的乙烯要求纯度在99.8%以上，同时乙烯中一氧化碳、二氧化碳、氧气和乙炔的含量均不能超过10 ppm（$1ppm=1cm^3/m^3$）。

从杂质对聚合速率的影响来看，杂质可以分为阻聚杂质和缓聚杂质。阻聚杂质的作用是，使引发剂产生的自由基完全被捕获消灭，因而在阻聚杂质被消耗完之前，聚合无法开始；而缓聚杂质不能完全阻止聚合的发生，只能减缓聚合速率。

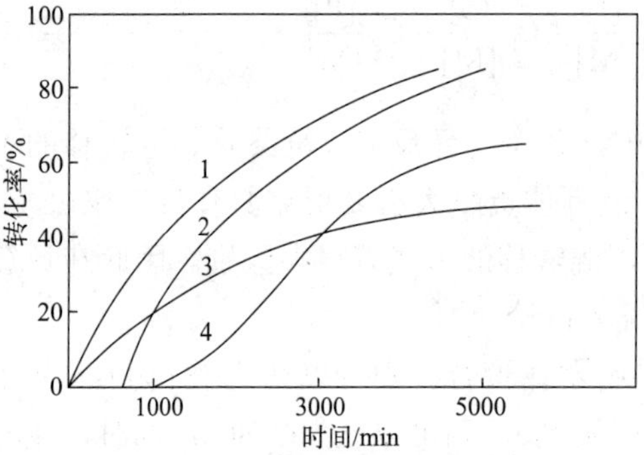

阻聚剂和缓聚剂对自由基聚合的影响

图3-4 阻聚剂或缓聚剂对苯乙烯
热聚合的影响

1—无阻聚剂；2—加入0.1%苯醌；
3—加入0.5%硝基苯；4—加入0.2%亚硝基苯

图3-4描述了苯乙烯热聚合过程中加入不同的阻聚剂或缓聚剂对反应的影响，可以看出，加入阻聚剂时，在阻聚剂完全消耗前，反应无法开始；但阻聚剂消耗完毕后，反应速率与不加阻聚剂时相似。加入缓聚剂时，反应能够正常开始，但反应速率明显低于不加入缓聚剂时的状态。

阻聚剂对聚合的作用，不能一律认为是负面影响，因为在原料的运输、储存过程中，为了避免高活性的聚合单体提前聚合，必须要加入一定量的阻聚剂。因此，阻聚剂在聚合物生产工业中的重要性不亚于引发剂。

根据阻聚剂的分子结构，可以将阻聚剂分为酚类、醌类、芳胺类、自由基类、无机化合物类以及一些特殊的阻聚剂。

1. 酚类阻聚剂

多元酚、取代酚是目前应用较为广泛的一类阻聚剂，还可以用作抗氧剂与防老剂。酚类阻聚剂必须要同时在氧的存在下才能显示出阻聚效果。常见的多元酚阻聚剂有对苯二酚、间苯三酚等，取代酚则有对叔丁基邻苯二酚、2,6-二叔丁基对甲酚等。

酚类阻聚剂的作用机理

酚类的阻聚机理为：

$$R\cdot + O_2 \longrightarrow ROO\cdot$$

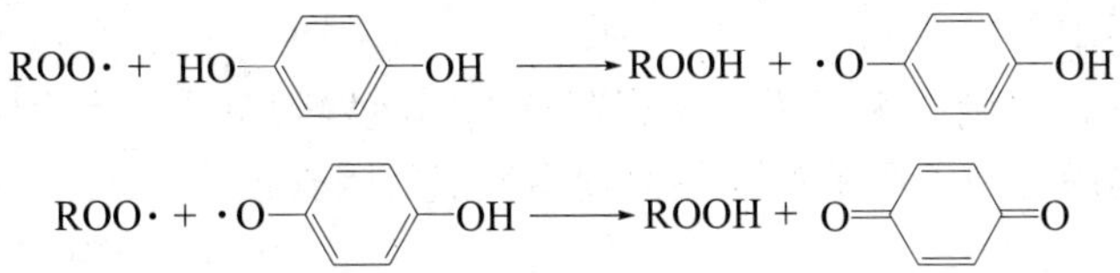
ROO· + HO
OH
ROOH + ·O
OH
ROO· + ·O
OH
ROOH + O
O

酚类的阻聚机理是酚类被过氧自由基氧化为醌类，再与链自由基结合使自由基终止。可以看出，酚类的阻聚作用实际为抗氧化作用，越容易被氧化为醌类的阻聚剂，阻聚效果越好。

2. 醌类阻聚剂

醌类阻聚剂的作用机理

醌类阻聚剂是最常用的阻聚剂之一，加入量万分之一到千分之一即可起到阻聚效果，但对不同的体系起到的效果不同。例如对苯醌在苯乙烯、乙酸乙烯酯聚合时能起到阻聚效果，但在甲基丙烯酸甲酯和丙烯酸甲酯聚合时只能起到缓聚效果。苯醌分子上的氧原子和碳原子都可以和自由基加成，然后再通过偶合或歧化形成稳定的分子。

3. 芳胺类阻聚剂

芳胺类阻聚剂的作用机理

芳胺类阻聚剂与酚类阻聚剂类似，也需要在氧的存在下才能发挥阻聚作用，因此可以用作抗氧剂和防老剂。一般来说，芳胺类阻聚剂的阻聚效果不如酚类，但如果将两类阻聚剂以一定的比例复配混合使用，往往可以起到“1+1 > 2”的效果。例如，对苯二酚和二苯胺混用，阻聚效果比其中任何一种单独使用要提高 300 倍以上。

4. 自由基类阻聚剂

自由基类阻聚剂的作用机理

自由基型阻聚剂的结构非常特殊，以 1,1- 二苯基 -2- 三硝基苯肼为例，由于其分子中强烈的共轭效应和空间位阻效应，它能够以自由基的形式稳定存在。它的化学性质十分稳定，本身不易发生化学反应，但很容易与活性自由基结合使其失去活性。反应式如下：

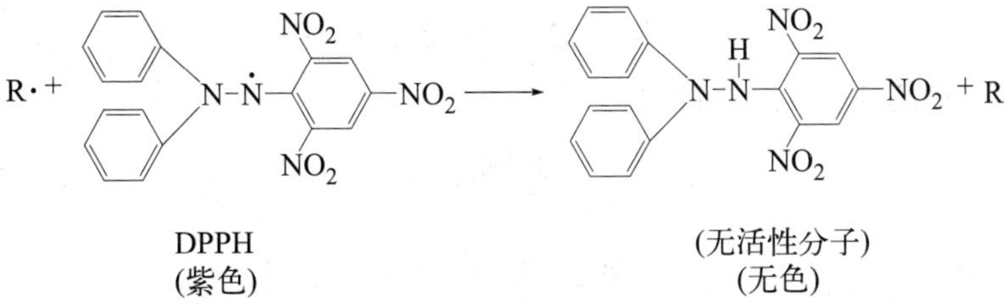
R· +
NO2
N–N
NO2
NO2
NO2
H
N–N
NO2
NO2
+ R
DPPH
(紫色)
(无活性分子)
(无色)

自由基类阻聚剂的制备较为困难，成本昂贵，因此一般只用于实验室中定量测定引发速率，不用于大规模工业生产。

5. 无机盐类阻聚剂

无机盐类阻聚剂的作用机理

无机盐类阻聚剂主要是通过电荷转移起到阻聚作用，例如，氯化铁能够以 1:1 的比例与自由基反应，生成氯化亚铁。

$$R\cdot + FeCl_3 \longrightarrow RCl + FeCl_2$$

硫化钠、亚甲基蓝等含硫、含氮的化合物也可以用作阻聚剂，但一般来说只能应用于特定体系中。

阻聚剂的选择原则，主要需要考虑阻聚剂的阻聚效率，在满足阻聚效率的前提下，再选择容易脱除或不影响产品最终使用性能的阻聚剂。

二、温度

温度对自由基聚合的影响，可以从热力学和动力学两方面来考虑。热力学讨论的是聚合反应能否发生以及聚合 - 解聚平衡问题；而动力学讨论的则是聚合速率问题。例如，从热力学上考虑，乙烯有聚合为聚乙烯的倾向，但从动力学上来考虑，乙烯必须在高温高压的条件下才能够聚合。

从热力学角度考虑，决定反应能否发生的关键条件是自由能。

对于某一聚合反应，假定单体的自由能为 G_1，聚合物的自由能为 G_2，则反应自由能差 $\Delta G = G_1 - G_2$ 是聚合反应能否发生的判断依据。$\Delta G < 0$ 时，聚合反应才有发生的可能，$\Delta G > 0$ 时，聚合反应难以发生。

自由能差 ΔG 可以由焓之差 ΔH 与熵之差 ΔS 求得：

$$\Delta G = \Delta H - T\Delta S \tag{3-39}$$

一般来说，聚合反应是一个放热反应，因此 $\Delta H < 0$；同时聚合反应又是一个熵减反应，因此 $\Delta S < 0$。因此，ΔG 是否小于零取决于温度。特别的，在临界温度下，$\Delta G = 0$，即 $\Delta H = T\Delta S$ 时，聚合反应与解聚反应处于平衡状态，聚合反应无法进一步进行。这一温度被称为聚合上限温度 T_c。低于这一温度时，聚合反应能够发生；高于这一温度时，体系主要发生解聚反应。

从动力学的角度来考虑，一般来说，聚合温度越高，反应速率越快，但聚合温度并不是越高越好，因为随着温度升高，逆反应速率也会加快，并超过聚合反应速率。

聚合反应与逆反应方程可以写为：

$$\mathrm{M}_n\cdot + \mathrm{M} \underset{k_{\mathrm{dp}}}{\overset{k_{\mathrm{p}}}{\rightleftharpoons}} \mathrm{M}_{n+1}\cdot$$

则正反应与逆反应速率可以写为：

$$R_{\mathrm{p}} = k_{\mathrm{p}}[\mathrm{M}][\mathrm{M}\cdot] \tag{3-40}$$

$$R_{\mathrm{dp}} = k_{\mathrm{dp}}[\mathrm{M}_{n+1}\cdot] \tag{3-41}$$

当正反应与逆反应处于平衡状态时，有：

$$k_{\mathrm{p}}[\mathrm{M}][\mathrm{M}\cdot] = k_{\mathrm{dp}}[\mathrm{M}_{n+1}\cdot] \tag{3-42}$$

聚合度很大时，$[\mathrm{M}\cdot] = [\mathrm{M}_{n+1}\cdot]$，则上式可以写为：

$$k_{\mathrm{p}}[\mathrm{M}] = k_{\mathrm{dp}} \tag{3-43}$$

将处于平衡状态的单体浓度定义为平衡单体浓度 $[\mathrm{M}]_c$，由于反应速率常数仅与温度有关，使用 Arrhenius 方程式将速率常数写作温度的函数，并代入上式，可得：

$$T_e = \frac{\Delta H}{\Delta S + R \ln [\text{M}]_c} \qquad (3-44)$$

当 $[\text{M}]_c = 1\text{mol/L}$ 时，平衡温度 T_e 就等于聚合上限温度 T_c。

由上式可知，对于任何一个单体浓度，都存在一个平衡温度。对于大多数单体来说，在 200℃ 以下，平衡单体浓度都非常低，因此几乎观察不到解聚现象的发生。但对于 α- 甲基苯乙烯，在 25℃ 时的 $[\text{M}]_c = 2.6\text{mol/L}$，纯单体的 $T_e = 61℃$，也就是说在 61℃ 以上，α- 甲基苯乙烯就无法聚合。

但对于已经聚合的聚 α- 甲基苯乙烯，即使使用温度超过 61℃，聚合物也不会立即解聚为单体，这是因为体系中没有促进解聚的"活性中心"存在，但如果温度足够高，或残留的引发剂分解产生了自由基，也会使聚合物加速降解。

温度对聚合度的影响可以参考动力学链长的表达式，该式中仅有三个速率常数与温度相关，可以令综合速率常数 $k_n = k_p / (k_d k_t)^{1/2}$。

将该式写为 Arrhenius 方程形式，则综合活化能可以写为：

$$E_n = E_p - \frac{1}{2}E_d - \frac{1}{2}E_t \qquad (3-45)$$

对于引发剂引发的聚合反应来说，该值为 –40～–60kJ/mol 之间，即聚合度随着温度的升高而降低。

温度对自由基聚合反应的影响

【知识拓展】可控自由基聚合

三、压力

在聚合过程中，随着压力的增加，有利于小分子结合形成大分子，因此整体上来说是对聚合有利的，但对于每个具体的反应来说，需要具体讨论压力对其的影响。例如，对于一些气相单体（例如乙烯、氯乙烯等），必须要在高压下聚合，压力的作用主要是增加单体浓度，从而提高聚合速率。需要注意的是，一般来说，提高压力对反应速率的影响要比提高温度的影响小得多，所以在工业生产中，首选的提高速率措施是提高温度，只有当温度已经较高的时候，才使用高压来提高反应速率。

压力对自由基聚合反应的影响

自由基聚合的影响因素

单元五 典型自由基聚合产品的生产

特殊的自由基聚合方法

一、聚乙烯

1. 聚乙烯的介绍

聚乙烯是由乙烯发生自由基聚合而来的聚合物，是全球五大合成树脂之一。它是一种透明的树脂材料，根据其结构和生产工艺的不同，可以分为低密度聚乙烯（LDPE）、高密度聚乙烯（HDPE）等。

聚乙烯的特性及应用领域

高密度聚乙烯是一种白色粉末或颗粒状产品，结晶度为80%～90%，软化点为125～135℃，使用温度可达100℃；耐磨性、电绝缘性、韧性及耐寒性较好；化学稳定性好，在室温条件下，不溶于任何有机溶剂，耐酸、碱和各种盐类的腐蚀；硬度、拉伸强度和蠕变性优于低密度聚乙烯；薄膜对水蒸气和空气的渗透性小，吸水性低；耐老化性能差。

低密度聚乙烯 (LDPE) 是以聚合级乙烯为聚合单体，过氧化物为引发剂，经自由基聚合反应得到的热塑性树脂，分子量一般在100000～500000，密度为0.91～0.93g/cm³，是聚乙烯树脂中最轻的品种。具有良好的柔软性、延伸性、电绝缘性、透明性、易加工性和一定的透气性。化学稳定性能较好，耐碱、耐一般有机溶剂，具有广泛的用途，包括挤出涂覆、吹塑薄膜、电线电缆包覆、注塑和吹塑中空成型等。由于引发剂产生的游离基寿命较短，通过提高反应压力 (110～350MPa) 将乙烯高度压缩，使得其密度增至0.5g/cm³，近似于不能再压缩的液体，以缩短乙烯分子间距，增加游离基或活性增长链与乙烯分子的碰撞概率来进行自由基聚合反应，生成低密度聚乙烯，因此低密度聚乙烯又称作高压低密度聚乙烯。

2. 聚乙烯的用途

聚乙烯的用途如表3-10所示。

表3-10　聚乙烯的用途

用途	所占树脂的比例	制品
薄膜类制品	LDPE 的 50% HDPE 的 10% LLDPE 的 70%	用于食品、日用品、垃圾等轻质包装膜 撕裂膜、背心袋等 包装膜、垃圾袋、保鲜膜等
注塑制品	HDPE 的 30% LDPE 的 10% LLDPE 的 10%	日用品如：盆子、盒子、箱子、杯子等
中空制品	以 HDPE 为主	用于装酒、油类等液体的包装筒
管材类制品	以 HDPE 为主	用于运输气体、液体等的管材，化妆品用管材等
丝类制品	圆丝用 HDPE 扁丝用 HDPE 和 LLDPE	渔网、滤网、纱窗等 纺织袋
电缆制品	以 LDPE 为主	电缆外套及保护材料
其他制品	HDPE/LLDPE LDPE	打包带等

3. 聚乙烯的生产工艺

聚乙烯的生产工艺多种多样，对于低密度聚乙烯来说，主要的生产工艺有高压管式法和高压釜式法两类。管式法与釜式法工艺各具特点，管式法反应器结构简单，制造和维修方便，能承受更高的压力。釜式法反应器结构复杂，维修、安装相对困难，同时由于反应热撤热能力受限，反应器体积通常比较小。一般来说，大规模装置多采用管式法，而生产专用牌号及乙酸乙烯含量较高的 EVA 等高附加值产品的装置则采用釜式法。由于不同工艺的特点，釜式法产品支链多，冲击强度较好，适用于挤出涂层树脂。管式法产品分子量分布较宽、支链少、光学性好，适于加工成薄膜。

聚乙烯的生产工艺流程

图 3-5 为高压管式法的生产工艺，低密度聚乙烯的生产工艺主要包括乙烯 2 级压缩、引发剂及调节剂注入、聚合反应系统、高低压分离回收系统、挤出造粒及后处理系统等部分。

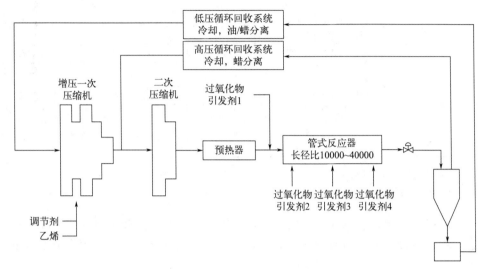

图3-5 低密度聚乙烯的生产工艺

二、聚苯乙烯

1. 聚苯乙烯的介绍

聚苯乙烯（PS）是一种无色透明的热塑性树脂。聚苯乙烯的优点包括透明度高（透过率高，可作光学聚合物材料）、加工流动性好（成型温度与分解温度之间范围宽）、刚性较高（苯侧基位阻效应）、尺寸稳定性好、收缩率低、易着色、易印刷和电绝缘性好。由于它具有良好的性能，因此，现在已经成为世界上应用最广的热塑性树脂，是通用塑料的五大品种之一。

聚苯乙烯的特性及应用领域

2. 聚苯乙烯的用途

聚苯乙烯及其共聚合物可作为通用塑料也可作为工程塑料，主要用于汽车、电子电器、器械部件、建筑、医疗等领域，如表 3-11 所示。其中高抗冲聚苯乙烯（HIPS），可用于制造容器的器皿，玩具、小型器具；高分子量聚苯乙烯用作发泡材料；间规聚苯乙烯（SPS）用作电子电器部件，汽车部件，医疗器械，汽车冷却泵的叶片，超薄电容器膜；丙烯腈-丁二烯-苯乙烯共聚合物（ABS）主要用于制造冰箱内箱体，汽车内部件，器具外壳，电器部件，游乐型车，帐篷；苯乙烯-丙烯酸腈共聚物(SAN)主要用于制造耐油、耐化学的器具。

3. 聚苯乙烯的生产工艺

聚苯乙烯一般可以采用本体聚合法或悬浮聚合法进行生产，本文主要介绍本体聚合的方法。

聚苯乙烯的生产工艺流程

表3-11 聚苯乙烯的用途

聚苯乙烯品种	应用实例
通用型（PS，GPPS[1]）	通用型聚苯乙烯可用于制造一次性包装品、仪表外壳、灯罩、仪器零件、透明模型、电信零件、高频绝缘衬垫、嵌件、支架以及冷冻绝热材料。此外还可用作日用品，如钳扣、梳子、牙刷以及玩具等
发泡型（EPS[2]）	可发泡性聚苯乙烯是在普通聚苯乙烯中浸渍低沸点的物理发泡剂制成，加工过程中受热发泡，专门用来制作泡沫塑料制品
高抗冲型（HIPS）	高抗冲聚苯乙烯是在聚苯乙烯中添加聚丁基橡胶颗粒而制得的一种产品，提高了聚苯乙烯的冲击强度。它广泛用作包装材料，用于家用电器、仪表、汽车零件以及医疗设备的包装
共聚物（ABS）	ABS 树脂是丙烯腈 - 丁二烯 - 苯乙烯三元共聚物，具有优良的耐冲击韧性和综合性能，是重要的工程塑料之一。它广泛用于制作电话机、洗衣机、复印机和厨房用品等壳体材料，齿轮、轴承、管材、管件等机械配件，方向盘、仪表盘、挡泥板等汽车配件
聚苯乙烯离子交换树脂	离子交换树脂是分子中含有活性功能基而能与其他物质进行离子交换的树脂，主要用于纯水制备、药物提纯、稀有金属和贵重金属的提纯等

① GPPS指通用级聚苯乙烯。

② EPS指可发性聚苯乙烯。

苯乙烯本体聚合可以加入引发剂，也可以不加引发剂，在热引发的情况下进行聚合。本体聚合一般采用多段聚合的方式，先进行预聚合，再在反应釜中使剩下的单体全部聚合。

如图 3-6 所示，苯乙烯单体和少量乙苯（用于降低溶液黏度，便于除去聚合热）混合，预热后进入预聚釜，温度维持在 80℃ 左右。在预聚釜中使转化率达到 30%~40% 后，再进入聚合釜中，聚合釜中又分为不同的区域，温度逐渐升高。物料先后经过不同的反应区域后，从反应釜中送出，脱去未反应的苯乙烯，送入切粒机进行造粒，然后入库保存。

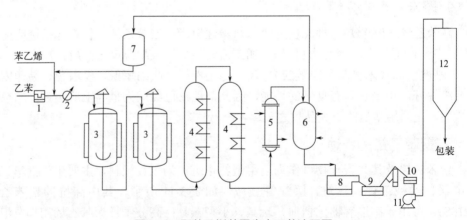

图3-6 聚苯乙烯装置生产工艺流程图

1—过滤器；2—预热器；3—预聚釜；4—反应塔；5—热交换器；6—脱烃器；7—苯乙烯回收罐；
8—挤出机；9—冷却器；10—切粒机；11—鼓风机；12—料仓

三、聚甲基丙烯酸甲酯

1. 聚甲基丙烯酸甲酯的介绍

聚甲基丙烯酸甲酯（PMMA），又称为有机玻璃，是高度透明的无定形热塑性聚合物，透光率可达 90%～92%，比无机玻璃还高。折射率 1.49，可以透过大部分紫外线和红外线。机械强度高、韧性强，拉伸强度可达 60～75MPa，冲击强度是无机玻璃的 8～10 倍。还具有优秀的耐紫外线和大气老化性能，耐碱，耐稀酸，耐水溶性无机盐、烷烃和油脂。电绝缘性良好。

2. 聚甲基丙烯酸甲酯的用途

PMMA 的应用主要依赖于它高度的透光率，同时具有较好的耐冲击性、优良的电性能、适宜的刚性和密度、耐候性、良好的耐化学品性。其广泛应用于汽车、航空、电子、电气、家用电器材料、光学用品、仪表、建筑、设备部件、玩具、文具及 LED 核心元件背光用光板和广告宣传标志牌等方面。另外，PMMA 的应用领域已扩展至光导纤维、防射线有机玻璃、光学级有机玻璃、光盘等高技术领域。

3. 聚甲基丙烯酸甲酯的生产工艺

PMMA 的产品根据用途不同，主要有板材、棒材、粉状料等，本节中着重介绍 PMMA 板材的生产工艺。

PMMA 板材主要采用本体聚合、间歇法生产，生产流程包括预聚合、灌模、聚合、脱模等。

在"自由基聚合反应宏观动力学"这一小节中讨论过，本体聚合会产生自动加速现象，导致产品质量不稳定，因此在 PMMA 本体聚合的过程中，为了避免自动加速现象，往往采用两段式聚合的方法，即预聚合 - 聚合的方法。

（1）预聚合 按照配方将单体、引发剂、增塑剂以及其他添加剂混合，加入聚合釜并开启搅拌，升温至 70～85℃，维持一段时间，待转化率达到 10%～20%，将物料快速冷却至 20℃左右，贮存备用。

（2）灌模 将预聚好的物料灌入事先准备好的模具中，使物料完全充满模具后，将模具密封。

（3）聚合 将灌满物料并密封好的模具在一定温度下，升温开始聚合。聚合温度与聚合时间需要视板材的厚度而定。

（4）脱模 聚合完毕后，将物料从模具中取出。取出后的板材经过修边、裁剪，即可入库保存。

四、聚氯乙烯

1. 聚氯乙烯的介绍

聚氯乙烯（PVC）是以氯乙烯单体经聚合反应而制得的线型热塑性合成树脂。氯乙烯单体的合成路线按原料不同分为电石路线和石油路线。产品具有良好的耐化学腐蚀性、电绝缘性和化学稳定性；由于含氯量高，具有很好的阻燃性和自熄性；产品易于成型加工。可以采用挤出、注塑、压延、吹塑、压制、铸塑及热成型等多种成型方法进行加工。

2. 聚氯乙烯的用途

聚氯乙烯是应用最广泛的热塑性树脂之一，可以制作强度和硬度高的硬质制品如管材、管件、门窗等异型材和包装片材，也可以加入增塑剂制作非常柔软的制品如薄膜、片材、电线电缆、地板、合成革等。

3. 聚氯乙烯的生产工艺

绝大多数的聚氯乙烯是通过悬浮聚合工艺来生产的，还有一部分聚氯乙烯通过乳液聚合来生产。本文中主要介绍悬浮聚合生产工艺。

生产流程包括进料—聚合—碱洗—干燥等步骤。首先将分散剂、引发剂与去离子水在配制釜中按比例混合，与单体一起分别加入聚合釜中，对聚合釜升温，待聚合反应引发后，由于反应放热比较剧烈，改通冷却水，使釜内温度维持在规定范围内。随着自动加速现象发生，放热加快，冷却水量也要加大。反应结束后，将聚合物悬浮液送入碱洗釜中，除去反应中的 HCl 等杂质，碱洗完毕后，送入过滤器中过滤，再经过干燥即可得到成品聚氯乙烯树脂。

拓展阅读

锲而不舍，金石可镂

20 世纪 30 年代，很多工业企业为了应对萧条的经济形势，都在积极研发新产品，希望给企业带来新的经济增长点。

英国帝国化学工业公司的两位化学家法维克特和基普森联手，希望能够合成一些新的物质。不过对于未来将会发明什么，他们心中也没有想法。他们把各种有机物放在一起，设定各种条件，比如高温、高压等等，让它们发生各种化学反应，以期能合成一种新物质。然而，进行了无数次的实验，仍然没能取得像样的进展，但他们并没有气馁，继续进行着这一看起来没有任何"前景"的实验。

1933 年 3 月的一天，他们把乙烯（气体，可用来给植物催熟）和苯甲醛（液体，可用作香料）装在一个容器里，加温加压进行合成反应。过了两天，还没到它们预定的结束实验的时间，助手不慎碰了一下容器，导致容器倾斜，气压泄漏，实验不得不中途终止。沮丧的两个人不得不打开反应容器，意外地发现一种白色、蜡状的物质沉积在容器里面。

这一天是 1933 年 3 月 27 日，后来人们一致认同这一天为"聚乙烯的生日"。后来又经过反复试验，两位化学家弄清了聚乙烯产生的原理。又过了两年，帝国化学公司研究出了工业化生产聚乙烯的方法，聚乙烯变成各种商业化产品，正式登上历史舞台。

小 结

1. 自由基聚合的特征是慢引发、快增长、速终止。

2. 自由基聚合宏观过程可以分为初期、中期、后期等，中期会因为凝胶效应而自动加速。

聚氯乙烯的
生产工艺
流程

3. 聚合度与引发剂浓度的平方根成反比，当活性链发生链转移时，会使聚合度降低。

4. 阻聚剂与缓聚剂的作用不同，需要根据具体的需求进行选择。

5. 可控自由基聚合的原理是控制自由基的活性在较低的水平，从而减弱链终止反应。

习题

一、单选题

1. 以下不属于自由基聚合反应的特点的是（　　　）。

A. 快引发　　　　　B. 快增长　　　　　C. 速终止　　　　　D. 易转移

2. 以下参数用来表征高分子聚合度的是（　　　）。

A. f　　　　　　　B. $t_{1/2}$　　　　　C. k_p　　　　　　D. X_n

3. 自由基聚合时要尽量减少向引发剂的转移，可以采用的引发剂是（　　　）。

A. 偶氮二异丁腈　　B. 过氧化二苯甲酰　C. 过硫酸铵　　D. 异丙苯过氧化氢

4. 以下关于自由基聚合诱导期的说法，错误的是（　　　）。

A. 处于诱导期时，聚合速率为零

B. 产生诱导期的原因是体系内存在阻聚杂质

C. 降低诱导期可以采取的措施是提高单体纯度

D. 诱导期只能降低，不能完全消除

二、多选题

1. 下列哪种引发剂可以作为自由基聚合的引发剂？（　　　）

A. 偶氮二异丁腈　　B. 过氧化二苯甲酰　　　C. 过硫酸钾　　　D. 三氟化硼

2. 在研究自由基聚合微观动力学推导自由基聚合速率方程时，为了简化微观动力学处理，进行了哪些假定？（　　　）

A. 长链假定　　　　B. 双基终止假定　　　　C. 稳态假定　　　D. 等活性假定

3. 以下属于自动加速效应可能会导致的结果的是？（　　　）

A. 体系温度迅速升高　B. 聚合速度迅速增加　　C. 爆聚　　　　　D. 喷料

三、判断题

1. 高分子化合物是指由成千上万个原子通过化学键连接而组成的化合物，分子量一般在10000 以上。（　　　）

2. 自由基聚合中链转移的结果是所得聚合物聚合度增加。（　　　）

3. 引发剂的分解反应是一个吸热反应。（　　　）

四、简答题

1. 写出过氧化二苯甲酰为引发剂，甲基丙烯酸甲酯为单体的聚合机理。

2. 画出自由基聚合反应的单体浓度、转化率、产物的分子量随时间变化的曲线。

3. 说明自由基聚合中链转移的形式以及对反应结果的影响。

4. 推导自由基聚合微观动力学方程时，做了哪些基本假定？

5. 动力学链长是如何定义的？它与平均聚合度的关系如何？简要说明。

模块四
自由基共聚合

知识导读

前面学习了自由基聚合反应，明确了高聚物的概念、基本反应及典型产品，为了改进高聚物的性能，增加高聚物的品种，扩大其使用范围，近年来共混高聚物和复合材料的生产与应用得到重大的发展。单体共聚改性是其中的一个改性方向，共聚有自由基共聚和离子型共聚，有二元、三元甚至多元共聚，由于多元共聚反应非常复杂，本模块着重讨论研究得比较成熟的自由基型二元共聚以及典型共聚高聚物的生产工艺和方法。

学习目标

知识目标

1. 了解共聚合反应的基本概念、类型和应用。
2. 了解共聚物的概念、命名和分类。
3. 掌握反应机理，能分析多组分共聚反应的基本规律。
4. 掌握共聚合典型工业案例的生产原理、工艺、产品结构及性能等。

能力目标

1. 能初步应用自由基共聚合原理合成基础的改性高分子。
2. 能初步运用自由基共聚合原理指导双组分共聚物的合成。

素质目标

1. 具有良好的工程素养，建立科学、全面的工程观。
2. 具有自主探究学习的能力，养成良好的思维习惯。

单元一　自由基共聚合概述

一、共聚合反应

1. 概念及分类

共聚合反应指的是由两种或两种以上单体共同聚合，生成聚合产物大分子链中含有两种或两种以上单体单元的聚合物的反应。如：

$$M_1+M_2 \longrightarrow \sim M_1 M_2 M_1 M_2 M_2 M_2 M_1 M_1 M_2 M_2 M_1 \sim$$

根据参加共聚反应单体的种类多少可以分为二元共聚反应和多元共聚反应。顾名思义，二元共聚反应即只有两种单体共同参加的聚合反应，而多元共聚反应指两种以上单体共同参加的聚合反应。根据聚合反应的活性中心不同，共聚合反应可分为自由基型共聚、离子型共聚反应和配位型共聚合反应三种。

二元共聚反应和多元共聚反应

2. 一般特性

经证实，共聚反应的速率与产物的聚合度小于单体均聚时的数值。通过共聚合反应可以：①在很宽的范围内改变聚合物的化学结构，用来获得具有各种特定性能组合的产物，如通过共聚引入其它官能团的聚酰胺、聚酯等；②对于特定的产物，可选择很宽范围内的单体作为聚合原料。

3. 研究意义

无论是在理论研究中还是在实际应用中，共聚合反应的研究是高聚物生产中具有重大意义的一环。从理论上来说，可以研究反应机理，测定单体、自由基的活性控制共聚物的组成与结构，更甚是设计合成新的聚合物，如顺丁烯二酸酐（马来酸酐）和1,2-二苯基乙烯等。从实际生产应用方面来说，紧跟聚合物改性热点问题，共聚合反应是实现聚合物改性和扩大产品用途的重要途径及方法之一，能取长补短扬长避短从而得到性能优异的高聚物，如均聚苯乙烯很脆，性能不佳，但是将苯乙烯与丁二烯进行共聚得到的聚苯乙烯性能与之相比就得到了极大的改善。此外通过共聚合反应能大大扩大单体的原料来源，多种单体通过两两共聚或者多元共聚，经过排列组合可以发现能生产得到上千甚至上万种共聚物。

共聚合反应的研究意义和应用价值

二、共聚物

想一想

生活中哪些是比较典型的共聚物？

1. 概念

共聚物反应得到的产物即被称为共聚物，一般由两种或两种以上不同单体组成。连锁加聚反应中，由一种单体参与的聚合，称作均聚，产物是组成单一的均聚物，均聚物在力学性能、柔软性、弹塑性等方面的性能较为单一，若能与第二、第三单体共聚，综合考量单体的性质，可在一定程度上改善这些性能，从而更好地应用于实际中。典型的共聚物改性产品见表4-1。

表4-1　典型共聚物及其性能

主单体	第二单体	共聚物	改进的性能和主要性能
乙烯	乙酸乙烯酯	EVA	增加柔性，软塑料，可作聚氯乙烯共混料
乙烯	丙烯	乙丙橡胶	破坏结晶性，增加柔性和弹性
异丁烯	异戊二烯	丁基橡胶	引入双键供交联用
丁二烯	苯乙烯	丁苯橡胶	增加强度，耐磨耗，通用丁苯橡胶
丁二烯	丙烯腈	丁腈橡胶	增加耐油性
苯乙烯	丙烯腈	SAN 树脂	提高冲击强度，增韧塑料
氯乙烯	乙（醋）酸乙烯酯	氯 - 醋共聚物	增加塑性和溶解性能，塑料和涂料
四氟乙烯	全氟丙烯	F-46 树脂	破坏结构规整性，增加柔性，特种橡胶
甲基丙烯酸甲酯	苯乙烯	MMA-S 共聚物	改善流动性和加工性能，模塑料
丙烯腈	丙烯酸甲酯，衣康酸	腈纶树脂	改善柔软性和染色性能，合成纤维

2. 命名

共聚物至少有两种结构单元，以二元共聚为例，其命名是将两种单体用短横连接，然后用括号括起，前面加上聚字，通用形式即聚 +（单体 1 - 单体 2），如聚（丁二烯 - 苯乙烯）。国际命名为在两单体名间加入 alt、co、b、g 分别代表交替、无规、嵌段和接枝共聚物，如 poly(styrene-alt-maleic anhydride) 即苯乙烯 - 马来酸酐的交替共聚物。有一种约定俗成的命名为当共聚产物为橡胶物质时，常常用共聚单体名称中的某一特征字组合后再加"橡胶"两字，如丁苯橡胶、乙丙橡胶等。

3. 分类

对于二元共聚合反应，根据各种单体在共聚物分子链中排列方式不同，可分为无规共聚物、交替共聚物、嵌段共聚物和接枝共聚物四种。其中，以无规共聚物为多。结构单元分别命名为 A 和 B。

（1）无规共聚物　共聚物中两结构单元 A 和 B 随机出现，无固定顺序，其中 A 和 B 自身连续的单元数不多，一般在几个到十几个。从统计上看，无规聚合物的某结构单元在聚合物链上一段的含量等于其在整个聚合物中的含量。通常用于两种单体活性、极性相近的情况。

$$\sim ABBAAABAAAABAABBB \sim$$

（2）交替共聚物　共聚物中两结构单元 A 和 B 交替排列。不同结构单元在共聚物中各占约 50%。通常用于两种单体活性相近、极性相反，且竞聚率 $r_1 \to 0$ 或 $r_2 \to 0$ 的情况。

$$\sim ABABABABABABABABABAB \sim$$

（3）嵌段共聚物　由两段较长的链连接构成，一段链只有结构单元 A，一段链只有结构单元 B，每一链段可达到几百到几千结构单元。以下所示为 AB 型嵌段共聚物：

$$\sim \text{AAAAAAAAAAAAABBBBBBBBBBBBBBBB} \sim$$

与其它共聚物有所区别的是嵌段共聚物保留了两种均聚物的大部分物理性质，随着自由基聚合反应的发展，出现了梯度聚合物，两种结构单元 A 和 B 的组成随主链的延伸而渐变。

此外还有 ABA 型嵌段共聚物（如苯乙烯 - 丁二烯 - 苯乙烯树脂）和（AB）$_x$ 型嵌段共聚物（如 ABS 树脂）。

（4）接枝共聚物　接枝共聚物有主链和支链，主链和支链由不同的结构单元组成，主链全由 A 结构单元组成，支链全由 B 结构单元组成。

有一些特殊情况为主链和支链各自为共聚物，如主链为无规共聚物，支链为交替共聚物，或者主链和支链都为无规共聚物或交替共聚物等类似情况，从整体上来说仍然是接枝共聚物。

$$\begin{array}{c} \text{BBB}\sim\text{BBBB} \\ \sim\text{AAAAA}\overset{|}{\text{A}}\text{AA}\overset{|}{\text{AAAA}}\sim \\ \text{BBBB}\sim\text{B} \quad \text{BBB}\sim\text{B} \end{array}$$

三、共聚合反应原理

 想一想

什么情况下将两单体共混后会触发共聚合反应？

1. 自由基共聚合反应机理

自由基共聚合与自由基均聚反应一样也有基础的链引发、链增长、链终止以及链转移等一系列基元反应。下面以二元自由基共聚反应为例，在发生共聚时，存在以下自由基基元反应。（M_1、M_2 代表结构单体；· 代表链自由基；R_{mn}、k_{mn} 中 R 代表自由基的速率常数，k 代表自由基引发单体的速率常数，m 代表自由基，n 代表单体。）

① 链引发（2 种）

$$I_2 \longrightarrow 2R\cdot$$

$$R\cdot + M_1 \xrightarrow{k_{m1}} RM_1\cdot$$

$$R\cdot + M_2 \xrightarrow{k_{m2}} RM_2\cdot$$

② 链增长（4 种）

$$\sim M_1\cdot + M_1 \xrightarrow{k_{11}} \sim M_1\cdot$$

$$R_{11} = k_{11}\left[M_1\cdot\right]\left[M_1\right] \tag{4-1}$$

$$\sim M_1\cdot + M_2 \xrightarrow{k_{12}} \sim M_2\cdot$$

共聚合反应的链引发、链增长、链终止和链转移

$$R_{12} = k_{12}[M_1\cdot][M_2] \tag{4-2}$$

$$\sim M_2\cdot\ +M_1\ \xrightarrow{k_{21}}\ \sim M_1\cdot$$

$$R_{21} = k_{21}[M_2\cdot][M_1] \tag{4-3}$$

$$\sim M_2\cdot\ +M_2\ \xrightarrow{k_{22}}\ \sim M_2\cdot$$

$$R_{22} = k_{22}[M_2\cdot][M_2] \tag{4-4}$$

③ 链终止（3 种）

$$\sim M_1\cdot\ +\ \cdot M_1\sim\ \xrightarrow{k_{t11}}\ \sim M_1M_1\sim \tag{4-5}$$

$$\sim M_1\cdot\ +\ \cdot M_2\sim\ \xrightarrow{k_{t12}}\ \sim M_1M_2\sim \tag{4-6}$$

$$\sim M_2\cdot\ +\ \cdot M_2\sim\ \xrightarrow{k_{t22}}\ \sim M_2M_2\sim \tag{4-7}$$

式中，k_{t11} 代表链自由基 $M_1\cdot$ 和链自由基 $M_1\cdot$ 的终止速率常数，下同。式（4-5）、式（4-7）分别为两种自终止，式（4-6）为交叉终止。

④ 链转移

$$\sim M_1\cdot\ +M_1\ \longrightarrow\ M_n+M_1\cdot$$

$$\sim M_1\cdot\ +M_2\ \longrightarrow\ M_n+M_2\cdot$$

$$\sim M_2\cdot\ +M_2\ \longrightarrow\ M_n+M_2\cdot$$

$$\sim M_2\cdot\ +M_1\ \longrightarrow\ M_n+M_1\cdot$$

$$\sim M_1\cdot\ +S\ \longrightarrow\ M_n+S\cdot$$

$$\sim M_2\cdot\ +S\ \longrightarrow\ M_n+S\cdot$$

式中，S 代表溶剂或其它杂质。

显然，可看出二元共聚时存在 2 种链引发、4 种链增长、3 种链终止及 2 种向溶剂或其他杂质转移的链转移。从中可以得出共聚合反应是一种复杂的反应的结论。

2. 共聚物组合方程

1944 年，Mayo、Lewis（路易斯）用动力学法推导出共聚物组成与单体组成的定量关系式，共聚物组合微分方程是表示共聚物组成最基本的方程，又被称为 Mayo-Lewis 方程。除了微分方程外，进一步推出摩尔分数共聚物组成方程和质量分数共聚物组成方程，在使用时，哪个方程更加便利就优先使用哪一种。

共聚反应中，共聚物的组成和序列分布是至关重要的问题。但是两单体共聚时，会出现很多复杂的情况，比如：①共聚物组成与单体配比不同；②共聚过程前后生成的共聚物组成不同，存在分布不均的问题；③单体性质不同，有些容易均聚，有些容易共聚，两种或多种单体共聚时会产生聚合步调不一致的问题。因此，需要深入研究共聚物组合方程，来优化共聚过程。

共聚合反应是一种非常复杂的反应，为了更好地研究共聚物组成和单体组成之间的规律，在做理论推导时，做了简化处理，即五点基本假设。

共聚物组合
方程

假设一：等活性假定。自由基的活性与链长无关，且与自由基 $M_1\cdot$ 及 $M_2\cdot$ 所连接的聚合物链的性质无关。

假设二：长链假定。共聚物的聚合度很大，其组成由链增长反应决定，链引发与链终止对共聚物组成无影响。

假设三：稳态假定。链引发速率等于链终止速率；自由基的总浓度和两种自由基的浓度都不变；链自由基互相转变的速率不变。

假设四：不可逆假定。没有解聚反应，共聚合反应是不可逆反应。

假设五：无前末端效应。链自由基的活性仅取决于末端单元的性质，与中间单元结构无关，即链自由基中倒数第二单元的结构对自由基活性无影响。

基于假设二，可以忽略链引发和链终止的影响，进入共聚物中的单体单元数就是反应中消耗的单体数，而这仅取决于链增长的速率。两种单体各自的消耗速率为：

$$-\frac{d[M_1]}{dt} = R_{11} + R_{21} = k_{11}[M_1\cdot][M_1] + k_{21}[M_2\cdot][M_1] \tag{4-8}$$

$$-\frac{d[M_2]}{dt} = R_{12} + R_{22} = k_{12}[M_1\cdot][M_2] + k_{22}[M_2\cdot][M_2] \tag{4-9}$$

单体消耗速率之比 = 单体进入共聚物的物质的量之比，进一步得到：

$$\frac{n_1}{n_2} = \frac{d[M_1]}{d[M_2]} = \frac{k_{11}[M_1\cdot][M_1] + k_{21}[M_2\cdot][M_1]}{k_{12}[M_1\cdot][M_2] + k_{22}[M_2\cdot][M_2]} \tag{4-10}$$

根据假设三——$R_{12}=R_{21}$，去掉浓度项，得：

$$k_{12}[M_1\cdot][M_2] = k_{21}[M_2\cdot][M_1] \tag{4-11}$$

处理得：

$$[M_2\cdot] = \frac{k_{12}[M_2]}{k_{21}[M_1]} \times [M_1\cdot] \tag{4-12}$$

将式（4-12）代入式（4-10），即得共聚物组成的微分方程

$$\frac{d[M_1]}{d[M_2]} = \frac{[M_1]}{[M_2]} \times \frac{r_1[M_1] + [M_2]}{r_2[M_2] + [M_1]} \tag{4-13}$$

式中，$r_1 = \frac{k_{11}}{k_{12}}$，$r_2 = \frac{k_{22}}{k_{21}}$。$r_1$，$r_2$ 代表均聚链增长速率与共聚链增长速率之比，将其定义为单体竞聚率 r，简称竞聚率，用来表征单体的相对活性。

共聚物组合方程已在无数共聚单体体系中得到实验验证。尽管任何特定的共聚单体对的 r_1 和 r_2 值根据起始模式可能有很大不同，但共聚物组合方程仍然适用于自由基、阳离子和阴离子链共聚。

共聚物组合方程可推导得到摩尔分数共聚物组合方程。以 F_1、F_2 分别表示同一瞬间单体 M_1、M_2 占共聚物的摩尔分数，则：

$$F_1 = 1 - F_2 = \frac{d[M_1]}{d[M_1] + d[M_2]} \tag{4-14}$$

令 f_1、f_2 分别表示某一瞬间体系中单体 M_1、M_2 占单体混合物的分率，则：

$$f_1 = 1 - f_2 = \frac{[M_1]}{[M_1] + [M_2]} \tag{4-15}$$

将式（4-14）和式（4-15）代入式（4-13），可得摩尔分数共聚物组合方程：

$$F_1 = \frac{r_1 f_1^2 + f_1 f_2}{r_1 f_1^2 + 2 f_1 f_2 + r_2 f_2^2} \tag{4-16}$$

每个共聚物方程都有各自的便利之处，可根据需要选择合适的方程。

3. 反应竞聚率及实验测定

（1）反应竞聚率　竞聚率是共聚物组成方程中的重要参数，用 r 表示，可以理解为两种单体对同一链自由基的竞争能力，通常用于判断共聚行为（能否共聚或共聚的倾向大小），从而根据单体组成来计算出共聚物组成。对某一特定的单体对，随着聚合反应类型不同，其 r_1 和 r_2 值可以有很大的差别。常见的自由基共聚的反应竞聚率如表 4-2 所示。

表4-2　自由基共聚的反应竞聚率

单体A	单体B	温度 /℃	r_1	r_2	$r_1 r_2$
甲基丙烯酸甲酯	丙烯腈	80	1.22	0.15	0.18
	丁二烯	90	0.25	0.75	0.19
	对氯苯乙烯	60	0.42	0.89	0.37
苯乙烯	丁二烯	60	0.78	1.39	1.08
	甲基丙烯酸甲酯	60	0.52	0.46	0.24
		131	0.59	0.54	0.32
	乙酸乙烯酯	60	55	0.01	0.55
乙酸乙烯酯	丙烯腈	70	0.07	6.0	0.42
	甲基丙烯酸甲酯	60	0.015	20	0.30
	氯乙烯	60	0.23	1.68	0.39

为了剖析共聚合反应过程中单体的共聚行为，需要了解一下反应竞聚率的典型数据，帮助理解，表 4-3 以 $r_1 = k_{11}/k_{12}$ 为例。

表4-3　竞聚率与聚合能力的关系

r_1 的大小	k_{11} 与 k_{12} 的比较	聚合倾向与能力
$r_1 = 0$	$k_{11} = 0$，$k_{12} \neq 0$	自由基 $M_1 \cdot$ 不能与同种单体（M_1）均聚，只能与异种单体 M_2 共聚
$r_1 = 1$	$k_{11} = k_{12}$	自由基 $M_1 \cdot$ 和同种单体（M_1）均聚倾向与和异种单体（M_2）共聚倾向相等
$r_1 < 1$	$k_{11} < k_{12}$	自由基 $M_1 \cdot$ 和同种单体（M_1）均聚倾向难于和异种单体（M_2）共聚倾向
$r_1 > 1$	$k_{11} > k_{12}$	自由基 $M_1 \cdot$ 和同种单体（M_1）均聚倾向易于和异种单体（M_2）共聚倾向

根据表 4-3 结合实践生产可得到以下结论：

① $r_1 = 0$ 时，不利于均聚，反之，$r_1 > 1$ 时，不利于共聚。

② 对于自由基型共聚反应，一般情况下发生共聚的触发条件为 $r_1 r_2 \leqslant 1$；$r_1 \gg 1$，

$r_2 \gg 1$，显然不能发生共聚；$r_1 > 1$，$r_2 > 1$，但其中一个很接近 1，则可能在均聚的同时发生嵌段聚合。

③$r_1 < 1$ 且 $r_2 < 1$ 或 $r_1 > 1$ 且 $r_2 > 1$ 时，存在生成一种共沸混合物的可能性。

？ 想一想

根据表格 4-3，对于 r_2 是否也可得到同样的结论？能否做一个迁移应用？

〔2〕**竞聚率的实验测定**　大多数评估 r_1 和 r_2 都涉及结合共聚方程的微分形式，对几种不同共聚单体进料组成的共聚物的实验测定。在用实验法测定竞聚率时，需测定分析共聚进行到尽可能低的转换度（约 < 5%）时共聚物的组成或残留单体的组成，或两者同时分析。用于共聚物分析的技术包括放射性同位素标记和光谱学[如红外（IR）、紫外（UV）和核磁共振（NMR）光谱]。单体进料组成通常用高压液相色谱法（HPLC）或气相色谱法（GC）进行分析。分析共聚物组成的技术本质上非常敏感。然而，通过共聚单体进料分析确定共聚物组成需要尽可能减少大数字之间的小差异，控制相对误差。

较为成熟的测定方法有曲线拟合法、直线交叉法和截距斜率法。为了提高结果的准确性，往往需要 3 组以上的单体配比，获得相应共聚物组成。

① 曲线拟合法。该方法较为烦琐，耗时久，是一种比较古老的方法，现在用得较少。它是将多组配比不同的单体混合物进行共聚，得到产物后，分离精制后测组成，形成拟合的 F_1-f_1 曲线。接着，根据经验法进行试差，初步假设估计 r_1、r_2 值，按拟定的 f_1 来计算 F_1。若计算得到的与实测图大致一致，则说明 r_1、r_2 预估正确，如果相差甚远，则重新取 r_1、r_2 值，多次试差一般能得到准确值。随着计算机程序的进步，该方法可由计算机辅助计算。

② 直线交叉法。该方法是比较早期且成熟的一种方法。这是一种将共聚物组成方程重新排列成单体反应性比的线性形式的方法。在 1944 年，Mayo 和 Lewis 重新将共聚物组成微分方程排列成式（4-17）

$$r_2 = \frac{[M_1]}{[M_2]}\left[\frac{d[M_2]}{d[M_1]} \times \left(1 + \frac{r_1[M_1]}{[M_2]}\right) - 1\right] \tag{4-17}$$

控制 5% 的低转化率，将每次实验的给定进料和共聚物组成的数据代入式（4-17）中，并将 r_2 绘制为 r_1 的各种假定值的函数。每次实验得到一条直线，不同进料的直线交点给出 r_1 和 r_2 的最佳值，具有正值斜率，所得的这些直线交叉处的坐标即是所研究的特定单体的反应竞聚率，如图 4-1 所示。实际上可以发现，"交叉"的真实情况是面而不是一个点，这是因为在各种线的交点上观察到的任何变化都是组成数据的实验误差和数学处理的限制的度量。

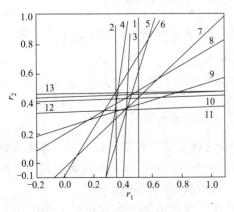

图4-1　交叉法测定反应竞聚率

曲线拟合法、直线交叉法和截距斜率法测定竞聚率

成分数据也可以用线性最小二乘回归分析来代替图形分析。

③ 截距斜率法。1950年，Fineman 和 Ross 又将共聚物组成方程重新排列成式（4-18）和式（4-19）。

$$\frac{\rho-1}{R} = r_1 - r_2\frac{\rho}{R^2} \tag{4-18}$$

$$\frac{R(\rho-1)}{\rho} = -r_2 + r_1\frac{R^2}{\rho} \tag{4-19}$$

式中，$\rho = \dfrac{\mathrm{d}[M_1]}{\mathrm{d}[M_2]}$；$R = \dfrac{[M_1]}{[M_2]}$。

根据式（4-18），以$\dfrac{\rho-1}{R}$为y轴，$\dfrac{\rho}{R^2}$为x轴作图，可得一条线性曲线，如图4-2所示［以N-乙烯基琥珀酰亚胺（M_1）和甲基丙烯酸甲酯（M_2）的共聚为例，r_1=0.07，r_2=0.7］。由图4-2可知截距为r_1，斜率为$-r_2$。

同样的，根据式（4-19），以$\dfrac{R(\rho-1)}{\rho}$为y轴，$\dfrac{R^2}{\rho}$为x轴作图，可得一条线性曲线，如图4-3所示［以N-乙烯基琥珀酰亚胺（M_1）和甲基丙烯酸甲酯（M_2）的共聚为例，r_1=0.07，r_2=0.7］。由图4-3可知截距为$-r_2$，斜率为r_1。由于存在误差，得到的r_1、r_2值可能会略有差异。

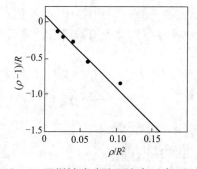 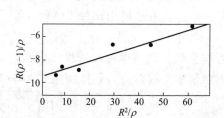

图4-2　N-乙烯基琥珀酰亚胺（M_1）-甲基丙烯酸甲酯（M_2）共聚竞聚率截距斜率图（Ⅰ）　图4-3　N-乙烯基琥珀酰亚胺（M_1）-甲基丙烯酸甲酯（M_2）共聚竞聚率截距斜率图（Ⅱ）

每种方法得到的共聚率都或多或少存在误差，在使用时，可相互验证。

? 想一想

能否尝试用截距斜率法实验得到乙烯-乙酸乙烯酯共聚的竞聚率？

竞聚率的
影响因素

（3）影响竞聚率的因素　根据竞聚率的定义我们可以知道影响链增长速率常数的因素都将影响到竞聚率。主要有两个方面，一个方面是单体本身的影响（如参加反应的单体浓度、单体的相对活性等），另一方面是反应条件的影响。

① 温度。由式（4-20）可知竞聚率随温度的变化取决于活化能的大小，由于

链增长的活化能较小，反应不可逆，且有各种单体竞聚率汇编的结果辅助验证，r_1 和 r_2 对温度相对不敏感，所以温度是一个影响较小的因素。比如苯乙烯-1,3-丁二烯在 5℃时的 r_1 和 r_2 值为 0.44 和 1.40，在 50℃时的 r_1 和 r_2 值为 0.58 和 1.35。如表 4-4 所示。

$$r_1 = \frac{k_{11}}{k_{12}} = \frac{A_{11}}{A_{12}} \exp\left[\frac{(E_{12} - E_{11})}{RT}\right] \tag{4-20}$$

式中，A_{11}、A_{12} 分别为均聚和共聚增长的频率因子；E_{11} 和 E_{12} 分别为均聚增长和共聚增长的活化能。E_{11} 与 E_{12} 差值很小，一般 < 10kJ/mol。若 $r_1 < 1$，则 $k_{11} < k_{12}$，即 $E_{11} > E_{12}$，$(E_{12}-E_{11})$ 为负值，因此随着温度 T 上升，r_1 增加，r_1 趋于 1。温度升高，将使共聚反应向理想共聚变化。此外，温度对那些 r 值明显偏离标准"1"的体系有更大的影响，这种行为在离子共聚中比在自由基共聚中更典型。

 想一想

当 $r_1 > 1$ 时，随着温度 T 升高，能得到什么样的结论？

表4-4 温度对竞聚率的影响

M₁	M₂	T/℃	r_1	r_2
苯乙烯	甲基丙烯酸甲酯	35	0.52	0.44
		60	0.52	0.46
		131	0.59	0.54
	丙烯腈	60	0.40	0.04
		75	0.41	0.03
		99	0.39	0.06
	丁二烯	5	0.44	1.40
		50	0.58	1.35
		60	0.78	1.39

② 压力。压力也是一个影响较小的因素，压力的作用方向与温度基本一致。单体竞聚率随压力的变化符合式（4-21）。

$$\frac{\mathrm{d}\ln r_1}{\mathrm{d}P} = \frac{-(\Delta V_{11}^{\dagger} - \Delta V_{12}^{\dagger})}{RT} \tag{4-21}$$

式中，$\Delta V_{11}^{\dagger}$、$\Delta V_{12}^{\dagger}$ 分别表示单体 M₁、M₂ 进入自由基的聚合速率。

虽然随着压力的增大，速率在逐渐上升，但是对压力的敏感性仍然不高，这是因为 $(\Delta V_{11}^{\dagger} - \Delta V_{12}^{\dagger})$ 始终小于单独的 $\Delta V_{11}^{\dagger}$ 或 $\Delta V_{12}^{\dagger}$。当 r 值朝着理想共聚行为的方向变化时，随着压力的增加，共聚的选择性将降低。如甲基丙烯酸甲酯-丙烯腈共聚体系，在 70℃，0.1MPa 时，$r_1 r_2$ 为 0.16，随着压力增加至 100MPa，$r_1 r_2$ 为 0.90，变化甚微，如表 4-5 所示。

表4-5　压力对竞聚率的影响

M_1-M_2	p/MPa	r_1	r_2	r_1r_2
甲基丙烯酸甲酯 - 丙烯腈 （70℃）	0.1 10 100	1.34 1.46 2.01	0.12 0.37 0.45	0.16 0.54 0.90
乙烯 - 乙酸乙烯酯 （80～90℃）	15 40 100	0.47 0.77 1.07	1.0 1.02 1.04	0.47 0.79 1.11

 想一想

根据温度对竞聚率的影响，试着总结一下压力对竞聚率的影响规律。

溶剂极性对
竞聚率的
影响

③ 溶剂。在自由基共聚反应中，单体的竞聚率并不总是与反应介质无关。但这里存在一个问题，即 r 值的准确性通常不足以让人合理地得出 r_1 或 r_2 是否随着反应介质的变化而变化的结论。最近通过高分辨率核磁共振测定 r 值，观察到在某些体系中，实验确定的单体竞聚率确实受反应介质的影响，这个结论结合的数据跟以前的数据相比是相对来说比较可靠的。在一些（并非全部）非均相条件下进行的共聚合反应中会出现这种情况。

溶剂对竞聚率有微小的影响，其中极性溶剂比非极性溶剂影响要大一些，如在苯乙烯 - 甲基丙烯酸甲酯共聚体系中，随着溶剂极性的增大，r 值略微减小。如表4-6 所示。

表4-6　溶剂对竞聚率的影响

M_1	M_2	溶剂	r_1	r_2
苯乙烯	甲基丙烯酸甲酯	苯	0.570±0.032	0.460±0.032
		苯甲腈	0.480±0.045	0.490±0.045
		苯甲醇	0.440±0.054	0.390±0.054
		苯酚	0.350±0.024	0.350±0.024

④ 其它

黏度、pH
和聚合方法
等对竞聚率
的影响

a. 黏度。黏度在一定程度上会影响单体竞聚率。比如苯乙烯（M_1）- 甲基丙烯酸甲酯（M_2）进行本体共聚合时，由于本体聚合中的凝胶效应导致苯乙烯的流动性下降，黏度增加，从而导致共聚物中苯乙烯的含量低于在苯溶液中的共聚合产物。

b.pH。酸性或碱性单体的竞聚率与 pH 有一定的关系，这要从单体的结构上去考虑，随着 pH 值的变化，单体的结构也会发生相应的变化。比如单体丙烯酸和丙烯酰胺共聚，pH=2 时，r_1=0.9，r_2=0.25；pH=9 时，r_1=0.30，r_2=0.95，随着 pH 值的升高，丙烯酸倾向于以离子的形式存在，与含富电子取代基（如酰胺基）增长中心的加成反应也呈下降趋势。

c. 聚合方法。聚合方法也会影响竞聚率。聚合方法不同，竞聚率略有差异，导致共聚物组成也有所不同。

4. 共聚物组成曲线

共聚物组成曲线是在竞聚率确定的情况下，反映单体浓度与共聚物组成的关系曲线，也称 F_1-f_1 曲线，典型的共聚物组成曲线如图 4-4 所示。

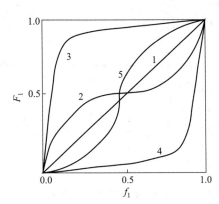

图4-4 共聚物组成曲线

1—$r_1=r_2=1$；2—$r_1<1$，$r_2<1$；3—$r_1>1$，$r_2<1$；
4—$r_1<1$，$r_2>1$；5—$r_1>1$，$r_2>1$

不同类型的共聚行为取决于单体竞聚率之比。根据 $r_1 r_2$ 的乘积值与"1"相比，共聚可以分为四种情况，理想共聚和交替共聚是其中两种比较简单的情况。

（1）理想共聚（$r_1 r_2 = 1$） 理想共聚分成以下两种情况。

① $r_1 r_2 = 1$（$r_1 = r_2 = 1$）。两个自由基的自增长和交叉增长的概率完全相同，共聚物组成与单体组成完全相等（$F_1 = f_1$）而与转化率无关，曲线表示为一条恒对角直线，称为恒比共聚线，这是一种非常极端的理想情况（见图 4-4 线条编号 1）。常见的二元共聚体系符合该规律的有乙烯 - 乙酸乙烯酯等。

② $r_1 r_2 = 1$（$r_1 \neq r_2 \neq 1$）。因为 $r_1 r_2 = 1$，$r_1 r_2$ 互为倒数关系，所以式（4-13）和式（4-16）可表示成：

$$\frac{d[M_1]}{d[M_2]} = r_1 \frac{[M_1]}{[M_2]} \tag{4-22}$$

$$F_1 = \frac{r_1 f_1}{r_1 f_1 + f_2} \tag{4-23}$$

上述推导表明，当共聚物中两单体摩尔比是原料中两单体摩尔比的 r_1 倍，如取 $r_1 = 10$，$\dfrac{d[M_1]}{d[M_2]} = 10$，组成曲线处于恒比对角线的上方，如图 4-5 所示（图中曲线上的数字为 r_1 的值）。即 $r_1 > r_2$，曲线处于恒比对角线的上方；$r_1 < r_2$，曲线处于恒比对角线的下方；若竞聚率差别越大，共聚曲线则越偏离恒比共聚线。常见的二元共聚体系符合该规律的有氯乙烯 - 甲基丙烯酸甲酯等。

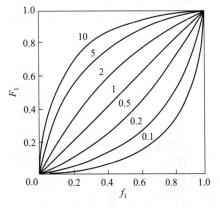

图4-5 理想共聚曲线（$r_1 r_2 = 1$）

（2）交替共聚（$r_1 = r_2 = 0$） 交替共聚也存在以下两种情况。

① $r_1 r_2 = 0$（$r_1 = r_2 = 0$）。要想达到 $r_1 = r_2 = 0$ 这个条件，只能是 $k_{11} = 0$，$k_{12} \neq 0$ 或者

$k_{22}=0$，$k_{21}\neq0$，这也就意味着两种自由基都不能与同种单体均聚，只能与异种单体共聚。不考虑单体配比，始终满足：

$$\frac{d[M_1]}{d[M_2]}=1 \tag{4-24}$$

此时 $F_1=0.5$，共聚物组成与单体浓度无关，始终为 0.5，因此共聚物组成曲线是一条交纵坐标 0.5 处的水平线，如图 4-6（编号①线条）所示。当然，这种极端情况很少。

② $r_1=r_2=0$（$r_1\neq0$，$r_1\to0$，$r_2=0$）。通常较为常见的情况是原始物料的配比不同，而发生共聚时，按照聚合进程，一旦消耗完少的单体，共聚就停止了。当 $r_1\neq0$，但 $r_1\to0$，$r_2=0$，根据共聚物组成基本方程，可简化为

$$\frac{d[M_1]}{d[M_2]}=1+r_1\frac{[M_1]}{[M_2]} \tag{4-25}$$

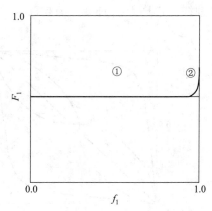

图4-6 交替共聚时共聚物组成曲线

当 $[M_2]\gg[M_1]$ 时，$r_1\dfrac{[M_1]}{[M_2]}\ll1$，$\dfrac{d[M_1]}{d[M_2]}\approx1$，反应趋于交替共聚；若 $[M_2]\approx[M_1]$ 时，则 $\dfrac{d[M_1]}{d[M_2]}>1$。$[M_1]$ 增大，$[M_2]$ 减小，则 M_1 自聚倾向增大，交替共聚倾向减小，如图 4-6（编号②线条）所示，曲线形态表示为随横坐标增加而呈现上翘的趋势。苯乙烯 - 马来酸酐共聚是这种情况的典型例子。

〖3〗非理想共聚（$r_1r_2<1$） 竞聚率 $r_1r_2<1$ 的聚合都是非理想聚合，非理想聚合还可再往下细分。

① $r_1<1$，$r_2<1$。该情况下，$k_{11}<k_{12}$，$k_{22}<k_{21}$，说明两种单体自聚能力均小于共聚能力，$f_1<F_1$，共聚物组成不等于原料单体的组成。其共聚曲线呈"反 S 形"，如图 4-7 所示。但当其与对角线相交时，有一交点，特称作恒比点，在该点上，共聚物组成与单体组成相等。根据 $\dfrac{d[M_1]}{d[M_2]}=\dfrac{[M_1]}{[M_2]}$ 和共聚物组成微分方程，可得到：

$$\frac{[M_1]}{[M_2]}=\frac{1-r_2}{1-r_1} \tag{4-26}$$

$$F_1=f_1=\frac{1-r_2}{2-r_1-r_2} \tag{4-27}$$

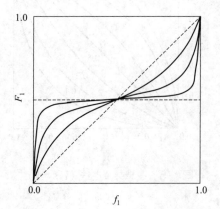

图4-7 $r_1<1$，$r_2<1$时共聚物组成曲线

式（4-26）和式（4-27）表示了恒比点的

组成与竞聚率之间的关系。$r_1 = r_2 < 1$ 时，恒比点处于 $f_1 = F_1$，共聚物组成曲线以恒比点为中心作点对称，这种情况较少，还有一种情况为，当 $r_1 < 1$，$r_2 < 1$，但 $r_1 \neq r_2$ 时，共聚物组成曲线不再成点对称，这种情况较为常见。

因此可推导出 $r_1 r_2$ 接近于 0，趋于交替共聚；$r_1 r_2$ 接近于 1，趋于理想共聚；$r_1 r_2$ 介于 0～1 之间，则其共聚曲线介于交替共聚与恒比对角线之间。

❓ 想一想

这个恒比点的概念与气液平衡曲线中哪个点的概念比较类似？

② $r_1 > 1$，$r_2 < 1$。该情况下，可知 $k_{11} > k_{12}$，$k_{22} < k_{21}$，说明两种单体都倾向于和自由基反应。这类共聚曲线与理想共聚有点相似，也处于恒比对角线之上，但与另一对角线并不对称，如图4-8所示。这种情况的实例较多，比如氯乙烯（$r_1 = 1.68$）-乙酸乙烯酯（$r_2 = 0.23$）共聚体系。

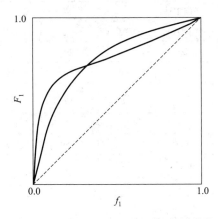

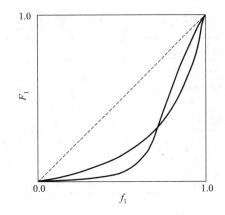

图4-8　$r_1 > 1$，$r_2 < 1$时共聚物组成曲线　　图4-9　$r_1 < 1$，$r_2 > 1$时共聚物组成曲线

③ $r_1 < 1$，$r_2 > 1$。该情况下，可知 $k_{11} < k_{12}$，$k_{22} > k_{21}$，产物是以 M_2 单体链节为主的嵌入 M_1 单体链节的嵌均共聚物。与 $r_1 > 1$，$r_2 < 1$ 的情况类似，曲线处于恒比对角线下方，也与另一对角线不对称，如图4-9所示。

（4）嵌段共聚（$r_1 > 1$，$r_2 > 1$）　如果两种单体的竞聚率均大于1（$r_1 r_2 > 1$），说明两种单体都倾向于自聚，倾向于生成嵌段共聚物（在分子链中同时含有两种单体的嵌段），这种共聚行为类型罕见。如苯乙烯（$r_1 = 2.0$）-丙烯（$r_2 = 3.7$）共聚体系，如图4-10所示。但是一般来说，嵌段共聚物有其正规的聚合途径，以这种形式聚合而成的嵌段共聚物算不上真正意义上的嵌段共聚物产品。

嵌段共聚和嵌段共聚物

图4-10　$r_1 > 1$，$r_2 > 1$时共聚物组成曲线

5. 影响共聚物组成的因素

影响共聚物组成的因素主要有两个方面：一是单体本身（如参加反应的单体浓度、单体的相对活性等）的影响；二是转化率的影响。

（1）单体结构的影响 这里主要描述单体结构对竞聚率的影响。如单体的共轭结构、极性效应和位阻效应。

① 单体的共轭结构。即研究单体活性、自由基活性及它们的相对活性。单体活性可用单体竞聚率的倒数（$1/r_1=k_{12}/k_{11}$）来表示，说明一种单体（如 M_2）和异种单体（M_1）之间的活性相对于单体 M_2 对～M_1·的活性。反之亦是如此，该值可用来衡量两单体的相对活性。表4-7罗列了各种单体对不同自由基的相对活性，纵列数值代表不同单体对同一自由基反应的相对活性，比如第一列数据代表丁二烯、苯乙烯、甲基丙烯酸甲酯、丙烯酸甲酯、乙酸乙烯酯、氯乙烯及丙烯腈等单体对丁二烯自由基的相对活性。

表4-7　各种单体对不同自由基的相对活性（$1/r_1$）

单体	链自由基						
	~B·	~S·	~MMA·	~MA·	~VAC·	~VC·	~AN·
丁二烯（B）	—	1.7	4	20	—	29	50
苯乙烯（S）	0.4	—	2.2	6.7	100	50	25
甲基丙烯酸甲酯（MMA）	1.3	1.9	—	2	67	10	6.7
丙烯酸甲酯（MA）	1.3	1.4	0.52	—	10	17	0.67
乙酸乙烯酯（VAC）	—	0.019	0.050	0.11	—	0.59	0.24
氯乙烯（VC）	0.11	0.059	0.10	0.25	4.4	—	0.37
丙烯腈（AN）	3.3	2.5	0.82	1.2	20	25	—

自由基的相对活性用 k_{12} 或 k_{21} 表示，一些典型的 k_{12} 值如表 4-8 所示，任一纵列的 k_{12} 值代表单体的活性顺序，任意一行的数据代表不同自由基与参比单体反应的活性顺序。

表4-8　同一自由基和不同单体的相对活性（k_{12}）　　　单位：L/(mol·s)

单体	链自由基						
	~B·	~S·	~MMA·	~MA·	~AN·	~VC·	~VAC·
丁二烯（B）	100	246	2820	41800	98000	357000	—
苯乙烯（S）	40	145	1550	14000	49000	615000	230000
甲基丙烯酸甲酯（MMA）	130	276	705	4180	13100	123000	154000
丙烯酸甲酯（MA）	130	203	367	2090	1310	209000	23000
乙酸乙烯酯（VAC）	—	2.9	35	230	230	7760	2300
氯乙烯（VC）	11	8.7	71	520	720	12300	10100
丙烯腈（AN）	330	435	578	2510	1960	178000	46000

结合表 4-7 和表 4-8 可以得到以下结论：a. 对于乙烯基系列（$CH_2 = CHX$）单体，活性由强到弱排序为 $CH_2 = CH—C_6H_5$，$CH_2 = CH—CH = CH_2 > CH_2 = CH—CN$，$CH_2 = CH—COR > CH_2 = CH—COH$，$CH_2 = CH—COOR > CH_2 = CH—CCl > CH_2 = CH—OCOR$，$CH_2 = CH—R > CH_2 = CH—OR$，$CH_2 = CH_2$；对于乙烯基系列（$CH_2 = CHX$）自由基，其活性顺序恰好相反。b. 在乙烯基系列单体中，存在共轭效应的（如丁二烯、苯乙烯等）是最为活泼的，但是存在共轭效应的链自由基却是不活泼的。

乙烯基系列单体的活性及聚合规律

不饱和键取代基对自由基的稳定效果最好的原因在于不饱和键取代基对 π 电子的保持性比较宽松，其 π 电子可以发挥共振稳定作用。卤素、乙酰氧基和醚基对自由基的稳定作用依次下降，因为卤原子或氧原子上只有非键合电子对自由基存在相互作用。

以苯乙烯（M_1）- 乙酸乙烯酯（M_2）共聚体系为例，该体系中单体和自由基活性处于两个极端，研究其 4 种链增长反应速率常数的变化规律，突出说明共轭效应的影响。

$$S·+VAc \longrightarrow VAc· \qquad k_{12} = 3.9 \qquad\qquad (4-28)$$

$$S·+S \longrightarrow S· \qquad k_{11} = k_{p1} = 145 \quad r_1 = 55 \qquad (4-29)$$

$$VAc·+VAc \longrightarrow VAc· \qquad k_{22} = k_{p2} = 2300 \quad r_2 = 0.01 \qquad (4-30)$$

$$VAc·+S \longrightarrow S· \qquad k_{21} = 2300000 \qquad\qquad (4-31)$$

可以发现，苯乙烯自由基与乙酸乙烯酯单体交叉增长的难度较大（$k_{12}=3.9$），而乙酸乙烯酯自由基与苯乙烯单体能迅速发生交叉增长（$k_{21}=2300000$）。为了确定自由基 - 单体的反应速率，可通过自由基和单体的相互作用来描述，如图 4-11 所示，图中下标 s 代表共轭。图 4-11 中有两组势能曲线，一组为四条斥力曲线，代表自由基向单体靠近的势能，另一组是两条 Morse 曲线，代表最终形成化学键（或聚合物链自由基）的稳定性。两组线的交点代表单体 - 自由基反应的过渡态 [式（4-28）至式（4-31）]，此时非成键状态与成键状态具有相同的势能。图 4-11 中实线箭头表示各反应的活化能，虚线箭头则表示反应的反应热。可看出，两条 Morse 曲线间的距离明显大于两条斥力曲线间的距离，这是因为有共轭效应的取代基对自由基活性的影响远大于对单体活性的影响。

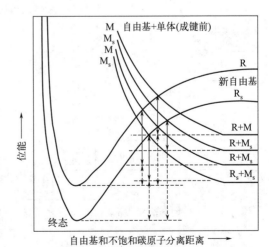

图4-11 链自由基与单体作用的势能-距离图

根据图 4-11 同时结合式（4-28）至式（4-31），将各单体 - 自由基的反应速率排序，可得到以下一般结果：

$$R_s \cdot + M < R_s \cdot + M_s < R \cdot + M < R \cdot + M_s$$

对于苯乙烯（M_1）- 乙酸乙烯酯（M_2）共聚体系来说，即

$$S \cdot + VAc < S \cdot + S < VAc \cdot + VAc < VAc \cdot + S$$

当然以上通式也可以用来解释表4-7、表4-8中的众多数据。

极性效应

② 单体的极性效应。吸电子基团使双键带正电性，供电子基团使双键带负电性。据观察，有些带吸电子基团的单体容易与带供电子基团的单体共聚，并有交替倾向，我们把这个叫作单体的极性效应，尤其是当极性相差很大的单体在一起时，会形成交替共聚物。这种现象产生的原因是极性效应降低了自由基与单体之间的反应活化能，增加了两者之间的反应活性，也能帮助克服空间位阻。

单体极性顺序对聚合行为的影响

表4-9中列举了某些单体的极性顺序和r_1与r_2的乘积值，其中单体次序是根据双键的极性排列的。带供电子基团的呈负电性的单体位于左上方，而带吸电子基团的呈正电性的单体位于右下方。从表4-9中可以看出：a. 随着两单体在表中的位置距离越来越远，意味着极性相差越来越大，r_1r_2的值逐渐下降，甚至接近于0，说明两种单体的交替共聚倾向随两单体极性差异的增大而增大。这类单体中常见的有顺丁烯二酸酐（马来酸酐）与苯乙烯、反丁烯二酸二乙酯与乙烯基醚等，以上体系很容易发生交替共聚，从而形成交替共聚物。比如丙烯腈与甲基乙烯基酮形成共聚物（$r_1r_2 = 1.1$），而丙烯腈与乙烯基醚类共聚会导致交替结构（$r_1r_2 = 0.0004$）。b. 两单体之间极性相差越大，r_1r_2值越小越容易共聚。通过合理组合，不但能使不均聚的单体与极性相反的能均聚的单体进行共聚，而且还能使都不均聚的极性相反的两种单体进行共聚。比如—COOR、—CN、—COCH这些吸电子取代基能降低双键的电子云密度，而—CH_3、—OR、—OCOCH这些给电子基团正好实现互补，有人认为是因为电子给体和电子受体之间存在部分电子转移，使得过渡态得以稳定，从而发生聚合。典型的有顺丁烯二酸酐与1,2- 二苯基乙烯共聚体系。

表4-9　单体的极性顺序与r_1r_2值

乙烯基醚类 $e=-1.3$	丁二烯 $e=-1.05$	苯乙烯 $e=-0.8$	乙酸乙烯酯 $e=-0.22$	氯乙烯 $e=0.2$	甲基丙烯酸甲酯 $e=0.40$	偏二氯乙烯 $e=0.36$	甲基乙烯基酮 $e=0.68$	丙烯腈 $e=1.20$	反丁烯二酸二乙酯 $e=1.25$	顺丁烯二酸酐 $e=2.25$
	0.78									
		0.55								
	0.31	0.34	0.39							
	0.19	0.25	0.30	1.0						
	< 0.1	0.16	0.6	0.96	0.56					
		0.10	0.35	0.83		0.99				
0.0004	0.006	0.016	0.21	0.11	0.18	0.34	1.1			
约 0		0.021	0.0049	0.056		0.56				
约 0.002		0.006	0.00017	0.0024	0.11					

③ 单体的位阻效应。位阻效应会影响单体的相对活性，从而影响单体的共聚。从表 4-10 可以看出，1,1- 双取代烯类单体的位阻效应并不显著，当两个取代基都在 α 位时，它们会产生电子效应的叠加从而使单体活性增加。当两个取代基一个在 α 位，一个在 β 位时，这时位阻效应增加从而使单体活性降低。比如与氯乙烯相比，偏二氯乙烯和 ～VAC· 的反应活性增加了约 2 倍，而 1,2- 二氯乙烯的反应活性则为其 $\frac{1}{30}$～$\frac{1}{4}$。

位阻效应对聚合行为的影响

对于 1,2- 二取代乙烯来说，反式异构体要比顺式异构体的活性高，这是因为顺式异构体在共聚中没有聚合所需要的共平面构象，与反式相比更不稳定。比如对比顺 -1,2- 二氯乙烯和反 -1,2- 二氯乙烯，可以发现反 -1,2- 二氯乙烯活性比顺 -1,2- 二氯乙烯要高约 6 倍。

这里有个特殊的例子，一般来说多取代会降低反应活性，但是多氯乙烯是个例外。通过观察三氯乙烯和四氯乙烯的反应活性数据，发现三氯乙烯活性高于 1,2- 二氯乙烯（顺和反），但四氯乙烯的反应活性高于顺 1,2- 二氯乙烯，低于反 1,2- 二氯乙烯，其中的原因是氯原子体积很小。

多氯乙烯的典型聚合行为

表4-10　位阻效应对单体相对活性的影响（k_{12}）　　　单位：L/(mol·s)

单体	链自由基		
	～VAC·	～S·	～AN·
偏二氯乙烯	23000	8.7	720
氯乙烯	10100	78	2200
顺 -1,2- 二氯乙烯	370	0.60	—
反 -1,2- 二氯乙烯	2300	3.90	—
三氯乙烯	3450	8.60	29
四氯乙烯	460	0.70	4.1

（2）转化率的影响　共聚物的组成与转化率之间的关系，可以从定性和定量两个角度去描述。下面主要从定性的角度讲述两者之间的关系和相互影响。

转化率与共聚物的组成的关系

当两单体发生二元共聚时，由于单体活性或者单体竞聚率的不同，根据共聚物组成曲线（转化率低于 5% 时推导得到），我们知道除了交替共聚和恒组分共聚（包括恒组分点所得的共聚物）外，共聚物的组成与单体的组成随反应的进行，均随着转化率而不断变化。因此，共聚物的组成在瞬间肯定有一个变化方向和趋势，反应活性相对较低的单体在共聚单体中的含量逐渐增大，共聚物的组成也随转化率发生类似变化，共聚物的组成不等于单体的组成，并且存在不均匀性，势必影响共聚物的应用性能。

下面以苯乙烯 - 丙烯腈共聚体系和氯乙烯 - 乙酸乙烯酯共聚体系为例说明转化率对共聚物组成的影响，如图 4-12（各曲线数字为起始时单体质量配料比）和图 4-13（起始氯乙烯质量分数为 85%）所示。共聚物的组成会影响共聚物的应用性能，经实验反复测定，已知共聚物中苯乙烯的质量分数为 0.7 时，性能最为理想，因此在工业中需将其控制在这个质量分数附近，从图 4-12 中可知，原始投料应控制苯乙烯单体的质量分数在 0.65 左右，聚合时转化率控制在 80% 左右。又已知氯乙烯与质量分数为 13%～15% 乙酸乙烯酯共聚得到的聚合物产品性能较佳，但是由图 4-13 可知，如果起始氯乙烯质量分数为 85% 去投料，曲线变化不尽如人意，也就是转化率有微小改变时，F_1 变化却非常明显，即没有办法通过控制转化率的方法来控制共聚物的组成，因此对该体系而言，不能一次投料而应分批连续添加氯乙烯单体。

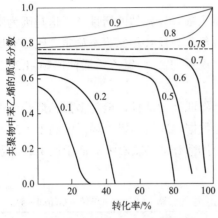

图4-12 苯乙烯-丙烯腈共聚物组成和转化率关系曲线图

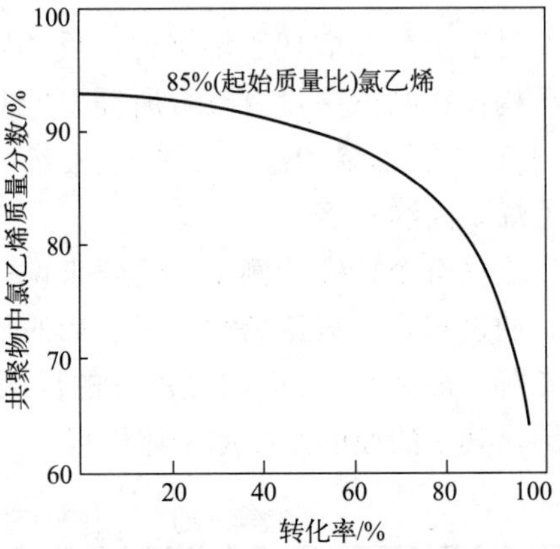

图4-13 氯乙烯-乙酸乙烯酯共聚物组成和转化率关系曲线图

共聚物的组成的控制方法

? 想一想

从两种已给定的单体出发，我们是否能预测共聚物的组成？这两个单体发生共聚时的行为是怎样的？

【知识拓展】
接枝共聚与嵌段共聚

练一练

1. 单体乙烯和丙烯的共聚得到的具有较好的柔性和弹性的产物为（　　　）。
A. 乙苯橡胶　　　B. 乙丙橡胶　　　C. 乙苯树脂　　　D. 乙丙树脂
2. 研究共聚物组成和单体组成之间的规律，在做理论推导时做的五点假设是什么？

单元二 自由基共聚合的工业实施

一、ABS树脂的生产

ABS 树脂的结构、性能及用途

ABS 树脂是丙烯腈 - 丁二烯 - 苯乙烯的三元共聚物，三种单体相对含量可任意变化，A（丙烯腈）使其耐化学腐蚀、耐热，并有一定的表面硬度，B（丁二烯）使其具有高弹性和韧性，S（苯乙烯）使其具有热塑性塑料的加工成型特性并改善电性能。它具有优良的综合性能，是重要的工程塑料之一，应用范围非常广泛，如机械、航空、汽车等领域。

1. ABS 树脂的结构

ABS 树脂有以弹性体为主链的接枝共聚物和以坚硬的 ABS 树脂为主链的接枝共聚物，或橡胶弹性体和坚硬的 ABS 树脂混合物。三种不一样的结构单元赋予了 ABS 树脂不同的功能。

2. ABS 树脂的性能

ABS 树脂的一些优异性能如表 4-11 所示。

表 4-11　ABS 树脂的一些优异性能

ABS 树脂性能分类	性能简介
一般性能	与有机玻璃的熔接性良好，可制成双色或多色塑料，且可表面镀铬，喷漆处理
力学性能	冲击强度较高，可低温下使用，耐磨，适于制作一般机械零件，减磨耐磨零件，传动零件和电信零件
热学性能	使用温度范围广，可在 −40～100℃ 使用，在极限低温下仍可表现出一定的韧性
电学性能	电绝缘性较好，几乎不受温度、湿度和频率的影响，可在大多数环境下使用
环境性能	不受碱及多种酸的影响，但耐候性较差，易老化，不能长时间照射紫外光
加工成型性能	可用通用加工法进行加工，可塑性强，但成型收缩率小，易发生熔融开裂，产生应力集中，故成型时应严格控制成型条件，成型后塑件宜退火处理

3. ABS 树脂的用途

ABS 树脂的最大应用领域是汽车、电子电器和建材。随着科技的发展，也逐渐应用于 3d 打印领域，以满足个性化和小众化的需求，此外 ABS 树脂可与其它材料形成复合材料，进一步扩大其应用范围。

二、腈纶纤维的生产

腈纶纤维由于在外观、手感、弹性、保暖性等方面类似羊毛，所以也被称为"合成羊毛"。腈纶纤维合成原料丰富，用途广泛，近年来发展速度很快，现今已是三大合成纤维之一，其产量仅次于涤纶和尼龙。腈纶纤维学名聚丙烯腈纤维，一般是由聚丙烯腈或者含 85% 以上丙烯腈的共聚物制成的合成纤维。

1. 腈纶纤维的结构、性能及用途

① 结构。聚丙烯腈的主要重复单元为"—CH_2—CH(CN)—"。聚丙烯腈纤维的截面随溶剂及纺丝方法不同而不同。湿纺聚丙烯腈纤维截面基本为圆形，有微小空隙；干纺为花生果形。其纵向一般都较粗糙，似树皮状，内部存在空穴结构。而其聚集态结构，严格来讲没有结晶部分，同时无定形部分的规整程度又高于其他纤维的无定形区。聚丙烯腈的内聚能很大，即分子间作用力大，因此在配制纺织液时，

需采用强极性溶剂或浓的无机盐溶液，如二甲基甲酰胺（DMF）、二甲基乙酰胺（DMA）和二甲基亚砜（DMSO）等。

② 性能。腈纶分子结构中含氰基，有优良的耐晒性，几乎居各种纤维织物之首，露天暴晒一年，强度仅下降 20%，此外其弹性、耐热性、蓬松性等性能都非常优异，详细的腈纶纤维的力学性能如表 4-12 所示。

表4-12　腈纶纤维的力学性能

性能	纤度 /dtex		
	1.7	3.17～3.50	7.4～8.2
强度（干）/（cN/dtex）	2.6～3.6	2.65～3.53	2.65～3.53
伸长率（干）/%	30～42	30～42	30～40
钩强度 /（cN/dtex）		1.8～2.7	1.8～2.7
钩伸长率 /%		20～30	20～30
卷曲数 /（个 /25mm）		9～13	8～12
卷曲度 /%		15～25	15～25
残留卷曲度 /%		10～20	15～25

③ 用途。因其具有优良的性能，所以非常适于制作室外用织物，比如帐篷、窗帘、毛毯等。此外，将共聚物组分少的腈纶纤维经过高温处理后可制得热稳定性更高的碳纤维和石墨纤维，从而应用于宇宙飞行、火箭、喷气技术以及工业耐高温领域中，在医疗领域也可用于人工肋骨等。

2. ABS 树脂的生产

合成 ABS 树脂的方法很多，可分为掺和法和接枝共聚法两大类，如图 4-14 所示。

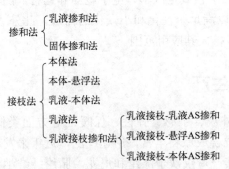

图4-14　ABS树脂的工业制法

下面主要介绍乳液接枝掺和法，如图 4-15 所示，这是目前生产 ABS 树脂最常用的方法之一。

这种方法是在乳液接枝法的基础上发展起来的。首先部分苯乙烯单体和丙烯腈与聚丁二烯胶乳进行乳液接枝共聚，另一部分苯乙烯单体和丙烯腈单体加上少量助剂进行共聚生成 SAN 树脂，然后再将两者以不同比例掺杂可以得到各种牌号的 ABS 树脂。

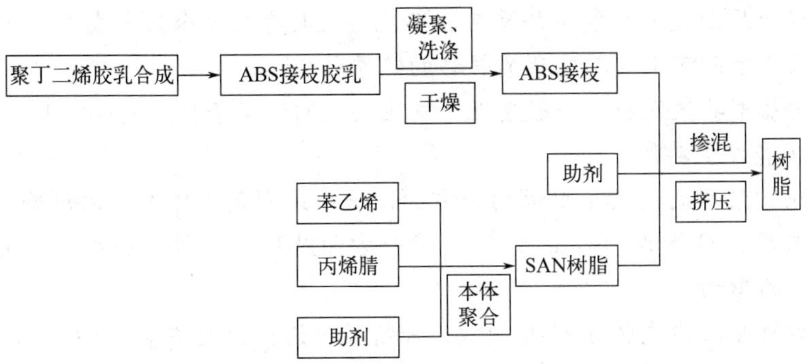

图4-15 乳液接枝掺和法生产ABS树脂方块简图

3. 腈纶纤维的生产

腈纶纤维的生产是非常典型的自由基共聚合反应实例，采用无机过氧化物或偶氮类化合物作为引发剂。工业上生产腈纶纤维的方法有溶液聚合法（又称"一步法"）和水相沉淀聚合法（又称"二步法"）。以下简单介绍溶液聚合法生产腈纶纤维。腈纶的主要生产工艺流程为聚合→纺丝→预热→蒸汽牵伸→水洗→烘干→热定型→卷曲→切断，最后打包出库。

以丙烯腈、丙烯酸甲酯、亚甲基丁二酸为单体，硫氰酸钠的水溶液为溶剂，按照一定的原料配方配比投料至聚合釜中，聚合温度控制在 76～80℃，聚合 1.2～1.5h，控制转化率在 12% 左右，控制聚合物中最终单体含量小于 0.2% 后，送去纺丝。溶液纺丝有干法及湿法纺丝两种，其中干法纺丝主要生产长纤维，湿法主要生产短纤维，所以对用于纺丝的聚丙烯腈的分子量提出了不同的要求。工业上湿法纺丝采用 50% 的硫氢化钠溶液作为溶剂溶解聚丙烯腈，以一定的纺丝速度喷丝凝固，最后经一系列工序制得聚丙烯腈短纤维。工业上干法纺丝通常以二甲基甲酰胺作为溶剂。

拓展阅读

甘坐"冷板凳"，勇啃"硬骨头"

在正式推导得出共聚物组合微分方程之前，众多科研工作者夜以继日、前仆后继，在背后默默地努力着，鲜少有人知道，但最终成果的发现、空白领域的填补离不开这些默默付出的前辈们，这些光辉的成绩是站在巨人的肩膀上才得到的。所以在平时的学习工作中，一定要坚守自己的岗位，认可自己的努力，为中华民族伟大事业添砖加瓦，点滴努力终能汇聚成汪洋大海。

小 结

1. 共聚物的类型根据各种单体在共聚物分子链中排列方式不同，可分为无规共聚物、交替共聚物、嵌段共聚物和接枝共聚物四种。其中，以无规共聚物居多。

2. 共聚合反应是一种复杂的反应，二元共聚时存在 2 个链引发、4 个链增长、3 个链终止及 2 个向溶剂或其它杂质转移的链转移。

3. 自由基型共聚反应，一般情况下发生共聚的触发条件为 $r_1r_2 \leqslant 1$，当 $r_1 \gg 1$，$r_2 \gg 1$，不能发生共聚。

4. 影响竞聚率的因素主要有两个方面，一个方面是单体本身的影响（如参加反应的单体浓度、单体的相对活性等）；另一方面是反应条件（温度、压力、溶剂及其它因素）的影响。

5. 共聚物组成曲线也称 F_1-f_1 曲线，分情况讨论：理想共聚（$r_1r_2=1$）、交替共聚（$r_1=r_2=0$）、非理想共聚（$r_1r_2 < 1$）及嵌段共聚（$r_1 > 1$，$r_2 > 1$）。

6. 无规共聚和交替共聚可由共聚合原理来处理，而接枝共聚和嵌段共聚则可用多种聚合机理。接枝共聚主要有大单体共聚接枝、向聚合物大分子链转移接枝、辐射接枝、化学接枝等方法，嵌段共聚典型的有热塑性橡胶。

习题

一、填空题

1. 共聚合反应可分为（　　）、（　　）和（　　）共聚合反应三种。

2. 共聚物组成的微分方程为（　　　　　）。

3. 竞聚率的实验测定的方法有（　　）、（　　）和（　　）三种。

4. 60℃时苯乙烯的 k=176L/(mol·s)，甲基丙烯酸甲酯的 k=367L/(mol·s)，由此表明：（　　）自由基的活性更强，而单体的活性（　　）比（　　）小。

5. 溶剂会影响单体的竞聚率，其中（　　）溶剂比（　　）溶剂的影响要大一些。

二、单选题

1. ABS 树脂是（　　）三元共聚物。

A. 丙烯腈 - 丁二烯 - 苯乙烯　　　　B. 丙烯腈 - 异戊二烯 - 苯乙烯

C. 丙烯腈 - 丁二烯 - 乙烯　　　　　D. 丙烯腈 - 丁二烯 - 氯乙烯

2. 被称为"人造羊毛"的是（　　）。

A. 聚酯纤维　　　　B. 聚乙烯醇纤维　　　　C. 聚丙烯腈纤维　　　　D. 聚丙烯纤维

3. 一对单体共聚时 r_1=0.5，r_2=0.8，其共聚行为是（　　）。

A. 理想共聚　　　　B. 交替共聚　　　　C. 恒比点共聚　　　　D. 嵌段共聚

4. 下列不是影响竞聚率因素的是（　　）。

A. 反应温度　　　　B. 反应时间　　　　C. 反应压力　　　　D. 反应溶剂

三、判断题

一对单体共聚时 r_1=0.001，r_2=0.001，则生成的共聚物接近交替共聚物。（　　）

四、简答题

1. 请对下列名词进行解释：（1）共聚合反应；（2）竞聚率；（3）接枝共聚物。

2. 无规、交替、嵌段和接枝共聚物的结构有何差异？又是怎样去命名的？

3. 说明两单体进行理想共聚时，恒比点共聚和交替共聚 r_1、r_2 的情况。

4. 甲基丙烯酸甲酯（M_1）浓度为 5mol/L，5- 乙基 -2- 乙烯基吡啶浓度为 1mol/L，竞聚率 r_1=0.40，r_2=0.69，请计算（1）共聚物起始组成（以摩尔分数计）；（2）求共聚物组成与单体组成相同时两单体的摩尔配比。

5. 苯乙烯（M_1）与丁二烯（M_2）在 5℃下进行自由基乳液共聚合时，已知 r_1=0.64，r_2=1.38，苯乙烯和丁二烯的均聚链增长速率常数分别为 k_1=49.0，k_2=25.1L/(mol·s)。请回答以下几个问题。

（1）计算共聚时的链增长反应速率常数。

（2）比较两种单体和两种链自由基的反应活性大小。

（3）做出此共聚反应的组成曲线。

（4）如果要制备组成均一的共聚物可以采取什么措施？

模块五

离子型聚合

知识导读

连锁聚合反应根据形成的活性种的差异，可以分为自由基聚合反应、离子聚合反应和配位聚合反应。离子聚合包括阴离子聚合和阳离子聚合，其主要工业化产品有苯乙烯类热塑性弹性体［SBS、苯乙烯－异戊二烯－苯乙烯共聚物（SIS）、氢化苯乙烯－丁二烯－苯乙烯共聚物（SEBS）和氢化苯乙烯－异戊二烯共聚物（SEPS）］、聚异丁烯以及石油树脂（C5石油树脂、C5/C9石油树脂、C9石油树脂、氢化C5石油树脂、氢化C9石油树脂）。C5石油树脂广泛应用于道路标线涂料，氢化C9石油树脂是热熔胶领域不可或缺的组成部分，而SBS基沥青材料在高速公路铺设中占重要地位。这些产品是如何生产的？和常用的聚乙烯、聚丙烯的生产原理是否相同？本模块将对以上问题逐一进行解答，从而掌握离子聚合机理及典型产品的生产工艺。

学习目标

知识目标

1. 了解离子聚合的发展及其应用。
2. 掌握阴离子聚合的基本特征。
3. 掌握阴离子聚合反应的单体、引发剂、机理。
4. 掌握阳离子聚合反应的单体、引发剂、机理。
5. 熟悉阴离子聚合、阳离子聚合的影响因素。

1. 能初步分析离子聚合产品及其应用。
2. 能正确运用阴离子聚合原理初步设计高聚物结构并处理实际问题。
3. 能正确运用阳离子聚合原理分析并处理实际问题。

1. 树立强烈的安全意识及绿色理念。
2. 具有自主探究学习的能力，良好的思维习惯。
3. 形成科学的价值观、社会责任感和职业道德。

单元一 离子型聚合反应的特征

想一想

聚合反应中的连锁聚合机理是什么？连锁聚合过程包括哪几步基元反应？连锁聚合的活性中心有哪几种类型？

一、离子聚合简介

离子聚合是离子型活性种引发的连锁聚合反应。根据离子型活性种的电荷性质是阴离子还是阳离子，离子聚合可以分为阴离子聚合和阳离子聚合。在 20 世纪初期，媒体报导了基于阴离子聚合机理的丁钠橡胶的合成，但当时机理并不明确。直到 1956 年 Swzarc 发现了苯乙烯 - 萘钠 - 四氢呋喃体系的阴离子聚合特征，从此，阴离子聚合领域发展迅速，并形成了比较完整的理论体系。相较而言，阳离子聚合领域发展比较缓慢。

带有强吸电子基团的烯类单体容易引发阴离子聚合，因为吸电子效应使得双键电子云密度降低，更有利于阴离子的进攻；供电子基团使得双键电子云密度增加，更有利于阳离子的进攻，即更容易发生阳离子聚合。而具有共轭效应的单体，如苯乙烯、1,3- 丁二烯和异戊二烯等既可以发生阴离子聚合，又可以进行阳离子聚合。

电子效应及共轭效应

二、离子聚合的特征及其与自由基聚合的比较

离子聚合和自由基聚合都属于连锁机理，但是由于活性中心的差异，它们又有各自的特征。具体反映在单体种类、引发剂、活性中心以及溶剂和温度对聚合的影响等方面，见表 5-1。

离子型聚合的特征

表5-1　离子聚合和自由基聚合反应的比较

比较项目	阴离子聚合	阳离子聚合	自由基聚合
活性中心	碳阴离子 $\sim\!\overset{\textstyle|}{\underset{\textstyle|}{C}}{}^{-}$	碳阳离子 $\sim\!\overset{\textstyle|}{\underset{\textstyle|}{C}}{}^{+}$	自由基 $\sim\!\overset{\textstyle|}{\underset{\textstyle|}{C}}\cdot$
单体	$CH_2\!=\!CH$ $\mid$ X X为吸电子基	$CH_2\!=\!CH$ $\mid$ X X为推电子基	$CH_2\!=\!CH$ $\mid$ X X为弱吸电子基
	共轭烯烃		
	含 C、O、N、S 等杂环化合物		
引发剂	亲核试剂 碱金属、烷烃碱金属、芳烃碱金属	亲电试剂 含氢酸，Lewis酸（外加助引发剂），金属有机化合物	偶氮类、有机过氧化物类、无机过氧化物、氧化 - 还原引发体系
	光、热、辐射也可以引发		
	从聚合反应开始到结束都有影响（R_p、$\bar{X}_n$、规整性）		只影响链引发（R_i）

续表

比较项目	阴离子聚合	阳离子聚合	自由基聚合
链增长方式	严格按头-尾连接		以头-尾连接为主，其他少量
链终止方式	正常情况下无链终止，形成活性高分子	单分子"自发"终止，与反离子结合终止或链转移终止	偶合终止、歧化终止，链转移
	无偶合终止		
聚合温度	0℃以下或室温	0℃以下	50～80℃
溶剂	水、含质子的化合物不能用作溶剂，一般用极性有机溶剂		有机溶剂、水均可以使用
	溶剂的极性对 R_p、$\bar{X}_n$、规整性影响极大		影响较小
阻聚剂	水、醇、酸等含活泼氢物质及苯胺，CO_2，氧	水、醇、酸、醚、酯、苯醌、胺类等	对苯二酚、苯醌、芳胺、硝基苯、DPPH
聚合实施方法	本体、溶液聚合		本体、溶液、悬浮、乳液聚合

1. 单体

带有强吸电子基团如硝基、氰基、酯基等的烯类单体容易引发阴离子聚合；带有供电子基团如烷氧基、甲基等的烯类单体容易进行阳离子聚合；大多数含有乙烯基的单体都可以进行自由基聚合；共轭烯烃能以三种机理聚合。

单体对聚合机理的选择

2. 引发剂和活性种

阴离子聚合的引发剂主要有碱金属、碱金属和碱土金属的烷基化合物、给电子体、三级胺类等，活性种为阴离子；阳离子聚合的引发剂主要有质子酸和 Lewis 酸两大类，都属于亲电试剂，活性种为阳离子。自由基聚合的引发剂常采用过氧化物类和偶氮类引发剂，也可以在光、热、辐射的条件下产生自由基，进而与单体形成活性种。

3. 链终止方式

阴离子聚合难终止，表现出活性聚合的特征，往往需要在聚合末尾加入终止剂终止反应。阳离子聚合易向单体和溶剂链转移，形成大分子和仍有引发能力的离子对，使动力学链长难以终止。

4. 温度

阴离子和阳离子聚合引发活化能较低，常在较低的温度下引发聚合反应，因此，温度对阴离子聚合速率的影响较小，对阳离子聚合速率以及聚合物分子量影响较大。在自由基聚合中，引发剂分解活化能较大，须在较高温度下引发聚合，温度对聚合速率和分子量影响较大。

5. 溶剂

离子聚合中，聚合活性中心带有电荷，和反离子共存。溶剂对活性中心和反离子之间的距离影响很大，而离子对的紧密程度和活性种的状态对聚合活性以及聚合物立构规整性有重大影响。阴离子聚合可选用非极性到极性的有机溶剂如环己烷、甲苯、四氢呋喃等，但是质子性溶剂不能选用。阳离子聚合则限用弱极性溶剂，如卤代烷烃。而自由基聚合中，溶剂仅限于引发剂的诱导分解和链转移反应。

离子对存在形式

$$\overset{\delta^+ \ \delta^-}{A-B} \Longleftrightarrow A^+ \ B^- \Longleftrightarrow A^+ // B^- \Longleftrightarrow A^+ + B^-$$

极性键　紧密离子对　疏松离子对　自由离子

在阴离子聚合中，碳阴离子的活性中心存在紧密离子对、疏松离子对和自由离子三种形式。而在阳离子聚合反应中，活性中心除了以上述三种形式存在，还可以呈现共价活性中心，在不同溶剂中各活性中心的比例不同。一般情况下，自由离子的增长反应速率比离子对的反应速率大得多，但是其所得聚合物的结构规整性会下降。

6. 聚合机理特征

阴离子聚合的机理特征表现为快引发、慢增长、无终止、无转移，具有活性聚合的特征，阴离子聚合动力学处理简单，产物分子量窄。终止阴离子聚合往往需要外加终止剂如水、醇等。阳离子聚合为快引发、快增长、易转移、难终止，主要是向单体转移或溶剂转移，也可以单分子自发终止。阳离子聚合链终止方式根据聚合体系不同差异较大，且产物的分子量分布比阴离子聚合宽得多。而自由基聚合则是慢引发、快增长、速终止，链终止以双击终止为主。

自由基聚合与
离子型聚合的
比较

 练一练

1. 下列单体能进行阳离子聚合的是（　　　）。
A. 异丁烯　　　　　B. 乙烯　　　　　C. 丙烯腈　　　D. 氯乙烯
2. 离子对的形式对离子聚合速率的影响正确的是（　　　）。
A. 疏松离子对＞紧密离子对＞自由离子对
B. 紧密离子对＞自由离子对＞疏松离子对
C. 自由离子对＞疏松离子对＞紧密离子对
D. 紧密离子对＞疏松离子对＞自由离子对

单元二　阴离子聚合

 知识链接

SBS 是苯乙烯 - 丁二烯 - 苯乙烯三嵌段共聚物，外观为白色多孔性颗粒或粉末。兼有橡胶弹性和塑料可加工性的优点，具有良好的耐低温性、透气性和抗湿滑性。如图 5-1 所示，SBS 广泛应用于鞋底材料、塑料改性、黏合剂和沥青改性等领域。

图5-1　SBS的应用举例

单体与吸电
子效应、共
轭效应关系

单体聚合
活性顺序

? **想一想**

　　SBS 作为三嵌段共聚物，能否用自由基聚合机理制备？为什么？SBS 为什么在室温下会具有弹性？

一、阴离子聚合单体

　　阴离子聚合的常用单体有带有强吸电子基团的乙烯基单体以及共轭烯烃。吸电子基团能使双键上的电子云密度减弱，使单体的双键具有一定的正电性，有利于阴离子的进攻，并使所形成的碳阴离子的电子云密度分散而稳定。取代基的吸电子能力越强，相应的乙烯基单体的单体活性就越高，常用的单体有丙烯酸甲酯、丙烯腈、硝基乙烯等。但 p-π 共轭的烯类单体，如氯乙烯，却难阴离子聚合。共轭烯烃的 π 电子流动性越大，即共轭效应越大，单体活性越高，常用的单体有 1,3-丁二烯、异戊二烯、苯乙烯等，可以用来制备顺丁橡胶、异戊橡胶、丁苯橡胶、苯乙烯-丁二烯-苯乙烯（SBS）嵌段共聚物以及苯乙烯-异戊二烯-苯乙烯嵌段共聚物等。

　　按单体进行阴离子聚合的活性顺序，可将烯类单体分成四组，列在表 5-2 内。表 5-2 中从上而下，单体活性递增，A 组为共轭烯类，如 α-甲基苯乙烯、苯乙烯、异戊二烯、丁二烯，单体极性较弱，活性也较弱；B 组为（甲基）丙烯酸酯类，活性较强；C 组为具有单个强吸电子基团取代的烯类单体，如丙烯腈、硝基乙烯等，活性更强；D 组为双强吸电子基团取代的烯类单体，活性最强，可以由弱碱、醚甚至水引发聚合。

表5-2　阴离子聚合的单体与引发剂反应活性匹配关系

引发能力	引发剂	匹配关系	单体	分子式	反应能力
强 ↑	SrR_2 CaR_2 K，KR Na，NaR Li，LiR	a → A	α-甲基苯乙烯 苯乙烯 异戊二烯 丁二烯	$CH_2=C(CH_3)C_6H_5$ $CH_2=CHC_6H_5$ $CH_2=C(CH_3)CH=CH_2$ $CH_2=CHCH=CH_2$	小
	$RMgX$ t-ROLi	b → B	甲基丙烯酸甲酯 丙烯酸甲酯	$CH_2=C(CH_3)COOCH_3$ $CH_2=CHCOOCH_3$	
	ROK RONa ROLi	c → C	丙烯腈 甲基丙烯腈 甲基乙烯基酮	$CH_2=CHCN$ $CH_2=C(CH_3)CN$ $CH_2=CHCOCH_3$	
弱	吡啶 NR_3 ROR H_2O	d → D	硝基乙烯 亚甲基丙二酸二乙酯 α-氰基丙烯酸乙酯 偏二氰基乙烯	$CH_2=CHNO_2$ $CH_2=C(COOC_2H_5)_2$ $CH_2=C(CN)COOC_2H_5$ $CH_2=C(CN)_2$	大 ↓

二、阴离子聚合的引发剂和引发反应

　　阴离子聚合所用的引发剂多为亲核试剂，引发剂的碱性越强，其引发能力越强。引发剂种类很多，包括碱金属、碱金属烷基化合物等，根据单体的活性，可选用与单体匹配的引发剂。工业中常用的引发剂为丁基锂。

　　如表 5-2 所示，阴离子聚合的引发剂有 a 组的碱金属、碱金属和碱土金属的有机化合物，b 组的格氏试剂、叔丁醇锂，c 组的醇钠、醇钾等强碱，以及 d 组的三级胺、吡啶等弱碱以及醚类给电子体，其活性根据碱性强弱顺序从上而下递减。

　　引发剂的引发机理有两种，即碱金属引发的电子转移机理和其它引发剂引发的阴离子引发机理。

1. 电子转移引发

　　钠、钾等碱金属原子最外层只有一个电子，这个外层电子容易直接或间接转移给单体，形成自由基型阴离子活性种，从而引发阴离子聚合。

$$Na + CH_2{=}\underset{X}{CH} \longrightarrow Na^+ \ {}^-\underset{X}{CH_2{-}CH}\cdot \longleftrightarrow Na^+ \ \underset{X}{{}^-CH{-}CH_2}\cdot$$

$$Na^+ \ \underset{X}{{}^-CH{-}CH_2}\cdot \longrightarrow Na^+ \ {}^-\underset{X}{CHCH_2}{-}\underset{X}{CH_2CH}^- Na^+ \longrightarrow 从两端增长聚合$$

　　例如，在 20 世纪早期，用钠引发丁二烯聚合生产丁钠橡胶时，钠将外层电子直接转移给苯乙烯，生成单体自由基 - 阴离子，而两分子的自由基末端偶合终止，转变成双阴离子，而后由两端阴离子引发苯乙烯聚合。在此过程中，苯乙烯自由基 - 阴离子呈现红色，两阴离子的自由基端基偶合成苯乙烯双阴离子。随着聚合进行，苯乙烯单体耗尽，但是红色并不消失，再加入苯乙烯或者活性更高的单体，仍可继续聚合，聚合度不断增加，表明活性苯乙烯阴离子仍然存在，显示出无终止的特征。

　　除萘、蒽和联苯等芳烃外，酮类（不包括能产生烯醇的酮）、亚甲胺类（RN=CHR）、腈类（RCN）、偶氮化合物等也可用作电子转移引发的溶剂。

　　电子转移引发的另一个例子，就是将碱金属直接加到单体苯乙烯中，钠原子把外层电子转移给单体形成单体的自由基阴离子，二聚后引发聚合，但是引发反应是在非均相体系中进行的，这就导致了即使把金属钠分散成小颗粒增加反应面积或将钠在反应器壁上涂成薄层，也不能改变链引发和链增长同时存在的结果，因而得到的聚苯乙烯分子量分布较宽。

2. 阴离子引发机理

　　这类引发机理的引发剂有金属有机化合物、金属的氨基化合物、格氏试剂和烷氧基化合物等亲核试剂。碱金属氨基化合物如氨基钾，液氨的介电常数大，溶剂化能力强，KNH_2- 液氨就构成了高活性的阴离子引发体系，氨基以游离的单阴离子形式存在，引发单体聚合，但是目前应用较少。

$$KNH_2 \Longleftrightarrow K^+ + NH_2^-$$

金属烷基化合物虽然是强碱，但常用作阴离子聚合引发剂的是烷基锂和格氏试剂 RMgX。

烷基锂之所以能够成为广泛用于阴离子聚合的引发剂，一方面是烷基锂具有良好的引发活性；另一方面，烷基锂可以很好地溶解于多种非极性溶剂（如烷烃）和极性溶剂（如四氢呋喃等），形成均相体系。其它碱金属的芳基或者烷基化合物不溶于烃类非极性溶剂，限制了其实际应用。

烷基锂及缔合现象

$$RLi + CH_2=CH \atop X \longrightarrow R-CH_2-\bar{C}H \atop X \ Li^+$$

丁基锂在非极性溶剂如环己烷、甲苯中，以缔合体的形式存在，缔合度为 2、4、6 不等，不同烷基锂的缔合度列于表 5-3 中。在非极性溶剂中，存在着缔合与解离平衡，缔合状态的丁基锂没有引发活性，而单分子状态的丁基锂具有引发活性。碳阴离子的亲核性随缔合度增大而降低。如添加少量四氢呋喃，四氢呋喃中氧上的孤对电子与锂阳离子络合从而解缔合成单分子，丁基锂就以单阴离子的形式引发聚合。同时，这种络合作用有利于形成疏松离子对或自由离子，从而提高聚合活性。

表5-3 烷基锂的缔合度

烷基锂	溶剂	缔合度	存在形式
正丁基锂	苯、环己烷、正己烷	6	$(n\text{-}C_4H_9Li)_6$
仲丁基锂	苯、环己烷、正己烷	4	$(s\text{-}C_4H_9Li)_4$
叔丁基锂	苯、环己烷、正己烷	4	$(t\text{-}C_4H_9Li)_4$
苄基锂	苯、环己烷、正己烷	2	$(C_6H_5CH_2Li)_2$
苯基锂	苯、环己烷、正己烷	2	$(C_6H_5Li)_2$

在非极性溶剂中，阴离子聚合的引发速率和烷基锂的缔合度密切相关。以正丁基锂为例，在苯中 $n\text{-}C_4H_9Li$ 以六聚体的形式存在，六聚体 $(n\text{-}C_4H_9Li)_6$ 在苯中存在着解离平衡，假设只有单分子的 $n\text{-}C_4H_9Li$ 具有引发活性，则：

$$(n\text{-}C_4H_9Li)_6 \xrightleftharpoons{K} 6 \ n\text{-}C_4H_9Li$$

$$n\text{-}C_4H_9Li + M \xrightarrow{k_i} n\text{-}C_4H_9M^- Li^+$$

上式的平衡常数表达式为

$$K = \frac{[n\text{-}C_4H_9Li]^6}{[(n\text{-}C_4H_9Li)_6]}$$

因此引发速率可以表示为

引发剂与单体匹配关系

$$V_i = k_i K^{1/6}[(n\text{-}C_4H_9Li)_6]^{1/6}[M]$$

可见引发速率与正丁基锂浓度的 1/6 次方成正比。

阴离子聚合的引发剂和单体的活性可以差别很大，两者要相互匹配，才能聚合，见表 5-2。表 5-2 中 a 组的引发剂碱性最强，其引发能力也最强，可以引发 A、B、C、D 四组单体进行阴离子聚合。b 组的引发剂为强碱，不能引发活性最弱的 A 组单体，但可以引发 B、C 和 D 组的单体聚合。c 组引发剂可以引发 C 和 D 组单体聚合。d 组碱性最弱，只能引发活性最强的 D 类单体进行阴离子聚合。水一般情况下是阴离子聚合的终止剂，但是痕量的水可以引发高活性的偏二氰基乙烯聚合。

阴离子聚合反应的引发剂

 练一练

1. 下列单体能进行阴离子聚合的是（　　　）。

A. 异丁烯　　　　　B. 苯乙烯　　　　C. 丙烯腈　　　　D. 氯乙烯

2. 下列物质能引发丁二烯进行阴离子聚合的是（　　　）。

A. 丁基锂　　　　　B. 三氟化硼　　　　C. BPO　　　　D. 水

三、阴离子聚合反应机理

和自由基聚合一样，阴离子聚合也具有链式聚合的特征，聚合过程同样包括链引发、链增长和链终止三个基元反应。阴离子聚合中链增长中心为离子对或自由阴离子，其相对量决定于反应介质。在同一聚合体系，离子对的增长反应速率低于自由阴离子的增长速率，因此体系中离子对和自由阴离子的相对浓度直接影响聚合反应速率的大小。

链引发反应

以四氢呋喃为溶剂，苯乙烯为单体，正丁基锂（n-BuLi）为引发剂，甲醇作为终止剂，其阴离子聚合机理为：

$$n\text{-BuLi} + \text{H}_2\text{C=CH} \longrightarrow n\text{-Bu-CH}_2\text{-}\overset{\text{H}}{\underset{}{\text{C}}}^- \text{ Li}^+$$

如前所述，根据活性种的形成方式，阴离子聚合的引发反应分为碱金属引发的电子转移机理和其它引发剂引发的阴离子引发机理。根据表 5-2 中引发剂和单体的匹配关系，引发剂几乎以定量的形式参与引发反应，这里不再赘述。值得一提的是，丁基锂作为少数可以溶于有机溶剂的引发剂，在弹性体、橡胶领域具有广泛的应用。

链增长反应

$$n\text{-Bu-CH}_2\text{-}\overset{\text{H}}{\underset{}{\text{C}}}^- \text{Li}^+ + \text{H}_2\text{C=CH} \longrightarrow n\text{-Bu-CH}_2\text{-}\overset{\text{H}}{\underset{}{\text{C}}}\text{-}\overset{\text{H}}{\overset{\text{H}_2}{\text{C}}}\text{-CH}^- \text{Li}^+$$

$$\sim\sim\text{CH}_2\text{-}\overset{\text{H}}{\underset{}{\text{C}}}^- \text{Li}^+ + \text{H}_2\text{C=CH} \longrightarrow \sim\sim\text{CH}_2\text{-}\overset{\text{H}}{\underset{}{\text{C}}}\text{-}\overset{\text{H}_2}{\text{C}}\text{-CH}^- \text{Li}^+$$

引发剂引发单体形成活性种后，碳阴离子具有比较稳定的正四面体结构，以紧密离子对、疏松离子对或者自由离子的形式存在。然后，单体插入离子对中间进行链增长反应，碳阴离子的寿命比较长，单体持续不断地插入离子对中直至单体耗尽。本例中因为采用四氢呋喃作为溶剂，丁基锂以单分子形式存在，丁基锂引发苯乙烯形成自由离子的碳阴离子活性种，然后苯乙烯连续不断地插入碳阴离子和锂离子之间，完成链增长反应。

链终止反应为

$$\text{~CH}_2\text{-}\overset{H}{\underset{}{\text{C}^-}}\text{ Li}^+ \ +\ CH_3OH \longrightarrow \text{~CH}_2\text{-CH}_2 \ +\ CH_3OLi$$

活性聚苯乙烯基锂为棕红色，在苯乙烯的聚合过程中棕红色一直存在，单体耗尽后依然可以保持红色数天。如果继续补加苯乙烯，可以获得更高分子量的聚苯乙烯。如果补加第二单体，则可以得到嵌段共聚物。如果加入少量终止剂（水或者醇类），则反应立即终止，红色消失。

链增长反应速率和金属离子的性质、离子对的类型、溶剂的性质以及反应温度都密切相关。离子对的存在形式对聚合速率、聚合物的立构规整性都有很大影响。而离子对的存在形式取决于金属离子的性质、溶剂的性质以及反应温度。弱金属离子的结合能力强，则容易形成紧密离子对。如果采用强极性溶剂，如四氢呋喃、二氧六环、乙二醇二甲醚等，就容易形成自由离子，聚合反应速率也会显著加快，但是聚合物的立构规整性会下降。反应温度和引发剂浓度对离子的存在形式也有影响。

溶剂化效应

碳阴离子具有比较稳定的正四面体结构，因此碳阴离子的寿命比较长，甚至可以在数天内仍有活性，这是阴离子聚合与阳离子和自由基聚合的重要差别。在一定条件下，大多数阴离子聚合体系可以形成"活性"聚合物。利用"活性"聚合物可以制备不同官能团封端的遥爪聚合物和嵌段共聚物。

活性聚合物

在阴离子聚合中，终止反应不能通过两个增长链阴离子的相互作用实现。另外，增长链阴离子的反离子一般是金属离子，由于碳-金属键解离度大，增长链与反离子结合终止也不可能。因此，不加终止剂的情况下，大多数阴离子聚合反应，尤其是非极性烯烃类单体如苯乙烯、α-甲基苯乙烯、异戊二烯、1,3-丁二烯、乙烯基吡啶的阴离子聚合，是没有终止反应的。链增长反应通常从开始直到单体耗尽为止，活性中心仍可保持活性。如果再补加单体或者第二单体，链增长反应继续进行，也称之为活性聚合反应。没有终止的活性链又称为活性聚合物，通常它的寿命是很长的，可以保持数天。图5-2是丁基锂引发甲基丙烯酸甲酯聚合时聚合物分子量与转化率的关系。单体分二次加入，分子量与转化率呈直线关系，说明第二次加入单体时，活性链的数目没有变化。

活性聚合

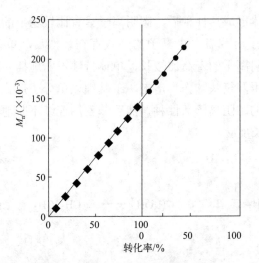

图5-2　甲基丙烯酸甲酯阴离子聚合反应中聚合物分子量与转化率的关系
◆—加入第一批单体；●—加入第二批单体

活性链无终止原因　　活性链无终止原因是：一方面活性链带有相同的电荷，同性电荷相互排斥，不能发生偶合终止和歧化终止；另一方面，活性链向单体转移或者异构化自发终止需要很高的活化能，这种反应不易发生。实际上，阴离子聚合体系长期储存，也可能自终止；试剂和器皿难以绝对除净微量杂质，也可以经链转移而终止。一般在聚合末期，人为地加入终止剂终止聚合。阴离子聚合链终止或链转移主要有以下几种形式。

1. 自发终止

自发终止的原因是活性端基异构化，而后形成不活泼的烯丙基型端基阴离子。例如聚苯乙烯钾在苯溶液中，于室温下长时间放置，活性逐渐消失，这可能是活性链端基发生异构化的结果。

$$\sim CH_2-CH-CH_2-\overset{-}{CH}\quad K^+ \longrightarrow \sim CH_2-CH-CH=CH\quad +\ K^+\ H^-$$

但是生成的氢化钾依然可以引发聚合，末端为双键的聚合物分子的烯丙基氢原子易转移到另一个增长碳阴离子，生成一个没有活性的1,3-二苯基烯丙基阴离子，终止动力学链。

2. 链转移终止

活性阴离子可以向氨、甲苯、极性单体转移而终止。例如，以烷基锂为引发剂、甲苯作为溶剂的阴离子聚合体系也会发生向溶剂甲苯的链转移，链转移后得到的苄基锂可以引发单体 M 生成活性种，继续引发聚合。

$$\sim M^-\ Li^+ + C_6H_5CH_3 \longrightarrow \sim MH + C_6H_5CH_2^-\ Li^+$$

$$C_6H_5CH_2^-\ Li^+ + M \longrightarrow C_6H_5CH_2M^-\ Li^+$$

又如在液氨中用氨基钾引发苯乙烯聚合，活性中心会向溶剂液氨链转移，形成聚合物和氨基钾，氨基钾又可以作为引发剂引发单体聚合。这两种链转移反应均生成了一个聚合物分子和一个能继续引发单体聚合的溶剂阴离子，因此动力学链并未终止。

$$NH_2 \left[CH_2-CH \right]_n CH_2-\overset{-}{CH} \ K^+ \ + \ NH_3 \longrightarrow NH_2 \left[CH_2-CH \right]_n CH_2-CH_2 \ + \ K^+ \ NH_2^-$$

3. 杂质和外加链终止剂终止

反应体系中，痕量的氧、水、二氧化碳等含氧杂质均可使阴离子终止。

氧和增长的碳阴离子反应，生成无引发活性的过氧阴离子，使链增长终止。

氧终止

$$\text{\raisebox{0pt}{$\sim\sim$}}CH_2-\overset{..}{CH} \ + \ O_2 \longrightarrow \text{\raisebox{0pt}{$\sim\sim$}}CH_2-CH-OO^-$$

二氧化碳与增长的碳阴离子反应，可以生成无引发活性的羧基阴离子，它的碱性较弱，不能引发单体进行聚合，链增长即终止。

二氧化碳终止

$$\text{\raisebox{0pt}{$\sim\sim$}}CH_2-\overset{..}{CH} \ + \ CO_2 \longrightarrow \text{\raisebox{0pt}{$\sim\sim$}}CH_2-CH-\overset{O}{\overset{\|}{C}}-O^-$$

水与增长的碳阴离子反应，则生成氢氧根离子，它的碱性较弱，不能引发单体进行聚合，链增长即终止。

水终止

$$\text{\raisebox{0pt}{$\sim\sim$}}\overset{H_2}{C}-\overset{..}{CH} \ + \ H_2O \longrightarrow \text{\raisebox{0pt}{$\sim\sim$}}\overset{H_2}{C}-CH_2 \ + \ HO^-$$

水是一种活泼的链转移剂，对阴离子聚合有不良的影响。一般情况下，质子性溶剂如水、甲醇、乙醇、异丙醇等均可作为阴离子聚合的链终止剂，使链增长反应完全停止。例如，在丁基锂-苯乙烯-四氢呋喃聚合体系中，用甲醇作为终止剂，新形成的甲醇锂活性很低，不能再引发苯乙烯聚合。

$$\text{\raisebox{0pt}{$\sim\sim$}}CH_2-\overset{H}{\overset{|}{C^-}} \ Li^+ \ + \ CH_3OH \longrightarrow \text{\raisebox{0pt}{$\sim\sim$}}CH_2-CH_2 \ + \ CH_3OLi$$

因此，在进行阴离子聚合实验时，必须在惰性气体保护下进行，并且反应瓶或反应釜要反复抽真空烘烤，并用高纯氮或氩吹扫，除净吸附的痕量水，甚至用少量"活"的聚合物溶液来洗涤；单体和溶剂也要严格纯化，除去可使引发剂失活的杂质。

阴离子聚合
反应机理

四、阴离子聚合反应动力学

1. 计量聚合

在阴离子聚合体系中，引发剂瞬时引发形成活性中心，相较于链增长速率而言链引发速率很快，可以认为在聚合开始之前引发剂已经全部转化为活性中心，并且这些活性中心几乎同时开始链增长反应，体系纯净无杂质、无终止剂和链转移剂的情况下，准确投入单体和引发剂，通过计算，就可以得到预期分子量和聚合度并且分子量分布很窄的聚合物。这种聚合方法称之为计量聚合，值得一提的是，并不是所有的阴离子聚合都是计量聚合。

2. 计量聚合的数均聚合度

真正的"活性"聚合没有终止反应，单体消耗完毕就意味着动力学链增长结束。某一时刻的平均动力学链长 ν 定义为：

$$\nu = \frac{消耗掉的单体}{活性链数} = \frac{[M]_0 - [M]}{[C]_0} \tag{5-1}$$

式中，$[M]_0$ 为体系初始单体浓度；$[M]$ 为剩余单体的浓度；$[C]_0$ 为引发剂浓度。当 t 趋向于无穷大时，也就是反应结束 $[M]$ 趋近于零，则动力学链长：

$$\nu_\infty = \frac{[M]_0}{[C]_0} \tag{5-2}$$

对于单阴离子引发的活性聚合，则数均聚合度为

$$\bar{X}_n = \nu$$

对双阴离子引发的活性聚合如钠-萘引发苯乙烯的聚合，所生成的聚合物分子的数目是活性中心数目的一半，即为引发剂分子数目的一半。所以，数均聚合度可以表示为

$$\bar{X}_n = 2\frac{[M]_0 - [M]}{[C]_0} = 2\nu \tag{5-3}$$

3. 计量聚合的分子量分布

分子量分布符合 Flory 或 Poisson 分布，以单阴离子聚合为例，重均聚合度和数均聚合度之比（即分子量分布 *PDI*）为

$$\frac{\bar{X}_w}{\bar{X}_n} = 1 + \frac{\bar{X}_n}{(\bar{X}_n + 1)^2} \approx 1 + \frac{1}{\bar{X}_n} \tag{5-4}$$

当 $\bar{X}_n$ 很大时，$\bar{X}_w / \bar{X}_n$ 接近于 1，表示分布很窄。例如萘-钠-四氢呋喃引发苯乙烯聚合制备聚苯乙烯，其分子量分布 $\bar{X}_w / \bar{X}_n = 1.06 \sim 1.12$，接近单分散性，可以用作分子量测定时的标准样品。

4. 活性高聚物的应用

因为活性阴离子聚合无终止的特点，活性阴离子聚合在合成特定结构的聚合物时具有显著的优点，主要有以下四方面的应用。

平均动力学链长

分子量分布

（1）**制备标准样品**　利用阴离子聚合无转移的特点，可以制备分子量均一的单分散聚合物，作为凝胶渗透色谱（GPC）法测定聚合物分子量的标准样品。

（2）**制备遥爪聚合物**　利用计量聚合所得分子量低于 10000Da❶ 的具有单活性或双活性中心的"活性高分子"，采用特定反应性物质终止其活性，得分子一端或两端带有反应性官能团的低聚物，称为遥爪聚合物或遥爪预聚物。

遥爪聚合物

如单阴离子活性末端和二氧化碳反应经处理后就可以得到末端为羧基的功能化聚合物。活性聚合物和不同试剂反应制备端基功能化聚合物的过程如下：

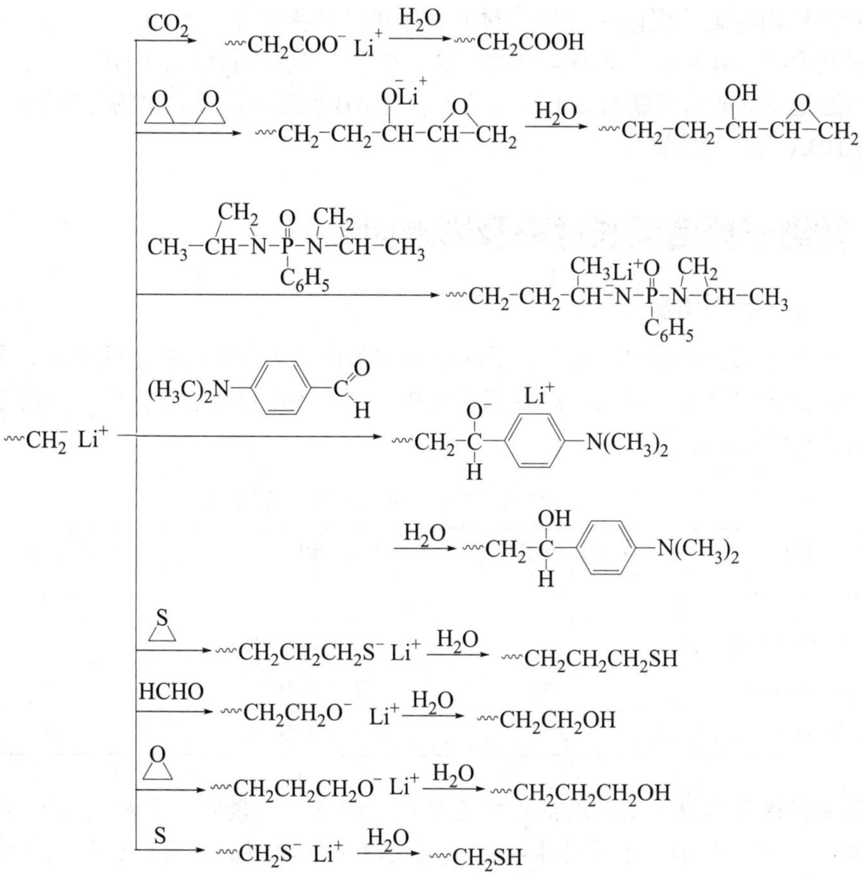

$$\text{CO}_2 \longrightarrow \sim\!\text{CH}_2\text{COO}^-\,\text{Li}^+ \xrightarrow{\text{H}_2\text{O}} \sim\!\text{CH}_2\text{COOH}$$

$$\xrightarrow{\triangle\text{O}\ \text{O}} \sim\!\text{CH}_2\text{-CH}_2\text{-CH-CH}\text{-CH}_2\ (\text{OLi}^+) \xrightarrow{\text{H}_2\text{O}} \sim\!\text{CH}_2\text{-CH}_2\text{-CH-CH-CH}_2\ (\text{OH}\ \text{O})$$

$$\sim\!\text{CH}_2^-\,\text{Li}^+$$

（图中多步端基功能化反应）

一般遥爪预聚物分子量不高，呈液体状。按端基性质可分为羟基、羧基、氨基、环氧基等，其中含羟基、羧基官能团的预聚物最多。目前已商品化的遥爪预聚物有端羟基聚丁二烯，在加工时，可采用浇注或注模工艺通过活性端的交联或扩链而成为高分子量聚合物。

（3）**制备星形聚合物**　单阴离子活性聚合物与多反应位点试剂反应，即可合成出多支链的星形聚合物。常见的多反应位点试剂有四氯化硅、1,2,4,5- 四氯甲基苯、六氯甲基苯、八氯硅烷、十二氯硅烷等。

星形聚合物

---

❶　1Da 为碳 -12 同位素原子质量 1/12。

$$
\begin{array}{cc}
CH_3 & CH_3 \\
Cl-Si-Cl & Cl-Si-Cl \\
CH_2CH_2 & CH_2CH_2 \\
& Si \\
CH_2CH_2 & CH_2CH_2 \\
Cl-Si-Cl & Cl-Si-Cl \\
CH_3 & CH_3
\end{array}
\qquad
\begin{array}{cc}
Cl & Cl \\
Cl-Si-Cl & Cl-Si-Cl \\
CH_2CH_2 & CH_2CH_2 \\
& Si \\
CH_2CH_2 & CH_2CH_2 \\
Cl-Si-Cl & Cl-Si-Cl \\
Cl & Cl
\end{array}
$$

八氯硅烷　　　　　　　　　十二氯硅烷

嵌段聚合物

（4）制备嵌段聚合物　在单阴离子聚合体系中，分步加入可以聚合的单体，便可以制备结构明确的嵌段聚合物。常见的如热塑性弹性体苯乙烯 - 丁二烯 - 苯乙烯三嵌段共聚物（SBS）、苯乙烯 - 异戊二烯 - 苯乙烯三嵌段共聚物（SIS）。除此之外，还可以通过双官能团偶联剂如 1,2- 二溴乙烷对 AB 型活性嵌段共聚物进行偶联反应，制备 ABBA 型嵌段共聚物。

五、阴离子聚合增长速率及影响因素

1. 增长速率常数

在阴离子聚合体系中，链增长反应速率和单体种类、金属离子的性质、离子对的类型、溶剂的性质以及反应温度都密切相关。表 5-4 列出了几种单体的链增长速率常数 k_p^{app} 的值以作参考。

表5-4　几种单体的阴离子聚合增长速率常数

单体	k_p^{app}/[L/(mol·s)]	单体	k_p^{app}/[L/(mol·s)]
α- 甲基苯乙烯	2.5	苯乙烯	950
对甲氧基苯乙烯	52	1- 乙烯基吡啶	850
邻甲基苯乙烯	170	2- 乙烯基吡啶	7300
对叔丁基苯乙烯	220	4- 乙烯基吡啶	3500

前面已提及阴离子聚合的活性中心是自由阴离子、紧密离子对或疏松离子对，或者同时存在，自由离子活性中心由于无反离子的阻碍而具有高的反应活性。但是，在大多数阴离子聚合反应中，离子对才是主要的。对有些体系，例如以二氧六环为溶剂、25℃下的苯乙烯聚合体系，链增长活性中心只有离子对。

原则上所有增长链活性中心都存在如下平衡：

$$AM_{n-1}M^- \, Na^+ \Longrightarrow AM_{n-1}M^- + Na^+$$

当体系用溶剂稀释，平衡将向右移动。

2. 溶剂的影响

溶剂在离子型聚合中的影响是多方面的。在阴离子聚合中应选用非质子性溶剂，如环己烷、苯、二氧六环、四氢呋喃、乙二醇二甲醚等，不能选用质子性溶剂，如水、醇、酸等。因为后者将使引发剂失活。溶剂的使用还会引起单体和活性中心浓度的改变，以及活性种中紧密离子对、疏松离子对以及自由离子比例的改变，从而影响聚合速率以及产物结构。

溶剂的极性

溶剂的极性(介电常数表征)对单体和活性中心的极化使它们的电子结构发生改变而影响其反应活性。溶剂的极性越强越有利于形成自由离子，聚合速率也就越快。而非极性溶剂更有利于形成共价键或者紧密离子对，聚合速率较慢。

电子给予指数

溶剂的给电子能力(以电子给予指数表征)与反离子被溶剂化程度密切相关，溶剂的给电子能力越强，阴离子聚合体系中的反离子被溶剂化程度越高，这就会导致疏松离子对增加、紧密离子对减少。例如苯乙烯在极性很小、电子给予指数很小的环己烷中用丁基锂引发进行阴离子聚合时，聚苯乙烯锂盐既不电离又不形成溶剂化离子，这时，链增长速率常数会很小。当使用极性大但电子给予指数较大的四氢呋喃作溶剂时，聚合体系中存在的离子对活性中心的正、负离子之间的距离因溶剂化作用而发生改变，出现疏松离子对，其表观链增长速率常数远远大于在环己烷中的链增长速率常数。表5-5给出了几种溶剂的介电常数和电子给予指数，供参考。

表5-5　非质子溶剂的介电常数和电子给予指数

溶剂	电子给予指数	介电常数	溶剂	电子给予指数	介电常数
硝基甲烷	2.7	35.9	乙醚	19.2	4.3
硝基苯	4.4	34.5	四氢呋喃	20.0	7.6
乙酸酐	10.5	20.7	二甲基甲酰胺	30.9	35.0
丙酮	17.0	20.7	吡啶	33.1	12.3

3. 反离子的影响

反离子对链增长速率的影响主要表现在：反离子体积的大小不同时，发生溶剂化作用的强弱存在差异，从而影响活性中心各种形态之间的存在比例。在极性溶剂中表观链增长速率常数随反离子半径增大而减小。而在非极性溶剂中，表观链增长速率常数随反离子半径增大而增加。原因在于非极性溶剂的溶剂化能力很差，活性中心主要以紧密离子对形式存在，反离子半径越大，与碳阴离子的结合越松散，单体越容易插入其中使增长。

影响阴离子聚合反应的因素

 练一练

1. 关于阴离子聚合机理说法正确的是（　　）。

A. 快引发、快增长、易转移、难终止

B. 慢引发、快增长、可转移、速终止

C. 快引发、慢增长、无终止

D. 快引发、快增长、速终止

2. 离子聚合不可能发生的终止方式是（　　）。

A. 链转移　　　　　　　　B. 双基偶合终止

C. 自发终止　　　　　　　D. 加入终止剂终止

单元三　阳离子聚合

丁基橡胶的特点及应用

知识链接

丁基橡胶是异丁烯和少量异戊二烯或丁二烯的共聚体。最大特点是气密性好，耐臭氧、耐老化性能好，耐热性较高，长期工作温度可在130℃以下；能耐无机强酸（如硫酸、硝酸等）和一般有机溶剂，吸振和阻尼特性良好，电绝缘性也非常好。可用于生产汽车上的胶管、自行车的轮胎和球；特殊用途包括医用瓶塞、密封套和药用胶塞等领域；无内胎轮胎的气密层、各种密封垫圈，见图5-3。

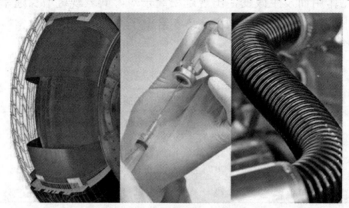

图5-3　部分丁基橡胶制品

阳离子聚合的应用

阳离子聚合所需活化能较低，反应速率快，为了得到高分子量聚合物，必须在极低的温度下进行。目前广泛使用的丁基橡胶，它是含95.5%～98.5%异丁烯和1.5%～4.5%的异戊二烯的共聚物，以三氯化铝为引发剂在−100～−98℃条件下聚合得到的。如果目标产物为分子量较低的低聚物或齐聚物，如工业化生产的C5石油树脂和C9石油树脂产品，则可在稍高温度下进行。就阳离子聚合体系而言，聚合的单体种类相对有限，主要包括异丁烯、烷基乙烯基醚以及具有共轭结构的苯乙烯和共轭二烯类；阳离子聚合的引发剂为亲电试剂，从质子酸到Lewis酸，它们通过提供氢离子或者碳阳离子与单体作用完成链引发；阳离子聚合的溶剂一般选用卤代烃，如氯甲烷；主要商品化的聚合物有丁基橡胶、聚异丁烯以及C5和C9石油树脂等。

阳离子聚合反应

？　想一想

为什么阳离子聚合常在低温下进行而不在高温下进行？

单体与供电子效应关系

一、阳离子聚合单体

除羰基化合物、杂环外，阳离子只能引发含有给电子取代基如烷基、烷氧基、苯基和乙烯基等的烯类单体聚合，常见的有异丁烯、烷基乙烯基醚、苯乙烯、异戊二烯等。供电子基团一方面使碳碳双键电子云密度增加，有利于阳离子活性种的进攻；另一方面又使生成的碳阳离子电子云分散而稳定，减弱副反应。

1. 异丁烯和 α - 烯烃

异丁烯几乎是单烯烃中能阳离子聚合的主要单体，原因如下。

乙烯无取代基，非极性，原有的电子云密度不足以被碳阳离子进攻，也就无法聚合。

α - 烯烃不能发生阳离子聚合的原因

而对于单取代的丙烯、丁烯等 α - 烯烃，只有一个供电子基团，供电子能力不足，对质子或阳离子亲和力弱，阳离子聚合速率慢。而接受质子后形成的二级碳阳离子比较活泼，易重排成较稳定的三级碳阳离子，甚至形成位阻更大的三级碳阳离子，而后链转移终止。因此，丙烯、丁烯在进行阳离子聚合时，最多只能得到小分子油状物。

异丁烯发生阳离子聚合的机理

异丁烯有两个供电子甲基，使碳碳双键电子云密度增加很多，易受阳离子进攻而被引发，形成三级碳阳离子，链中亚甲基上的氢受两侧 4 个甲基的保护，不易被夺取，减少了转移、重排、支化等副反应，最终可增长成高分子量的线型聚异丁烯。实际上，异丁烯几乎成为 α - 烯烃中唯一能进行阳离子聚合的单体；而且异丁烯也只能阳离子聚合。

2. 烷基乙烯基醚

烷基乙烯基醚单体阳离子聚合机理

烷基乙烯基醚中烷氧基的氧原子上的孤对电子与双键形成的 p-π 共轭，烷氧基的共轭效应导致双键电子云密度增加；烷氧基的诱导效应使双键的电子云密度降低。相比之下，共轭效应占主导地位。烷氧基团有利于碳阳离子上的正电荷分散而稳定，因此，烷基乙烯基醚更容易进行阳离子聚合。常见的商品化产品如聚甲基乙烯基醚、聚环己基乙烯基醚等乙烯基醚类系列产品，是一种重要的精细化工产品，普遍应用于生产黏合剂、涂料、润滑添加剂、增塑剂、杀虫剂、灭菌剂和表面保护材料等。

3. 共轭烯烃

苯乙烯、α - 甲基苯乙烯、丁二烯和异戊二烯等共轭烯烃，π 电子的活动性强，易诱导极化，因此，能发生自由基聚合、阴离子聚合以及阳离子聚合。但是，共轭烯烃的聚合活性远低于具有供电子基团的异丁烯和烷基乙烯基醚。以苯乙烯为标准，烯类的阳离子聚合的相对活性比较见表 5-6。

烯类的阳离子聚合的相对活性

表5-6　烯类单体阳离子聚合相对活性

单体	相对活性	单体	相对活性
烷基乙烯基醚	很大	α - 甲基苯乙烯	1.0
p - 甲氧基苯乙烯	100	p - 氯代苯乙烯	0.4
异丁烯	4	异戊二烯	0.12
p - 甲基苯乙烯	1.5	丁二烯	0.02
苯乙烯	1		

4. 其他

除此之外，还有其它的单体，如 N- 乙烯基咔唑、乙烯基吡咯烷酮、茚和古马隆等都是可进行阳离子聚合的活泼单体。

$$CH_2=CH$$

N-乙烯基咔唑　　　乙烯基吡咯烷酮　　　茚　　　古马隆

二、阳离子聚合引发剂

阳离子聚合的引发剂为亲电试剂，主要分为质子酸和 Lewis 酸两大类，它们通过与单体作用完成链引发，形成活性种。烯烃阳离子聚合的活性种是碳阳离子 A^+，与反离子（或抗衡离子）B^- 形成离子对，单体插入离子对而引发聚合。阳离子聚合的通式可写成下式：

$$A^+B^- + M \longrightarrow AM^+B^- \xrightarrow{M} \cdots \xrightarrow{M} AM_n^+B^-$$

阳离子引发过程包括两步：拥有聚合活性的阳离子的产生；阳离子进而进攻单体生成阳离子活性种。根据阳离子聚合引发剂的种类，下面分别讨论。

1. Lewis 酸

在阳离子聚合中，Lewis 酸作为引发剂广泛应用于科研以及工业生产中。这类引发剂种类很多，主要包括三类，即金属卤化物如 $AlCl_3$、BF_3、$SnCl_4$、$ZnCl_2$、$TiCl_4$、PCl_5 和 $SbCl_5$ 等，有机金属化合物如烷基二氯化铝 $RAlCl_2$、二烷基氯化铝 R_2AlCl 和三烷基铝 R_3Al，以及卤氧化物如三氯氧磷 $POCl_3$、二氯亚砜 $SOCl_2$ 和三氯氧钒 $VOCl_3$ 等。其中，最常用的为 $AlCl_3$、BF_3、$TiCl_4$ 等，在极低的温度下可以催化单体聚合，得到高分子量（$10^5 \sim 10^6$ Da）聚合物。

Lewis 酸作引发剂时通常需要添加微量的助引发剂，助引发剂的作用是与 Lewis 酸反应生成拥有聚合活性的阳离子。助引发剂主要有两大类，即质子给予体（如 H_2O、ROH、卤化氢和有机酸等）和碳阳离子给予体（如卤代烷、醚、酰氯、酸酐等）。有必要提醒一下，有些教科书或文献中，引发剂和助引发剂的定义与我们现在所用的概念相反，即把 Lewis 酸称为助引发剂，而把质子给予体或碳阳离子给予体称为引发剂。

BF_3 引发异丁烯的聚合是最早研究的阳离子聚合体系，水作为质子给予体在其中起着至关重要的作用。研究表明，用精心干燥过的 BF_3 不能引发无水异丁烯进行阳离子聚合，而当存在痕量水时，聚合反应迅速进行。BF_3 引发异丁烯形成活性种的过程为：

$$BF_3 + H_2O \rightleftharpoons BF_3 \cdot H_2O \rightleftharpoons H^+(BF_3OH)^-$$

$$H^+(BF_3OH)^- + (H_3C)_2C{=}CH_2 \longrightarrow (CH_3)_3C^+(BF_3OH)^-$$

然后，异丁烯插入离子对活性种，按照同样的模式，异丁烯以极快的速度进行链增长，形成很高聚合度的聚合物。

特丁基氯可以作为碳阳离子给予体在 $AlCl_3$- 特丁基氯体系辅助引发苯乙烯聚合

形成活性种

$$AlCl_3 + (CH_3)_3CCl \rightleftharpoons (CH_3)_3C^+ AlCl_4^-$$

$$(CH_3)_3C^+AlCl_4^- + \underset{CH_2=CH}{\bigcirc} \longrightarrow (CH_3)_3C-CH_2-CH_2^+ AlCl_4^- \underset{}{\bigcirc}$$

对于上述引发剂 - 助引发剂体系的引发过程，其反应通式可表示如下：

$$I + ZY \underset{}{\overset{K}{\rightleftharpoons}} Y^+[IZ]^-$$

$$Y^+[IZ]^- + M \longrightarrow YM+[IZ]^-$$

上式中 I、ZY 和 M 分别表示引发剂、助引发剂和单体。

引发剂与助引发剂的不同组合，引发活性具有一定的差异。这与引发剂的酸性强弱密切相关，也与助引发剂提供质子或碳阳离子的能力有关。几种常用 Lewis 酸的酸性顺序为：

$$BF_3 > AlCl_3 > TiCl_4 > SnCl_4$$

$$AlCl_3 > AlRCl_2 > AlR_2Cl > AlR_3$$

用 BF$_3$ 引发异丁烯聚合时，助引发剂的活性比为水：乙酸：甲醇 =50：1.5：1。引发剂与助引发剂一般都存在一个最佳配比，在此时才能获得最大聚合速率和最高分子量。引发剂与助引发剂的最佳配比还与溶剂性质有关。定性地说，助引发剂过少，则活性不足；助引发剂过多，会导致聚合终止。前述 BF$_3$ 引发异丁烯的聚合体系中，无水状态下，聚合速率很慢；当体系中存在痕量水（10^{-3}mg/L）时，就可以保证很高的催化活性，引发速率可以比无水时提高 10^3 倍；而当水过量后，则会使聚合终止。

有些 Lewis 酸作阳离子聚合引发剂，并非一定要与助引发剂共用，尤其是强的 Lewis 酸如 AlCl$_3$、AlBr$_3$ 和 TiCl$_4$ 等，均可以单独引发阳离子聚合。

2. 质子酸

作为阳离子引发剂的质子酸包括强的无机酸和有机酸，如 H$_3$PO$_4$、H$_2$SO$_4$、HClO$_4$、CF$_3$SO$_3$H、氟磺酸（HSO$_3$F）、氯磺酸（HSO$_3$Cl）和三氟乙酸（CF$_3$COOH）等。质子酸直接提供质子，进攻某些烯类单体而引发聚合。

$$HA + \underset{X}{CH_3-CH_2} \rightleftharpoons \underset{X}{CH_3-CH^+}\ A^-$$

HA 表示质子酸，A$^-$ 是酸的阴离子。作为阳离子聚合引发剂要求反离子 A$^-$ 的亲核性越小越好，否则 A$^-$ 容易与碳阳离子形成共价键而终止聚合反应。卤素负离子的亲核性大，因而卤化氢不能用作阳离子聚合的引发剂。上述含氧无机酸的 A$^-$ 亲核性较小，可引发烯类单体聚合，但产物的分子量很少超过数千，原因就是容易发生终止或转移反应。用 H$_2$SO$_4$ 和 H$_3$PO$_4$ 引发烯类单体聚合的产物可作为柴油机燃料、润滑剂等。用硫酸作引发剂，古马隆和茚的阳离子聚合产物分子量为 1000～3000，可用作黏合剂、蜡纸等。

除此之外，碳阳离子盐如三苯甲基盐和环庚三烯盐等离解后，得到稳定的碳阳

离子 Ph_3C^+ 和 $C_7H_7^+$，能引发单体进行阳离子聚合反应。由于这些离子的稳定性较高，只能引发具有强亲核性的单体如烷基乙烯基醚、N-乙烯基咔唑和对甲氧基苯乙烯进行聚合。例如：

$$(C_6H_5)_3C^+ \quad SbCl_6^- + CH_2{=}\underset{OR}{\overset{}{CH}} \longrightarrow (C_6H_5)_3C{-}CH_2{-}\underset{OR}{\overset{+}{CH}} \quad [SbCl_6^-]$$

$$C_7H_7^+ \quad SbCl_6^- + CH_2{=}\underset{OR}{\overset{}{CH}} \longrightarrow C_7H_7{-}CH_2{-}\underset{OR}{\overset{+}{CH}} \quad [SbCl_6^-]$$

考虑到上述正离子的稳定性，只有具有强亲核性的单体才能被引发聚合，如烷基乙烯基醚、p-甲氧基苯乙烯、N-乙烯噻唑等。

三、阳离子聚合反应机理

阳离子聚合反应的引发剂

阳离子聚合也属于链式聚合机理，包括链引发、链增长和链终止等基元反应，其机理特征表现为快引发、快增长、易转移、难终止，其中链转移是阳离子聚合终止的主要方式，是影响聚合度的主要因素。

1. 链引发

阳离子活性种的产生

阳离子引发过程包括两步：拥有聚合活性的阳离子的产生；阳离子进而进攻单体生成阳离子活性种。阳离子聚合链引发的活化能 E_i 为 $8.4 \sim 21 kJ/mol$，而自由基聚合的链引发活化能为 $E_a = 105 \sim 125 kJ/mol$，相比之下，阳离子聚合链引发速度比自由基聚合快很多，几乎瞬间完成。具体引发机理详见引发剂部分。

2. 链增长

插入式链增长反应

在阳离子聚合中，链引发形成了阳离子活性种，而后单体分子连续不断地插入阳离子和反离子之间进行加成反应，分子量不断增加，这就完成了链增长反应。烷基乙烯基醚的链增长如下：

$$(CH_3)_3C^+[BF_4]^- + CH_2{=}\underset{OR}{\overset{}{CH}} \xrightarrow{k_p} (CH_3)_3C{-}CH_2{-}\underset{OR}{\overset{+}{CH}}[BF_4]^-$$

$$\xrightarrow{k_p} \cdots \xrightarrow{k_p} (CH_3)_3C{\Big[}CH_2{-}\underset{OR}{\overset{}{CH}}{\Big]}_n CH_2{-}\underset{OR}{\overset{+}{CH}}[BF_4]^-$$

链增长的反应通式可以表示为：

$$HM^+[IZ]^- + M \xrightarrow{k_p} HMM^+[IZ]^- \xrightarrow{k_p} \cdots \xrightarrow{k_p} HM_nM^+[IZ]^-$$

在链增长过程中，反离子对聚合也有重要影响，同时离子对的存在形式也决定了聚合速率和增长链的结构，而离子对的存在形式又依赖于反离子的性质、溶剂的种类和聚合温度。

3. 链终止和链转移

阳离子聚合过程中，增长碳阳离子有可能进行转移反应或终止反应。反离子中的阴离子与增长链形成失去活性的聚合物分子的反应称为链终止。动力学链经反应后形成了稳定的聚合物和新的活性中心，新的活性中心进而可以引发单体聚合，动力学链并没有终止，这种反应称为链转移。

链终止是碳阳离子与反离子结合形成稳定的共价键而终止反应。如三氟乙酸引发苯乙烯聚合中增长链碳阳离子与反离子三氟乙酸阴离子结合终止。

$$H \text{+} CH_2\text{-}CH \text{]}_n CH_2\text{-}CH^+ [OCOCF_3]^- \longrightarrow H \text{+} CH_2\text{-}CH \text{]}_n CH_2\text{-}CH_2OCOCF_3$$

碳阳离子与反离子中的某个原子或原子团结合而终止反应。例如三氟化硼引发异丁烯聚合，其终止过程为

$$H \text{+} CH_2C(CH_3)_2 \text{]}_n CH_2\text{-}\overset{CH_3}{\underset{CH_3}{C^+}}[BF_3OH]^- \longrightarrow H \text{+} CH_2C(CH_3)_2 \text{]}_n CH_2\text{-}\overset{CH_3}{\underset{CH_3}{C}}\text{-}OH + BF_3$$

外加终止剂的链终止

链转移反应分类

两种链转移方式

除此之外，还可以外加终止剂，如水、醇类、胺类等可以与反离子结合形成稳定的物质，从而丧失聚合活性。

在阳离子聚合中链转移反应主要也包括向单体转移、反离子转移、其他化合物转移。

（1）向单体转移 增长链向单体的链转移反应是阳离子聚合中比较常见的链转移方式，主要有两种方式。

① 增长链阳离子的 β- 氢原子转移到单体分子上，形成末端带有碳碳双键的聚合物，和一个新的增长链活性中心。如在异丁烯的聚合中，甲基上的 β- 氢原子转移到异丁烯上，反应如下：

$$H \text{+} CH_2C(CH_3)_2 \text{]}_n CH_2\text{-}\overset{CH_3}{\underset{CH_3}{C^+}}[BF_3OH]^- + CH_2\text{=}\overset{CH_3}{\underset{CH_3}{C}}$$

$$\longrightarrow H \text{+} CH_2C(CH_3)_2 \text{]}_n CH_2\text{-}\overset{CH_3}{\underset{CH_2}{C}} + CH_3\text{-}\overset{CH_3}{\underset{CH_3}{C^+}}[BF_3OH]^-$$

对于异丁烯聚合而言，有两种 β- 氢（亚甲基 CH_2 和甲基 CH_3），因此有可能生成两种末端碳碳双键，其影响因素主要有反应条件、反离子性质、增长链活性中心的性质等。

② 增长链活性中心从单体夺取一个氢负离子，生成末端饱和的聚合物，使得新的增长链活性中心含有一个双键。

$$H \text{+} CH_2C(CH_3)_2 \text{]}_n CH_2\text{-}\overset{CH_3}{\underset{CH_3}{C^+}}[BF_3OH]^- + CH_2\text{=}\overset{CH_3}{\underset{CH_3}{C}}$$

$$\longrightarrow H \text{+} CH_2C(CH_3)_2 \text{]}_n CH_2\text{-}\overset{CH_3}{\underset{CH_3}{CH}} + \overset{CH_3}{\underset{CH_2}{C}}\text{-}CH_2^+[BF_3OH]^-$$

但是，从动力学角度看，第一种情况链转移生成的增长链碳阳离子是叔碳阳离子，比第二种情况的伯碳阳离子稳定，所以第一种链转移占主导地位。

（2）向反离子转移　增长链的离子对有可能进行重排反应，生成一端带不饱和键的聚合物和引发剂-助引发剂的络合物。例如 BF_3-H_2O 引发异丁烯聚合的链转移反应，其反应式为

阳离子聚合
反应机理

$$H\{CH_2C(CH_3)_2\}_nCH_2-\overset{CH_3}{\underset{CH_3}{\overset{|}{C}^+}} [BF_3OH]^- \longrightarrow H\{CH_2C(CH_3)_2\}_nCH_2-\overset{CH_3}{\underset{CH_2}{\overset{|}{C}}} + BF_3\cdot H_2O$$

但是这种链转移的结果是生成了新的引发剂-助引发剂，可以重新引发异丁烯的聚合，因此动力学链没有终止。

（3）向其他化合物转移　阳离子聚合体系中，若存在水、醇、酸、酯、酐、醚、醌和胺等化合物，也会发生链转移反应并导致链终止。例如向醌类发生链转移时，会形成无反应活性的离子对，使反应终止。所以，苯醌既是自由基聚合的阻聚剂，也可以作为阳离子聚合的终止剂或阻聚剂使用。

四、阳离子聚合的影响因素

1. 温度的影响

温度对聚合过程的影响是复杂的，这里仅通过活化能讨论温度对聚合速率的影响。阳离子聚合通过离子对和自由离子引发，温度对引发速率影响较小，对聚合速率和聚合度的影响就决定于温度对阳离子聚合链引发和链增长活化能的影响。聚合速率总活化能为负值，所以，会出现聚合速率随温度降低而增加的现象。但不论活化能是正还是负，其绝对值都较小，温度对速率的影响比自由基聚合时要小得多。而阳离子聚合链终止或链转移活化能大于链增长活化能，所以聚合度随温度降低而增加。所以，丁基橡胶常在 $-100℃$ 下进行聚合，有利于减弱链转移反应，从而提高分子量。因为结合终止和自发终止的活化能比链转移反应的活化能低，聚合反应形成大分子的方式会随着温度的变化而变化。例如温度升高后形成大分子的方式以链转移反应为主，也会由一种链转移转变为另一种链转移。如用三氟化硼催化异丁烯在较高温度（$-30\sim20℃$）下进行阳离子聚合只能得到分子量为几千的齐聚物。

2. 溶剂影响

阳离子聚合所用的溶剂受到许多限制：烃类非极性，离子对紧密，聚合速率过低；芳烃可能与碳阳离子发生亲电取代反应；四氢呋喃、醚、酮、酯等含氧化合物将使阳离子聚合终止。通常选用低极性卤代烷作溶剂，如氯甲烷、二氯甲烷、二氯乙烷、三氯甲烷、四氯化碳等。因此，阳离子聚合引发体系较少离解成自由离子，这与阴离子聚合选用烃类-四氢呋喃作溶剂不同。

3. 反离子的影响

反离子的性质对阳离子聚合影响很大。反离子体积越大，阳离子被束缚程度越小，所形成的离子对比较松散，单体插入离子对的速率相应地就增大。例如，苯乙烯于 $25℃$ 在 1,2-二氯乙烷中用碘、$SnCl_4$-H_2O 和 $HClO_4$ 作引发剂进行聚合时的表观速率常数分别为 $0.003L/(mol\cdot s)$、$0.42L/(mol\cdot s)$ 和 $17.0L/(mol\cdot s)$。

阳离子聚合的
影响因素

练一练

1. 提高阳离子聚合产物分子量，可采取的措施不包括（　　　）。
A. 降低反应温度　　　　　　B. 更换极性较大的溶剂
C. 提高反应温度　　　　　　D. 更改引发剂和助剂的配比

2. 下列物质可以作为阳离子聚合引发体系的是（　　　）。
A. 三氟化硼 - 水　　　　　　B. 丁基锂
C. 过氧化二苯甲酰　　　　　D. 过氧化氢 - 氯化亚铁

单元四　典型离子聚合产品的生产

一、SIS及SBS的生产

1. SIS 与 SBS 的结构、性能和应用

SIS 是苯乙烯 - 异戊二烯 - 苯乙烯三嵌段共聚物，外观为白色多孔性颗粒或半透明密实颗粒。产品具有热塑性、高弹性、熔融流动性好，与增黏树脂相容性好，安全无毒等特点。可应用于热熔压敏胶、溶剂黏合剂、柔性印刷板、塑料及沥青改性等领域，是用于制备包装袋、卫生用品、双面胶带及标签等用黏合剂的理想原料。

SBS 是苯乙烯 - 丁二烯 - 苯乙烯嵌段共聚物，外观为白色多孔性颗粒或粉末。兼有橡胶弹性和塑料可加工性的优点，具有良好的耐低温性、透气性和抗湿滑性。广泛应用于鞋底材料、塑料改性、黏合剂和沥青改性等领域。

SIS 和 SBS 有很多不同的牌号，苯乙烯含量、二嵌段含量、分子量、聚合物微结构等的不同导致性能不同，应用领域也不尽相同。

2. 工艺原理及特点

（1） SIS 及 SBS 工艺过程　SBS 聚合是以丁二烯、苯乙烯为单体，环己烷为溶剂，正丁基锂为引发剂，四氢呋喃为活化剂，1,2- 二溴乙烷、四氯化硅等为偶合剂，经阴离子聚合反应制得。SIS 聚合过程和反应机理与 SBS 相似，唯一区别是由异戊二烯代替丁二烯作为单体。生产 SBS 或 SIS 分为三步加料法和两步加料偶合法。生产单元包括：原料精制单元、聚合反应单元、凝聚单元、干燥后处理单元和溶剂精制回收单元。生产过程中，聚合反应单元为单釜间歇聚合，其余均为连续反应流程。

① 生产 SIS/SBS 的三步加料法。加入单体苯乙烯总量的一半和计算量的溶剂、环己烷、活化剂 THF，除杂净化（或与引发同时）后由丁基锂引发聚合成活性聚苯乙烯基锂，然后加入经过精制合格的异戊二烯，生成具有活性聚苯乙烯、聚异戊二烯基锂的两段嵌段物，最后加入经净化处理的苯乙烯，进行第三段聚合，然后加入

右侧边注：
SIS 的结构、性能和应用

SBS 的结构、性能和应用

终止剂、防老剂就得到了三嵌段共聚物 SIS 产品，用丁二烯替代异戊二烯即可得到 SBS 产品。此方法可以制得两端含不同分子量甚至不同单体的 ABC 型嵌段产品。

② 生产 SIS/SBS 的两步加料偶合法。先使单体苯乙烯全部加入釜内，生成聚苯乙烯基锂后再加入异戊二烯，进行聚合生成活性 SILi 两嵌段物，再加入偶合剂。偶合剂的官能团与两个或多个活性两嵌段高分子链进行偶合反应，加入四官能团活化剂 SiCl$_4$，生成四臂型星形产品。偶合法特点是：改变偶合剂种类即可方便地得到放射型和线型两类完全不同的产品，避免了活性丁二烯基锂末端引发苯乙烯聚合这一困难的操作，并减少了一次单体杂质造成活性链死亡的机会，整个操作过程简单，特别是制备高分子产品时，操作周期短的优点更加突出。

（2）SIS 生产原理 以烷基锂为例，偶合法生产 SIS 的原理如下。

链引发反应

$$R^--Li^+ + \underset{\text{(苯乙烯)}}{CH=CH_2} \longrightarrow R-CH-CH_2Li^+$$

苯乙烯链增长反应形成 PS 嵌段：

$$R-CH-CH_2-Li^+ + nCH_2=CH \longrightarrow R(CHCH_2)_nCH-CH_2-Li^+$$

$$(PS^-Li^+)$$

异戊二烯链增长反应：当加入异戊二烯后，可进行 1,4-加成、1,2-加成以及 3,4-加成反应，形成 PSI 嵌段。

$$PS^-Li^+ + H_2C=C-CH=CH_2 \begin{cases} PS-CH_2-C=CH-CH_2-CH_2-C=CH-CH_2Li^+ \\ \qquad\qquad \text{1,4-加成} \\ PS-CH_2-C-CH_2-C-Li^+ \\ \qquad\qquad \text{3,4-加成} \\ PS-CH_2-CH-CH_2-CH-Li^+ \\ \qquad\qquad \text{1,2-加成} \end{cases}$$

加入偶联剂四氯化硅 SiCl$_4$，PSI 嵌段偶联后形成星形嵌段共聚物。如以二溴乙烷或者二氯二甲基硅烷作为偶联剂，则会形成线型 SIS。

$$4SI\text{-}Li + SiCl_4 \longrightarrow IS\text{-}\underset{\underset{SI}{|}}{\overset{\overset{SI}{|}}{Si}}\text{-}SI + 4LiCl$$

（3）凝聚原理 凝聚系统采取三釜水析法，前工序胶液罐内胶液通过螺杆泵计量后和计量的热水混合打入首釜胶液喷嘴，在分散剂存在的情况下，经搅拌剪切

烷基锂引发苯乙烯聚合机理

三釜水析法

形成絮状物，胶液中的溶剂受热汽化，连同釜内水蒸气一起从釜顶气相管进入冷凝器冷却，油水液体进油水分相罐，油相送入湿溶剂罐，水相送入首釜循环使用；首釜中的絮状胶粒在搅拌的作用下与水形成胶粒水悬浮物，胶粒水通过釜底泵送入中釜，继续深入脱出溶剂，中釜底部通蒸汽保证温度，顶部气相进入首釜底部给首釜加热，胶粒水通过中釜釜底泵送入末釜，末釜气相通过蒸汽喷射泵给首釜釜底给首釜加热，末釜中胶粒水中已不含溶剂，随釜底泵送入后处理工序。

（4）**胶粒水干燥的原理** 胶粒水干燥的原理包括初步水胶分离，二次挤压脱水，再次烘箱干燥。凝聚工序送来的胶粒水进入初步脱水器（斜筛）实现水胶分离，水回流至前工序热水罐循环使用，胶粒进入脱水挤出机（SDU），脱出部分水分并造粒，胶粒送入长网干燥箱，通过热风实现深度脱水使胶粒中水的含量降至要求指标，进入冷却床冷却物料。风送进入包装系统。

3.SIS 的生产工艺

SIS 生产工艺流程图见图 5-4。

（1）**原料精制单元** 因为引发剂正丁基锂或仲丁基锂对水等含活泼氢的化学物质高度敏感，少量杂质的引入都会导致计量不准确甚至引发剂失活，所以原料的精制是开车成功的关键。

利用公司原料异戊二烯，先进入粗单体罐，经过脱水塔脱水，异戊二烯脱水塔顶（40℃,0.12MPa）含水分的异戊二烯馏分经冷凝后，进入脱水塔回流罐进行静置分层。油相用脱水塔回流泵抽出，打入塔顶，回流罐和异戊二烯缓冲罐脱水包内的分层水间断排入污水系统（W1）。脱水塔底脱去水分的异戊二烯馏分，用塔釜泵抽出，送到异戊二烯脱重塔进行精馏。异戊二烯脱重塔顶（36℃,0.12MPa）的异戊二烯馏分经冷凝后，入脱重塔回流罐，用回流泵抽出，部分打回流，部分送入产品罐。异戊二烯脱重塔釜重组分由泵排往罐区（S1）。脱除重组分后进入精单体储罐，脱重塔釜残液送至异戊二烯回收塔。该过程依托原有系统。异戊二烯脱重塔顶的异戊二烯馏分经冷凝后，入脱重塔回流罐，用回流泵抽出，部分打回流，部分送入产品罐。

15℃的苯乙烯［阻聚剂为对叔丁基邻苯二酚，含量小于 10ppm（1ppm=1mg/L），含水量小于 120ppm］由罐区储罐通过输送泵送入苯乙烯第一干燥塔、苯乙烯第二干燥塔，合格后送入苯乙烯精罐备用，在 10℃下保存，否则回到粗罐循环精制，避免自聚。

新鲜溶剂环己烷和后续凝聚系统回收的溶剂自罐区粗环己烷罐泵送来，经进料预热器加热并计量后进入环己烷精馏塔，塔顶压力 0.05MPa，温度 80℃，塔顶气相冷凝后凝液进入回流罐，经静止分层后，水相排入污水系统（W3），油相经回流泵送入塔顶，不凝气（G3）经压缩后排入蓄热式焚烧炉（RTO）系统处理；塔底重组分（S3）收集后统一处理。精制溶剂侧线采出冷凝后进入产品罐，经泵送至罐区精环己烷罐备用。

（2）**聚合单元** 加料：由精环己烷罐通过环己烷加料泵，经计量的精制环己烷由溶剂预热器预热后加入聚合釜，当聚合釜中物料达到一定液位之后，启动聚合釜搅拌，同时由精苯乙烯罐通过苯乙烯加料泵加入计量的苯乙烯，由活化剂加料罐通过计量加入活化剂。各物料加入完毕，系统温度须控制在工艺要求的范围内（40～70℃）。

异戊二烯精制工艺流程

苯乙烯精制工艺流程

环己烷精制工艺流程

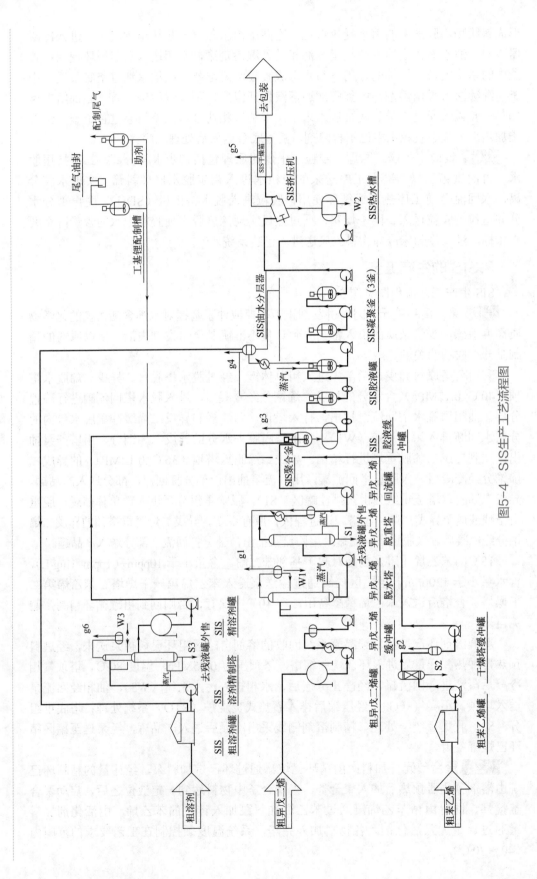

图5-4 SIS生产工艺流程图

将引发剂溶液经引发剂加料罐计量后快速加入聚合釜。此时单体苯乙烯被引发，聚合反应开始。系统温度迅速上升 5℃，将系统温度控制在工艺要求范围之内，不大于 75℃。

由精异戊二烯罐通过异戊二烯加料泵加入计量的异戊二烯到聚合釜。异戊二烯加入后，系统温度急剧上升，将系统温度控制在工艺要求范围之内，不大于 100℃。最高温度及高温停留时间控制必须严格。

在确定二段异戊二烯反应完全后加入苯乙烯。二段反应产生的热量可使三段反应迅速完成。聚合单元是唯一的间歇操作单元，聚合过程苯乙烯转化率大于 99.0%，异戊二烯转化率大于 99.5%。聚合完成后胶液通过泵输送到凝聚反应单元，聚合釜排空后不需要清洗，直接进料。

反应完毕后，打开卸料阀，将物料放入 SIS 胶液缓冲罐中。SIS 胶液缓冲罐中的胶液，通过胶液泵送入 SIS 胶液罐，在输送过程中，连续启动终止剂加料泵加入计量的终止剂；并启动防老剂加料泵加入计量的防老剂。

（3）凝聚单元　把聚合物以胶粒水的形式从胶液中分离出来，使用三个凝聚釜和一个胶粒水罐提供胶液与低压蒸汽逆流接触完成。经三釜凝聚后除去绝大部分的溶剂。

（4）后处理单元　后处理单元的主要作用是将凝聚单元送来的胶粒和水分离，将胶粒进行挤压脱水和热风干燥，然后送料至包装单元完成产品的最终包装，主要设备包括 SDU、长网烘箱等。出口处胶料经旋切机切成小颗粒，成型胶粒经过风送管道，进入长网烘箱用 80℃左右循环热风缓慢烘干 1h 以上，进入料仓后包装，经输送机、金属检测器、自动秤进行质量检查，不合格产品被剔除机剔除至待检区；合格产品码垛入库。

二、聚异丁烯

1. 聚异丁烯（PIB）简介

聚异丁烯由阳离子聚合得到，其结构为：

$$\left[\begin{array}{c} CH_3 \\ C-CH_2 \\ CH_3 \end{array}\right]_n$$

根据聚合度不同，工业化的聚异丁烯分为：低分子量聚异丁烯（数均分子量 =330～2300Da）、中分子量聚异丁烯（数均分子量 =20000～45000Da）、高分子量聚异丁烯（数均分子量 =75000～600000Da）以及超高分子量聚异丁烯（数均分子量＞760000Da）。

聚异丁烯是一种无色、无味、无毒的黏稠或半固体状物质，耐热、耐氧、耐臭氧、耐候、耐紫外线、耐酸和碱等化学品性能良好，其在润滑油添加剂、高分子材料后加工、医药和化妆品、食品添加剂等领域均具有十分重要的用途。

低分子量聚异丁烯可被用来生产无灰分散剂、黏合剂、密封剂、医药和化妆品的保湿剂等；中分子量的聚异丁烯主要用作口香糖胶基和中空玻璃密封材料以及农业用杀虫剂等，聚异丁烯和石蜡或者烷烃结合使用可以用于浸渍板材以及纸张；高

一段反应工艺流程

二段反应工艺流程

三段反应工艺流程

凝聚单元生产工艺

后处理单元工艺流程

聚异丁烯结构

聚异丁烯性能及应用

分子量聚异丁烯可以用来生产橡皮膏，聚异丁烯与皮肤有良好的适应性，可用于生产与人体接触的产品如口香糖等。

德国巴斯夫公司产能极大，达到 29.5 万 t/a，占全球总产能的 17.47%。巴斯夫公司是世界上最早将聚异丁烯工业化的公司之一，拥有多项专利技术。巴斯夫公司的聚异丁烯在欧洲有超过 80% 的份额，已经获得客户的广泛认同。作为世界上聚异丁烯技术非常先进的公司，巴斯夫公司的聚异丁烯以纯的异丁烯作为原料，并采用特殊的先进生产工艺，严格保证了其质量的稳定。高活性聚异丁烯的全球总生产能力约达 43.0 万 t/a，主要生产商有韩国大林公司、德国巴斯夫公司、美国得克萨斯石油化工公司、美国克利夫兰 - 菲利普斯公司、日本石油化学公司以及中国石油吉林石化公司等。

2. 主要原料

聚异丁烯的主要原料为异丁烯。异丁烯沸点 −6.8℃，易燃易爆，其生产方法主要有 C4 馏分分离法、甲基叔丁基醚法和叔丁醇法。异丁烯主要用于丁基橡胶、聚异丁烯以及中间体的生产。

3. 异丁烯的聚合原理

异丁烯由于两个甲基的供电子效应，是反应活性很高的阳离子聚合单体，但是不能进行阴离子聚合和自由基聚合。下面以 BF_3 引发异丁烯聚合制备聚异丁烯为例，对异丁烯聚合原理进行讲述。

链引发：三氟化硼在痕量水存在下引发异丁烯形成活性种

$$BF_3 + H_2O \Longleftrightarrow BF_3 \cdot H_2O \Longleftrightarrow H^+(BF_3OH)^-$$

$$H^+(BF_3OH)^- + (H_3C)_2C{=}CH_2 \longrightarrow (CH_3)_3C^+ (BF_3OH)^-$$

然后，异丁烯连续不断地插入离子对活性种，异丁烯以极快的速度进行链增长反应，形成很高聚合度的聚合物。

$$H{-}CH_2C(CH_3)_2{-}_n CH_2{-}\overset{CH_2}{\underset{CH_3}{C^+}} [BF_3OH]^- + H_2C{=}\overset{CH_3}{\underset{CH_3}{C}}$$

$$\longrightarrow H{-}CH_2C(CH_3)_2{-}_{n+1} CH_2{-}\overset{CH_2}{\underset{CH_3}{C^+}} [BF_3OH]^-$$

最后，增长链与反离子形成稳定的聚合物或者发生链转移得到稳定的聚合物链

$$H{-}CH_2C(CH_3)_2{-}_n CH_2{-}\overset{CH_3}{\underset{CH_3}{C^+}} [BF_3OH]^- \longrightarrow H{-}CH_2C(CH_3)_2{-}_n CH_2{-}\overset{CH_3}{\underset{CH_3}{C}}{-}OH$$

$$H{-}CH_2C(CH_3)_2{-}_n CH_2{-}\overset{CH_3}{\underset{CH_3}{C^+}} [BF_3OH]^- + CH_2{=}\overset{CH_3}{\underset{CH_3}{C}} \longrightarrow$$

$$H{-}CH_2C(CH_3)_2{-}_n CH_2{-}\overset{CH_3}{\underset{CH_2}{C}} + CH_3{-}\overset{CH_3}{\underset{CH_3}{C^+}} [BF_3OH]^-$$

4. 聚异丁烯的生产工艺

按照聚异丁烯分子量高低，可以将聚异丁烯的生产工艺分为低分子量聚异丁烯、中分子量聚异丁烯和高分子量聚异丁烯三种工艺。

（1）低分子量聚异丁烯的生产工艺 低分子量聚异丁烯的生产工艺流程如图5-5所示。

异丁烯含量为 3%～50% 的含有 C1～C5 液化精炼气混合物，在初步蒸馏中除去 C5 烃类重组分，在吸收塔中浓缩原料异丁烯，用 20% 氢氧化钠溶液洗涂塔除去硫，经热交换器冷却，在水分离器中脱水，用硅胶塔干燥，在第二热交换器进一步低温冷却后，进入反应器的底部。在 $-43～16℃$ 之间、压力 $0.1～0.35MPa$ 下进行聚合，反应体系保持液相状态。悬浮在干燥的液相聚异丁烯中的 50～100 目的氯化铝浆液作为催化剂，催化剂在混合罐中制备并通过齿轮泵送到反应器。

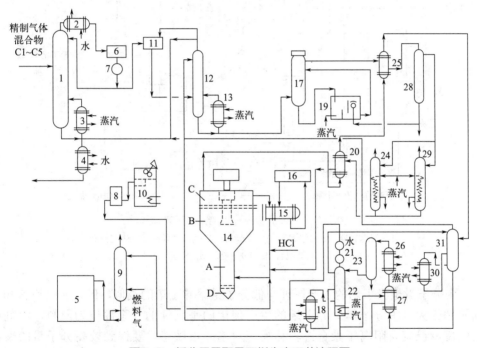

图5-5 低分子量聚异丁烯生产工艺流程图

1—初精馏塔；2,4,15,21—冷凝器；3,13,18,30—再沸器；5—聚异丁烯储罐；6,11—储罐；7—泵；
8—齿轮泵；9—压力塔；10—混合器；12—吸收塔；14—聚合反应器；16—离心分离装置；
17—氢氧化钠洗涤塔；19—加热装置；20,25,27—热交换器；22—蒸馏塔；23—黏土填料塔；
24,29—硅胶塔；26—加热器；28—水分离器；31—压力塔

在反应混合物中，氯化铝的加入量为烃总量的 10%～20%。为了提高氯化铝的活性，可以加入氯化铝量的 0.08%～0.12% 的氯化氢作为活化剂和促进剂，水或氯仿也可以起到提高催化活性的作用。反应区 A 的直径和催化剂浆液的进料速率要相匹配，以保证催化剂氯化铝颗粒不沉降。反应区 B 的直径是反应区 A 的 2～6 倍，可以将流动速率降低为 A 区的 1/4～1/3，作为缓冲区。反应区 B 和沉降区 C 交汇，在沉降区 C，氯化铝颗粒沉降并作为悬浮液通过伸入反应区 B 的出料管泵出。催化剂浆液经冷凝器后返回到反应区 A。凝聚成块的催化剂由反应区底部排出。

透明的液态未反应的初始原料以及形成的聚异丁烯一起从沉降区流出。为了提高收率，一般至少 8 次将反应混合物打循环泵送入反应区 A。透明的聚合物溶液流经热交换器 20 和热交换器 25，将异丁烯冷却，水洗除去包括氯化铝、氯化氢在内的酸性组分，然后进入汽提塔，蒸馏出 1/3～2/3 的未反应的惰性原料。浓缩的聚异丁烯溶液在黏土填充塔中进行后处理，然后原料中的所有挥发性组分，尤其是未反应的异丁烯，在蒸馏塔中蒸发，并通过水冷凝器返回吸收塔。在塔中进一步处理后，最后的痕量可挥发组分在常压下从液态聚异丁烯中蒸出。

（2）中分子量聚异丁烯的生产工艺　中分子量聚异丁烯生产工艺流程如图 5-6 所示。

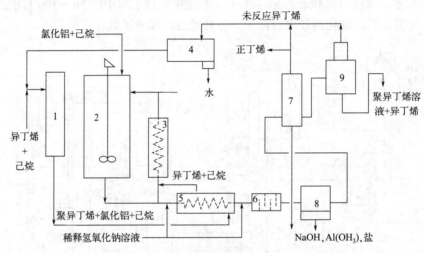

图5-6　中分子量聚异丁烯生产工艺流程图

1—混合容器；2—反应器；3—冷凝器；4—水分离器；5—热交换器；
6—喷嘴混合器；7,9—脱气罐；8—沉降罐

中分子量聚异丁烯的生产原理

中分子量聚异丁烯的生产原理与低分子量聚异丁烯的类似，但是所用原料和溶剂差别较大。中分子量聚异丁烯的生产使用的是高纯的异丁烯作为原料，溶剂则是戊烷或己烷。阳离子聚合链转移反应对温度很敏感，要得到较高分子量的聚异丁烯，必须降低聚合温度以削弱链转移反应。含 30% 的异丁烯和 70% 的己烷的混合物（包括新鲜的异丁烯、再循环的异丁烯以及己烷）通过热交换器和冷凝器降到 −40℃，泵送入反应器。同时，低于 −23℃ 的 5% 的磨细的氯化铝-己烷浆液也进入反应器。聚合在强烈地搅拌下进行，以使氯化铝不会沉降，同时进行外部冷却。异丁烯-己烷混合物的流量为 378.5L/h，氯化铝的流量为 0.454kg/h。得到的含有悬浮氯化铝的聚异丁烯-己烷溶液从反应器排出后，通过热交换器，加入过量的氢氧化钠稀溶液使催化剂失活。在喷嘴混合器中充分混合后，聚合物溶液和氢氧化钠溶液混合物进入沉降罐，分为两层。排出氢氧化钠溶液、氢氧化铝和盐组成的底层。将聚合物-己烷溶液和未反应单体组成的上层溶液送入脱气罐，未反应单体以及己烷在 99℃ 和 0.35atm（1atm=101.325kPa）下被除去。在第二脱气罐中，进一步除去痕量可挥发性组分。未反应的异丁烯经冷凝，在水分离器中脱水，再加入初始原料循环使用。二异丁烯可以作为中分子量聚异丁烯的链终止剂。

除此之外，还有高分子量聚异丁烯的生产，这里不做详细介绍。值得一提的是，即使是生产同一牌号的聚异丁烯，原料不同，催化体系不同，生产工艺也会有明显区别。每家企业都会根据实际生产情况及时调整生产工艺。

除了苯乙烯类弹性体和聚异丁烯外，离子聚合典型的工业化产品还有丁基橡胶和石油树脂，这里就不再详述。

拓展阅读

绿色防水，助力双碳

离子聚合工艺生产的工业化产品主要有苯乙烯-丁二烯-苯乙烯三嵌段共聚物（SBS）、氢化苯乙烯-丁二烯-苯乙烯三嵌段共聚物（SEBS）、苯乙烯-异戊二烯-苯乙烯三嵌段共聚物（SIS）、聚异丁烯、石油树脂以及氢化石油树脂。"十四五"期间，在多次的重要讲话中指出，做好碳达峰、碳中和的重要性。建筑防水行业紧跟时政，整个行业限制使用SBS沥青类防水卷材热熔工艺，探索长寿命道路基础设施、降低碳排放、提高交通运输效率和沥青路面功能性的多元化等方面的技术手段成为重要任务，绿色低碳成为防水的主旋律。防水材料环保要求被推向新的高度，绿色低碳的高分子材料势必在防水行业引起新的发展浪潮。防水市场中高分子卷材主要包括乙丙橡胶（EPDM）、PVC、SIS等，高分子复合防水材料体现出良好的防水防潮功能，被广泛应用于各种工程项目。

小 结

1. 离子聚合单体

带有强吸电子基团的烯类单体容易进行阴离子聚合；带有供电子基团的烯类单体容易进行阳离子聚合；共轭烯烃能进行阴离子、阳离子以及自由基聚合。

2. 阴离子聚合引发剂

阴离子聚合的引发剂主要有碱金属、碱金属和碱土金属的烷基化合物、给电子体、三级胺类等，如丁基锂、萘-钠-四氢呋喃体系等，活性种为阴离子。一般碱性越强，其引发能力越大。

3. 活性种存在形式

活性种在离子聚合中主要以共价键、紧密离子对、疏松离子对和自由离子几种形式存在，可以相互转化。聚合活性中心带有电荷，和反离子共存活性中心及反离子之间的状态、距离对聚合活性以及聚合物立构规整性有重大影响。

$$\overset{\delta^+\ \delta^-}{A\!-\!B} \rightleftharpoons A^+B^- \rightleftharpoons A^+/\!/B^- \rightleftharpoons A^+ + B^-$$

极性键　紧密离子对　疏松离子对　自由离子

4. 阴离子聚合机理

阴离子聚合的机理特征表现为快引发、慢增长、无终止、无转移，具有活性聚合的特征，阴离子聚合动力学处理简单，产物分子量窄。终止阴离子聚合往往需要外加终止剂如水、醇等。

5. 阳离子聚合引发剂

阳离子聚合的引发剂主要有质子酸和 Lewis 酸两大类，都属于亲电试剂，活性种为阳离子。常用的有 $AlCl_3$、BF_3 和 H_3PO_4 等。

6. 阳离子聚合机理

阳离子聚合为快引发、快增长、易转移、难终止，主要是向单体转移或溶剂转移，也可以单分子自发终止。阳离子聚合链终止方式根据聚合体系不同差异较大，且产物的分子量分布比阴离子聚合宽得多。

7. 影响离子聚合的因素

影响离子聚合的因素主要有温度、溶剂以及反离子，需视具体情况具体分析。

一、填空题

1. 一般具有（　　　）的乙烯基单体适用于阳离子聚合，而具有（　　　）的单体适用于阴离子聚合。

2. 工业化生产的丁基橡胶，它是由95.5%～98.5%（　　　）和1.5%～4.5%（　　　）的共聚物，以三氯化铝为引发剂，在 –100～–98℃下聚合而得。

二、单选题

1. 热熔压敏胶通常组分为溶剂油、SIS、石油树脂和添加剂，其中的 SIS 是用（　　　）聚合方法得到的。

A. 自由基聚合　　　　B. 阳离子聚合　　　　C. 阴离子聚合　　　　D. 缩合聚合

2. 下列单体可以同时进行自由基聚合、阴离子聚合以及阳离子聚合的是（　　　）。

A. 苯乙烯　　　　B. 异丁烯　　　　C. 丙烯腈　　　　D. 四氟乙烯

3. 下列物质中可以作为阴离子聚合的引发剂的是（　　　）。

A. 丁基锂　　　　B. 三氟化硼 - 水　　　　C. 偶氮二异丁腈　　　　D. 硫酸

4. 正丁基锂在芳烃中的引发速率和增长速率分别与正丁基锂和活性链浓度呈 1/6 和 1/2 级，说明正丁基锂和活性链的缔合度分别为（　　　）。

A. 6 和 2　　　　B. 3 和 2　　　　C. 3 和 1　　　　D. 6 和 1

5. 同一温度下，正丁基锂在四氢呋喃中引发异戊二烯聚合的链增长速率常数 k_1 和在环己烷中引发异戊二烯链增长速率常数 k_2 之间的关系是（　　　）。

A. $k_1 = k_2$　　　　B. $k_1 > k_2$　　　　C. $k_1 < k_2$　　　　D. 无法确定

6. 下列物质不可以作为阳离子聚合引发体系的是（　　　）。

A. 三氟化硼 - 甲醇　　　　　　　　　　B. 三溴化铝 - 水

C. 浓硫酸　　　　　　　　　　　　　　D. 过氧化氢 - 氯化亚铁

7. 以三氯化铝为引发剂，异丁烯在 –100℃下聚合得到的聚异丁烯平均分子量为 M_1，在 –20℃聚合得到的聚异丁烯平均分子量为 M_2，则（　　　）。

A. $M_1 = M_2$　　　　B. $M_1 > M_2$　　　　C. $M_1 < M_2$　　　　D. 无法确定

8. 离子对的形式对离子聚合控制结构单元规整度的能力的影响顺序是（　　　）。

A. 疏松离子对＞紧密离子对＞自由离子　　　　B. 紧密离子对＞自由离子＞疏松离子对

C. 自由离子＞疏松离子对＞紧密离子对　　　　D. 紧密离子对＞疏松离子对＞自由离子

三、判断题

1. 在阴离子聚合中，最弱的碱只能引发反应能力最强的单体进行阴离子聚合。（　　）

2. 反离子的半径大小决定了阴、阳离子之间的作用力，反离子半径越大，作用力越小，越有利于单体分子的插入，则聚合速率越大。（　　）

四、简答题

1. 全面比较自由基、阴离子、阳离子聚合反应的异同点。

2. 写出以正丁基锂为引发剂的苯乙烯的聚合机理。

3. 写出以三氟化硼和水为引发体系引发异丁烯聚合的机理。

4. 说明在离子型聚合反应中离子对的存在形式对聚合的影响。

模块六

开环聚合

知识导读

开环聚合是制备高分子表面活性剂、特种高分子材料以及无机（或半无机）高分子材料的重要方法。开环聚合是环状单体开环而后聚合成线型聚合物的反应，其反应过程既受到热力学的控制，又受到动力学因素的影响。其机理包含了连锁聚合和逐步聚合特征，同时又涵盖了阴离子聚合和阳离子聚合的双重属性，因此开环聚合一直以来都是高分子化学教学过程中的难点。在本模块中，我们将以工业上重要的开环聚合反应为例，详细介绍开环聚合反应的原理和工业应用。

学习目标

知识目标

1. 掌握开环聚合反应的基本特征、类型与应用。
2. 掌握开环聚合反应的单体、引发剂和原理。
3. 掌握聚醚、聚甲醛、聚己内酰胺、氯化聚醚、聚二甲基硅氧烷等的工业生产原理。

能力目标

1. 能运用开环聚合反应的基本规律分析和解决实际问题。
2. 能初步分析工业上常见开环聚合反应的影响因素。

素质目标

1. 培养学生自主探究学习的能力以及良好的思维能力。
2. 培养学生运用科学理论指导工作实践的习惯。

开环聚合反应是指环状单体在离子型引发剂的作用下，经过开环、聚合转变成线型高聚物的一类聚合反应。其通式如下：

$$n\widehat{R-X} \longrightarrow \left[R-X \right]_n$$

X 为环状单体中的官能团或杂原子（如—CH＝CH—和—CH$_2$—CH$_2$—或 O、N、S、P 等）。绝大多数环状单体的开环聚合是按离子型聚合进行的，其聚合产物的重复结构单元中具有醚键、酯键、酰胺键等。

开环聚合具有如下特点：

① 因为环状单体转化成线型聚合物时无新化学键产生，只是键的连接次序发生变换，即由分子内连接变成分子间连接，所以多数开环聚合无小分子析出，生成的聚合物组成与起始时的单体组成相同。

② 开环聚合中活性中心较稳定，具有形成活性聚合物的倾向。

③ 开环聚合过程中，多数存在聚合 - 解聚的可逆平衡。

单元一 开环聚合反应的原理

开环聚合反应，从机理上来讲基本属于连锁聚合，大多数是离子型聚合。也有少数开环聚合反应有类似于逐步聚合的现象，诸如可达到平衡。聚合物分子量在聚合过程中逐步增加。

一、开环聚合的单体和引发剂

能够发生开环聚合的单体主要有：环醚、环亚胺、环缩醛、环状硫化物、内酯和内酰胺、环状硅化物等，其部分单体结构如表 6-1 所示。引发剂方面，阴离子、阳离子、中性分子等均可引发聚合，如 H$^+$、OH$^-$、Na$^+$、(BF$_3$OH)$^-$、RO$^-$、H$_2$O。只有很活泼的环状单体，才用分子型引发剂。

表6-1 开环聚合的主要单体结构

单体类型	单体结构
环醚	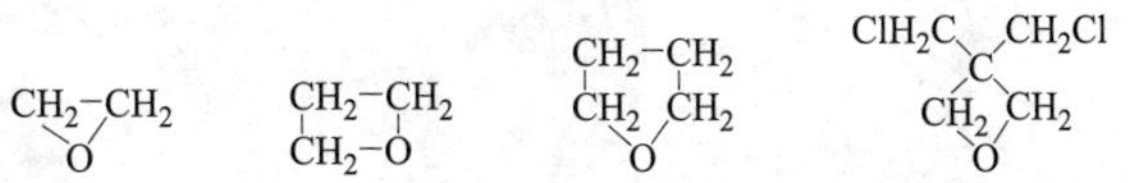 CH$_2$—CH$_2$ ＼O／ CH$_2$—CH$_2$ CH$_2$—O CH$_2$—CH$_2$ CH$_2$—CH$_2$ ＼O／ ClH$_2$C—CH$_2$Cl CH$_2$—CH$_2$ ＼O／
环亚胺	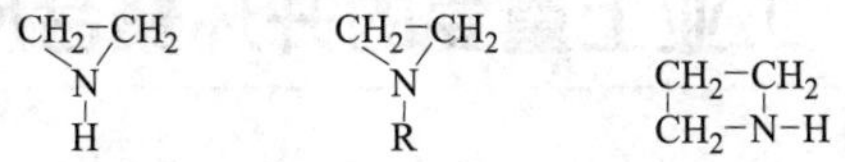 CH$_2$—CH$_2$ ＼N／ H CH$_2$—CH$_2$ ＼N／ R CH$_2$—CH$_2$ CH$_2$—N—H
环缩醛	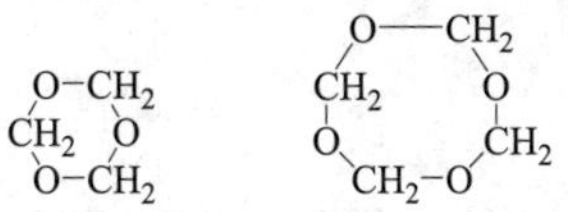 O—CH$_2$ CH$_2$ O O—CH$_2$ O—CH$_2$ CH$_2$ O CH$_2$—O O—CH$_2$

续表

单体类型	单体结构
环状硫化物	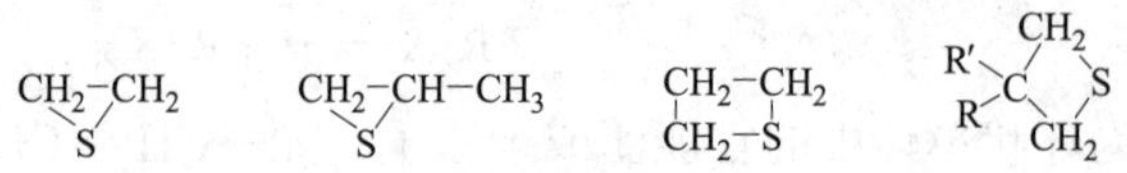 CH_2-CH_2 $\quad$ $CH_2-CH-CH_3$ $\quad$ CH_2-CH_2 $\quad$ （环状结构）
内酯和内酰胺	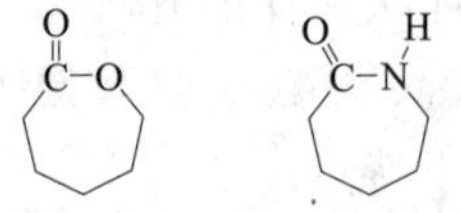 （内酯结构） $\quad$ （内酰胺结构）
环状硅化物	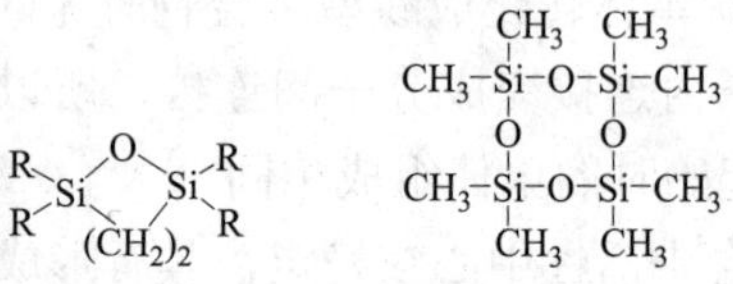 （环状硅结构） $\quad$ （环状硅结构）

二、开环聚合的类型

开环聚合反应的主要类型

开环聚合可以分为三种类型。

第一种类型是大多数环状单体采用的，所得产物为线型结构聚合物，其重复结构单元组成与环状单体组成相同。如下式：

$$n\text{R-X} \longrightarrow \text{\textbardbl}\text{R-X}\text{\textbardbl}_n$$

第二种类型是开环异构化聚合，少数单体是按这种方式进行的开环聚合，如下式：

$$n\text{R-X} \longrightarrow \text{\textbardbl}\text{R-Y}\text{\textbardbl}_n$$
$$(\text{X} \longrightarrow \text{Y})$$

第三种类型为开环消去反应，只有很少单体属于这种情况，其消去的是 SO_2、CO_2 等小分子。例如：

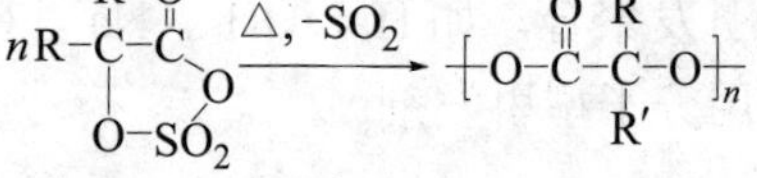

$$n\text{R}-\overset{R'}{\underset{O-SO_2}{\overset{O}{\underset{|}{\overset{|}{C}}}}}-\overset{O}{\overset{\|}{C}}-O \xrightarrow{\triangle,-SO_2} \text{[}O-\overset{O}{\overset{\|}{C}}-\overset{R}{\underset{R'}{\overset{|}{\underset{|}{C}}}}-O\text{]}_n$$

根据聚合反应活性中心可以分为阳离子型开环聚合、阴离子型开环聚合和配位阴离子型聚合几种类型。其中以阳离子型开环聚合最多。

单元二 工业上重要的开环聚合反应

一、聚醚

以环氧乙烷为单体，氢氧化物、醇盐和碳阴离子等为引发剂，醇类为起始剂，聚合产物是具有羟基的聚醚。产物溶于水后所得的黏性液体可以用作增稠剂和黏合剂。

链引发：

$$CH_2-CH_2 + Na^+OH^- \xrightarrow{ROH} HO-CH_2-CH_2-O^-Na^+$$

（氧阴离子活性中心）

环氧乙烷生成聚醚的开环聚合反应机理

链增长：

$$HO-CH_2-CH_2-O^-Na^+ + nCH_2-CH_2 \longrightarrow HO\!\!-\!\!CH_2-CH_2-O\!\!-\!\!{}_n CH_2-CH_2-O^-Na^+$$

上述增长反应为逐步的活性聚合，产物的分子量随反应的进行而增高。当加入第二种单体（如环氧丙烷）可以进行嵌段共聚反应：

$$HO\!\!-\!\!CH_2-CH_2-O\!\!-\!\!{}_n CH_2-CH_2-O^-Na^+ + mCH_2-CH-CH_3 \longrightarrow$$

$$HO\!\!-\!\!CH_2-CH_2-O\!\!-\!\!{}_{n+1}\!\!-\!\!CH_2-CH-O\!\!-\!\!{}_{m-1}\!\!-\!\!CH_2-CH-O^-Na^+$$

| ←—— 亲水性 ——→ | ←—— 亲油性 ——→ |

这种嵌段共聚物终止后，由于分子内既有亲水性基团，又有亲油性基团，所以可用作非离子型表面活性剂。

由于体系有起始剂 ROH，因此，活性链与之可以发生交换反应：

$$\sim CH_2-CH_2-O^-Na^+ + ROH \rightleftharpoons \sim CH_2-CH_2-OH + RO^-Na^+$$

链终止（加入终止剂壬烷基酚）：

$$HO\!\!-\!\!CH_2-CH_2-O\!\!-\!\!{}_n CH_2-CH_2-O^-Na^+ + HO-\!\!\langle \bigcirc \rangle\!\!-C_9H_{19} \longrightarrow$$

$$HO\!\!-\!\!CH_2-CH_2-O\!\!-\!\!{}_{n+1}\!\!\langle \bigcirc \rangle\!\!-C_9H_{19} + NaOH$$

此外，还可以用月桂醇（$C_{12}H_{25}OH$）、油酸（$C_{17}H_{33}COOH$）、十八胺（$C_{18}H_{37}NH_2$）、油酰胺（$C_{17}H_{33}CONH_2$）等进行封端，制备非离子型表面活性剂。

二、聚甲醛

聚甲醛是高结晶树脂，可作工程塑料，也可作纤维。工业上一般以三聚甲醛为单体，以 $BF_3\text{-}H_2O$ 为引发剂体系进行生产。

聚甲醛的合成机理

链引发：

$$\begin{matrix} O-CH_2 \\ CH_2 \quad O \\ O-CH_2 \end{matrix} + BF_3\text{-}H_2O \longrightarrow \begin{matrix} O-CH_2 \\ CH_2 \quad OH^+(BF_3OH)^- \\ O-CH_2 \end{matrix} \longrightarrow$$

$$HO-CH_2-O-CH_2-O-\overset{\overset{H}{|}}{\underset{\underset{H}{|}}{C}}{}^+(BF_3OH)^-$$

链增长：

$$\text{HO-CH}_2\text{-O-CH}_2\text{-O-}\overset{\overset{\text{H}}{|}}{\text{C}}{}^+(\text{BF}_3\text{OH})^- + n\begin{matrix}\text{O-CH}_2\\ \text{CH}_2 \quad \text{O}\\ \text{O-CH}_2\end{matrix} \longrightarrow$$

$$\text{HO}\overset{}{{\big[}}\text{CH}_2\text{-O}{\big]}_{3n}\text{CH}_2\text{-O-CH}_2\text{-O-}\overset{\overset{\text{H}}{|}}{\text{C}}{}^+(\text{BF}_3\text{OH})^-$$

链终止（水作终止剂）：

$$\text{HO}{\big[}\text{CH}_2\text{-O}{\big]}_{3n}\text{CH}_2\text{-O-CH}_2\text{-O-}\overset{\overset{\text{H}}{|}}{\underset{\underset{\text{H}}{|}}{\text{C}}}{}^+(\text{BF}_3\text{OH})^- + \text{H}_2\text{O} \longrightarrow$$

$$\text{HO}{\big[}\text{CH}_2\text{-O}{\big]}_{3n+2}\text{CH}_2\text{-OH} + \text{H}^+(\text{BF}_3\text{OH})^-$$
（聚甲醛）

由于聚甲醛存在如下降解平衡：

$$\text{\textasciitilde\textasciitilde\textasciitilde CH}_2\text{-O-CH}_2\text{-O-CH}_2\text{-OH} \rightleftharpoons \text{\textasciitilde\textasciitilde\textasciitilde CH}_2\text{-O-CH}_2\text{-OH} + \text{CH}_2\text{O}$$

使产物失去使用价值。为此，必须对聚合产物进行封端处理，以提高聚甲醛的稳定性。如加入酸酐等物质时，通过酯化使聚甲醛链端带有不活泼的酯基，称这类物质为封端剂。

$$\text{HO-CH}_2\text{-O-CH}_2\text{-O\textasciitilde O-CH}_2\text{-O-CH}_2\text{-OH} + (\text{CH}_3\text{CO})_2\text{O} \longrightarrow$$

$$\text{H}_3\text{C-}\underset{\underset{\text{O}}{\|}}{\text{C}}\text{-O-CH}_2\text{-O-CH}_2\text{-O\textasciitilde O-CH}_2\text{-O-CH}_2\text{-O-}\underset{\underset{\text{O}}{\|}}{\text{C}}\text{-CH}_3 + \text{H}_2\text{O}$$

（稳定的酯化端基聚甲醛）

为了提高聚甲醛的热稳定性，也可以将甲醛与其他单体（如环醚、环缩醛、内酯等）进行共聚，不但可以解决热稳定性问题，还能改变聚甲醛的加工性能。

三、聚己内酰胺

聚己内酰胺的合成机理

聚己内酰胺，俗名为尼龙-6，是由单体己内酰胺通过开环聚合反应生成，具有—NH(CH₂)₅CO—重复单元结构。拉伸强度和耐磨性优异，有弹性，主要用于制造合成纤维，也可用作工程塑料，与尼龙-66的结构、性能和用途相似。

工业上，通常在无水的情况下，己内酰胺通过 NaH 或 NaOH 等引发剂的作用，夺取单体酰氨基上氢原子形成内酰胺阴离子，再与单体羰基加成，经过内酰胺的开环产生氨基阴离子（—N⁻H），该阴离子再与单体作用，使单体活化并与之加成，如此重复而发生链增长。其聚合过程如下。

链引发：

$$\begin{matrix}\text{O} \quad \text{H}\\ \|\quad | \\ \text{C-N}\end{matrix} + \text{NaH} \longrightarrow \begin{matrix}\text{O} \quad \text{N}^-\text{Na}^+\\ \|\quad | \\ \text{C-N}\end{matrix} + \text{H}_2\uparrow$$

(生成内酰胺阴离子)

引发的第二步较复杂，先与单体反应而开环：

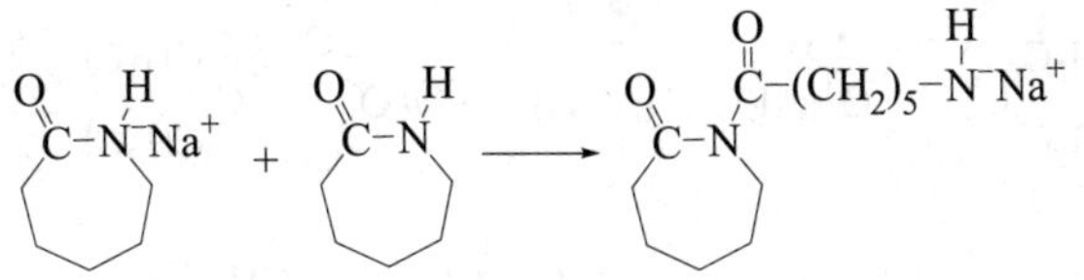

生成的阴离子不稳定，比较活泼，很快夺取单体上的质子生成二聚体，同时再生成一个内酰胺阴离子：

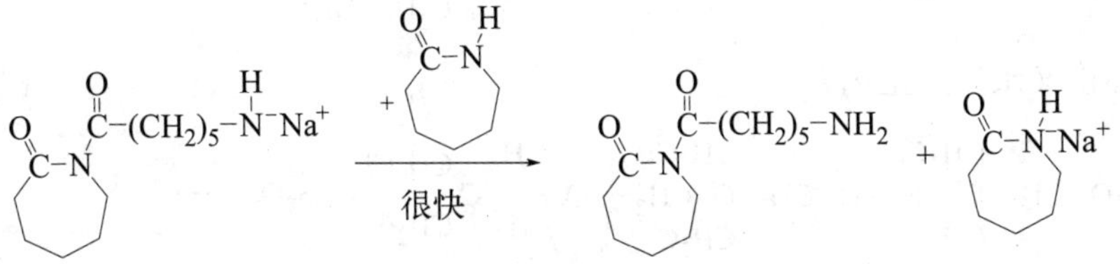

链增长：

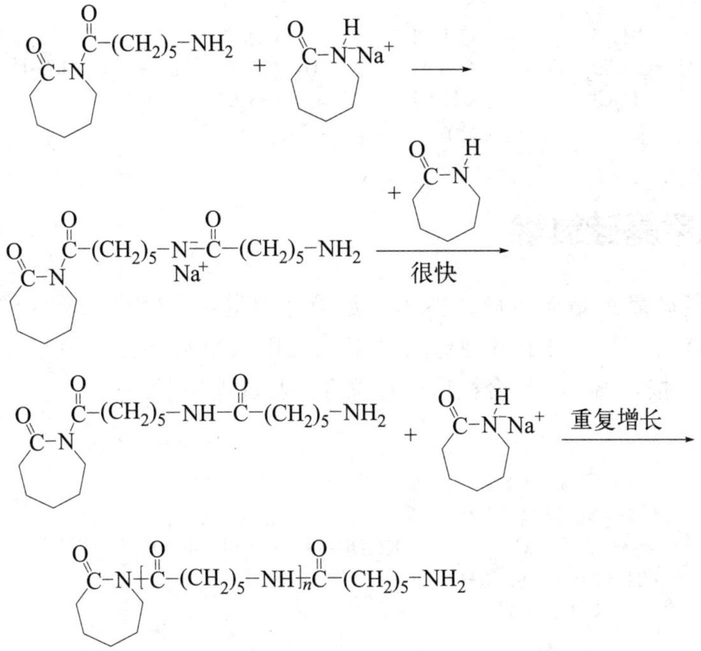

反应过程中，不是单体加在活性链上，而是单体阴离子加上去。

四、氯化聚醚

氯化聚醚的耐腐蚀性能仅次于聚四氟乙烯，而其机械强度高于聚四氟乙烯，可用作工程塑料。工业上一般以 3,3- 二氯甲基丁氧环为单体，$Al(C_2H_5)_3$-H_2O 为引发剂生产氯化聚醚。

链引发：

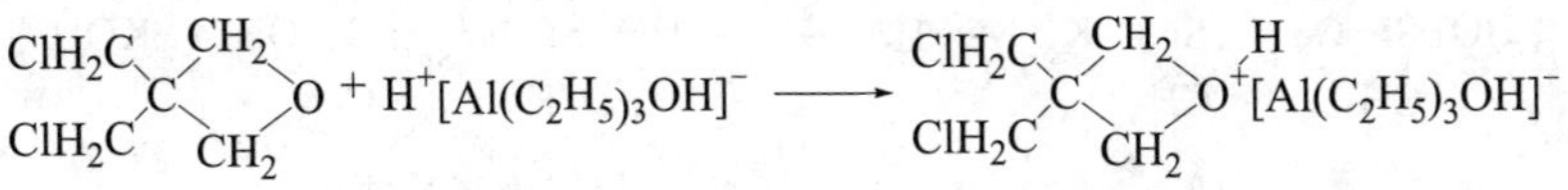

(三级氧鎓离子活性中心)

氯化聚醚的
合成机理

链增长：

$$\text{ClH}_2\text{C}-\overset{\text{CH}_2}{\underset{\text{CH}_2}{\text{C}}}-\overset{\text{H}}{\text{O}^+}[\text{Al}(\text{C}_2\text{H}_5)_3\text{OH}]^- + n\,\overset{\text{CH}_2}{\underset{\text{CH}_2}{\text{O}}}\overset{\text{CH}_2\text{Cl}}{\underset{\text{CH}_2\text{Cl}}{\text{C}}} \longrightarrow$$

$$\text{HO}-\text{CH}_2-\overset{\text{CH}_2\text{Cl}}{\underset{\text{CH}_2\text{Cl}}{\text{C}}}-\text{CH}_2\big[\text{O}-\text{CH}_2-\overset{\text{CH}_2\text{Cl}}{\underset{\text{CH}_2\text{Cl}}{\text{C}}}-\text{CH}_2\big]_{n-1}\overset{+}{\text{O}}-\overset{\text{CH}_2}{\underset{\text{CH}_2}{\text{C}}}\overset{\text{CH}_2\text{Cl}}{\underset{\text{CH}_2\text{Cl}}{}}$$

$$[\text{Al}(\text{C}_2\text{H}_5)_3\text{OH}]^-$$

链终止（水作终止剂）：

$$\text{HO}-\text{CH}_2-\overset{\text{CH}_2\text{Cl}}{\underset{\text{CH}_2\text{Cl}}{\text{C}}}-\text{CH}_2\big[\text{O}-\text{CH}_2-\overset{\text{CH}_2\text{Cl}}{\underset{\text{CH}_2\text{Cl}}{\text{C}}}-\text{CH}_2\big]_{n-1}\overset{+}{\text{O}}-\overset{\text{CH}_2}{\underset{\text{CH}_2}{\text{C}}}\overset{\text{CH}_2\text{Cl}}{\underset{\text{CH}_2\text{Cl}}{}} + \text{H}_2\text{O} \longrightarrow$$

$$[\text{Al}(\text{C}_2\text{H}_5)_3\text{OH}]^-$$

$$\text{HO}-\text{CH}_2-\overset{\text{CH}_2\text{Cl}}{\underset{\text{CH}_2\text{Cl}}{\text{C}}}-\text{CH}_2\big[\text{O}-\text{CH}_2-\overset{\text{CH}_2\text{Cl}}{\underset{\text{CH}_2\text{Cl}}{\text{C}}}-\text{CH}_2\big]_{n-1}\text{O}-\text{CH}_2-\overset{\text{CH}_2\text{Cl}}{\underset{\text{CH}_2\text{Cl}}{\text{C}}}-\text{CH}_2-\text{OH} + \text{H}^+[\text{Al}(\text{C}_2\text{H}_5)_3\text{OH}]^-$$

(氯化聚醚)

五、聚二甲基硅氧烷

聚二甲基硅氧烷的合成机理

聚二甲基硅氧烷是无定形弹性体，是极好的耐寒、耐热性合成橡胶，使用温度 $-115\sim200℃$，广泛用于特种橡胶。工业上用八甲基环四硅氧烷作为单体，在 KOH 作用下，按阴离子型聚合机理进行聚合，其过程如下。

链引发：

$$\begin{array}{c}\text{CH}_3\ \ \text{CH}_3\\ \text{CH}_3-\text{Si}-\text{O}-\text{Si}-\text{CH}_3\\ |\ \ \ \ \ \ |\\ \text{O}\ \ \ \ \ \text{O}\\ |\ \ \ \ \ \ |\\ \text{CH}_3-\text{Si}-\text{O}-\text{Si}-\text{CH}_3\\ \text{CH}_3\ \ \text{CH}_3\end{array} + \text{KOH} \longrightarrow \text{HO}\big[\overset{\text{CH}_3}{\underset{\text{CH}_3}{\text{Si}}}-\text{O}\big]_3\overset{\text{CH}_3}{\underset{\text{CH}_3}{\text{Si}}}-\text{O}^-\text{K}^+$$

链增长：

$$\text{HO}\big[\overset{\text{CH}_3}{\underset{\text{CH}_3}{\text{Si}}}-\text{O}\big]_3\overset{\text{CH}_3}{\underset{\text{CH}_3}{\text{Si}}}-\text{O}^-\text{K}^+ + n\,\begin{array}{c}\text{CH}_3\ \ \text{CH}_3\\ \text{CH}_3-\text{Si}-\text{O}-\text{Si}-\text{CH}_3\\ |\ \ \ \ \ \ |\\ \text{O}\ \ \ \ \ \text{O}\\ |\ \ \ \ \ \ |\\ \text{CH}_3-\text{Si}-\text{O}-\text{Si}-\text{CH}_3\\ \text{CH}_3\ \ \text{CH}_3\end{array} \longrightarrow \text{HO}\big[\overset{\text{CH}_3}{\underset{\text{CH}_3}{\text{Si}}}-\text{O}\big]_{4n+3}\overset{\text{CH}_3}{\underset{\text{CH}_3}{\text{Si}}}-\text{O}^-\text{K}^+$$

(氧阴离子活性链)

链终止：

$$\text{HO}\big[\overset{\text{CH}_3}{\underset{\text{CH}_3}{\text{Si}}}-\text{O}\big]_{4n+3}\overset{\text{CH}_3}{\underset{\text{CH}_3}{\text{Si}}}-\text{O}^-\text{K}^+ + \text{H}_2\text{O} \longrightarrow \text{HO}\big[\overset{\text{CH}_3}{\underset{\text{CH}_3}{\text{Si}}}-\text{O}\big]_{4n+3}\overset{\text{CH}_3}{\underset{\text{CH}_3}{\text{Si}}}-\text{OH} + \text{KOH}$$

(聚二甲氧基硅烷)

拓展阅读

为我国高分子化学事业鞠躬尽瘁——王葆仁

　　王葆仁（1907—1986年），有机化学家、高分子化学家。他是中国有机化学研究的先驱者之一和高分子化学事业的主要奠基人之一，他爱党、爱国、爱科学之心终身不渝，为我国科技人才的培养和高分子化学的发展作出了卓越贡献。

　　1953年，国家进入第一个五年计划，原来从事有机化学工作的王葆仁毅然转入高分子，在我国开拓了高分子化学研究工作，并为之奋斗了30余年。

　　王葆仁首先接受了制备聚甲基丙烯酸甲酯（即：有机玻璃）和聚己内酰胺（即：尼龙-6）的任务，带领中国科学院上海有机化学研究所高分子组全体同志从无到有、从小到大艰苦创业，边工作、边学习，迅速完成了上述两项军工任务，率先在我国试制出第一块有机玻璃和第一根尼龙-6合成纤维，以后分别转至沈阳化工研究院和锦西化工厂（因而尼龙在我国也被称为锦纶）扩大生产，这是我国最早的高分子工业。王葆仁对高分子化学的学术思想是挑选课题必须从有利于国计民生出发，同时不应忽视基础理论研究。他主张高分子科研工作必须与我国石油化工大品种的生产实践相结合，必须为生产服务，但也应开展应用基础研究以指导生产。为了交流高分子科研工作经验和尽快将科研成果公诸于世，王葆仁创办了中国第一种高分子学术期刊《高分子通讯》，由他历任主编直至谢世。他的严格认真，使这份刊物达到了国际高水平。

小　结

　　1. 开环聚合反应：环状单体在离子型引发剂的作用下，经过开环、聚合转变成线型高聚物的一类聚合反应。

　　2. 开环聚合具有如下特点：

　　（1）多数开环聚合无小分子析出。

　　（2）开环聚合中活性中心较稳定，具有形成活性聚合物的倾向。

　　（3）开环聚合多数存在聚合-解聚的可逆平衡。

　　3. 开环聚合反应大多数是离子型聚合（连锁聚合），少数有类似于逐步聚合的现象。

　　4. 开环聚合的单体：主要有环醚、环亚胺、环状硫化物、环缩醛、内酯和内酰胺、环状硅化物等。

　　5. 开环聚合的引发剂：主要是阴离子、阳离子，常用的有 H^+、OH^-、Na^+、$(BF_3OH)^-$、RO^- 等。

　　6. 开环聚合从聚合反应活性中心不同，可以分为阳离子型开环聚合、阴离子型开环聚合和配位阴离子型聚合几种类型。其中以阳离子型开环聚合最多。

　　7. 聚醚以环氧乙烷为单体，氢氧化物、醇盐和碳阴离子等为引发剂，醇类为起始剂聚合而得到。产物溶于水后所得的黏性液体可以用作增稠剂和黏合剂。

　　8. 聚甲醛是高结晶树脂，可作工程塑料，也可作纤维。工业上一般以三聚甲醛为单体，以 BF_3-H_2O 为引发剂体系聚合得到。

9. 聚己内酰胺（尼龙 -6）主要用于制造合成纤维，也可用作工程塑料。工业上一般是由己内酰胺在 NaH 或 NaOH 等引发剂的作用下，通过开环聚合反应而生成。

10. 氯化聚醚是重要的工程塑料，工业上一般以 3,3- 二氯甲基丁氧环为单体，$Al(C_2H_5)_3$-H_2O 为引发剂生产氯化聚醚。

11. 聚二甲基硅氧烷是极好的耐寒、耐热性合成橡胶，广泛用于特种橡胶。工业上用八甲基环四硅氧烷作为单体，在 KOH 作用下，通过开环聚合反应而生成。

习　题

一、填空题

1. 开环聚合反应是指环状单体主要在（　　）引发剂的作用下，经过开环、聚合转变成线型高聚物的一类聚合反应。

2. 环氧乙烷的开环聚合反应可以生成聚醚，通常以（　　）、醇盐和碳阴离子等为引发剂，（　　）作为反应的终止剂。

3. 三聚甲醛属于（　　）类单体，可开环聚合生成（　　），（　　）作为反应的终止剂，并加入酸酐等物质用作（　　）。

4. 单体（　　）可开环聚合生成尼龙 -6。这种聚合物的重复结构单元为（　　）。

二、判断题

1. 多数开环聚合无小分子析出，生成的聚合物组成与起始时的单体组成相同。（　　）

2. 氯化聚醚的耐腐蚀性和机械强度都高于聚四氟乙烯。（　　）

3. 聚二甲基硅氧烷即硅橡胶，是极好的耐寒、耐热性合成橡胶，使用温度 –115～200℃，广泛用于特种橡胶。（　　）

模块七

配位聚合

知识导读

配位聚合是区别于其它连锁聚合（离子聚合和自由基聚合）的一种聚合反应，与离子聚合和自由基聚合中的引发剂不同，配位聚合中称为催化剂，这主要是因为聚合机理不同。离子聚合和自由基聚合中，引发剂引发聚合反应后，留在聚合物一端，而随着聚合物链的增长，引发剂对聚合反应的影响逐渐变弱，对单体的插入影响不大，因此离子聚合和自由基聚合中聚合物的立构规整性很难控制。而在配位聚合中，在进行链增长之前，单体首先要与催化剂配位，因此，单体每次配位与插入的立构选择性均受催化剂结构的影响，使得立构选择性成为配位聚合的典型特点。

学习目标

知识目标

1. 掌握配位聚合的基本概念。
2. 了解配位聚合在高分子工业中的重要作用。
3. 掌握聚合物的立体异构。
4. 掌握配位聚合的几类催化剂及其特点。
5. 掌握采用配位聚合制备的几种典型的工业聚合物及其特点。

1. 能够根据聚合物的结构特点，判断聚合物是否通过配位聚合制备。
2. 理解配位聚合机理，能通过聚合机理、催化剂、单体等判断聚合反应是否是配位聚合。

1. 了解聚烯烃对于国家发展、国防建设及国民经济的重要支撑作用。
2. 了解我国合成橡胶自主研发的历史，增强责任感和使命感。
3. 培养科学、严谨的学习态度，增强创新意识。

　　在前面学习离子聚合和自由基聚合的基础上，本模块进一步讨论另一种连锁聚合——配位聚合。与离子聚合和自由基聚合不同之处在于，配位聚合能够很好地控制聚合物的立构规整性，因此，本模块在介绍配位聚合基本概念后，详细介绍聚合物的立构规整性。配位聚合中，催化剂是核心，催化剂的性质决定聚合物的微观结构，尤其是聚合物的立构规整性。本模块重点介绍目前用于配位聚合的四种催化剂。催化剂的种类和相关文献报道繁多，这里只介绍几种典型的配位聚合催化剂及其催化烯烃配位聚合的机理。最后，介绍几种工业上采用配位聚合制备的典型聚合物及其制备工艺。

单元一　配位聚合的发展史

知识链接

　　从热力学上判断，乙烯、丙烯都应该是能够聚合的单体，但在很长一段时期内，它们却未能聚合成高分子量聚合物，这主要是引发剂和动力学上的原因。1937～1939 年间，英国 ICI 公司在高温（180～200℃）、高压（150～300MPa）的苛刻条件下，以微量氧作引发剂，将乙烯按自由基机理聚合成聚乙烯。这种聚乙烯的特征是多支链（8～40 个支链/1000 碳原子）、低结晶度（50%～65%）、低熔点（105～110℃）和低密度（0.91～0.93g/cm³），称作低密度聚乙烯（LDPE）。

　　1953 年，德国人 K. Ziegler 以四氯化钛-三乙基铝［$TiCl_4$-Al（C_2H_5）₃］作催化剂，在相当温和的温度（60～90℃）和压力（0.2～1.5MPa）下，使乙烯聚合成高密度聚乙烯 HDPE（0.94～0.96g/cm³），其特点是少支链（1～3 个支链/1000 碳原子）、高结晶度（约 90%）和高熔点（125～135℃）。1954 年，意大利人 G. Natta 进一步以 $TiCl_3$-Al（C_2H_5）₃ 作催化剂，使丙烯聚合成等规聚丙烯（熔点 175℃）。Ziegler 和 Natta 在这方面的成就，为高分子科学开拓了新的领域，因而获得了 1963 年诺贝尔化学奖。

想一想

　　为什么 Ziegler 采用钛系催化剂催化乙烯聚合能够大幅度降低乙烯聚合温度和压力呢？以氧气为引发剂引发乙烯聚合制备的聚乙烯和钛系催化剂催化乙烯聚合制备的聚乙烯结构上有何区别？原因是什么呢？

练一练

　　下列关于配位聚合描述正确的是（　　）。
　　A. 单体与活性中心配位是配位聚合的第一步反应

B. 由于金属活性中心的作用，乙烯配位聚合的反应条件低于自由基聚合

C. 配位聚合具有定向性

D. 配位聚合包含单体定向配位、络合活化、插入增长等过程

单元二　聚合物的立体异构现象

立体构型异构是原子在大分子中因不同空间排列（构型，configuration）所产生的异构现象，与绕 C—C 单键内旋转而产生的构象（conformation）有别。立体异构对聚合物的许多性能都有显著的影响，因此这是一个非常重要的现象。在自然界中，各种立构规整聚合物随处可见，如天然橡胶、纤维素、淀粉、多肽、核酸等。

？　想一想

什么是立体异构？什么样的单体生成的聚合物能产生立体异构？

1. 单取代的乙烯聚合物的立体异构

在烯烃的聚合反应中，如果双键的一个碳原子是单取代的，就会出现异构现象。在单取代乙烯 CH_2=CHR（R 为 H 以外的任意取代基）聚合生成的聚合物中，聚合物链上的每一个叔碳原子都是一个立体中心（或立体异构中心）。每个重复单元上的立体中心标记为 C*。立体中心原子所携带的取代基具有这样一个特征：如果将任意两个取代基交换，都会将一个立体异构体转变成另一个立体异构体。在 CH_2=CHR 的聚合中，每个立体中心 C* 就是一个立体异构点。聚合物链上的每一个立体异构点都会呈现出两种不同构型中的任何一种。假如将聚合物的碳 - 碳主链完全伸展为平面锯齿形构象，那么 R 基团可能位于聚合物碳 - 碳链平面的任何一侧，每一个立体中心都可能有两种不同的构型。如果将碳 - 碳链平面看作是本页的平面，那么 R 基团既可能位于本页平面的上方，也可能位于本页平面的下方。

单取代乙烯聚合物立体构型可用多种图式来描述。图7-1（a）为锯齿形式，碳 - 碳主链处在纸平面上，H 和 R 处在纸平面上、下方，分别以实线和虚线表示。图7-1（b）为 Fischer 投影式，如将 Fischer 投影式按逆时针方向扭转 90°，就成为 IUPAC 所推荐的图式，如图7-1（c）。

对于连续的立体中心，其构型的规整性决定了聚合物链的总体有序程度（立构规整度）。如果连续立体中心上的 R 基团在聚合物平面锯齿链的两侧无规分布，聚合物就是无序的，称为无规立构。存在两种有序（或有规立构的）结构（或排布方式）：全同立构和间同立构。如果聚合物链上每一个重复单元中的立体中心都具有相同的构型，该聚合物就是全同立构结构（等规立构结构）。此时所有的 R 基团都位于碳 - 碳聚合物链平面的同一侧——要么全部在链平面的上方，要么全部在链平面的下方。如果立体中心的两种构型从一个重复单元到下一个重复单元交替出现，

立体异构

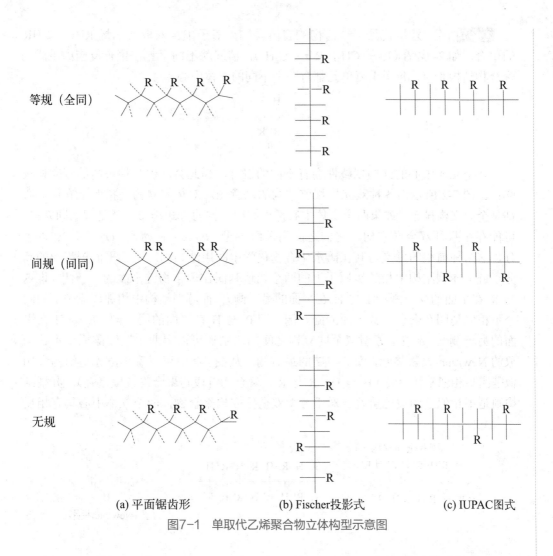

等规（全同）		
间规（间同）		
无规		

(a) 平面锯齿形　　　　(b) Fischer投影式　　　　(c) IUPAC图式

图7-1　单取代乙烯聚合物立体构型示意图

即 R 基团交替地位于聚合物链平面的两侧，该聚合物就是间同立构结构（间规立构结构）。

2. 双取代乙烯聚合物的立体异构

（1）1,1- 双取代乙烯聚合物的立体异构　对于双取代乙烯的结构单元，是否存在立构规整性以及存在哪一种立构规整性，取决于取代位置和取代基的结构。在 1,1- 二取代乙烯 $CH_2=CRR'$ 的聚合中，如果 R 基团与 R′ 基团相同（如异丁烯和偏二氯乙烯），则不存在立体异构现象；如果 R 基团与 R′ 基团不同（如甲基丙烯酸甲酯中的—CH_3 和—$COOCH_3$），那么其立体异构现象与单取代的乙烯单元相同。甲基可能全部位于聚合物链平面的上方或下方（全同立构），也可能交替地位于平面的上方和下方（间同立构），还可能呈无规分布（无规立构）。第一个取代基的空间位置自动地固定了第二个取代基的空间位置，因此第二个取代基的存在对立构规整性没有任何影响。即，如果第一个取代基是全同立构的，则第二个取代基就是全同立构的；如果第一个取代基是间同立构的，则第二个取代基也是间同立构的；如果第一个取代基是无规立构的，则第二个取代基就是无规立构的。

（2）1,2- 双取代乙烯聚合物的立体异构　对于 1,2- 双取代乙烯 RHC=CHR′ 的聚合，如 2- 戊烯（R=—CH₃，R′=—C₂H₅），情况就不同了。在聚合反应中生成的聚合物结构Ⅱ中，每个重复单元都有两个不同的立体中心：

$$\begin{array}{c} \text{H} \quad \text{H} \\ | \quad\;\; | \\ \text{$\sim\sim$C=C$\sim\sim$} \\ | \quad\;\; | \\ \text{C} \quad \text{R′} \\ \text{II} \end{array}$$

两个立体中心的立构规整性会有不同的组合，因此会产生几种可能的双立构规整性。图 7-2 所示为各种双立构规整结构的示意图。双全同立构是指两个立体中心都是全同立构排布；如果两个立体中心都以间同立构的方式排布，就是双间同立构。可能存在两种双全同立构，它们之间用前缀苏型（*threo*）和赤型（*erythro*）加以区分，这两种前缀的意义与其在碳水化合物化学中的用法相同。对于平面锯齿形的高分子链，赤型结构中相邻碳原子上的两个相似基团在聚合物链平面的同一侧（即 R 与 R′ 在平面的同一侧，H 与 H 在平面的另一侧）；而苏型结构中相邻碳原子上的两个不相似基团在聚合物链平面的同一侧（即 R 与 H 在平面的同一侧，R′ 与 H 在平面的另一侧）。赤型与苏型双全同立构之间的区别还可以用两个连续碳原子重叠构象的 Newman 投影显示，如图 7-2 的最右侧。从图 7-2 中可以看出，赤型结构中相似基团与相似基团重叠（H 与 H、R 与 R′、聚合物链段与聚合物链段重叠）；苏型结构则是不相似基团彼此重叠。对于苏型双全同立构聚合物，两个立体中心具有相反

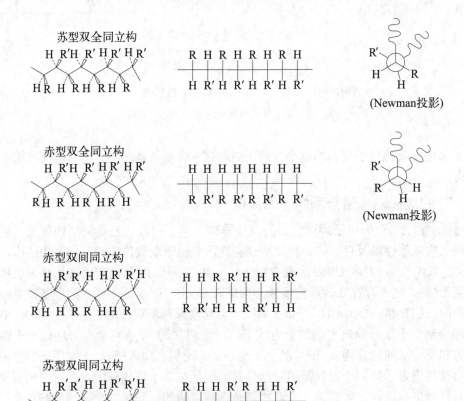

图7-2　由1,2-双取代乙烯单元构成的立构规整聚合物

的构象，在锯齿形构象的图示中，R 和 R′ 都在聚合物链平面的同一侧，在 Fischer 投影中位于代表聚合物链的波浪线两侧。而对于赤型双全同立构聚合物，两个立体中心的构型则是相同的。

图7-2 还显示了苏型双间同立构聚合物和赤型双间同立构聚合物。但是，对这两种双间同立构结构进行仔细观察就会发现，这两种结构的差别只是端基不同，如果忽略端基，这两种结构是可以重合的。因此，从实际角度而言，只存在一种双间同立构聚合物。双立构规整聚合物的命名方式与单立构规整聚合物相同。例如，聚 2-戊烯的各种立构规整聚合物有：苏型双全同立构聚 2-戊烯、赤型双全同立构聚 2-戊烯和双间同立构聚 2-戊烯，或者在其化学式 [CH（CH₃）＝CH（C₂H₅）] 前分别加上前缀 *tit-*、*eit-* 和 *st-*。

在这三种立构规整聚合物中，所有的立体中心都是非手性环境的，因此这些聚合物是非手性的，不具有光学活性。

3. 共轭二烯的立体异构

1,3-丁二烯、异戊二烯、氯丁二烯等 1,3-二烯类共轭二烯单体进行聚合时可以得到 1,2-加成产物，也可以得到 1,4-加成产物。例如异戊二烯在进行 1,2-加成聚合时，相当于单取代乙烯，其立构选择性与单取代乙烯相同，得到全同 -1,2-聚异戊二烯、间同 -1,2-聚异戊二烯和无规 -1,2-聚异戊二烯。而异戊二烯在进行 1,4-加成聚合时，产物中也包含顺式 -1,4-聚异戊二烯和反式 -1,4-聚异戊二烯两种结构，如图 7-3 所示。

顺式 -1,4-
选择性

反式 -1,4-
选择性

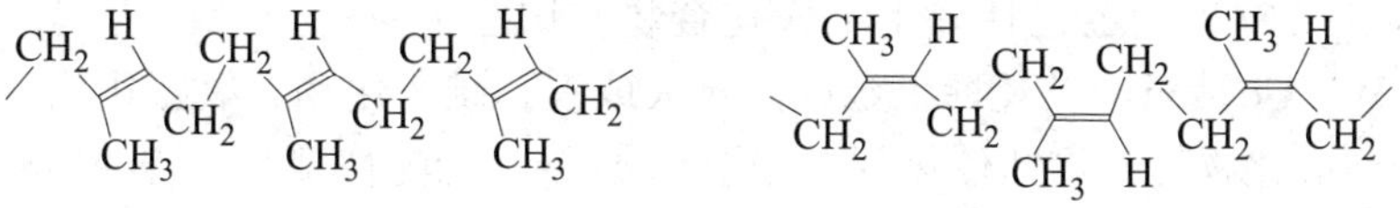

<table>
<tr><td>反式-1,4-聚合物</td><td>顺式-1,4-聚合物</td></tr>
</table>

图7-3 全顺式和全反式的聚异戊二烯结构示意图

 练一练

1. 下列哪些单体聚合时能够产生立体异构？（   ）

A. 乙烯   B. 丙烯   C. 异丁烯   D. 苯乙烯

2. 1,3-丁二烯聚合时会产生哪些不同的结构？

单元三 配位聚合的催化剂及聚合机理

催化剂是影响配位聚合和聚合产物微观结构的关键因素，尤其是聚合产物的立构规整性，受催化剂结构的影响显著。自从 Ziegler-Natta（齐格勒 - 纳塔）催化剂发现以来，不仅促进了聚烯烃工业的飞速发展，也开创了新的聚合反应——配位聚合。随着对配位聚合机理的不断深入和新催化剂的开发，先后出现了数代 Ziegler-Natta 催化剂、茂金属催化剂、非茂过渡金属配合物催化剂和稀土催化剂。下面将重点介绍前三类催化剂的组成、催化特性和聚合机理。

？想一想

采用配位聚合制备聚合物时往往能够产生立体异构，为什么？

一、Ziegler-Natta催化剂

自从 Ziegler-Natta 催化剂发现以来，已经研究了上千种用于烯烃单体聚合的过渡金属化合物和 I～III A 族金属化合物的不同组合（常常还要同时添加电子供体）。这些催化剂具有不同的催化性能，催化烯烃聚合得到的聚合产物结构各异，性能不同。Ziegler-Natta 催化剂的性能与催化剂组成密切相关。

1. Ziegler-Natta 催化剂的组成

最初的 Ziegler-Natta 催化剂由 $TiCl_4$ 或 $TiCl_3$ 与三乙基铝等烷基铝类化合物组成，之后其范围逐渐扩大，但总的来说 Ziegler-Natta 催化剂由主催化剂、助催化剂两部分组成，有时还会加入第三组分。

主催化剂主要是金属化合物，已经从最初的 $TiCl_4$ 和 $TiCl_3$ 发展到 IVB～VIIIB 族过渡金属化合物，甚至包括稀土金属化合物。这些金属化合物包括 Ti、V、Mo、Zr、Cr、W、Co、Ni，以及稀土金属的氯（或溴、碘）化物、氧氯化物、乙酰丙酮物和烷基羧酸化物等，这些催化剂有些用于 α- 烯烃的配位聚合，有些用于共轭二烯烃的配位聚合。

助催化剂为第 I A～III A 族金属有机化合物，如烷基铝、烷基锂、烷基镁和烷基锌等，其中烷基铝类化合物是最常用的助催化剂，其结构式为 $AlR_{3-n}Cl_n$、$AlH_{3-n}Cl_n$（R 为烷基或环烷基，n 一般为 0、1 或 1.5），最常用的助催化剂为 $AlEt_3$、$Al({}^iBu)_3$、$AlH({}^iBu)_2$、$AlEt_2Cl$、$Al_2Et_3Cl_3$ 等。

由主催化剂和助催化剂配合使用，形成烯烃配位聚合的催化剂，组合系列难以数计。但一般情况下，主催化剂需要特定的助催化剂才能够达到最好的催化效果。此外，为了进一步提高催化剂的活性和 / 或立构选择性，通常需要添加给电子体或活化剂，这里就不一一赘述。

2. Ziegler-Natta 催化剂的分类

按照催化剂的性质不同对 Ziegler-Natta 催化剂可进行不同的分类，例如按照催化剂是否溶于烃类溶剂，可将其分为非均相（不可溶）和均相（可溶）两大类；按照金属的种类可分为过渡金属 Ziegler-Natta 催化剂和稀土金属 Ziegler-Natta 催化剂；按照催化单体的种类不同，分为催化烯烃聚合的 Ziegler-Natta 催化剂和催化共轭二烯烃聚合的 Ziegler-Natta 催化剂。本节将重点介绍非均相和均相 Ziegler-Natta 催化剂。

（1）非均相 Ziegler-Natta 催化剂　以钛系催化剂为主要代表，如 $TiCl_4$ 和

（左侧边注）
Ziegler-Natta 催化剂

主催化剂

AlEt₃ 组成的催化剂，TiCl₄ 在 −78℃ 下可溶于庚烷或甲苯，对乙烯聚合有活性，对丙烯聚合的活性则很低。升高温度，则转变成非均相，活性略有提高。低价氯化钛如 TiCl₃ 本身就不溶于烃类溶剂，与烷基铝反应后，仍为非均相，对丙烯聚合有较高的活性，并有定向作用。此外，将主催化剂负载在无机载体上，也形成非均相催化剂。非均相催化剂在工业生产中可用于淤浆聚合和气相聚合工艺，用途广泛。

（2）均相 Ziegler-Natta 催化剂　以生产乙丙橡胶的钒系催化剂和生产顺丁橡胶的镍系催化剂为代表。生产乙丙橡胶的钒系催化剂通常是由 $VOCl_3$ 和 $Al_2Et_3Cl_3$（倍半乙基氯化铝）组成，$VOCl_3$ 和 $Al_2Et_3Cl_3$ 均溶于聚合反应的溶剂（通常为己烷）中，形成均相体系。生产顺丁橡胶的镍系催化剂通常是由环烷酸镍、$Al('Bu)_3$ 和 BF_3 的乙醚络合物组成，这三种组分也溶于聚合反应的溶剂中，形成均相体系。均相催化剂常用于溶液聚合工艺中。 助催化剂

3. Ziegler-Natta 催化剂的聚合机理

（1）Ziegler-Natta 催化剂催化烯烃聚合机理　Ziegler-Natta 催化剂是典型的烯烃配位聚合的催化剂，不仅能够催化乙烯、丙烯等单体聚合生产聚乙烯、聚丙烯等大宗聚烯烃产品，还能够催化长链 α- 烯烃聚合，生产诸如聚 -1- 丁烯等高性能聚烯烃，此外还能够催化不同的烯烃单体共聚，如催化乙烯与 α- 烯烃共聚制备线型低密度聚乙烯等。

Ziegler-Natta 催化剂催化乙烯聚合时，不涉及立构规整性的问题，催化丙烯聚合时，会产生立构选择性的问题，因此，本节将以丙烯聚合为例，探讨聚合机理。

① 活性中心的形成。烯烃配位聚合的活性中心为含有金属 - 碳键的金属有机化合物，因此，在进行配位聚合时，首先是主催化剂与助催化剂反应形成活性中心。 活性中心

大多数 Ziegler-Natta 催化剂组分之间会发生一系列复杂的反应，包括烷基化反应、助催化剂对主催化剂过渡金属组分的还原反应等。以 $TiCl_4$ 和 $AlEt_3$ 为例，可能发生如下反应：

$$TiCl_4 + AlR_3 \longrightarrow TiCl_3R + AlR_2Cl$$
$$TiCl_4 + AlR_2Cl \longrightarrow TiCl_3R + AlRCl_2$$
$$TiCl_3R + AlR_3 \longrightarrow TiCl_2R_2 + AlR_2Cl$$
$$TiCl_3R \longrightarrow TiCl_3 + R\cdot$$
$$TiCl_3 + AlR_3 \longrightarrow TiCl_2R + AlR_2Cl$$
$$R\cdot \longrightarrow 偶合反应 + 歧化反应$$

首先，两组分间基团交换或烷基化，形成钛 - 碳键。烷基氯化钛不稳定，进行还原性分解，在低价钛上形成空位，为单体配位形成位点。还原是产生活性不可或缺的反应。相反，高价钛的配位点全部与配体结合，就很难产生活性。分解产生的自由基双基终止。基于上述反应可知，配制引发剂时需要一定的陈化时间，保证两组分适当反应，形成活性中心。然而，由于催化剂各组分间的反应很复杂，陈化时间也不能过长，否则生成的活性中心可能被过度还原，失去催化活性。

② 链引发。烯烃单体中含有 π 键，过渡金属 d 轨道与烯烃的 π 轨道相重叠而联结，如图 7-4 所示。金属的 d_{xy}（或 d_{xz}、d_{yz}）轨道能与烯烃的 π- 反键轨道重叠。$d_{x^2-y^2}$ 轨道的一叶与烯烃 π- 轨道之间也可能发生重叠。键上的电子很容易进入活性中心的 d 轨道，从而使烯烃单体活化，进而发生后续反应。

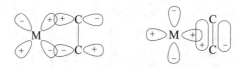

(a) 利用烯烃的π-反键轨道　　　(b) 金属$d_{x^2-y^2}$轨道的一叶
与烯烃的π-键合轨道重叠

图7-4　烯烃与过渡金属形成π-型相互作用的轨道重叠图像

Ziegler-Natta 催化剂催化烯烃聚合机理的确切细节尚不清楚，目前根据试验结果推出的机理主要有两种，其一为烯烃与过渡金属空位配位进行链引发和链增长的"单金属"机理，其二是过渡金属与助催化剂均参与的"双金属"机理。

"单金属"机理：如图 7-5 所示，烯烃（以乙烯为例）配位在过渡金属的空位上，由于过渡金属 d 轨道与烯烃的 π 轨道间相互作用，烯烃单体被活化，形成金属四元环过渡态。四元环过渡态不稳定，在另一分子烯烃单体作用下，M—R 键断裂，R 与烯烃单体的一个碳原子形成 R—C 键，而烯烃单体的另一个碳原子与金属形成一个 M—C 键，从最终结果看，相当于一个烯烃分子插入 M—C 键之间，形成一个新的 M—R 键，完成第一个单体的配位与插入。

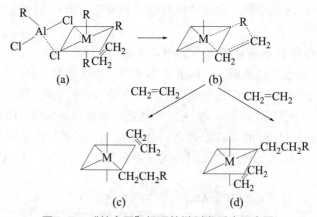

图7-5　"单金属"机理的链引发反应示意图

"双金属"机理：如图 7-6 所示，活性中心被认为是烷基桥连的 Al-Ti 双金属活性中心，烯烃配位在过渡金属的空位上，使得烯烃单体被活化，从而形成金属四元环过渡态。四元环过渡态不稳定，在另一分子烯烃单体作用下，M—R 键断裂，R 与烯烃单体的一个碳原子形成 R—C 键，而烯烃单体的另一个碳原子与金属形成一个 M—C 键，一个烯烃分子插入 M—C 键之间，形成一个新的 M—R 键，完成第一个单体的配位与插入。

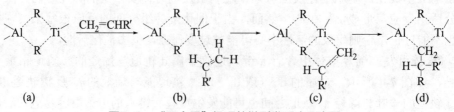

图7-6　"双金属"机理的链引发反应示意图

③ 链增长。如图7-7所示，烯烃单体不断地进行配位与插入，聚合物链在金属-碳键之间增长，得到含有长碳链的物种。

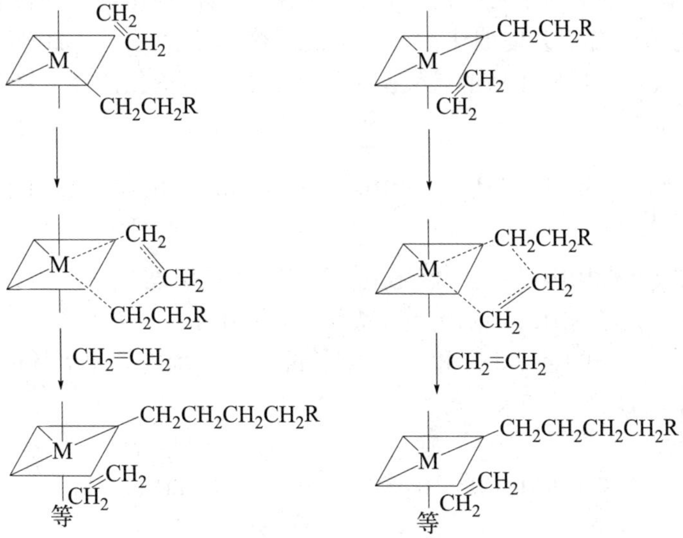

图7-7　链增长机理示意图

④ 链终止与链转移。活性链可能向烷基铝、单体转移，但链转移常数较小。生产时，需加入链转移剂来控制分子量，工业生产中氢气常用来作为链转移剂，而在科学研究中，二乙基锌常用作链转移剂，链转移反应的机理如下。

向烷基铝转移：

$$Ti-CH_2CH[CH_2CH]_nC_2H_5 + AlEt_3 \xrightarrow{k_{tr,Al}} Ti-Et + AlEt_2-CH_2CH[CH_2CH]_nC_2H_5$$

$$\qquad\quad \underset{R}{|}\qquad \underset{R}{|}$$

向单体转移（以丙烯为例）：

$$Ti-CH_2CH[CH_2CH]_nC_2H_5 + C_3H_6 \xrightarrow{k_{tr,M}} Ti-C_3H_7 + CH_2=C[CH_2CH]_nC_2H_5$$

向氢气转移：

$$Ti-CH_2CH[CH_2CH]_nC_2H_5 + H_2 \xrightarrow{k_{tr,H}} Ti-H + CH_3CH[CH_2CH]_nC_2H_5$$

可以看出，向单体的链转移会导致聚合物链末端产生不饱和双键，而向铝的链转移会生成长链烷基铝，加终止剂终止后得到饱和聚合物链。同样，向氢气链转移得到的也是饱和聚合物链。此外，链转移得到的金属中心与烷基或者氢相连，能够继续催化烯烃聚合。因此，链转移反应并没有使活性中心的数目减少。

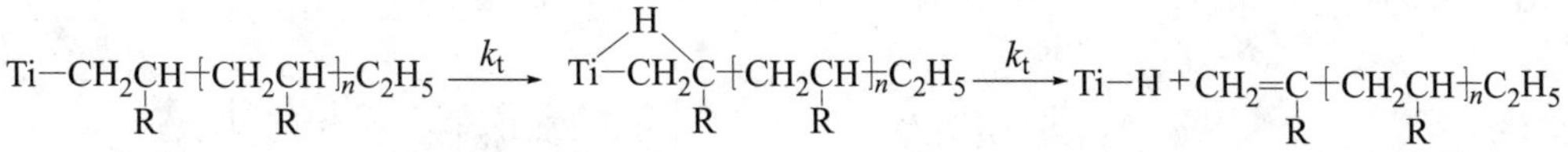

$$Ti-CH_2CH[CH_2CH]_nC_2H_5 \xrightarrow{k_t} Ti-CH_2C[CH_2CH]_nC_2H_5 \xrightarrow{k_t} Ti-H + CH_2=C[CH_2CH]_nC_2H_5$$

β-H 消除反应是配位聚合常见的链终止方式之一，当聚合物分子链增长到一定程度，过长的分子链的振动使得分子链上的 β-H 与金属中心相互作用，发生 β-H 消除反应，其反应的可能机理也是生成金属四元环，得到末端含有双键的聚合物和金属—H物种，金属—H物种与单体反应可形成活性中心，继续催化烯烃聚合反应。

水、醇、酸、胺等含活性氢的化合物是配位聚合的终止剂。聚合前，要除去这些含活性氢物质，否则会使催化剂中毒失活。聚合结束后，可加入醇类终止剂人为地结束聚合反应。反应生成的烷氧基金属化合物没有催化活性，聚合反应完全终止。反应式如下：

$$Ti-CH_2CH+CH_2CH+_nC_2H_5 \ + \ ROH \xrightarrow{k_t} Ti-OR \ + \ CH_3CH+CH_2CH+_nC_2H_5$$

【2】Ziegler-Natta 催化剂催化共轭二烯烃聚合机理　1,3-二烯烃的配位聚合和聚合物的立构规整性比 α-烯烃更为复杂，原因在于：共轭二烯的加成有多种方式，如顺式 1,4-、反式 1,4-、1,2- 和 3,4-；增长链端有 σ-烯丙基和 π-烯丙基两种键型，两种键型可以相互转变。

$$-CH_2-CH=CH-CH_2-Mt^+ \ \Longleftrightarrow \ -CH_2-CH \cdots CH_2$$

σ-烯丙基　　　　　　　　　π-烯丙基

式中，Mt 为过渡金属或锂。σ-烯丙基由 Mt 和 CH_2 以 σ 键键合，π-烯丙基则由 Mt 与三个碳原子成 π 键，两者构成平衡。

共轭二烯聚合时以丁二烯的配位聚合为例阐述 Ziegler-Natta 催化剂催化共轭二烯烃的聚合机理。Ziegler-Natta 催化剂催化丁二烯聚合时具有定向选择性，这是由于单体与金属配位造成的，单体在过渡金属（Mt）d 空轨道上的配位方式决定着单体加成的类型和聚合物的微结构。若丁二烯以两个双键和 Mt 进行顺式配位，1,4-插入将得到顺 1,4-聚丁二烯；若单体只以一个双键与金属配位，则单体倾向于反式构型，1,4-插入得到反 1,4-结构，1,2-插入得 1,2-聚丁二烯，如图 7-8 所示。当活性

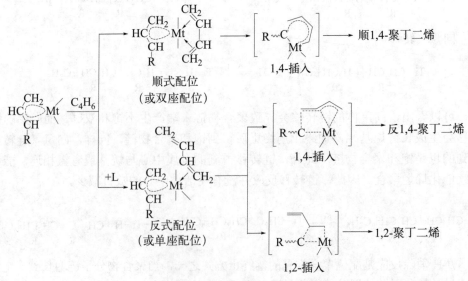

图7-8　丁二烯的配位聚合机理

中心含有空间位阻较大的配体（L）时，单体配位空间有限，只能以一个双键配位，反式 1,4- 或 1,2- 结构单元含量增多。

除了配体结构的影响外，共轭二烯与金属配位的双键数目还与以下因素有关：①中心金属配位点间的距离，适于顺式配位的距离约 28.7nm，为两个双键配位，适于反式配位的距离为 34.5nm，为一个双键配位；②金属同单体分子轨道的能级是否接近，金属轨道的能级同时受金属本身和配体电负性的影响，电负性强的金属与电负性强的配体配合时，得到顺 1,4- 聚丁二烯。

二、茂金属催化剂

烯烃聚合用茂金属催化剂通常指由茂金属化合物作为主催化剂和一个路易斯酸作为助催化剂所组成的催化体系，其催化烯烃聚合的机理现已基本被认为是茂金属化合物与助催化剂反应形成阳离子活性中心。因此，茂金属催化剂一般包括主催化剂茂金属环化合物和助催化剂路易斯酸。

茂金属催化剂具有如下特点：

① 茂金属催化剂，特别是茂锆催化剂，具有极高的催化活性，含 1g 铬锆的均相茂金属催化剂能够催化 100t 乙烯聚合。由于有如此高的活性，催化剂可以允许保留在聚烯烃产品中。但是，对于茂金属催化剂的活性应该有一个客观的认识：活性一般是指均相聚合中的茂金属催化剂而言，这时助催化剂用量相当大，如铝、锆的物质的量之比大于 2000，这在实际工业生产中意义不大。工业上现有的聚乙烯工艺，除溶液法外，一般要求将均相茂金属催化剂进行负载化，而且助催化剂用量必须较低。目前，工业生产中负载的茂金属催化剂用于生产聚乙烯和聚丙烯，而均相茂金属催化剂主要用于高温溶液聚合工艺，生产乙丙橡胶和聚烯烃弹性体（POE）。

② 茂金属催化剂属于具有单一活性中心的催化剂，聚合产品具有很好的均一性，主要表现在分子量分布相对较窄，共聚单体在聚合物主链中分布均匀。均匀性无疑有利于人们开发出性能更加优异的聚烯烃产品，但较窄的分子量分布也给聚烯烃树脂的加工带来新的问题。目前世界上各大公司除不断改进加工设备和工艺以满足茂金属聚合物的加工特性外，同时也投入人力和物力研发双峰分布聚合物。

③ 茂金属催化剂具有优异的催化共聚合能力，几乎能使大多数共聚单体与乙烯共聚合，可以获得许多新型聚烯烃材料。获得应用的单体除常见的 α- 烯烃单体外，一些空间位阻较大的单体和一些双环或多环烯烃单体也有实例报道，如苯乙烯和降冰片烯。

许多单体，用传统的 Ziegler-Natta 催化剂和其他配位催化剂体系很难或不可能进行聚合。茂金属催化剂可使人们对不同单体的相对反应活性进行控制。

1. 茂金属催化剂的组成

茂金属催化剂由主催化剂和助催化剂组成，其中主催化剂主要以第ⅣB族茂金属化合物为主，因此本节主要介绍第ⅣB族茂金属化合物

（1）主催化剂　按照结构不同，茂金属化合物主要有：双茂非桥连茂金属化合物、双茂桥连茂金属化合物、限制几何构型茂金属化合物以及单茂非桥连茂金属化

茂金属
催化剂

合物四大类。

① 双茂非桥连茂金属化合物

最简单的茂金属化合物是二氯二茂钛（锆、铪）Cp_2MCl_2（M= Ti、Zr、Hf）。Cp_2TiCl_2 的结构示意图如图 7-9 所示。

除了环戊二烯基外，还可以在环戊二烯基环上引入取代基，或采用茚基、芴基等其它环戊二烯类配体。环戊二烯基类配体是一个 6 电子阴离子配体，因此，茂金属化合物 Cp_2MCl_2 是一个 16 电子化合物，Cp 上的取代基团对茂金属化合物的稳定性具有一定影响。一般情况下，给电子取代基团有利于茂金属化合物的稳定，而吸电子取代基团却不利于化合物的稳定。比较环戊二烯基（Cp）、茚基（Ind）和芴基（Flu）作为配体所形成的茂金属化合物，其稳定性的次序为 Cp > Ind > Flu。这是由于茚基和芴基上有苯环与环戊二烯平面共轭，降低了环戊二烯基与金属的配位能力。图 7-10 为均配单取代茂金属化合物（C_5H_4R）$_2MCl_2$ 结构示意图。

图7-9　Cp_2TiCl_2结构示意图

图7-10　均配单取代茂金属化合物（C_5H_4R）$_2$ MCl_2（M=Ti，Zr，Hf）结构示意图

除了上述介绍的两个环戊二烯基相同的双茂非桥连茂金属化合物外，还有两个环戊二烯基结构不同的双茂非桥连茂金属化合物，如图 7-11 所示。这类茂金属化合物是由两个不同的环戊二烯基或取代环戊二烯基组成的，通常由一个较小的环戊二烯基配体和另一个较大的取代环戊二烯基配体所组成。它们形成一个 Cs 对称性的结构，组成可由 $L^1L^2MCl_2$ 表示，其中 L^1 为 Cp 或烷基取代的 Cp，L^2 为茚基、芴基或取代的茚基、芴基等，M 为 Ti、Zr 和 Hf 等。

图7-11　双茂非桥连茂金属化合物

② 双茂桥连茂金属化合物。双茂金属化合物中两个环戊二烯基或取代的环戊二烯基之间可以通过桥基相连接，形成含有桥基的双茂金属化合物。桥基可以是含有各种碳链的基团，也可以是含有硅烷基等杂原子的基团；可以是以一个桥基连接着两个环戊二烯基或取代的环戊二烯基，也可以是以两个桥基连接着两个环戊二烯基或取代的环戊二烯基。桥基的引入使得两个环戊二烯基或取代环戊二烯基不能以金属为轴线旋转，增加了茂金属化合物的刚性。通过变化桥基元素以及链的大小，可以调节茂金属催化剂活性中心空间的大小和电子效应，因此可以调控茂金属催化剂催化活性和对 α- 烯烃的立体选择性，共聚时可以调控大位阻共聚单体的插入率。桥基的引入使得茂金属化合物易于手性化，例如桥连的含四氢茚基配体的双茂金属化合物含有 rac- 和 meso- 两种异构体，如图 7-12 所示。

在茂金属化合物中引入桥连基团，可以增加化合物的刚性，使得茂金属催化剂立构选择性增加。如图 7-13 所示的含有桥基的茂金属催化剂中，桥基 β- 位上取代

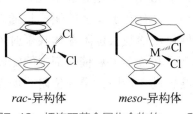

图7-12　桥连双茂金属化合物的*rac*-和
meso-异构体示意图

图7-13　*rac*-(en)[(3-R)
$C_5H_3]_2ZrCl_2$结构示意图

基团的大小对催化剂的催化活性和立体选择性有一定的影响。通常取代基团体积增大，催化剂催化活性减小，而催化丙烯聚合的等规度增加。

取代基团不仅可以影响聚合物的立构规整度，还影响聚合物的立构选择性，如图 7-14 所示的茂金属催化剂，环戊二烯基的 β- 位上取代基对得到的聚丙烯的立构规整都有显著影响。取代基不同时，可分别得到间同结构、半全同结构和全同结构的聚丙烯。

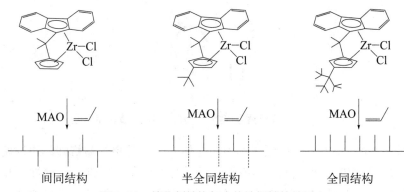

图7-14　催化剂结构与立体选择性的关系

③ 限制几何构型茂金属化合物（CGC）。人们发现，茂金属化合物上一个环戊二烯基团变换成其他杂原子基团，形成桥连着杂原子的单茂化合物，在助催化剂作用下，能够催化烯烃聚合反应。杂原子基团和环戊二烯基团之间以一定大小的桥基相连接，限制金属原子不能以环戊二烯的中心为轴转动，形成限定几何构型催化剂，如图 7-15 所示。

在双茂金属催化剂中，由于两个环戊二烯同时与金属配位导致一定的空间位阻效应，导致其共聚性能差。CGC 催化剂不像双茂金属催化剂，它只有一个环戊二烯基屏蔽着金属原子的一边，另一边具有很大的空间，为各种单体，尤其是大空间位阻的单体的插入提供了可能，所以 CGC 催化剂不但能催化乙烯、丙烯、苯乙烯的聚合，还能够催化乙烯与各种 α- 烯烃共聚，且共聚单体插入率高。目前，CGC 催化剂已用于工业化生产乙丙橡胶和聚烯烃弹性体。

④ 单茂非桥连茂金属催化剂。去掉 CGC 催化剂中的桥连基团，得到单茂非桥连茂金属催化剂 [图 7-16

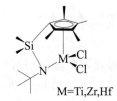

M=Ti,Zr,Hf

图7-15　[(*tert*-Bu)
$NSi(Me)_2C_5(Me)_4]MCl_2$
结构示意图

（d）]。与双茂金属催化剂［图7-16（a）和（b）］相比，单茂金属催化剂［图7-16（c）和（d）］形成的活性中心的空间位阻更小，更有利于单体的配位与插入，尤其是大位阻的共聚单体的配位与插入，因此催化乙烯与大位阻单体共聚时催化活性高，共聚性能好。与CGC催化剂相比，单茂非桥连茂金属催化剂中的配体L可旋转，当大位阻单体配位时，可通过配体的旋转进一步降低空间位阻，如图7-17所示。

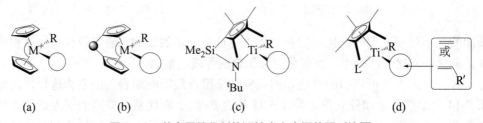

(a)　　　　(b)　　　　(c)　　　　(d)

图7-16　茂金属催化剂的活性中心空间位阻对比图

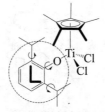

图7-17　单茂非桥连茂金属催化剂中配体旋转示意图

此外，单茂非桥连茂金属催化剂中的配体L的结构更容易修饰，通过调控配体L的电子效应和空间位阻效应，可有效调控催化剂的催化活性、共聚性能和聚合产物的微观结构。常见的L配体为含氧负离子和氮负离子的配体，常见的催化剂结构如图7-18所示。

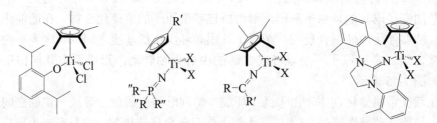

图7-18　含氧负离子和氮负离子的单茂非桥连茂金属催化剂化学结构

【2】助催化剂

① 烷基铝氧烷。从茂金属催化剂的发展史来看，由于助催化剂的发现才使茂金属烯烃聚合催化剂得以迅猛发展，因此，助催化剂在茂金属催化剂中也起着至关重要的作用。20世纪70年代末，德国研究人员在采用烷基铝与茂金属化合物进行烯烃聚合时，偶然使少量水进入了聚合体系，聚合活性出乎预料地明显增大。Kaminsky对此现象进行了深入的研究发现，烷基铝与水反应产生了一种新的物质，这种物质可以大幅度提高茂金属化合物催化烯烃聚合的活性。随后，Kaminsky用三

甲基铝和水反应，得到了甲基铝氧烷（MAO），开启了茂金属催化剂催化烯烃聚合反应的新篇章。

MAO 结构和成分复杂，人们对烷基铝氧烷的认识还有很多问题难以定论。

从理论上推测，应该存在两种结构完全不同的 MAO：线型结构的 MAO 和笼状或环结构的 MAO。线型结构的 MAO 结构式如图 7-19 所示。

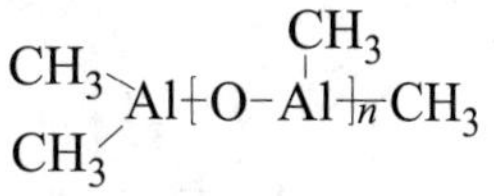

$$CH_3-\underset{CH_3}{\overset{CH_3}{Al}}-\left[O-\underset{CH_3}{Al}\right]_n-CH_3$$

图7-19 线型结构的MAO结构式

环状或笼状结构的 MAO 结构简式为：

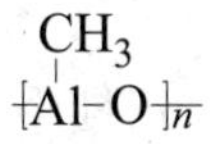

$$\left[\underset{CH_3}{Al}-O\right]_n$$

笼状结构的 MAO 并不是单一结构，大小不一的笼状结构存在于 MAO 中，至于哪种笼状结构起作用，目前尚无定论。不同大小的笼状结构之间还可以相互转化。

此外，现有技术制备的 MAO，其中总含有一定量的三甲基铝，MAO 的助催化作用仅来源于 MAO 本身还是 MAO 与三甲基铝的协同作用，尚无定论。

尽管 MAO 的组成尚不清楚，但 MAO 的作用已基本清楚，主要包括：使茂金属化合物烷基化；与茂金属化合物相互作用，产生阳离子活性中心；清除系统中的杂质，使阳离子活性中心得以稳定存在。

除了 MAO 外，可用作茂金属助催化剂的还有乙基铝氧烷（EAO），异丁基铝氧烷（IBAO）及叔丁基铝氧烷（TBAO）。但总的来说，这些助催化剂的催化活性不及 MAO。

然而，MAO 的成本远高于其他烷基铝氧烷，一是 MAO 的原料三甲基铝的成本高于其它烷基铝，二是三甲基铝是所有烷基铝中最活泼的，对 MAO 的生产设备和工艺条件提出了更高的要求。为了降低助催化剂的成本，开发了复合型烷基铝氧烷，即将不同的烷基铝与三甲基铝混合制备改性的甲基铝氧烷。

② 有机硼化合物。MAO 用量大，价格高，随着对茂金属催化剂认识的不断加深，合成一些能够促使形成茂金属化合物阳离子或能使茂金属化合物阳离子稳定化的化合物替代 MAO 成为人们研发的方向。研究发现，将 $B(C_6F_5)_3$、$[Ph_3C]$ $[B(C_6F_5)_4]$ 或 $[PhNHMe_2][B(C_6F_5)_4]$ 等化合物与茂金属化合物组合用于烯烃聚合反应已具有高催化活性，且这些化合物用量却少得多，与茂金属化合物按物质的量 1:1 配比使用就可以满足聚合的要求。但这些有机硼化合物还存在一定的问题：合成困难，成本高；原料毒性大；还需要一定量的烷基铝或烷基铝氧烷配合使用；在饱和烷烃类溶剂中的溶解性差。

2. 茂金属催化剂催化烯烃聚合反应机理

（1）活性中心的形成 MAO 与茂金属化合物反应，使茂金属化合物甲基化，同时，作为 Lewis 酸，MAO 可使烷基化后的茂金属化合物消去一个 Cl 或 CH_3，形成 14 电子体的二茂金属烷基阳离子，$[MAO-CH_3]^-$ 阴离子可以稳定茂金属烷基阳离子，如图 7-20 所示。此时活性中心为配位不饱和过渡金属，单体可以与之进行配位。

甲基铝氧烷

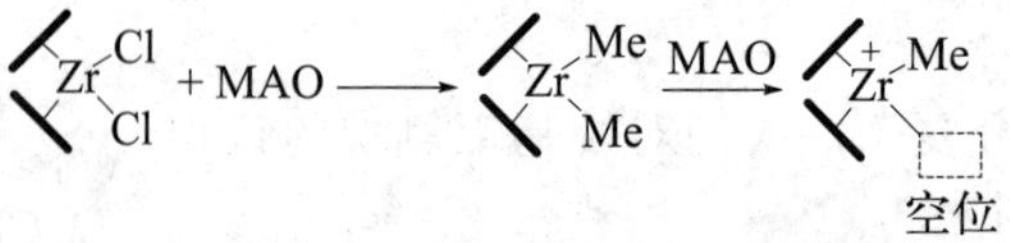

图7-20　活性中心的形成示意图

（2）链引发　配位不饱和的活性中心容易与烯烃单体配位，烯烃的配位削弱了中心金属与烷烃的成键，有利于配位的烯烃插入反应，形成新的 14 电子阳离子活性中心，如图 7-21 所示。

（3）链增长　一个单体插入后，活性中心结构变化不大，仍为配位不饱和结构，使得烯烃单体进一步配位和插入，不断循环，形成含有聚烯烃长链活性中心，如图 7-22 所示。

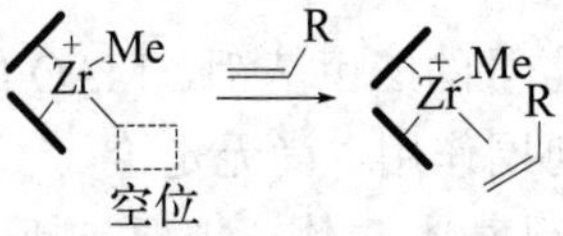

图7-21　链引发示意图 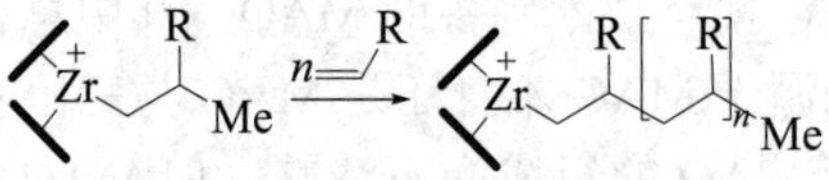　　　　　　　图7-22　链增长示意图

（4）链终止和链转移　通过加入水、醇等含有活泼氢的物质终止聚合物链。

茂金属催化的烯烃聚合的链转移反应主要包括向单体的链转移和 β-H 消除反应。以 Cp_2ZrCl_2 为例，聚合物链上的 β-H 与金属中心 Zr 相互作用，形成金属四元环，然后 H 原子转移到金属 Zr 上，聚合物链脱除，形成 Zr-H 键。Zr-H 键能够与烯烃单体反应，形成新的活性中心，如图 7-23 所示。

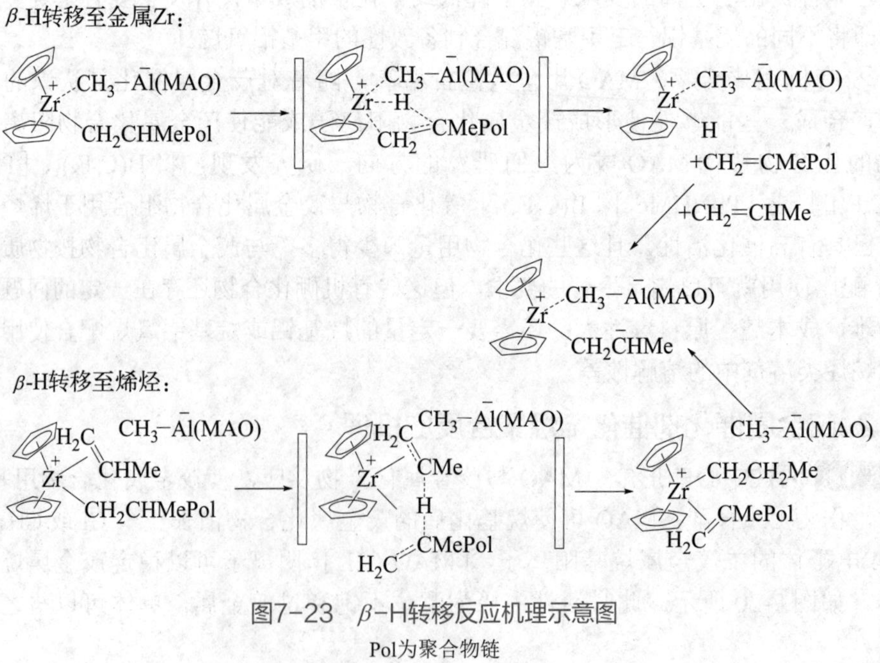

β-H转移至金属Zr：

β-H转移至烯烃：

图7-23　β-H转移反应机理示意图

Pol为聚合物链

另一种链转移反应是由与中心原子 Zr 相连接的聚合物链上的 β-H 直接转移到与金属中心配位烯烃的 β- 碳原子上，得到末端含有双键的聚合物和新的活性中心，如图 7-23 所示。

三、非茂过渡金属配合物催化剂

与茂金属催化剂相比，能够催化烯烃聚合的非茂过渡金属配合物催化剂所涉及的金属的种类更为广泛。过渡金属外层电子不同，使得其在催化烯烃聚合时形成的活性中心的 d 轨道上电子数不同，从而影响烯烃的配位与插入，影响 β-H 消除等链转移反应的速率，从而形成了各具特色的非茂过渡金属配合物催化剂。非茂金属配合物催化剂是近年来烯烃配位聚合领域研究的重点，出现了很多种性能优异的催化体系，有一些催化体系已用于工业化生产。受篇幅限制，本模块按照金属种类不同，仅对典型的非茂过渡金属配合物催化剂进行简单介绍。此外，大部分非茂过渡金属配合物催化剂所用的助催化剂与茂金属催化剂相同，聚合机理也相差不大，在此不做过多介绍。若有不同之处，本节将会详细说明。

非茂过渡
金属配合物

1. 钛、锆、铪配合物催化剂

日本三井公司研发的 FI 催化剂是典型的钛、锆和铪配合物催化剂。FI 催化剂的主催化剂为含水杨醛亚胺配体的钛、锆或铪配合物，传统的 FI 主催化剂的基本结构如图 7-24 所示，助催化剂为烷基铝和有机硼化合物，与茂金属催化剂相同。FI 催化剂催化乙烯聚合时催化活性甚至比 Cp_2ZrCl_2 高两个数量级。此外，特殊结构的 FI 催化剂还可以实现乙烯的活性聚合以及丙烯的立构选择性活性聚合，利用 FI 催化剂还得到一系列新型的聚合物，包括低分子量聚乙烯、含有端双键的乙丙共聚物、超高分子量聚乙烯以及各种乙丙嵌段共聚物。

FI 催化剂

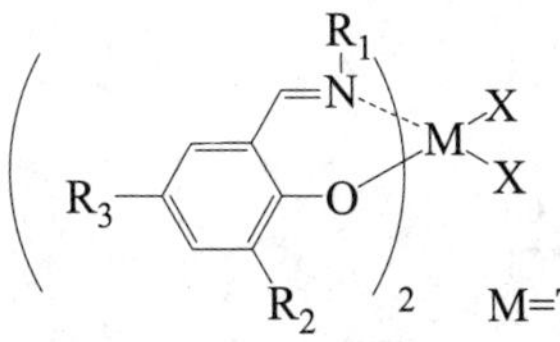

M=Ti,Zr,Hf,等
$R_1 \sim R_3$=醇基，芳基，甲硅烷基，等
X=Cl,Me,等

图7-24 FI主催化剂配合物结构

除了 FI 催化剂外，另一种典型的钛配合物催化剂是吡咯亚胺催化剂，简称 PI 催化剂，如图 7-25 所示。PI 催化剂活性中心的空间位阻比 FI 催化剂小，催化乙烯聚合具有高催化活性，可以实现乙烯与降冰片烯的活性共聚，制备高分子量的乙烯 - 降冰片烯共聚物。这类催化剂结构上的另一个特点就是金属中心周围的位阻比较小，因而在聚合过程中有利于位阻较大的共聚单体的插入。例如，乙烯与丙烯共聚过程中，丙烯单体的插入率高，而乙烯与降冰片烯的共聚几乎是交替共聚，聚合物中共聚单体的插入率可以接近 50%（摩尔分数）。

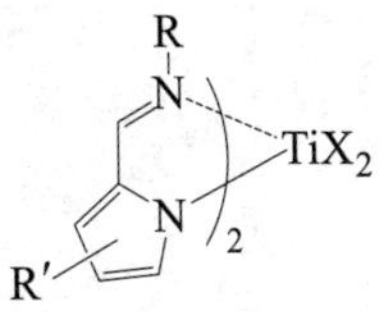

图7-25 PI催化剂的化学结构

FI 催化剂和 PI 催化剂催化烯烃聚合的机理与茂金属催化剂类似。

2. 钒配合物催化剂

钒系催化剂是最早用于催化乙烯与丙烯共聚制备乙丙橡胶的催化剂，但由于催化剂的稳定性差，催化活性低，需要进一步对钒系催化剂进行结构优化，发展了钒配合物催化剂，钒配合物催化剂在催化乙烯聚合、乙烯与丙烯聚合以及乙烯与 α-烯烃共聚方面具有潜在应用价值。钒配合物催化剂的催化性能与金属中心钒的价态密切相关，图 7-26 给出了用于催化烯烃聚合的几类不同价态的钒配合物的结构。钒配合物催化乙烯聚合时具有高催化活性，且链增长速率远大于链转移和链终止速率，得到高分子量聚乙烯。通过改变配体结构，钒配合物还能够选择性催化乙烯二聚，制备 1-丁烯，如图 7-27 所示。

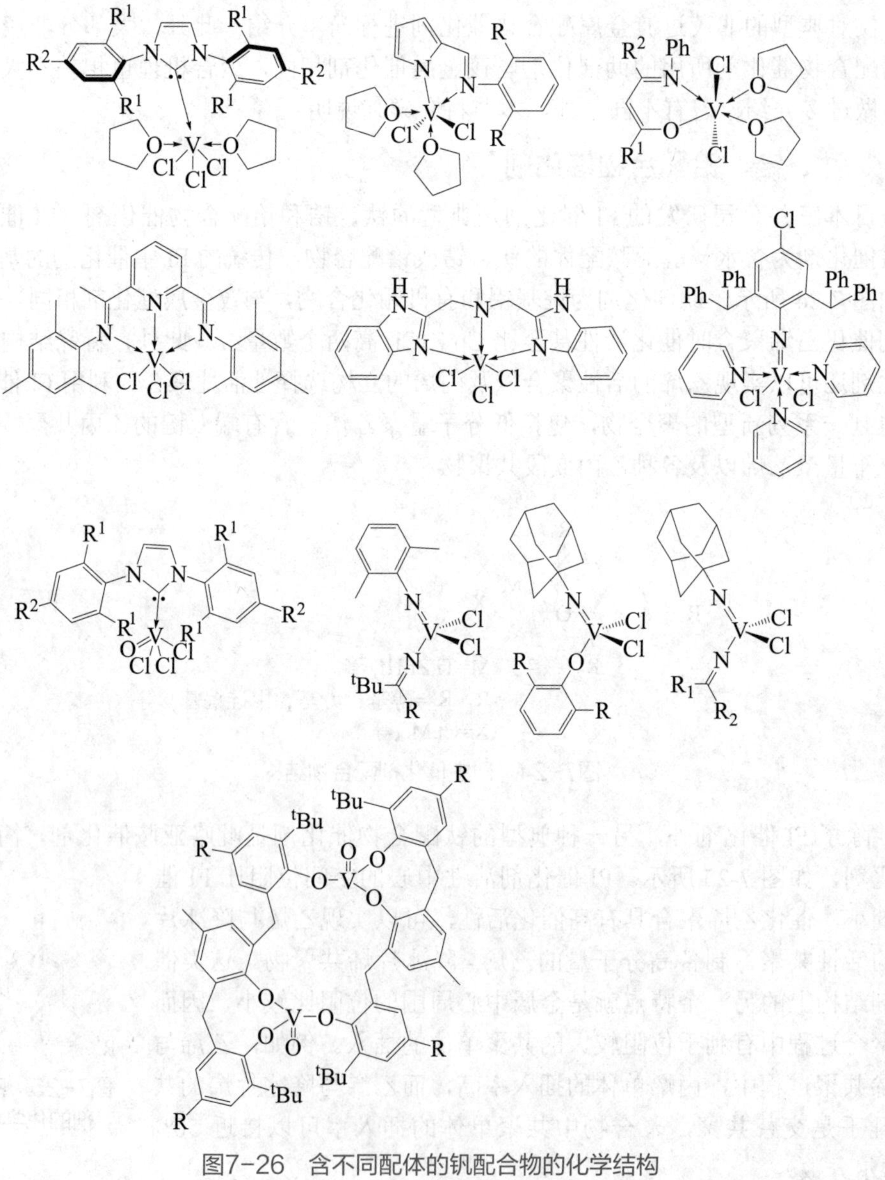

图7-26 含不同配体的钒配合物的化学结构

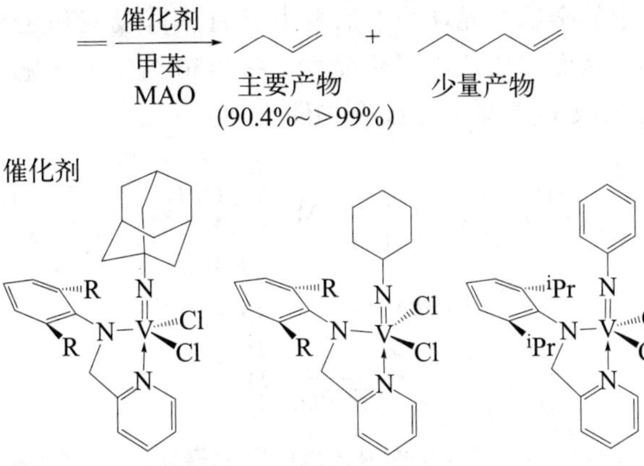

图7-27　钒配合物催化乙烯二聚制备1-丁烯

与钛配合物催化剂不同，钒配合物催化剂的助催化剂可以采用 MAO 类助催化剂，也可以选用成本更低的氯化烷基铝。采用 MAO 为助催化剂时形成的活性中心和采用氯化烷基铝为助催化剂时形成的活性中心不同，如图 7-28 所示。

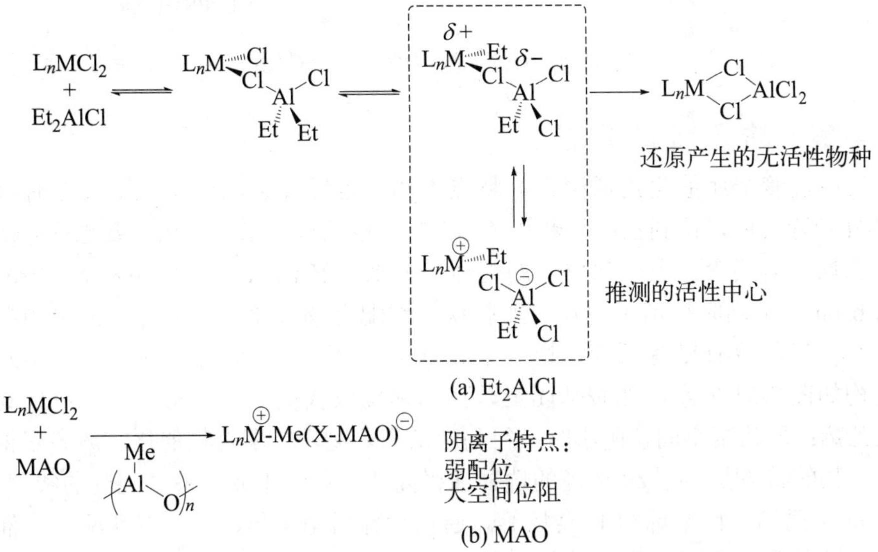

图7-28　分别采用MAO和氯化烷基铝为助催化剂时形成的活性中心示意图

3. 铬配合物催化剂

铬配合物催化剂最大的特点是能够催化乙烯选择性三聚和四聚，制备 1-己烯和 1-辛烯。1-己烯和 1-辛烯是重要的工业原料，是制备线型低密度聚乙烯、聚烯烃弹性体等高性能聚烯烃材料的关键原料。与其它催化剂催化乙烯齐聚的机理不同，铬配合物催化剂催化乙烯三聚或四聚的机理是形成过渡金属环状物，如图 7-29 所示。催化剂形成的活性中心与两分子乙烯发生氧化加成反应，形成金属 -C 五元环。金属五元环再与一分子乙烯反应，形成金属七元环。金属七元环较稳定，不再与更多的乙烯反应，而是发生 β-H 消除反应和还原消除反应，得到 1-己烯和活性中心，从而完成乙烯三聚反应。在适当配体作用下，形成的金属七元环还可以与一分子的乙烯反应，得到更稳定的金属九元环，然后发生 β-H 消除反应和还原消除反应，得到 1- 辛烯和活性中心，从而完成乙烯四聚反应。图 7-30 给出了常见的用于催化乙烯三聚或四聚制备 1- 己烯或 1- 辛烯的铬配合物催化剂。

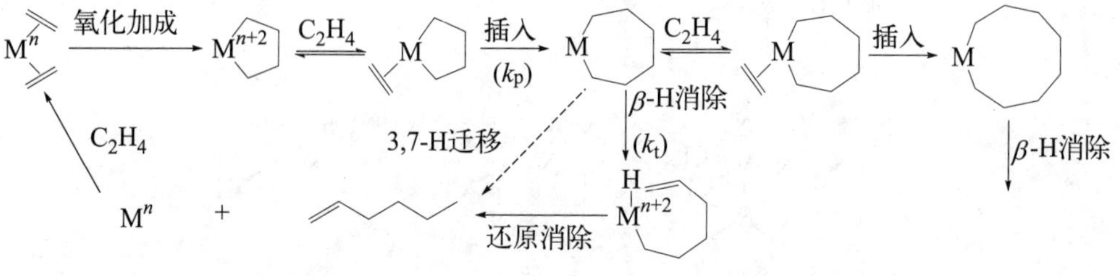

图7-29　铬系催化剂催化乙烯选择性三聚或四聚的机理

乙烯选择性聚合

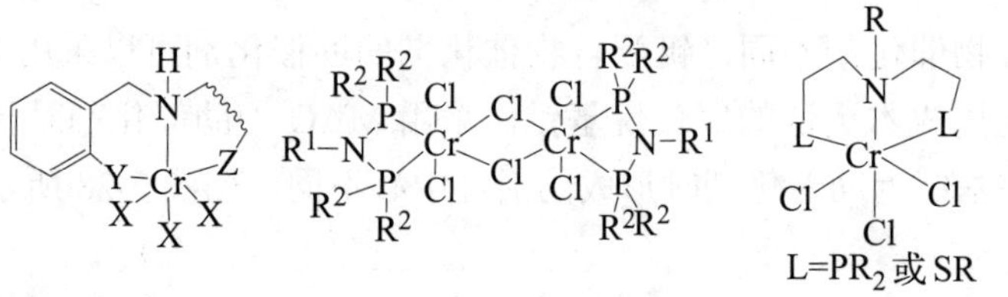

图7-30　催化乙烯选择性三聚或四聚的铬配合物催化剂的化学结构

4. 铁、钴配合物催化剂

与前过渡金属催化乙烯聚合的特点不同，后过渡金属催化乙烯聚合时容易发生 β-H 消除反应，得到乙烯齐聚物（低聚物）或低分子量聚乙烯。要想得到高分子量聚乙烯，需要含有大空间位阻的配体，抑制 β-H 消除反应。1998 年，Brookhart 和 Gibson 几乎同时报道了吡啶二亚胺铁、钴配合物催化剂，通过大位阻的吡啶二亚胺配体抑制 β-H 消除反应，得到了高分子量聚乙烯。吡啶二亚胺铁、钴配合物的结构如图 7-31 所示，亚胺基团上苯环的邻位取代基空间位阻大时，得到高分子量聚乙烯；取代基空间位阻小时，得到乙烯齐聚物。铁配合物催化乙烯齐聚得到的齐聚产物的特点是线型 α- 烯烃的选择性极高，有利于工业制备高纯度的线型 α- 烯烃，如 1- 己烯、1- 辛烯和 1- 癸烯等。通过设计新型配体，可调控铁配合物催化剂催化乙烯齐聚的性能，提高 α- 烯烃的含量和选择性，降低高分子量聚乙烯的含量。我国开发的邻二氮菲亚胺铁配合物（如图 7-32 所示），已成功应用于工业化生产 α- 烯烃。

吡啶二亚胺铁、钴配合物

邻二氮菲亚胺铁配合物

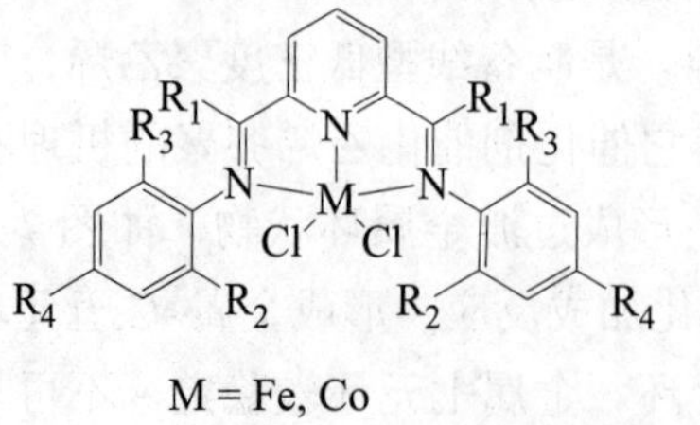

图7-31　典型的吡啶二亚胺铁配合物的化学结构

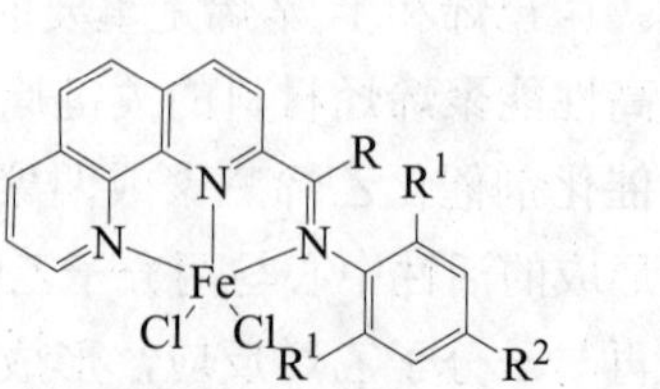

图7-32　典型的邻二氮菲亚胺铁配合物的化学结构

5.镍、钯配合物催化剂

与铁、钴配合物催化剂相似，后过渡金属镍、钯配合物催化剂在催化乙烯聚合时也极易发生 β-H 消除反应，得到乙烯齐聚物。目前工业生产 α-烯烃的 SHOP 工艺就是采用含 PO 双齿配体的镍配合物为催化剂制备 α-烯烃，其聚合机理如图 7-33 所示。

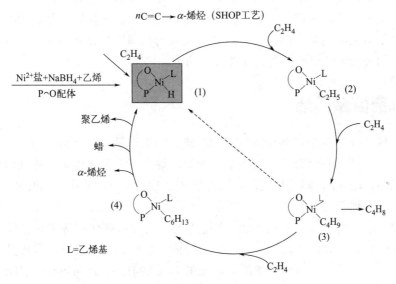

图7-33 乙烯齐聚制备α-烯烃的机理

为了采用镍、钯催化剂制备高分子量聚乙烯，Brookhart 于 1995 年采用 α-二亚胺配体与镍或钯形成配合物（典型的结构如图 7-34 所示），通过大位阻的 α-二亚胺配体抑制 β-H 消除反应得到高分子量聚乙烯。然而，与其他催化剂不同的是采用镍、钯配合物催化剂催化乙烯聚合可以得到具有较高支化度的支化聚乙烯。通过系列研究，推测其产生支化的机理如图 7-35 所示，称之为"链行走"机理。

图7-34 典型的α-二亚胺镍配合物的化学结构

α-二亚胺镍、钯配合物

支链增长 ←

链转移或"链行走"

图7-35 链行走机理图

链行走

单元四　配位聚合的工业应用

　　1953 年 Ziegler 在常温常压下合成出线型高分子量聚乙烯，1954 年 Natta 制备了全同聚丙烯，发展了配位聚合，开启了聚烯烃工业的新纪元。自此以后，配位聚合广泛应用于工业化生产，以聚乙烯和聚丙烯为代表的聚烯烃产品成为人类工业和日常生活不可或缺的必需品，聚烯烃产业也成为我国国民经济的支柱产业之一。下面简单介绍采用配位聚合制备的几类典型的工业化产品。

一、高密度聚乙烯

　　聚乙烯（PE）是全世界合成材料中产量、需求量最大的合成树脂之一，我国是世界第一大生产国和消费国。工业生产的聚乙烯主要有低密度聚乙烯（LDPE）、高密度聚乙烯（HDPE）和线型低密度聚乙烯（LLDPE）等，其中 HDPE 和 LLDPE 是通过配位聚合制备的。

　　HDPE 是主要采用 Ziegler-Natta 型催化剂、茂金属催化剂等催化乙烯配位聚合得到的聚合物。HDPE 是乳白色半透明的固体，是一种结晶度高、非极性的热塑性树脂，支化度小，分子能紧密地堆砌，密度大（$0.941 \sim 0.965 \text{g/cm}^3$）。HDPE 吸水性极小，无毒，化学稳定性极佳，且有较高的刚性及韧性，良好的力学性能及较高的使用温度，耐温、耐油、耐蒸汽渗透性及抗环境应力开裂，电绝缘性及耐寒性好，成型加工性能好。

　　在乙烯聚合制备 HDPE 过程中，关键是催化剂和聚合工艺。能够催化乙烯聚合制备 HDPE 的催化剂主要包括 Ziegler-Natta 催化剂、Philips 催化剂和茂金属催化剂，这些催化剂已成功应用于工业化生产，过渡金属配合物催化剂也能够催化乙烯聚合制备 HDPE，但还未广泛应用于工业化。

　　HDPE 的生产工艺技术有 3 种，即淤浆聚合、气相聚合和溶液聚合工艺。

　　淤浆聚合工艺：将乙烯与脂肪烃溶剂混合，在 Ziegler-Natta 催化剂作用下，聚合物产物悬浮于溶剂中，形成淤浆聚合体系，压力和温度较低。根据反应器形式可以将淤浆聚合工艺分为搅拌釜淤浆聚合工艺和环管淤浆聚合工艺两大类。

　　气相聚合工艺：采用低压气相流化床反应器，Ziegler–Natta 催化剂，不需溶剂，在较低温度和压力下进行聚合反应制备 HDPE，采用的反应器为流化床反应器。

　　溶液聚合工艺：脱除杂质后的乙烯原料与溶剂进行混合再进入反应器，在催化剂作用下发生聚合，在反应器中停留时间短，转化率高，传热较易，反应稳定，常用的反应器为釜式反应器。

二、线型低密度聚乙烯

　　线型低密度聚乙烯（LLDPE）是乙烯与 α- 烯烃共聚制得的新型树脂，具有优异的加工性能、光泽性能、抗撕裂强度、拉伸强度、耐穿刺性能和耐环境应力开

高密度
聚乙烯

裂性能。LLDPE 主要应用于农膜、包装膜、电线电缆、管材、涂层制品等，在薄膜料、电缆的包覆料以及耐腐蚀和耐应力开裂容器等方面已部分取代了 HDPE 和 LDPE。

在催化剂作用下，乙烯与 α- 烯烃（如 1- 丁烯、1- 己烯、1- 辛烯、四甲基 -1- 戊烯等）经高压或低压聚合而制备的共聚物，密度为 $0.92\sim0.94g/cm^3$，共聚单体质量分数一般小于 20%。

通过乙烯与 α- 烯烃原位共聚法制备 LLDPE，采用的催化剂从多活性中心的负载型 Ziegler-Natta 催化体系和铬系催化剂，发展到茂金属催化剂和非茂过渡金属配合物催化剂。工业生产中主要使用铬系催化剂、负载型 Ziegler-Natta 催化剂和茂金属催化剂。目前世界上生产 LLDPE 树脂通常采用气相法聚合工艺。

线型低密度聚乙烯

三、聚丙烯

聚丙烯（PP）是丙烯的聚合物，按 CH_3 排列方式不同，PP 形成三种不同的立体结构：等规聚丙烯（iPP）、间规聚丙烯（sPP）和无规聚丙烯（aPP）。目前以 iPP 产量最大，占 PP 总产量的 95% 以上。iPP 是一种立构规整的高结晶性热塑性树脂。我国是世界上最大的聚丙烯生产国和消费国。

iPP 是乳白色的蜡状物，无毒、无味、无臭，化学稳定性较好，不溶于水，其力学强度高、刚性和耐应力开裂性优于高密度聚乙烯。iPP 耐热性能好，使用温度高，电绝缘性能优良，耐电压和耐电弧性能好，制品的透明度好。但是，聚丙烯耐寒性能较差，低温冲击强度低、韧性不好；染色性、印刷性和黏合性差，且制品在使用中易受光、热和氧的作用而老化。主要用于制作管材、板材、薄膜、扁丝、纤维、各种瓶类及中空容器和注塑成型盒、杯、盘、各种工业配件等制品。

聚丙烯

工业上生产 iPP 主要采用 Ziegler-Natta 催化剂和茂金属催化剂，主要生产工艺有气相、本体、淤浆、溶液及本体 - 气相组合工艺等。

四、聚烯烃弹性体

聚烯烃弹性体（POE）是采用配位聚合催化剂催化乙烯和 α- 烯烃聚合制备的热塑性弹性体，其结构如图 7-36 所示，其中聚乙烯链段通过结晶起物理交联点的作用，具有典型的塑料性能，加入一定量的 α- 烯烃（1- 丁烯、1- 己烯、1- 辛烯等）后，削弱了聚乙烯链的结晶，形成了呈现橡胶弹性的无定形区（橡胶相），使产品又具有弹性体的性质。因此，POE 具有塑料和橡胶的双重特性。

聚烯烃弹性体的结构特点

与 LLDPE 相比，POE 中 α- 烯烃含量高，密度较低，具有以下优点：优异的低温抗冲击性和热封性能、与各种基础聚合物优异的相容性、良好的柔顺性和抗刺

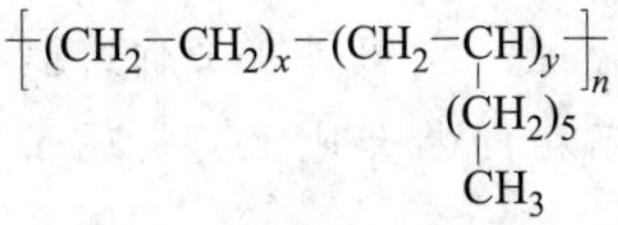

$$\left[(CH_2-CH_2)_x-(CH_2-CH)_y\right]_n$$
$$(CH_2)_5$$
$$CH_3$$

图7-36 乙烯/1-辛烯共聚物POE的化学结构

穿性、良好的无机物填充性、良好的伸长率和高弹性、良好的透光率和极佳的电绝缘性能等。因此，POE 应用于 PP 改性、PA 等工程塑料增韧，与 EVA 并用作发泡、热熔胶以及光伏包装膜。

1991 年埃克森美孚（ExxonMobil）公司利用 Exxpol 工艺，在其生产乙丙橡胶（EPDM）的装置上利用乙烯和丁烯共聚得到新型聚烯烃弹性体材料 POE，其牌号为 Exact，后来利用该工艺开发了乙烯和丙烯、己烯共聚聚烯烃弹性体，牌号为 Vistamaxx、Exceed。1993 年陶氏（Dow）公司采用限定几何构型催化技术（CGCT）和 INSITE 工艺制成了新型聚烯烃弹性体材料 POE，该产品是乙烯和 1-辛烯共聚而得，牌号为 Engage，后来陶氏（Dow）公司还开发了乙烯和丙烯、丁烯共聚聚烯烃弹性体 POE，牌号为 Versify、Affinity 等。我国目前也开展了 POE 的中试实验，规范了工业化装置。

工业化生产 POE 的关键在于催化剂、α-烯烃和溶液聚合工艺。目前，商业化 POE 主要是双茂桥连茂催化剂和限制几何构型（CGC）茂金属催化剂。POE 是乙烯与 α-烯烃共聚的产物，α-烯烃中 1-丁烯（C4）与 1-辛烯（C8）都可用于 POE 的生产，但光伏级 POE 质量要求高，更适合用 1-辛烯来制备。1-辛烯的制备工艺主要是乙烯齐聚，目前国内 1-辛烯产量不足。溶液聚合工艺是制备 POE 的主要工艺，聚合物在溶液中的状态及聚合物溶液黏度高低是决定该共聚物是否可用该方法生产的关键。目前，拥有溶液聚合工艺的企业主要有陶氏、埃克森美孚、NOVA、三井、LG、SABIC 等。

聚烯烃弹性体产品品种

聚烯烃弹性体的聚合工艺

【知识拓展】
配位聚合的其他工业应用

拓展阅读

我国顺丁橡胶的自主创新之路

合成橡胶是三大合成材料之一，是国际公认的战略物资，对国家发展、国民经济、国防建设和社会民生具有重要作用。合成橡胶是生产汽车、飞机等所需的轮胎不可或缺的关键基础材料，没有轮胎，飞机飞不上天，汽车跑不动路。在建国之初，我国没有任何一种合成橡胶的生产技术和工业化装置。顺丁橡胶是顺式-1,4-聚丁二烯橡胶的简称，特别适用于制造汽车、飞机等的轮胎和耐寒制品。中科院长春应用化学研究所于 1958 年开始顺丁橡胶研制工作，成功研制出三元镍顺丁橡胶，获 1965 年全国科学大会重大科技成果奖。在这一年，国家决定集中力量开发顺丁橡胶生产技术，并于 1971 年 9 月在燕山石化建设顺丁橡胶生产装置，但"前堵后挂"的问题导致生产装置不能长期正常运转。于是，国家组织十多个单位再次进行攻关会战，开发了镍系催化剂新的陈化工艺，于 1975 年实现了长周期运转，受到国家领导人的高度重视，该项技术于 1985 年获国家科技进步特等奖。从建国之初没有 1g 合成橡胶到现在成为世界上第一大合成橡胶生产国和消费国，我国科研工作者利用扎实的专业知识，通过不懈努力，将研究成果写在了祖国的大地上，实现了合成橡胶这一战略物资的国产化。

小　结

1. 配位聚合的定义

配位聚合是单体先与金属活性中心配位，再插入金属 - 碳键进行链增长反应，得到聚合物的聚合反应。

2. 配位聚合的立体异构

（1）立体异构　立体异构体之间具有相同的原子连接方式，只是构型不同。构型是立体异构体中原子在空间的相对排布，与围绕单键的旋转所导致的空间变化无关。顺 - 反（几何）异构体是由取代基在一个双键或环结构上的不同构型而产生的。对映异构体是由取代基在一个 sp^3 杂化（四面体）的碳原子或其他原子上的不同构型而产生的。

（2）单取代的乙烯聚合物的立体异构　如果聚合物链上每一个重复单元中的立体中心都具有相同的构型，该聚合物就是全同立构结构（等规立构结构）。如果立体中心的两种构型从一个重复单元到下一个重复单元交替出现，该聚合物就是间同立构结构（间规立构结构）。

（3）共轭二烯的立体异构　以异戊二烯为例，1,2- 加成聚合时，相当于单取代乙烯，其立构选择性与单取代乙烯相同，得到全同 -1,2- 聚异戊二烯、间同 -1,2- 聚异戊二烯和无规 -1,2- 聚异戊二烯。而异戊二烯在进行 1,4- 加成聚合时，产物中也包含顺式 -1,4- 聚异戊二烯和反式 -1,4- 聚异戊二烯两种结构。

3. 配位聚合的催化剂

Ziegler-Natta 催化剂、茂金属催化剂和非茂过渡金属配合物催化剂及稀土催化剂。

4. 配位聚合机理

活性中心的形成、链引发、链增长、链转移与链终止。

5. 配位聚合的工业应用

高密度聚乙烯、线型低密度聚乙烯、聚丙烯、聚烯烃弹性体、烯烃嵌段共聚物、环烯烃共聚物、乙丙橡胶、顺丁橡胶、异戊橡胶。

习　题

简答题

1. 与自由基聚合制备的 LDPE 相比，采用配位聚合制备的聚乙烯在结构和性能上有何区别？

2. 解释下列名词：配位聚合、可逆配位链转移聚合、链穿梭聚合。

3. 区别聚合物构型和构象。聚丙烯和聚丁二烯有几种立体异构体？

4. 工业生产中的聚丙烯是哪种立体异构？

5. 下列哪些单体能够配位聚合？采用什么催化剂？形成怎样的立构规整聚合物？有无旋光活性？写出反应式。

（1）$CH_2{=}CH{-}CH_3$

（2）$CH_2{=}C(CH_3)_2$

（3）$CH_2{=}CH{-}CH{=}CH_2$

（4）H$_2$NCH$_2$COOH

（5）CH$_2$=CH—CH=CH—CH$_3$

（6）CH$_2$—CH—CH$_3$
　　　　　　O

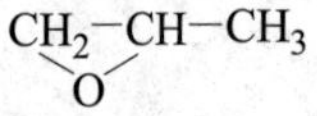

6. 简述 Ziegler-Natta 催化剂的组成及各组分的作用？

7. 简述茂金属催化剂的基本组成、结构类型和主要特点。

8. 例举工业生产中采用配位聚合制备的聚合物及其聚合实施方法。

模块八
缩聚反应和逐步加聚反应

知识导读

按单体－聚合物组成结构变化，聚合反应可分成缩聚、加聚、开环聚合三类，但是三类反应无法归类所有聚合反应，比如对二甲苯制备聚对二甲苯和重氮甲烷制备聚乙烯的消去聚合反应。因此按照机理将聚合反应分为了逐步聚合和连锁聚合。因此缩聚和逐步聚合两词并非同义词，却容易被混用。几乎全部缩聚反应都是逐步聚合的反应机理，而绝大部分逐步聚合反应是缩聚。因此，在本模块学习中，要认真剖析和掌握缩聚和逐步聚合的反应机理及它们的共同规律。

学习目标

知识目标

1. 学习掌握缩聚反应的基本特征、类型与应用。
2. 学习掌握缩聚反应的单体与应用。
3. 学习掌握线型缩聚反应的机理、平衡、影响因素与分子量的控制。
4. 学习掌握体型缩聚反应的特点、凝胶点的预测与应用。
5. 掌握典型缩聚物聚酯和酚醛树脂的生产工艺、结构、性能和用途。
6. 了解醇酸树脂、聚碳酸酯、聚酰胺、聚酰亚胺、聚砜、三聚氰胺树脂等重要缩聚物的结构、性能和用途。
7. 掌握逐步加聚反应的基本特点及应用。

1. 能运用线型缩聚反应的基本规律分析、处理实际问题。
2. 能运用体型缩聚反应的基本规律分析、处理实际问题。
3. 能初步了解平衡缩聚反应、逐步加聚反应的应用。

1. 树立尊重、崇尚、热爱岗位的劳动精神。
2. 树立精益求精、质量第一的工匠精神。
3. 树立吃苦耐劳、敢为人先的劳模精神。

逐步机理的聚合反应，除了缩聚反应，还有逐步加聚、部分氧化偶合以及部分开环聚合等反应。缩聚是官能团之间的化学反应，比如乙二醇和对苯二甲酸缩聚得聚对苯二甲酸乙二醇酯，己二胺和己二酸缩聚制得聚酰胺 -66。非缩聚型的逐步机理的聚合反应，比如二元醇和二异氰酸酯通过逐步加聚合成聚氨酯、间二甲基苯酚通过氧化偶合制得聚苯醚、己内酰胺通过开环聚合（水催化）制得尼龙 -6 等。这些聚合反应的产物与缩聚物相似，多数是杂链聚合物，见图 8-1。

缩聚反应和逐步加聚反应

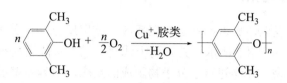

(a) 氧化偶合制备聚苯醚

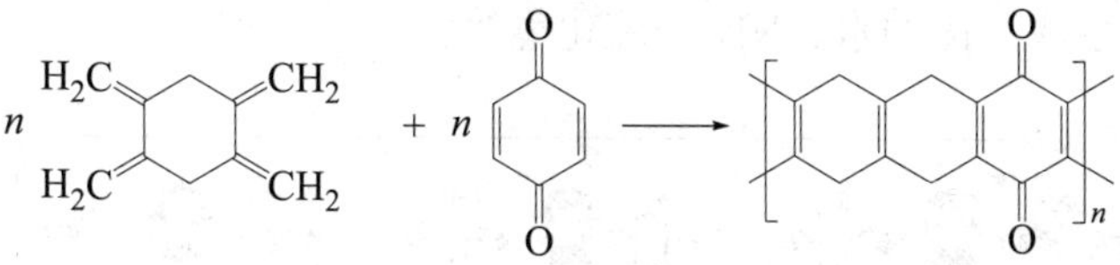

(b) Diels-Alder 加成物

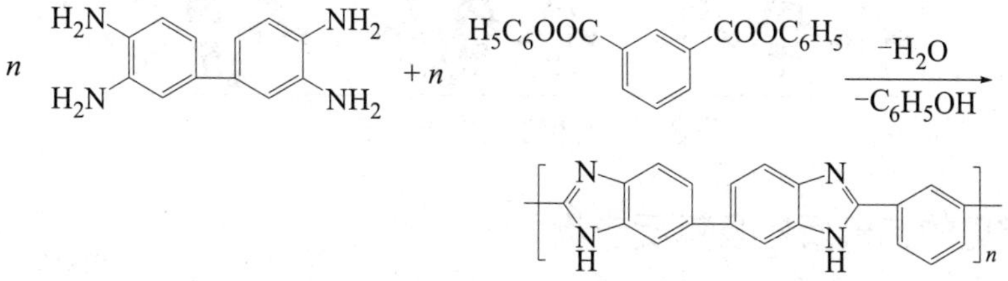

(c) 环化缩合制备聚苯并咪唑

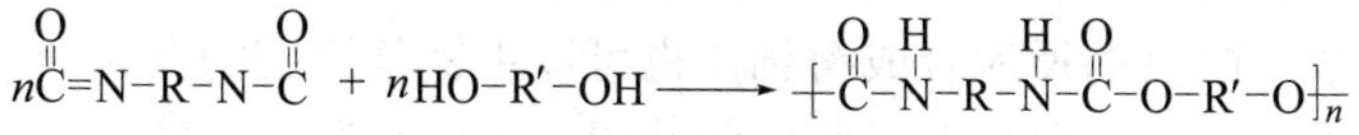

(d) 聚加成制备聚氨酯

图8-1　非缩聚型的逐步聚合反应

单元一　缩聚反应的特点和分类

知识链接

世界上第一种人工合成高分子就是通过缩聚反应制得的酚醛树脂。1905 年，德国化学家 Baekeland，通过苯酚和甲醛反应的实验，得到一种黏稠的东西，这种产物既不溶于水，也不溶于汽油和酒精（乙醇）等有机溶剂，即为酚醛树脂。1909 年，Baekeland 申请了"酚醛树脂"专利，实现了酚醛树脂的实用化，此年定为酚醛树脂元年（或合成高分子元年）。

？ 想一想

结合酚醛树脂的分子结构，思考为什么酚醛树脂既不溶于水，也不溶于汽油和酒精等有机溶剂？

一、缩聚反应的特点

逐步机理的聚合反应，典型的就是缩聚反应。缩聚反应，其实就是官能团间缩合聚合反应的简称。如图 8-2 所示，具有两个或两个以上官能团的小分子混合，通过多次缩合生成高聚物，并伴随有小分子物生成的反应，即为缩聚反应。缩聚反应的大分子主产物称为缩聚物。缩聚反应中，单体聚合成主产物大分子的同时，还伴有小分子副产物生成，比如水、NH_3、硫化氢等。

图8-2 缩聚过程的卡通示意图

1. 常见的缩聚反应及其反应物

表 8-1 中罗列出了一些常见的缩聚反应及其反应物。从表 8-1 中可以看出，同一类型的缩聚物可以由不同的反应物通过缩聚反应获得。比如，聚酰胺可以通过二胺与二元酸或二酰氯的反应合成得到，也可以由氨基羧酸的自缩合反应制得。再比如，聚酯可以通过二元醇与二元酸酯化获得，也可通过二元醇与二元酯发生酯交换获得，还可通过羟基羧酸的自缩合反应制得。

表8-1 常见的缩聚反应和缩聚物

反应类型	特征官能团	聚合反应式
聚酰胺	—NH—CO—	H_2N—R—NH_2+HO_2C—R'—CO_2H ⟶ H(NH—R—$NHCO$—R'—CO)$_n$ OH+H_2O H_2N—R—NH_2+$ClCO$—R'—$COCl$ ⟶ H(NH—R—$NHCO$—R'—CO)$_n$ Cl+HCl H_2N—R—CO_2H ⟶ H(NH—R—CO)$_n$ OH+H_2O
聚酯	—CO—O—	HO—R—OH+HO_2C—R'—CO_2H ⟶ H(O—R—OCO—R'—CO)$_n$ OH+H_2O HO—R—OH+$R''O_2C$—R'—CO_2R'' ⟶ H(O—R—OCO—R'—CO)$_n$ OH+$R''OH$ HO—R—CO_2H ⟶ H(O—R—CO)$_n$ OH+H_2O
聚氨酯	—O—CO— NH—	HO—R—OH+OCN—R'—NCO ⟶ (O—R—OCO—NH—R'—NH—CO)$_n$
聚硅氧烷	—Si—O—	Cl—SiR_2—Cl $\xrightarrow[-HCl]{H_2O}$ HO—SiR_2—OH ⟶ H(O—SiR_2)$_n$ OH+H_2O
酚醛树脂	—Ar—CH₂—	![酚+CH₂O反应式] + CH_2O ⟶ + H_2O
脲醛树脂	—NH—CH₂—	H_2N—CO—NH_2+CH_2O ⟶ (HN—CO—NH—CH_2)$_n$ +H_2O

反应类型	特征官能团	聚合反应式
三聚氰胺-甲醛树脂	—NH—CH$_2$—	$H_2N\!-\!\overset{N}{\underset{N}{\diamond}}\!-\!NH_2$ $+ CH_2O \longrightarrow$ $\left[HN\!-\!\overset{N}{\underset{N}{\diamond}}\!-\!NH\!-\!CH_2\right]_n + H_2O$ $\overset{|}{NH_2}$
聚硫化物	—S$_m$—	$Cl\!-\!R\!-\!Cl + Na_2S_m \longrightarrow \left(S_m\!-\!R\right)_n + NaCl$
聚缩醛	—O—CH—O—$\overset{|}{R}$	$R\!-\!CHO + HO\!-\!R'\!-\!OH \longrightarrow \left(O\!-\!R'\!-\!OCHR\right)_{\overline{n}} + H_2O$

　　从表 8-1 中，我们还发现一些缩聚物的链结构中并不含有酯、酰胺等官能团。比如苯酚和甲醛发生缩聚反应得到的酚醛树脂，对二甲苯通过氧化偶联（脱氢）制得的聚对二甲苯等。这些聚合物在聚合物链中并不含官能团，但仍然属于缩聚反应，因为聚合过程中，同时生成了小分子水或者氢气。

2. 缩聚反应的基本特征

　　（1）缩聚反应的逐步性　在缩聚反应过程中，链增长过程是逐步进行的，缩聚物分子量的增大相对比较缓慢。以二元醇和二元酸合成聚酯的反应为例。

缩聚反应分子量逐步增加

　　第一步是二元醇和二元酸单体生成二聚体的反应，其反应式为：

$$HO\!-\!R\!-\!OH + HO_2C\!-\!R'\!-\!CO_2H \longrightarrow HO\!-\!R\!-\!OCO\!-\!R'\!-\!CO_2H + H_2O$$

　　然后是二聚体与二元醇单体反应生成三聚体：

$$HO\!-\!R\!-\!OCO\!-\!R'\!-\!CO_2H + HO\!-\!R\!-\!OH \longrightarrow HO\!-\!R\!-\!OCO\!-\!R'\!-\!COO\!-\!R\!-\!OH + H_2O$$

　　二聚体同时也能与二元酸单体反应生成三聚体，其反应式为：

$$HO\!-\!R\!-\!OCO\!-\!R'\!-\!CO_2H + HO_2C\!-\!R'\!-\!CO_2H \longrightarrow$$
$$HO_2C\!-\!R'\!-\!COO\!-\!R\!-\!OCO\!-\!R'\!-\!CO_2H + H_2O$$

　　二聚体还能与自身反应生成四聚体，其反应式为：

$$2HO\!-\!R\!-\!OCO\!-\!R'\!-\!CO_2H \longrightarrow HO\!-\!R\!-\!OCO\!-\!R'\!-\!COO\!-\!R\!-\!OCO\!-\!R'\!-\!CO_2H + H_2O$$

　　四聚体和三聚体继续与单体（二元醇或者二元酸皆可）相互反应，或与二聚体反应，也可与自身进行反应。聚合反应过程即以这种逐步的方式进行下去，每一步的反应产物都是稳定的化合物。当每个聚合物链平均聚合度仅含有 10 个单体单元时，未反应单体残留仅不到 1%，因此在缩聚反应初期单体就已经消失，而聚合物的分子量随着反应时间（转化率）的延长而持续增大。

　　反应过程中，反应体系都是由各种聚合物的二元醇、二元酸和羟基酸分子组成的，任何一个含有羧基的分子都能与任何一个含有羟基的分子发生反应。

可逆缩聚反应的平衡

　　（2）缩聚反应的可逆性　多数缩聚反应为可逆平衡反应，比如聚酯化反应，正反应是酯化，逆反应便是水解。可逆平衡的反应进行到一定程度，聚合物的链增长逐步停止，就会达到缩聚平衡状态。这时，产物的分子量不再随反应时间的延长而增加，要使产物的分子量增加，必须将形成的小分子物不断从反应体系中移出，打破平衡，使反应平衡向生成大分子聚合物的方向移动。由于缩聚反应大分子链的不断生成，反应体系黏度不断增加，会造成小分子难以排出，所以缩聚物的分子量往往低于加聚物。

$$—OH + —COOH \rightleftharpoons —OCO— + H_2O$$

平衡常数表达式为

$$K = \frac{k_1}{k_2} = \frac{[—OCO—][H_2O]}{[—COOH][—OH]} \qquad (8\text{-}1)$$

平衡常数对聚合物分子量的影响

缩聚反应的可逆程度可由平衡常数来衡量。根据其大小，可将线型缩聚粗分为三类反应。

①平衡常数小，如聚酯化反应，$K \approx 4$，反应体系中小分子副产物的存在会限制聚合物分子量的提高，需设法脱除。

②平衡常数中等，如聚酰胺化反应，$K = 300 \sim 400$。聚合初期小分子产物浓度低，对反应影响很小，甚至可在水介质中进行；反应后期，随着小分子产物浓度增加，对反应影响较大，需设法脱除，提高反应程度。

③平衡常数很大，如合成聚砜一类的逐步聚合，$K > 1000$，近似看作不可逆反应。小分子产物对缩聚反应的影响可忽略不计。

逐步特性是所有缩聚反应所共有的，但各类缩聚反应的可逆平衡程度却天差地别。

（3）缩聚反应的复杂性 缩聚反应是一个复杂的反应过程，因为通常在较高的温度下进行，所以除了链增长反应外，还伴有化学裂解、官能团消去、链交换和其他副反应发生。

副反应对缩聚反应的影响

制备缩聚物的单体往往可以与缩聚物发生化学降解，例如过量乙二醇与涤纶聚酯共热，可以使其醇解为对苯二甲酸乙二醇酯低聚物。因此化学降解会造成聚合物分子量的降低，聚合反应中应设法消除。但可利用化学降解的原理变废为宝，将废聚合物降解成单体或低聚物，加以回收利用。如：

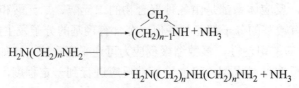

二元羧酸受热会脱羧，引起原料官能团数比的变化，从而影响到聚合物的分子量，因此常用比较稳定的羧酸酯来代替羧酸进行缩聚反应，避免羧基的脱除。二元胺也会发生分子内或分子间的脱氨反应。

$$HOOC(CH_2)_n COOH \longrightarrow HOOC(CH_2)_n H + CO_2$$

$$H_2N(CH_2)_n NH_2 \left\{ \begin{array}{l} \longrightarrow \overset{\displaystyle CH_2}{(CH_2)_{n-1}} NH + NH_3 \\ \\ \longrightarrow H_2N(CH_2)_n NH(CH_2)_n NH_2 + NH_3 \end{array} \right.$$

缩聚反应的特点

二、缩聚反应的分类

1.按所用单体种类分类

（1）均缩聚　反应只涉及一种单体，单体分子自身具有两个可以相互反应的官能团，比如 ω- 氨基酸（NH₂—R—COOH）和 ω- 羟基酸（HO—R—COOH）等，该类单体发生的缩聚反应，称作均缩聚或自缩聚。

$$nH_2N—R—COOH \longrightarrow H \left[NH—R—CO \right]_n OH+(n-1)H_2O$$

$$nHO—R—COOH \Longleftrightarrow H \left[ORCO \right]_n OH+(n-1)H_2O$$

（2）混缩聚　反应涉及两种单体，且均为双官能团（指每个分子中含有两个官能团）或多官能团（指每个分子中含有多个官能团）单体，该类单体之间进行的缩聚反应，称为混缩聚。比如二元酸与二元醇的缩聚反应、二元胺与二元酸的缩聚反应等都是最普通的混缩聚。

$$nH_2N—R—NH_2+nHO_2C—R'—CO_2H \longrightarrow H \left[NH—R—NHCO—R'—CO \right]_n OH+(2n-1)H_2O$$

（3）共缩聚　从改进缩聚物结构性能角度考虑，还可以将自缩聚或混缩聚加另一种或两种单体进行"共缩聚"，例如在乙二醇、对苯二甲酸反应体系中，加入少量丁二醇与之共缩聚的产物，相比涤纶，可以降低结晶度和熔点，同时增加柔性，改善聚合物的熔纺性能。

其实均缩聚、混缩聚和共缩聚并无本质区别，但从改变聚合物组成结构、改进性能、扩大品种角度考虑，却很重要。

均缩聚、混缩聚和共缩聚反应式和特点

2.按缩聚物中的键合基团分类

按反应中生成的键合基团的分类如表 8-2 所示。

表8-2　缩聚物中常见的键合基团

反应类型	键合基团	典型产品
聚酯化反应	$—\overset{O}{\underset{\|}{C}}—O—$	涤纶、聚碳酸酯、不饱和聚酯、醇酸树脂
聚酰胺化反应	$—\overset{O}{\underset{\|}{C}}—NH—$	尼龙 -6、尼龙 -66、尼龙 -1010、尼龙 -610
聚醚化反应	—O— —S—	聚苯醚、环氧树脂、聚苯硫醚、聚硫橡胶
聚氨酯化反应	$—O—\overset{O}{\underset{\|}{C}}—NH—$	聚氨酯类
酚醛缩聚		酚醛树脂
脲醛缩聚	$—NH—\overset{O}{\underset{\|}{C}}—NH—CH_2—$	脲醛树脂
聚烷基化反应	$\left[CH_2 \right]_n$	聚烷烃
聚硅醚化反应	—Si—O—	有机硅树脂

3.按产物的分子形状分类

（1）线型缩聚　参加反应的单体都带有两个官能团，反应中形成的大分子向两个方向发展，得到的产物为线型结构。如二元酸与二元醇生成聚酯的反应，二元酸与二元胺生成聚酰胺的反应。

$$n\mathrm{HOOC-R-COOH} + n\mathrm{HO-R'-OH} \longrightarrow \mathrm{HO}\underset{n}{\left[\overset{\overset{O}{\|}}{C}-R-\overset{\overset{O}{\|}}{C}-OR'O\right]}H + (2n\text{-}1)H_2O$$

$$n\mathrm{H_2N(CH_2)_{10}NH_2} + n\mathrm{HOOC(CH_2)_8COOH} \longrightarrow \mathrm{H}\underset{n}{\left[NH(CH_2)_{10}NHCO(CH_2)_8CO\right]}OH + (2n\text{-}1)H_2O$$
聚癸二酰癸二胺

这类缩聚反应的通式为：

$$naAa + nbBb \longrightarrow a[AB]_nb + (2n\text{-}1)ab$$

式中，a，b 代表两种不同的官能团；A 和 B 代表主链上的分子结构，也称为"残基"。

还有一种线型缩聚反应，比如羟基酸类的线型聚酯反应。

$$n\mathrm{HORCOOH} \rightleftharpoons \mathrm{H}\underset{n}{\left[ORCO\right]}OH + (n\text{-}1)H_2O$$

这类单体缩聚反应的通式为：

$$naRb \longrightarrow a[R]_nb + (n\text{-}1)ab$$

式中，a，b 代表两种互相发生化学反应的官能团。

（2）体型缩聚　反应中至少有一种单体必须含有两个以上的官能团，这样反应中形成的大分子向三个方向增长，从而得到体型结构的聚合物。体型缩聚聚合产物分子链形态不是线型的，而是支化或交联型的。

此类缩聚反应的通式为：

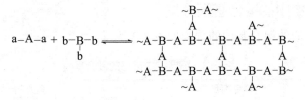

4. 按反应热力学的特征分类

（1）可逆缩聚　多数缩聚反应都是可逆反应，单体和聚合物处于平衡中的缩聚反应称为平衡缩聚反应或可逆缩聚反应。可逆缩聚反应的平衡常数一般小于 10^3，如表 8-3 所示。这类缩聚反应需在高温、高度减压条件下脱除小分子副产物，才能获得高分子量聚合物。如聚对苯二甲酸乙二醇酯（涤纶）的合成反应。

$$n\mathrm{HOOC-R-COOH} + n\mathrm{HO-R'-OH} \underset{\text{水解}}{\overset{\text{聚合}}{\rightleftharpoons}}$$

$$\mathrm{HO}\underset{n}{\left[OC-R-CO-O-R'-O\right]}H + 2(n\text{-}1)H_2O$$

表8-3　可逆缩聚与不可逆缩聚的比较

指标	平衡缩聚反应	不平衡缩聚反应
平衡常数 K	< 10	可达 10^{23}
反应热 /(kJ/mol)	130 左右	340 左右
速率常数 /(L/mol)	$10^{-7} \sim 10^{-3}$	$> 10^{-3}$，可达 10^5
反应活化能 /(kJ/mol)	$40 \sim 65$	$4 \sim 65$

（2）**不可逆缩聚** 不可逆缩聚是指缩聚反应条件下，不发生逆反应的缩聚反应。如表 8-3 所示，一般平衡常数大于 10^3，可视为不可逆缩聚。这类反应多使用高活性单体或采取其他办法实现。不可逆缩聚产物的聚合度取决于反应动力学（单体活性、浓度、催化剂等）因素，不受小分子副产物影响，而且产物的物理结构与反应条件有关，加料顺序与速度对产物聚合度影响较大。如双酚 A 钠盐和光气合成聚碳酸酯的不可逆缩聚反应

$$n\ \text{NaO}-\!\!\!\left\langle\right\rangle\!\!\!-\overset{\underset{\displaystyle CH_3}{|}}{\underset{\underset{\displaystyle CH_3}{|}}{C}}-\!\!\!\left\langle\right\rangle\!\!\!-\text{ONa} + n\ \text{Cl}-\overset{\displaystyle O}{\underset{}{C}}-\text{Cl} \longrightarrow \left[\text{O}-\!\!\!\left\langle\right\rangle\!\!\!-\overset{\underset{\displaystyle CH_3}{|}}{\underset{\underset{\displaystyle CH_3}{|}}{C}}-\!\!\!\left\langle\right\rangle\!\!\!-\text{O}-\overset{\displaystyle O}{\underset{}{C}}\right]_n + 2n\ \text{NaCl}$$

缩聚反应的
分类

单元二 **缩聚反应的单体**

一、单体的类型与特点

参加缩聚反应的单体都带有两个或两个以上官能团，所谓官能团是指单体分子中能参加反应并能表征反应类型的原子团，其中直接参加反应的部分称为活性中心。官能团决定化学反应的行为，常见官能团有 OH、—NH$_2$、COOH，活泼原子（如活泼 H、C 等）等，而聚合物链节的形成是活性中心作用的结果，如—NH$_2$ 与—OH 中的氢原子是活性中心，官能团异氰酸酯中活性中心是氮原子。但在不同的条件下和不同的反应中，同一个官能团中可能有不同的活性中心，例如，在中和反应中，羧基的活性中心是氢原子，而酯化反应中，活性中心就是羟基。

1. 按官能团相互作用分类

以线型缩聚反应所用双官能团单体为例，如表 8-4 所示，根据它们的相互作用情况可以分为如下几种类型。

表8-4 线型缩聚反应所用双官能团单体类型

序号	单体类型	缩聚物	单体
1	a′—R—a′	$\left[\text{O}-CH_2-CH_2-\text{O}-\overset{\displaystyle O}{\underset{}{C}}-\!\!\!\left\langle\right\rangle\!\!\!-\overset{\displaystyle O}{\underset{}{C}}\right]_n$ 涤纶	$\text{HO}-CH_2-CH_2-\text{O}-\overset{\displaystyle O}{\underset{}{C}}-\!\!\!\left\langle\right\rangle\!\!\!-\overset{\displaystyle O}{\underset{}{C}}-\text{O}-CH_2-CH_2-\text{OH}$
2	a′—R—a′	$\left[\text{O}-\text{R}\right]_n$ 聚醚	HO—R—OH
3	a′—R—a′	$\text{HO}\left[\overset{\underset{\displaystyle CH_3}{|}}{\underset{\underset{\displaystyle CH_3}{|}}{Si}}-\text{O}\right]_n\!\!\text{H}$ 聚硅氧烷	$\text{HO}-\overset{\underset{\displaystyle CH_3}{|}}{\underset{\underset{\displaystyle CH_3}{|}}{Si}}-\text{OH}$
4	a′—R—a′	$\text{HO}\left[\text{OC}-\text{R}-\text{COO}\right]_n\!\!\text{H}$ 聚酸酐	HOOC—R—COOH

续表

序号	单体类型	缩聚物	单体
5	a—R—a	+O-CH₂-CH₂-O-C($\bigcirc$)C$\frac{}{n}$ 涤纶	HO-C($\bigcirc$)-OH、OH—CH₂CH₂—OH
6	a—R—a	尼龙 -66	HOOC(CH₂)₄COOH、H₂N(CH₂)₆NH₂
7	a—R—b′	尼龙 -6	NH₂(CH₂)₅COOH

（1）a′—R—a′型单体　单体分子具有两个相同的官能团，且两个官能团之间可以相互发生化学反应。比如制备涤纶和聚醚的单体。

（2）a—R—a 型单体　该类单体分子具有两个相同的官能团，但是这两个官能团之间不能发生化学反应，只能与另外的单体（b—R—b）进行缩聚反应。比如制备涤纶的对苯二甲酸与乙二醇以及制备尼龙 -66 的己二酸与己二胺都属于这种类型的单体。

（3）a′—R—b′型单体　该类单体自身就带有可以相互作用的不同类型官能团，比如 ω- 氨基酸（HN—R—COOH）和 ω- 羟基酸（HO—R—COOH）。

（4）a—R—b 型单体　该类单体自身带有不同类型官能团，但官能团之间并不能发生反应，如氨基醇（H₂N—R—OH），这类单体只能与其他单体进行共缩聚反应。

2. 按单体所含官能团数目分类

① 二官能团单体：如二元醇、二元酸、二元胺、ω- 氨基酸等；
② 三官能团单体：如甘油、偏苯三酸等；
③ 四官能团单体：如季戊四醇、均苯四酸等；
④ 多官能团单体：如山梨醇、苯六甲酸等。

缩聚反应的单体

二、单体的官能度与平均官能度

1. 单体的官能度

官能度与官能团数目的关系

单体的官能度是指在一个单体分子上反应活性中心的数目，用 f 表示。在合成大分子的反应中，需以参与反应的官能团为准，不发生反应的官能团不计入官能度内。如苯酚在一般酰化反应中，只有一个酚羟基（—OH）参加反应，所以官能度为 1；而当苯酚与醛类进行缩合时，参加反应的是羟基的邻、对位上的三个活泼氢原子，此时官能度就为 3，而醛类的官能度为 2。常见单体的官能度见表 8-5。

表8-5 缩聚反应常用单体官能度及其应用

官能团	单体	结构式	官能度	实际应用
醇 —OH	乙二醇	$HO-(CH_2)_2-OH$	2	聚酯、聚氨酯
	丁二醇	$HO-(CH_2)_4-OH$	2	聚酯、聚氨酯
	丙三醇	$HO-CH_2-CH-CH_2-OH$ $\quad\quad\quad OH$	4	醇酸树脂、聚氨酯
	季戊四醇	$HO-CH_2-\overset{CH_2-OH}{\underset{CH_2-OH}{C}}-CH_2-OH$	4	醇酸树脂
酚 —OH	苯酚	OH	2（酸催化） 3（碱催化）	酚醛树脂
	甲酚	OH CH₃ 或	2	酚醛树脂
	间苯二酚	OH / OH	3	酚醛树脂
	2,6-二甲基苯酚	CH₃ / OH / CH₃	2	聚苯醚
	双酚A	$HO-\bigcirc-\overset{CH_3}{\underset{CH_3}{C}}-\bigcirc-OH$	2	聚碳酸酯、聚芳砜、环氧树脂
羧酸 —COOH	己二酸	$HOOC-(CH_2)_4-COOH$	2	聚酰胺、聚氨酯
	癸二酸	$HOOC-(CH_2)_8-COOH$	2	聚酰胺
	均苯四甲酸	HOOC COOH / HOOC COOH	4	聚酰亚胺
	对苯二甲酸	$HOOC-\bigcirc-COOH$	2	聚酯
	ω-氨基十一酸	$HOOC-(CH_2)_{10}-NH_2$	2	聚酰胺
酸酐 —(CO)₂O	邻苯二甲酸酐		2	醇酸树脂
	均苯四甲酸酐		4	聚酰亚胺
	马来酸酐 （顺丁烯二酸酐）		4	不饱和聚酯

续表

官能团	单体	结构式	官能度	实际应用
酯 —COOR	对苯二甲酸二甲酯	$H_3C-O-\overset{O}{\underset{}{C}}-\text{(苯环)}-\overset{O}{\underset{}{C}}-O-CH_3$	2	聚酯
	间苯二甲酸二苯酯	(苯氧基-间苯二甲酰-苯氧基结构)	2	聚苯并咪唑
酰氯 —COCl	光气	$Cl-\overset{}{\underset{O}{C}}-Cl$	2	聚碳酸酯、聚氨酯
	己二酰氯	$ClOC-(CH_2)_4-COCl$	2	聚酰胺
胺 —NH$_2$	己二胺	$H_2N-(CH_2)_6-NH_2$	2	聚酰胺
	癸二胺	$H_2N-(CH_2)_{10}-NH_2$	2	聚酰胺
	间苯二胺	$H_2N-\text{(苯环)}-NH_2$	2	芳族聚酰胺
	均苯四胺	(苯环四胺结构)	4	吡咙梯形高聚物
	三聚氰胺	(三嗪三胺结构)	6	氨基树脂
	尿素	$H_2N-\overset{}{\underset{O}{C}}-NH_2$	2	脲醛树脂
异氰酸酯 —N=C=O	六亚甲基二异氰酸酯	$OCN-(CH_2)_4-NCO$	4	不饱和树脂
	甲苯二异氰酸酯	(甲苯二异氰酸酯结构) 或 (甲苯二异氰酸酯结构)	4	聚氨酯
醛 —CHO	甲醛	$H-\overset{}{\underset{O}{C}}-H$	2	酚醛树脂、脲醛树脂
	糠醛	(呋喃-CHO结构)	2	糠醛树脂
氯 —Cl	二氯乙烷	$Cl-CH_2CH_2-Cl$	2	聚硫橡胶
	环氧氯丙烷	$CH_2-CH-CH_2Cl$ (环氧)	2	环氧树脂
	二氯二苯砜	(二氯二苯砜结构)	2	聚芳砜
	二甲基二氯硅烷	$Cl-\overset{CH_3}{\underset{CH_3}{Si}}-Cl$	2	聚硅氧烷

2. 单体的平均官能度

单体的平均官能度是指体系内每个单体分子中反应活性中心的平均数，用$\bar{f}$表示。其定义式为：

$$\bar{f} = \frac{f_A N_A + f_B N_B + f_C N_C + \cdots}{N_A + N_B + N_C + \cdots} \tag{8-2}$$

式中，f_A、f_B、f_C…分别为单体 A、B、C…的官能度；N_A、N_B、N_C…分别为单体 A、B、C…的物质的量。

由式（8-2）可知，单体的平均官能度不但与体系内各种单体的官能度有关，而且还与单体的物料比有关。

根据平均官能度判断缩聚物类型

通过单体的平均官能度数值可直接判断缩聚反应所得产物的结构和反应类型。

当 $\bar{f} > 2$ 时，则产物为支化或网状结构，属于体型缩聚反应；

当 $\bar{f} = 2$ 时，则生成的产物为线型结构，属于线型缩聚反应；

当 $\bar{f} < 2$ 时，则说明反应体系中有单官能团反应物，无法生成分子量较高的聚合物。

例如：在酚醛树脂生产中，当苯酚与甲醛的摩尔比为 2∶3 时，则它们的平均官能度为

$$\bar{f} = \frac{f_{苯酚} \times N_{苯酚} + f_{甲醛} N_{甲醛}}{N_{苯酚} + N_{甲醛}} = \frac{3 \times \frac{2}{3} N_{甲醛} + 2 \times N_{甲醛}}{\frac{2}{3} N_{甲醛} + N_{甲醛}} = 2.4 > 2$$

说明该缩聚反应为体型缩聚反应，产物为网状结构。

又如：二元酸与二元胺以等摩尔比（$N_A = N_B$）进行反应，则单体的平均官能度为

$$\bar{f} = \frac{2N_A + 2N_A}{N_A + N_A} = 2$$

说明二元酸与二元胺的缩聚反应为线型缩聚反应，产物为线型结构。

 练一练

计算己二酸与己二胺进行官能团等物质的量的缩聚反应中，单体的平均官能度，并判断缩聚物为线型结构还是体型结构。

3. 缩聚反应的单体

1-n 官能度体系反应和产物特点

反应体系中，如果两个反应物的官能度都是 1，那么该反应体系称 1-1（官能度）体系。制备邻苯二甲二辛酯的反应物是单官能度的辛醇和 2 官能度的邻苯二甲酸，该体系就称作 1-2 体系。

$$HOOCC_6H_4COOH + 2C_8H_{17}OH \rightleftharpoons C_8H_{17}O \cdot OCC_6H_4CO \cdot OC_8H_{17} + 2H_2O$$

1-1、1-2、1-3 等 1-n 体系中都含有一种原料是单官能度，其反应结果，只能形成小分子化合物。

二元酸和二元醇的缩聚反应是多次缩合反应的结果。比如己二酸和己二醇进行酯化反应时，第一步缩合成二聚体（$n=1$），以后逐步形成的低聚物分子末端都含有羟基和/或羧基，可以继续发生缩聚，聚合度逐步增加，最后形成高分子量线型聚酯。

$$n\text{HOOC(CH}_2)_4\text{COOH}+n\text{HO(CH}_2)_6\text{OH} \rightleftharpoons \text{HO} \left[\text{OC(CH}_2)_4\text{CO} \cdot \text{O(CH}_2)_6\text{O} \right]_n \text{H}+(2n-1)\text{H}_2\text{O}$$

以 a、b 代表官能团，A、B 代表残基，则 2-2 官能度体系线型缩聚的通式可表示如下：

$$n\text{aAa}+n\text{bBb} \rightleftharpoons \text{a} \left[\text{AB} \right]_n \text{b}+(2n-1)\text{ab}$$

同一分子如果含有两个能相互反应的官能团，如羟基羧酸，经自缩聚，也能合成线型缩聚物。

$$n\text{HORCOOH} \rightleftharpoons \text{H} \left[\text{ORCO} \right]_n \text{OH}+(n-1)\text{H}_2\text{O}$$

2-n 官能度
体系反应和
产物特点

氨基羧酸的缩聚也类似，这类单体称作 2 官能度体系，其缩聚通式如下

$$n\text{aRb} \rightleftharpoons \text{a-R}_n\text{-b}+(n-1)\text{ab}$$

线型缩聚的首要条件是需要 2-2 官能度体系作反应物。采用 2-3、2-4 或者 2-n 官能度体系时，例如邻苯二甲酸酐与甘油或季戊四醇反应，除了按线性方向进行链增长外，侧基也能反向链增长反应而形成支链，进一步形成体型结构，得到体型缩聚物。

综上所述，1-n 官能度体系缩合，将形成小分子；2-2 或 2 官能度体系缩聚，形成线型缩聚物；2-n（n＞3）或 3-n（n＞2）等官能度体系则形成体型缩聚物。缩聚物大分子链中都留有特征基团，改变官能团种类、官能度、官能团以外的残基，就可合成难以数计的缩聚物。常见缩聚反应单体见表 8-6。

表8-6　缩聚反应常用单体

单体种类	基团	二元		多元
醇	—OH	乙二醇　HO(CH₂)₂OH 丁二醇　HO(CH₂)₄OH		丙三醇　C₃H₅(OH)₃ 季戊四醇　C(CH₂OH)₄
酚	—OH	双酚 A　HO—⟨⟩—C(CH₃)₂—⟨⟩—OH		
羧酸	—COOH	己二酸　HOOC(CH₂)₄COOH 癸二酸　HOOC(CH₂)₈COOH 对苯二甲酸　HOOC—⟨⟩—COOH		均苯四甲酸 HOOC—⟨⟩—COOH HOOC—⟨⟩—COOH
酸酐	＞(CO)₂O	邻苯二甲酸酐　马来酸酐		均苯四甲酸酐
酯	—COOCH₃	对苯二甲酸二甲酯 H₃COOC—⟨⟩—COOCH₃		
酰氯	—COCl	光气　COCl₂ 己二酰氯　ClOC(CH₂)₄COCl		
胺	—NH₂	己二胺　H₂N(CH₂)₆NH₂ 癸二胺　H₂N(CH₂)₁₀NH₂ 间苯二胺		均苯四胺　　尿素　CO(NH₂)₂

续表

单体种类	基团	二元		多元
异氰酸	—N=C=O	苯二异氰酸酯 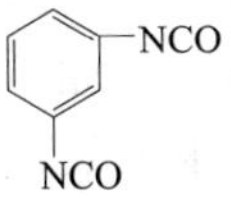 NCO NCO	甲苯二异氰酸酯 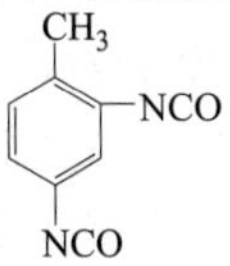 CH₃ NCO NCO	
醛	—CHO	甲醛 HCHO	糠醛 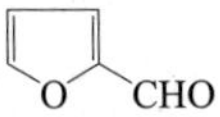	
氢	—H	甲酚 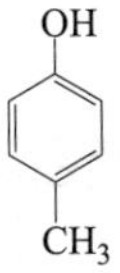 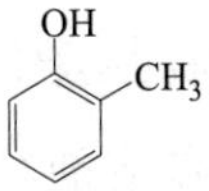 OH CH₃ OH CH₃		苯酚 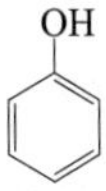 OH 间苯二酚 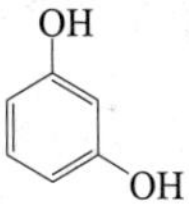 OH OH
氯	—Cl	二氯乙烷 ClCH₂CH₂Cl 环氧氯丙烷  CH₂=CHCH₂Cl 二氯二苯砜 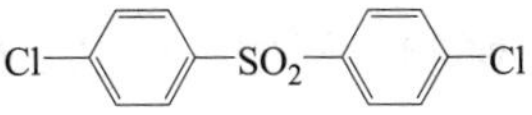 Cl——SO₂——Cl		

练一练

下列哪种组合可以制备无支链高分子线型缩聚物（　　　）。

A. 2-2 官能度体系　　　　　　　　B. 2-1 官能度体系

C. 2-4 官能度体系　　　　　　　　D. 3-3 官能度体系

三、单体的聚合活性

1. 单体的聚合活性取决于官能团反应活性

单体的聚合活性直接影响缩聚反应聚合速率，聚合活性越大聚合速率越大。单体的聚合活性取决于单体中参与反应官能团的活性。如下列官能团均能与羟基（—OH）发生反应而生成酯键，但聚合活性却不同，其活性顺序为：酰氯＞酸酐＞异氰酸＞羧酸＞烯酮＞酯。表明制备同一种缩聚物，反应单体可以有多种选择，其选择依据取决于单体活性、原料来源、成本高低以及操作条件等。

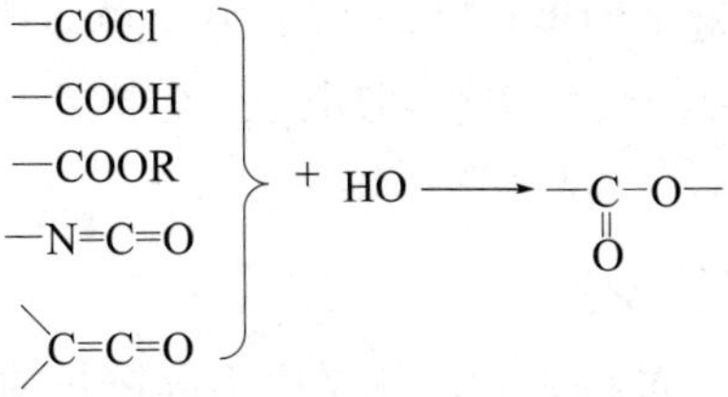

$$
\left.\begin{array}{l}
\text{—COCl} \\
\text{—COOH} \\
\text{—COOR} \\
\text{—N=C=O} \\
\text{\C=C=O}
\end{array}\right\} + \text{HO—} \longrightarrow \text{—C—O—}
$$

单体的聚合
活性与反应
速率

2. 单体中相同官能团的聚合活性各异

缩聚反应中的双官能团和多官能团单体，有时含有几个相同的反应活性中心。如苯酚在缩聚反应中，具有三个反应活性中心，每个活性中心在单体分子中所处的空间位置不同，受空间位阻效应和电子效应等的影响，它们的反应活性也就不同。同时缩聚反应条件的不同也会造成其活性上的差异。比如苯酚与醛类缩聚时，在酸催化条件下，苯酚羟基邻位上的两个氢原子比对位上的氢原子活性大，会先发生缩聚形成线型产物，然后再通过对位上氢原子进行缩聚进一步形成网状结构产物。因此利用反应活性中心的活性差异，还可控制反应的阶段性。再比如三官能团单体甘油，其与邻苯二甲酸酐的聚酯化反应过程中，仲羟基的活性比两个伯羟基低，导致羟基不能完全充分参与缩聚反应。

3. 反应溶剂与官能团相互作用影响单体聚合活性

溶剂除了作为聚合物的良溶剂或不良溶剂对聚合过程产生影响外，还会与单体发生选择性溶剂化作用或其他特殊的相互作用，进而影响聚合速率和分子量。聚合反应中的溶剂化作用趋势通常与相应的小分子反应相同，这里不再赘述。如果溶剂与单体的官能团有特殊的相互作用，官能团的活性通过与溶剂间的特殊相互作用而发生改变，聚合过程会受到严重影响。例如，在己二酸与己二胺的聚合反应中，溶剂会显著地影响聚合物的分子量，在某些酮类溶剂中生成的聚合物分子量最高。酮类溶剂使分子量提高的原因，可能是酮和胺之间的极性作用使二胺的亲核性增强，另外也认为，二胺与酮还可以生成活性更高的亚胺，更利于聚合反应的进行。

单元三　线型缩聚反应

一、线型缩聚反应的机理

1. 线型缩聚的链增长反应

在缩聚反应过程中，链增长过程是逐步进行的，缩聚物分子量的增大相对比较缓慢。缩聚反应的链增长反应可以用通式表示为：

$$n\text{-聚体} + m\text{-聚体} \longrightarrow (n+m)\text{-聚体}$$

缩聚反应以逐步的方式进行下去，缩聚物的分子量随着反应时间的延长而不断增加。反应初期，虽然还未形成高分子量的缩聚物，但是聚合单体已基本全部转化为低聚物，当每个聚合物链平均聚合度仅含有 10 个单体单元时，未反应单体残留已不到 1%。因此，缩聚反应的转化率在初期就已经很高，随着反应时间的延长，缩聚物的分子量持续增加，而单体转化率变化不大。

2. 线型缩聚的链终止反应

从上述线型缩聚链增长过程来看，体系内不同链长的大分子链端都带有能参加反应的官能团，因此，理论上只要官能团不消失，链增长反应就会一直进行下去，形成分子量无限大的高聚物大分子。然而事实并非如此，如表8-7所示，线型缩聚物的分子量比加聚反应产物的分子量要小很多，其主要原因是平衡因素及反应活性中心失去活性。

从平衡角度分析：随着反应的进行，体系内反应物浓度降低，而产物，特别是副产物（析出的小分子物质）浓度增加；同时由于在高温下进行的缩聚反应容易发生降解反应（如水解、醇解、胺解、酚解、酸解、链交换等）使逆反应速率越来越大，以至达到平衡而使聚合过程终止。此外，随着大分子产物浓度的增加，反应混合液黏度也随之增加，一方面使得小分子副产物排出困难，另一方面官能团之间碰撞的概率降低，这些都导致正反应速率越来越小直至停止。

表8-7 线型缩聚物与加聚物分子量的比较

类型	聚合物名称	分子量	聚合度
线型缩聚物	聚己二酸己二酯 聚己二酰己二胺 聚对苯二甲酸乙二酯	5000 38000 10000～20000	29 167 83～104
加聚物		10^5～10^6	—

从反应活性中心失活的因素分析：第一是官能团配比不同（一种官能团多，另一种官能团少），导致反应到一定阶段后，体系内所有大分子两端带相同的官能团，而失去再反应的对象，即封端失活；第二是官能团配比相同，但由于单体的挥发度不同，因单体挥发损耗破坏官能团配比导致封端失活；第三是在缩聚反应条件下，官能团发生其他化学变化（如脱羧、脱胺、水解、成盐、成环等）而失去缩聚反应活性；第四是聚合催化剂耗尽或反应温度降低导致官能团失去活性。

二、成环反应与成链反应的竞争

双官能团单体进行缩聚反应时，生成线型缩聚产物的同时，还可能形成环状小分子副产物，即存在单体成环反应与成链反应的竞争，这对于线型链增长反应是不利的。因此线型缩聚反应，需考虑单体及其中间产物的成环倾向。比如，在甘氨酸聚合的初始阶段，先是发生缩合反应，然后就有两种可能的过程：一种是继续线型链增长；另一种就是发生环化反应，得到二酮哌嗪。具体过程如下：

成环反应

A—A（或B—B）型单体不太容易发生环化反应，因为在缩聚合反应的条件下，A官能团不会相互反应，B官能团也不会相互反应。比如，在聚酯化的反应条件下，二元醇单体的羟基之间通常不可能发生反应生成醚。同理，在二元酸的羧基之间、二胺的胺基之间、二异氰酸酯的异氰酸酯官能团之间也不会发生成环反应。

线型聚合成二聚体以后，有可能发生分子间环化反应，对于 A—A/B—B 型聚合：

$$H\!\!-\!\!O\!-\!R\!-\!OCO\!-\!R'\!-\!CO\!\!-\!\!_n OH \longrightarrow \left(\!O\!-\!R\!-\!OCO\!-\!R'\!-\!CO\!\right)_n$$

对于 A—B 型聚合，可能环化为：

$$H\!\!-\!\!O\!-\!RCO\!\!-\!\!_n OH \longrightarrow \left(\!O\!-\!RCO\!\right)_n O$$

聚合过程中发生环化的程度，取决于聚合反应是否在平衡控制或动力学控制下进行、可能环化产物的环大小以及特殊的反应条件。

环化反应的
影响因素

环化反应可以生成环状二聚体、环状三聚体或更高的环状低聚体。在合成聚酰胺或聚酯时都有这种副反应发生。发生环化的程度取决于反应的动力学和热力学，包括单体的分子结构、环状产物的稳定性和聚合反应条件等。

1. 单体分子结构的影响

以 ω-羟基酸 $[HO(CH_2)_nCOOH]$ 为例，当 $n=1$ 时，容易发生双分子缩合形成六元环乙交酯；当 $n=2$ 时，易发生分子内脱水，生成丙烯酸；当 $n=3$ 或 4 时，则容易发生分子内缩合，形成稳定的五元环和六元环内酯。当 $n \geqslant 5$ 时，才主要发生分子间的缩合而形成线型聚酯，同时有少量环状单体与之平衡。

六元环乙交酯　　　　丙烯酸　　　　线型聚酯

$H_2C=CH\!-\!COOH$

2. 环状产物的稳定性的影响

环状产物的稳定性与环骨架的键角、键长、侧基的位阻效应、键的扭转活动性及环张力有关。一般而言，六元环最稳定，能够环化生成五元环和七元环的单体可以发生成链反应，却具有显著的成环倾向，但是其成环倾向远小于能够环化生成六元环的单体。

3. 聚合反应条件的影响

单体浓度对成环或成链反应也有影响。单体成环是单分子内的反应，线型链增长是分子间反应。因此，低浓度单体的反应体系有利于成环，高浓度单体则更有利于线型的链增长反应。反应温度的控制要视两种反应的活化能高低来确定。

综合考虑的结果是：选择 $n \geqslant 5$ 的 ω-羟基酸或 ω-氨基酸，提高单体的浓度，适当控制反应温度，更有利于形成线型缩聚物。

三、线型缩聚反应的动力学

1. 官能团等活性理论

对于小分子的缩合反应而言，比如一元酸和一元醇的酯化反应仅需一步就可完成，某温度下也只有一个速率常数。而对于多数缩聚反应，从单体到缩聚物每一步都存在反应平衡。如由二元酸和二元醇合成聚合度为 100 的聚酯，需要经过 99 次缩合，有 99 个平衡常数。反应速率的快慢和平衡常数的大小与反应官能团的活性有关。那么，各步反应速率常数是否相同？单体分子中的官能团活性与低聚物分子中的官能团活性以及高聚物分子链中的官能团活性是否一样？

可从分子结构和体系黏度两方面因素来分析官能团的活性问题。一元酸系列和乙醇的酯化研究表明（见表 8-8）：$n=1\sim3$ 时，随着分子链的延长酯化速率常数显著降低，但 $n>3$ 时，酯化速率常数几乎不随分子链大小而改变。这是因为诱导效应只能沿碳链传递 $1\sim2$ 个原子，对羧基的活化作用也只限于 $n=1\sim2$。$n=3\sim17$ 时，羟基对羧基的活化作用微乎其微，反应速率常数趋于定值。二元酸系列与乙醇的酯化反应情况相似，并与一元酸的酯化速率常数相近。

官能团活性的影响因素

表 8-8 羧酸与乙醇的缩合速率常数（25℃）　　单位：L/(mol·s)

n	H(CH$_2$)$_n$COOH $k/(\times10^4)$	(CH$_2$)$_n$(COOH)$_2$ $k/(\times10^4)$
1	22.1	
2	15.3	6.0
3	7.5	8.7
4	7.5	8.4
5	7.4	7.8
6		7.3
8	7.5	
9	7.4	
11	7.6	
13	7.5	
15	7.7	
17	7.7	

随着缩聚产物分子量的增加，聚合反应体系的黏度也随之增加，一般认为分子链的移动也会减弱，从而导致官能团活性降低，但实际上端基官能团的活性并不取决于整个大分子质心的平移，而与端基段的活动有关。大分子链构象改变，链段的活动以及端基官能团相遇的速率要明显高于质心平移速率。在聚合度不高，体系黏度不大的情况下，链段的运动并不受影响，两链段一旦靠近，适当的黏度反而使得相遇的端基官能团不容易分开，更有利于持续碰撞，这给"等活性"提供了条件。不过到了聚合后期，黏度过大后，链段活动会变得困难甚至发生包埋，此时端基活性才会降低下来。

官能团等活性理论

可见在一定聚合度范围内，缩聚反应中官能团活性基本不变，与缩聚物链长和分子量大小无关，即官能团等活性理论。

2. 线型缩聚平衡常数

聚酯反应的平衡常数表达

基于官能团等活性理论，用一个平衡常数就可以描述整个缩聚反应，也可以用两个官能团之间的反应来描述整个缩聚反应过程，而不必考虑聚合的每一个反应步骤。如聚酯反应就可以如下表示：

$$\sim COOH+HO\sim \xrightleftharpoons{} \sim OCO\sim +H_2O$$

其酯化平衡常数为：

$$K = \frac{[-OCO-][H_2O]}{[-COOH][-OH]}$$

再比如聚酰胺反应可以表示为：

$$\sim COOH+H_2N\sim \xrightleftharpoons{} \sim CONH\sim +H_2O$$

其酰胺化平衡常数为：

$$K = \frac{[-CONH-][H_2O]}{[-COOH][-NH_2]}$$

表 8-9 列出了常见线型缩聚反应的平衡常数。

表8-9　常见线型缩聚反应的平衡常数

缩聚物	温度 /℃	K	缩聚物	温度 /℃	K
涤纶	223	0.51	尼龙 -66	221.5	365
	254	0.47		254	300
	282	0.38	尼龙 -1010，尼龙 -610	235	477
尼龙 -6	221.5	480		256	293
	253.5	360	尼龙 -12	221.5	525
尼龙 -7	223	475		254	370
	258	375			

3. 线型缩聚动力学

可逆的线型缩聚反应在封闭体系中进行时，或小分子脱除不及时，则逆反应不容忽视，与正反应构成可逆平衡。对官能团数相等的 2-2 官能度体系的可逆缩聚反应进行分析，以聚酯反应为例，令二元酸和二元醇的起始浓度均为 $c_0=1$，t 时刻的浓度为 c，则生成的聚酯的浓度为 $1-c$。水全未排除时，水的浓度也是 $1-c$，如果一部分水排除，设残留水浓度为 n_w。

$$-COOH+HO-\ \underset{k_{-1}}{\overset{k_1}{\rightleftharpoons}}\ -OCO-+H_2O$$

起始	1	1	0	0
t 时，水未排除	c	c	$1-c$	$1-c$
t 时，水部分排除	c	c	$1-c$	n_w

反应的总速率为正反应和逆反应速率的差值，未脱除水时，反应速率为：

$$R = -\frac{dc}{dt} = k_1 c^2 - k_{-1}(1-c)^2 \tag{8-3}$$

部分脱除水时的总速率为：

$$-\frac{dc}{dt} = k_1 c^2 - k_{-1}(1-c)n_w \tag{8-4}$$

反应程度（P）定义为缩聚反应中已参加反应的官能团浓度与起始官能团浓度的比值。则有：

$$P = \frac{C_0 - C}{C_0} = 1 - \frac{C}{C_0} \tag{8-5}$$

将式（8-5）和平衡常数 $K = k_1/k_{-1}$ 代入式（8-3）和式（8-4），分别得

$$-\frac{dc}{dt} = \frac{dP}{dt} = k_1 \left[(1-P)^2 - \frac{P^2}{K} \right] \tag{8-6}$$

$$-\frac{dc}{dt} = \frac{dP}{dt} = k_1 \left[(1-P)^2 - \frac{Pn_w}{K} \right] \tag{8-7}$$

式（8-7）表明，总反应速率与反应程度、小分子副产物浓度以及平衡常数有关，当 K 值很大和 / 或 n_w 很小时，式（8-7）右边第二项可以忽略，即为不可逆缩聚反应动力学。

四、线型缩聚物的分子量

1. 线型缩聚物的平均聚合度和平均分子量

从高聚物材料的性能考虑，聚合物的分子量是需要首先考虑的因素，因为只有分子量足够高的聚合物（约 > 10000）才能有理想的强度特性。因此，必须研究聚合物的分子量随反应时间的变化关系。当二元醇和二元酸等物质的量时，在某时刻 t，未反应的羧基数目 N 等于体系中的分子总数，这是因为平均每一个大于单体的分子都在一端连有一个羟基，而在另一端连有一个羧基，同时每一个二元酸单体分子中含有两个羧基，而每个二元醇单体分子则不含羧基。

在聚合物链中，重复单元由两个结构单元组成，一个是二元醇单元，另一个是二元酸单元，任何特定体系中的结构单元的总数都等于起始的双官能单体总数。平均聚合度 $\overline{X}_n$，被定义为平均每个高分子链的结构单元数（平均聚合度有时也用 $\overline{P}$ 和 $\overline{DP}$ 表示）。设反应起始官能团数为 N_0，当反应进行到 t 时刻时，剩余的官能团数为 N，则 t 时刻的 $\overline{X}_n$ 可以简单地用起始单体分子总数除以在 t 时刻的分子总数：

$$\overline{X}_n = \frac{单体的分子数}{生成的大分子数} = \frac{N_0/2}{N/2} = \frac{N_0}{N} \tag{8-8}$$

式中，2 表示每个单体分子或大分子上都带有两个官能团。

平均分子量 $\overline{M}_n$ 可以通过 $\overline{X}_n$ 表达为：

$$\overline{M}_n = M_0 \overline{X}_n + M_{端} \tag{8-9}$$

式中，M_0 是重复结构单元的平均分子量，即两个结构单元分子量加和的一半；$M_{端}$ 是缩聚物分子链端基的分子量。

以己二酸 $HO_2C(CH_2)_4CO_2H$ 和乙二醇 $HOCH_2CH_2OH$ 的聚酯化反应为例，聚酯缩聚物的重复单元为：

$$—OCH_2CH_2OCO(CH_2)_4CO—$$

M_0 是其质量的一半，为 86；端基为 H—和—OH，$M_{端}$ 是 18。

其实即使对中等分子量聚合物而言，$M_{端}$ 对 $\overline{M}_n$ 的贡献也是微乎其微的，因此式（8-9）变成：

$$\overline{M}_n = M_0 \overline{X}_n \tag{8-10}$$

2. 反应程度与平均聚合度和平均分子量的关系

线型缩聚反应的反应程度定义

在缩聚反应中，随着聚合反应的进行，官能团的数目不断减少，反应程度不断增加，产物的平均聚合度也不断增大，反应程度与平均聚合度之间存在一定的关系。以聚酯的均缩聚反应为例：

$$nHO—R—COOH \rightleftharpoons H \left[ORCO \right]_n OH + (n-1)H_2O$$

线型缩聚反应的平均聚合度和反应程度的关系

起始官能团数为 N_0，当反应进行到一定程度 P 时，剩余的官能团数为 N，则有：

$$P = \frac{已参加反应的官能团数}{起始官能团数} = \frac{N_0 - N}{N_0} \tag{8-11}$$

由式（8-8）和式（8-11）可得

$$\overline{X}_n = \frac{1}{1-P} \tag{8-12}$$

该方程描述了平均聚合度和反应程度的关系，最初由 Carothers 提出，因此也称为 Carothers 方程。

由表 8-10 可知，在反应初期，P 的变化很大，但 $\overline{X}_n$ 却增加不多；反应后期，当 P 由 99.8% 增加至 99.9% 时，$\overline{X}_n$ 却由 512 增至 1024。

同样，由图 8-3 可以看出，当反应程度不高时，尽管平均聚合度随着反应程度的增加而增大，但变化不大；而在反应后期，反应程度虽然提高不大，可平均聚合度却显著增加。

表8-10　缩聚反应中反应程度与平均聚合度的关系

反应程度 P	$1-P$	平均聚合度 $\overline{X}_n$	反应程度 P	$1-P$	平均聚合度 $\overline{X}_n$
0	0	0	0.985	0.015	64
0.5	0.5	2	0.992	0.008	128
0.75	0.25	4	0.996	0.004	256
0.88	0.12	8	0.998	0.002	512
0.94	0.06	16	0.999	0.001	1024
0.97	0.03	32			

将式（8-10）和式（8-12）联立可得：

$$\overline{M}_n = \frac{M_0}{1-P} \tag{8-13}$$

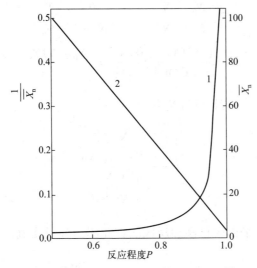

图8-3 缩聚过程中反应程度P与平均聚合度$\overline{X}_n$的关系

1—$\overline{X}_n$与P的关系；2—$\dfrac{1}{\overline{X}_n}$与$P$的关系

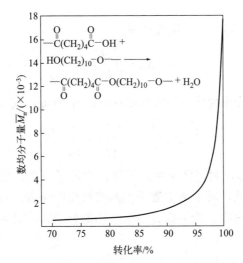

图8-4 聚乙二酸乙二酯的数均分子量与转化率的关系

以己二酸 $HO_2C(CH_2)_4CO_2H$ 和乙二醇 $HOCH_2CH_2OH$ 的聚酯化反应为例（$M_0=86$），将数据代入式（8-13），并将 $\overline{M}_n$ 对 P 作图，从图 8-4 中可以看出：为制得分子量在 10000 以上的聚合物，需要有极高的转化率。

3. 平衡常数与平均聚合度的关系

对官能团数相等的 2-2 官能度体系的缩聚反应进行分析，以聚酯反应为例，设反应开始时（$t=0$），起始官能团—COOH 和—OH 的总数各为 N_0，当达到平衡时（$t=t_{平衡}$），剩余的—COOH 和—OH 官能团数各为 N，那么反应生成酯键的数目为 $N-N_0$，设反应中析出的小分子水的数目为 N_w，则有：

$$\sim COOH + HO \sim \rightleftharpoons \sim OCO \sim + H_2O$$

$t=0$ N_0 N_0 0 0

$t=t_{平衡}$ N N N_0-N N_w

$$K = \frac{[-OCO-][H_2O]}{[-COOH][-OH]} = \frac{(N_0-N)N_w}{N^2} \tag{8-14}$$

将式（8-14）分子分母同除以 N_0^2 得

$$K = \frac{\left(\dfrac{N_0-N}{N_0}\right)\left(\dfrac{N_w}{N_0}\right)}{\left(\dfrac{N}{N_0}\right)^2} \tag{8-15}$$

式中，$\dfrac{N_0-N}{N_0}$ 为平衡时已参加反应的官能团的分子比值，即反应程度 P；$\dfrac{N_w}{N_0}$

为平衡时析出的小分子的分子比值，用 n_w 表示；$\dfrac{N}{N_0}$ 为平衡时缩聚物平均聚合度的

倒数，即 $\dfrac{1}{X_n}$。

据此，式（8-15）可以进一步改写成

$$\overline{X}_n = \sqrt{\frac{K}{Pn_w}} \tag{8-16}$$

如果反应是不脱除正反应产物的封闭体系，有 $P=n_w$，式（8-16）又可表达为

$$\overline{X}_n = \sqrt{\frac{K}{P^2}} = \sqrt{\frac{K}{n_w^2}} = \frac{1}{n_w}\sqrt{K} \tag{8-17}$$

由式（8-17）得知，封闭体系中，缩聚产物的平均聚合度与反应析出的小分子残留浓度成反比。因此，对平衡常数不大的缩聚反应而言，封闭体系中进行反应无法得到高分子量的缩聚物。为了提高缩聚产物的分子量，必须设法除去反应体系中的小分子物质。

将式（8-12）$\overline{X}_n = \dfrac{1}{1-P}$ 与式（8-17）联立得

$$(1-P)^2 - \frac{P^2}{K} = 0 \tag{8-18}$$

解得

$$P = \frac{\sqrt{K}}{\sqrt{K}+1} \tag{8-19}$$

$$\overline{X}_n = \frac{1}{1-P} = \sqrt{K}+1 \tag{8-20}$$

聚酯化反应的 $K \approx 4$，在封闭体系内，按式（8-20）计算，$\overline{X}_n$ 最高为 3，P 最高

为 2/3。表明如果反应体系不脱除小分子产物，只能获得三聚体的缩聚产物。结合式（8-17），对平衡常数不大的缩聚反应而言，封闭体系中进行反应无法得到高分子量的缩聚物。为了提高缩聚产物的分子量，必须设法除去反应体系中的小分子物质。

表 8-11 列出了由不同的 K 值计算得出的 $\overline{X}_n$ 和 P。这些计算值均表明，受平衡常数的限制，最多只能得到中等分子量的聚合物。在封闭体系中，当平衡常数达 10^4 时，才得到聚合度为 100 的聚合物（在大多数聚合体系中相当于分子量约为 10^4）。而欲获得具有实际应用价值的聚合物，所需分子量更高，因此要求平衡常数也就更大。对各种缩聚合或相应小分子反应的平衡常数进行分析，很容易就得出聚合反应不能在封闭体系中进行的结论。比如，聚酯化反应的平衡常数通常都低于 10，酯交换反应的 K 值甚至在 $0.1\sim1$ 之间，聚酰胺的 K 值范围为 $10^2\sim10^3$。虽然聚酰胺的平衡常数已经很高了，但是欲制备高分子量的聚合物仍不足够。此外，即使是那些看似基本上不可逆的聚合反应，如果不除去小分子副产物（或者不除去聚合物），聚合的逆反应仍然是影响产物高分子量的重要因素。

表 8-11　封闭体系中平衡常数对反应程度和聚合物的影响

平衡常数（K）	p_c	$\overline{X}_n$	平衡常数（K）	p_c	$\overline{X}_n$
0.001	0.0099	1.01	361	0.950	20
0.01	0.0909	1.10	2401	0.980	50
1	0.500	2	9801	0.990	100
16	0.800	5	39601	0.995	200
81	0.900	10	249001	0.998	500

当缩聚产物分子量很大时，$N_0\gg N$，有

$$P=\frac{N_0-N}{N_0}=1-\frac{N}{N_0}\approx1$$

式（8-16）可变为：

$$\overline{X}_n=\sqrt{\frac{K}{n_w}}\qquad(8\text{-}21)$$

该式为近似表示缩聚反应中平均聚合度、平衡常数和副产物小分子含量三者之间定量关系的缩聚平衡方程。它说明了缩聚产物的平均聚合度与平衡常数的平方根成正比，与反应体系中小分子产物浓度的平方根成反比。

4. 线型缩聚产物分子量的控制

线型缩聚产物的分子量直接决定了产物的使用性能与加工性能，可以说，高聚物的性能是高分子聚合物某一范围内分子量的宏观体现，高于或低于预期的分子量都是不理想的。如涤纶树脂的分子量只有在 15000 以上才有较好的可纺性；低分子量的环氧树脂适宜做黏合剂，而高分子量的环氧树脂则适宜制备烘干型清漆。因此，对高聚物的分子量必须加以适当控制。

线型缩聚产物分子量的控制方法，有控制反应程度法、官能团过量法和加入单官能团法。控制反应程度法是在恰当的时间通过淬灭反应来获得理想的分子量，但是这种方法得到的聚合物并不稳定，因为在大分子链端仍然存在具有反应活性的官

能团，导致后续加热成型阶段，聚合物链段的官能团（又称端基）还会继续发生缩聚反应，造成最终产物的分子量发生变化而影响性能。所以工业生产中经常采用的有效控制方法是后两种方法。

前文中，反应程度和平衡常数对缩聚物聚合度影响的理论分析，是以两种单体的等官能团数（或等物质的量）为前提的。但实际生产中，反应一般是在非等官能团数的条件下进行，因此还需引入两种单体的官能团数比或摩尔比 r，工业上也会采用过量摩尔百分比 Q 或摩尔分数 q 表示。

以二元酸（a—A—a）和二元醇（b—B—b）的缩聚反应为例，设起始两个单体的官能团数分别为 N_a、N_b，单体 b—B—b 过量，r 永远小于等于1，不可能大于1。则 q 与 r 有如下关系：

$$q = \frac{(N_b - N_a)/2}{N_a/2} = \frac{1-r}{r} \tag{8-22}$$

$$r = \frac{1}{q+1} \tag{8-23}$$

以 n mol 二元酸（a—A—a）与（$n+1$）mol 二元醇（b—B—b）进行缩聚，如反应程度 $P=1$，且反应中尽量脱除水，则最终缩聚物的聚合度 $\overline{X}_n = 2n+1$，或 $DP \approx n$。

以下三种情况可实现等官能团数：①单体纯度高并精确计量；②两官能团同在一单体分子上，如羟基酸、氨基酸；③二元胺和二元酸成盐。同时使某种二元单体略过量或另加少量单官能团物质，来封锁端基。进一步在减压条件下尽快脱水，防止逆反应，并反应足够时间来提高反应程度和产物聚合度。

现对非等官能团数和等官能团数反应体系的分子量控制方法分别加以分析。

非等官能团数体系的分子量控制方法

（1） 适用于非等官能团数体系的官能团过量法（非化学计量）这种方法主要适用于混缩聚和共缩聚体系。以 a—A—a 单体为基准，b—B—b 微过量，设官能团 a 的反应程度为 P，则 a 的反应数为 $N_a P$，这也是 b 的反应数。a 的残留数为 $N_a - N_a P$，b 的残留数则为 $N_b - N_a P$，a 和 b 的残留总数为 $N = N_a + N_b - 2N_a P$。每一聚合物链有两个端基，因此聚合物分子总数等于端基总数的一半 $(N_a + N_b - 2N_a P)/2$。

聚合物平均聚合度等于反应起始结构单元总数除以聚合物总数，即

$$\overline{X}_n = \frac{(N_a + N_b)/2}{(N_a + N_b - 2N_a P)/2} = \frac{1+r}{1+r-2rP} \tag{8-24}$$

依据式（8-24），从两种极限情况分析通过设定官能团数比来控制聚合度。

①当两官能团等物质的量时，即 $r=1$ 或 $q=0$，式（8-24）可简化为 Carothers 方程，即式（8-12）：

$$\overline{X}_n = \frac{1}{1-P}$$

②当单体转化率为100%，即反应程度 $P=1$ 时，则得

$$\overline{X}_n = \frac{1+r}{1-r} \tag{8-25}$$

将一系列摩尔系数的数值代入式（8-25），可以得到一系列的平均聚合度数值，如表 8-12 所示。

表8-12　由 r 计算所得 $\overline{X}_n$

r	0.500	0.750	0.850	0.900	0.950	0.960	0.980	0.985	0.990	0.995	0.998	0.999
$\overline{X}_n$	3	7	12	19	39	49	99	132	199	399	999	1999

表 8-12 说明，b 官能团过量得越少（越趋近于单体等物质的量），在 $P=1$ 条件下，当 $r\rightarrow 1$ 时，$\overline{X}_n\rightarrow\infty$，如 $r=1$，则平均聚合度等于无穷大，而实际生产中，反应程度 P 可以接近 1，但不可能达到 1。

式（8-24）和图 8-5 都显示了聚合度 $\overline{X}_n$ 与官能团数比 r 以及反应程度 P 的关系。图 8-5 中官能团的非等物质的量既可用 r 表示，也可用 b—B—b 与过量的 a—A—a 的摩尔数 q 表示，图中各曲线显示了不同反应程度 P 下，平均聚合度 $\overline{X}_n$ 与官能团数比 r 的关系。然而，在实际生产中往往不能完全自由地选择 r 和 p。限制于经济成本因素和高精度单体的纯化，往往无法做到完全控制官能团数比 r 等于 1。同样，由于反应平衡、经济效益和反应时间等原因，很多聚合反应的反应程度也无法达到 1。当反应程度接近 100% 时，反应程度每提高一个百分点所需的反应时间，几乎等于从反应开始到反应程度为 97%～98% 的反应时间。分析图 8-5 可知，从 $P=0.970$（$\overline{X}_n=33.3$）到 $P=0.980$（$\overline{X}_n=50$）所需要的时间，几乎与从反应开始到 $P=0.970$ 所需的时间相等。

结合式（8-24）和图 8-5 去分析，通过控制官能团数比 r 和反应程度 P 得到预期聚合度 $\overline{X}_n$ 的计算方法。以官能团的物质的量分别过量 0.1% 和 1% 为例（r 分别为 1000/1001 和 100/101）：当 $P=1$ 时，$\overline{X}_n$ 分别为 2001 和 201；当 $P=0.990$ 时，$\overline{X}_n$ 分别降至 96 和 49；当 $P=0.980$ 时，$\overline{X}_n$ 则分别降至 49 和 40。实际生产中，达到 50～100 聚合度的大分子才具有实际应用价值，因此反应程度至少达到 98% 才可获得理想的聚合物。而想要获得更高聚合度的产物，需要更高的反应程度和适宜的官能团数比。

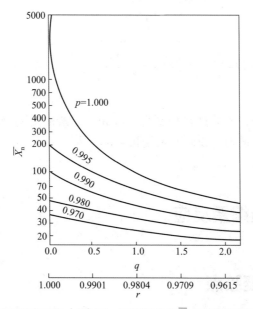

图8-5　不同反应程度（P）下，平均聚合度 $\overline{X}_n$ 与官能团数比 r 的关系

（2）适用于等官能团数体系的加入单官能团物质法　这种方法适用于混缩聚和均缩聚体系。在等物质的量 2-2 体系（aAa+bBb）或 2 体系（a—R—b，如羟基酸）中，另加入微量单官能团 b 的单体 C—b（其基团数为 N'_b），则官能团数比

$$r = \frac{N_a}{N_b + 2N'_b} \qquad (8-26)$$

式中，N'_b 前的系数"2"，是因为 1 分子的单官能团单体 C—b 与双官能团的单体 bBb 对聚合物链增长的定量影响具有同等贡献。过量的单体 bBb 与单官能团单体 C—b 一样，只有一个基团 b 起到封端作用，另一基团 b 不起反应。

由式（8-26）求得 r 值后，也可以应用式（8-24）来计算聚合度，作为控制前的估算。

线型缩聚物的聚合度与两官能团数比或过量分率密切相关，任何原料都很难做到两种官能团数相等，微量杂质（尤其单官能团物质）的存在、分析误差、称量误差、聚合过程中的挥发损耗和分解损失都会造成官能团数的不相等。如果不考虑反应性杂质的存在，含有官能团 A 或 B 的杂质可能会导致聚合物分子量的显著下降，因此应尽可能设法排除杂质影响。

【例 8-1】　生产聚酰胺 -66 的某企业，欲采用己二酸过量的办法，获得分子量为 13500 的聚合物。如果反应程度为 $P=0.994$，那么在实施生产时应如何选择己二胺和己二酸的配料比。

解：当己二酸过量时，聚酰胺 -66 的分子结构表达式为：

$$HO \left[CO(CH_2)_4CONH(CH_2)_6NH \right]_n CO(CH_2)_4COOH$$

$$\vdash - 112 --- \vdash -- 114 --- \vdash$$

结构单元的平均分子量为：$M_0 = \dfrac{112+114}{2} = 113$

端基分子量为：$M_{端} = 146$

由 $\overline{M}_n = M_0 \overline{X}_n + M_{端}$ 得平均聚合度为：

$$\overline{X}_n = \frac{13500 - 146}{113} = 118$$

当反应程度 $P=0.994$ 时，依据 $\overline{X}_n = \dfrac{1+r}{1+r-2rP}$

解得：$r=0.995$

结论：在生产中，只要严格控制己二胺和己二酸的配料物质的量之比为 0.995，就可以获得平均分子量为 13500 的聚酰胺 -66 产品。

单元四　体型缩聚反应

一、凝胶化和凝胶点

前面已经提到，2-2 或 2 官能度体系缩聚，形成线型缩聚物；2-n（$n > 3$）或 3-n

（$n > 2$）等官能度体系则形成体型缩聚物。

使多官能度单体 $\overset{b-B-b}{\underset{b}{}}$ 与一个 2 官能度单体 a—A—a 反应，每个 $\overset{b-B-b}{\underset{b}{}}$ 分子完全反应的话将会生成一个支化点。如令 a—A—a 过量，则产物分子各分枝链段未反应的 a 官能团就可与更多的 $\overset{b-B-b}{\underset{b}{}}$ 反应。继续反应下去，这个支化聚合物分子就可增长／交联成极高分子量的聚合物，最终形成一个无限的网。这种扩展的支化和交联称为聚合物的"凝胶化"，在这种状态下，反应体系黏度突增，气泡也难上升，这时的反应程度称作凝胶点 P_c。凝胶化过程中体系的物理性能发生了显著变化，如凝胶点处黏度突变；充分交联后，则刚性增加、尺寸稳定等。凝胶化的聚合物可被溶剂溶胀但不溶解，高度交联的聚合物则全然不受溶剂的作用。 凝胶化和凝胶点的定义

正是由于体型缩聚反应的特点与体型缩聚物的特殊性能，才使得体型缩聚最终产品的生产不能像线型高聚物等热塑性材料那样先合成高聚物树脂再成型加工成制品。一般体型缩聚物的制备分两步进行，先是预聚合生成线型聚合物或者具有反应活性的低聚物（在反应器中进行，控制一定的反应程度），然后是成型（又称固化或熟化），通过加热或者加入固化剂等方法使其转变为体型缩聚物，成为最终产品（在模具中进行）。凝胶点的预测和控制对这两个阶段非常重要。预聚时，如反应程度超过凝胶点，聚合物将固化在聚合釜内而报废；成型时，则需控制适当的固化速度。因此，凝胶点是体型缩聚中的首要指标。 凝胶点对产品性能的影响

二、凝胶点的理论预测

（1） 单体等官能团数体系的凝胶点理论预测　早期，在 A 和 B 官能团数相等的情况下，Carothers 导出凝胶点与缩聚体系平均官能度 $\bar{f}$ 间的关系，单体混合物的平均官能度定义为每一分子平均带有的基团数。 Carothers 理论

$$\bar{f} = \frac{\sum N_i f_i}{\sum N_i} \tag{8-27}$$

式中，N_i 是官能度为 f_i 的单体的分子数。如 2mol 甘油（$f=3$）和 3mol 邻苯二甲酸酐（$f=2$）体系具有 5mol 单体和 12mol 官能团，故

$$\bar{f} = \frac{2 \times 3 + 3 \times 2}{2 + 3} = \frac{12}{5} = 2.4$$

Carothers 方程的理论基础是凝胶点时的平均聚合度等于无穷大。

设体系中混合单体的起始分子数为 N_0，则起始官能团数为 $N_0\bar{f}$。令 t 时残留单体分子分子数为 N，则凝胶点以前反应的基团数 2（N_0-N），系数 2 代表 1 个分子有 2 个基团反应成键。则反应程度 P 为基团参与反应部分的分率，或任一基团的反应概率，可由 t 时前参与反应的基团数除以起始基团数求得。

$$P = \frac{2(N_0 - N)}{N_0\bar{f}} \tag{8-28}$$

因为聚合度 $\overline{X}_n = N_0/N$，代入式（8-28），则得

$$P = \frac{2}{\overline{f}}\left(1 - \frac{1}{\overline{X}_n}\right) \tag{8-29}$$

将式（8-29）重排，变换成反应混合物平均聚合度的函数，注意并非所形成聚合物平均聚合度。

$$\overline{X}_n = \frac{2}{2 - P\overline{f}} \tag{8-30}$$

凝胶点时，考虑 $\overline{X}_n$ 为无穷大，由式（8-29）可求得凝胶点时的临界反应程度 P_c 为

$$P_c = \frac{2}{\overline{f}} \tag{8-31}$$

摩尔比为 2∶3 的甘油 - 苯酐体系的 $\overline{f}$ =2.4，按式（8-31）算得 P_c=0.833，但实际值小于这一数据。按式（8-31）计算所得 P_c 的前提为 $\overline{X}_n$ 无穷大，但凝胶点时体系中还有许多溶胶，$\overline{X}_n$ 并非无穷大。

【例 8-2】 醇酸树脂是一种性能优越的涂料，其附着力、硬度、光泽、耐候性和保光性等方面均优于油性漆，被广泛应用于机电产品、汽车、拖拉机、大型建筑等的涂装。2mol 甘油和 3mol 邻苯二甲酸酐缩聚合成醇酸树脂涂料，应控制其官能团转化程度不超过多少？

解：多官能度单体反应到一定程度会产生交联，但作为涂料需要在涂装前具有流动性，因此，在合成反应阶段不能使其产生交联。通过分析确定反应体系为等官能团数体系：

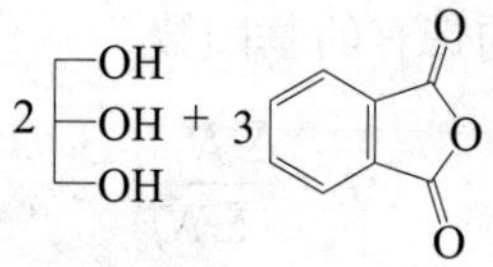

利用 Carothers 方程预测体系凝胶点，反应釜中的反应不能超过凝胶点。
先计算平均官能度：

$$\overline{f} = \frac{\sum N_i f_i}{\sum N_i} = \frac{2 \times 3 + 3 \times 2}{2 + 3} = 2.4$$

再计算体系凝胶点：

$$P_c = \frac{2}{\overline{f}} = \frac{2}{2.4} = 0.833$$

（2）单体非等官能团数体系的凝胶点理论预测

①单体非等官能团数两组分体系的凝胶点理论预测。两组分体系以 1mol 甘油和 5mol 邻苯二甲酸酐体系为例，用式（8-27）计算得

$$\overline{f} = \frac{1 \times 3 + 5 \times 2}{1 + 5} = \frac{13}{6} = 2.17$$

根据这一数据，似可制得高聚物；进一步按式（8-31）计算得凝胶点 $P_c=2/2.17 \approx 0.922$，似应产生交联，并且貌似交联度比较深，但这两个结论都是错误的。原因是两官能团数比 $r=3/10 \approx 0.3$，苯酐过量很多，1mol甘油与3mol苯酐反应后，甘油中的羟基全部被封端，留下2mol苯酐或4mol羧基不再反应，不应参与平均官能度的计算。

单体非等官能团数体系平均官能度与凝胶点的关系

$$C_3H_5(OH)_3 + 5C_6H_4(CO)_2O \longrightarrow C_3H_5(OCOC_6H_4COOH)_3 + 2C_6H_4(CO)_2O$$

因此，两种官能团数不相等时，平均官能度应以非过量官能团数的2倍除以分子总数来求取，因为反应程度和交联与否决定于含量少的组分。

$$\overline{f} = \frac{2N_A f_A}{N_A + N_B} \tag{8-32}$$

例［8-2］应为 $f = \frac{2 \times 1 \times 3}{1 + 5} = 1$。这样低的平均官能度只能说明体系仅生成小分子物质，不会凝胶化。

②单体非等官能团数多组分体系的凝胶点理论预测。两种基团数不相等的多组分体系的平均官能度可作类似计算，计算时只考虑参与反应的基团数，不计算未参与反应的过量基团，以A、B、C三组分体系为例，三者分子数分别为 N_A、N_B、N_C，官能度分别为 f_A、f_B、f_C。A和C带有相同的官能团A，且A基团总数少于B基团数，即（$N_A f_A + N_C f_C$）$<$ $N_B f_B$，则平均官能度为：

【知识拓展】Flory 统计法推导凝胶点

$$\overline{f} = \frac{2(N_A f_A + N_C f_C)}{N_A + N_B + N_C} \tag{8-33}$$

然后再根据式（8-31）计算凝胶点。

三、凝胶点的实验测定

1. 黏度法

直接测定 P_c 难度较大，利用缩聚度 $\overline{X}_n$ 和反应程度 P_c 的关系，通过流变仪实测黏度，可间接地表征 $\overline{X}_n$ 和 P_c 大小。黏度法具有简单、直观等优点，但在测定时对体系的扰动不容忽视，而且黏度法也不能跟踪凝胶点后体系的进一步变化。

2. 差示扫描量热法（DSC）和差热分析法（DTA）

体型缩聚物的形成过程也就是树脂固化过程。一般来说，固化过程是放热反应。因此，可利用差示扫描量热法（DSC）和差热分析法（DTA）测得的曲线上的固化放热峰所对应的时间来确定凝胶点。

3. 脉冲场梯度核磁共振法

核磁共振适用于溶胶-凝胶转移的测定，其相对于黏度法所具有的主要优势是很容易发现滞后效应。核磁共振测量法可以通过转变温度（冷却和加热）连续进行，而在流变法中这是困难的。

4. 其他方法

电导法和光度法对引起凝胶化的交联反应过程进行跟踪，但溶液到凝胶的转化往往发生在交联反应完成之前，因此检测结果未必与宏观观察结果相一致。荧光探针法可供选用的探针种类多，适用面宽、方法灵活，对于研究凝胶的动态形成过程具有普适性。

单元五　典型缩聚物的生产

一、聚酯

聚酯是由二元或多元酸和二元或多元醇通过缩聚反应而制得的一类线型高分子的缩聚物总称，是制造聚酯纤维、涂料、薄膜及工程塑料的原料。聚酯可采用不同的原料、不同的合成方法得到不同品种。目前，聚酯的主要品种有聚对苯二甲酸乙二醇酯（PET）、聚对苯二甲酸丁二醇酯（PBT）、聚对苯二甲酸丙二醇酯（PTT）以及某些共聚酯等系列。所有聚酯品种大分子的各个链节间都是以酯基"$-\overset{O}{\overset{\|}{C}}-O$"相连，所以人们通常把这类缩聚物通称为聚酯。聚对苯二甲酸乙二醇酯，是以对苯二甲酸（PTA）和乙二醇（EG）为原料缩聚而成，表面平滑有光泽，呈乳白色或浅黄色，是高度结晶的缩聚物，是世界上第一个实现工业化的聚酯产品。以聚酯为原料制得的纤维称为涤纶，是三大合成纤维（涤纶、锦纶、腈纶）中最主要的一种纤维。

聚酯生产原料及产品如图8-6所示。

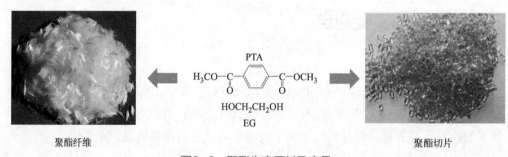

聚酯纤维　　　　　　　　　　　　　　　　　　　　　聚酯切片

图8-6　聚酯生产原料及产品

1. 聚酯产品性能

聚对苯二甲酸乙二醇酯优点是：在室温下具有优良的力学性能，耐蠕变性、耐疲劳性、耐摩擦性、尺寸稳定性都很好；长期使用温度可达120℃，尤其是电绝缘性优良，耐多种有机溶剂。缺点是冲击性能差，成型加工困难，吸湿性强，使用前常需干燥。

2. 聚酯的用途

聚酯按用途可分为纤维和非纤维两大类。聚酯纤维是三大合成纤维之一，俗称"涤纶"，非纤维类主要用于薄膜、工程塑料、容器、充装饮料、食品等中空制品；也可用来制造绝缘材料、磁带带基、电影或照相胶片片基和真空包装等。聚酯具有良好的物理、化学和力学性能，特别是绝缘性、耐热性、耐化学性、耐磨性及后加工性能优异，使民用聚酯纤维的消耗量不断增长，同时在非纤维领域也得到进一步的拓展。目前，聚酯正在越来越多地取代金属、玻璃、陶瓷、纸张、木材和其他合成材料。聚酯树脂的主要用途见表8-13。

表8-13 聚酯的主要用途

应用领域	应用实例
纤维（长丝、短丝、工业丝）	服装、医用绷带、轮胎帘子线、工业滤布、建筑防水基材等
薄膜	包装、绝缘材料、带基等
瓶罐	饮料瓶（可乐、果汁、矿泉水瓶等）、食品瓶（酱油瓶、醋瓶等），化妆品包装及洗涤用品包装瓶等
工程塑料	电子、电器、汽车等领域，如仪表壳、热风罩等

3. 涤纶的生产原理

（1）单体的性质及来源 直接化聚酯法生产聚酯所采用的单体是对苯二甲酸和乙二醇。

酯交换法生产聚酯所采用的单体是对苯二甲酸二甲酯和乙二醇。

① 对苯二甲酸二甲酯（DMT）。对苯二甲酸二甲酯是一种芳香族二元酯，常温下为白色结晶粉末，无毒、易燃，其蒸气或粉尘与空气混合至一定比例，遇火能发生爆炸。

对苯二甲酸二甲酯由对苯二甲酸与甲醇酯化，然后经重结晶或真空蒸馏制得。

② 环氧乙烷。环氧乙烷又称氧化乙烯，是最简单的环醚。常温下是无色、有毒气体，低温下是无色易流动液体，有乙醚气味，能溶于水、乙醇和乙醚等。化学性质非常活泼，可与许多化合物发生加成反应。能与空气形成爆炸性混合物，爆炸极限为3.6%～78%（体积）。

环氧乙烷由乙烯直接或间接氧化制得。主要用于制取乙二醇、非离子型表面活性剂、食品及纺织工业的熏蒸剂等。

③ 对苯二甲酸（PTA）。对苯二甲酸是产量最大的芳香族二元羧酸，常温下为白色晶体或粉末，无毒，易燃，若与空气混合，在一定的限度内遇火即燃烧甚至发生爆炸。微溶于水，不溶于乙醚、乙酸乙酯、二氯甲烷、甲苯、氯仿等大多数有机溶剂，可溶于强极性有机溶剂。

工业上，对苯二甲酸主要通过对二甲苯的氧化法而制得。

④ 乙二醇（EG）。乙二醇是最简单的二元醇，常温下是无色、无臭、有甜味的黏稠液体。具有较强的吸湿性，有醇味但不可饮用。挥发度极低，可与水、醇类、醛类等溶剂互溶，但在醚类溶剂中溶解度较小。

工业上，乙二醇主要通过环氧乙烷直接水合法而制得。

直接化聚酯法生产聚酯对单体的质量要求如表8-14所示。

（2） 聚对苯二甲酸乙二醇酯（聚酯）的合成原理　　按照反应采用的中间体种类来分，有酯交换法、直接酯化法和环氧乙烷法三种聚酯合成路线。在这三种路线中，酯交换法是传统的方法，工艺技术成熟，至今在工业生产中仍占有重要的地位。直接酯化法起步较晚，但与酯交换法相比，因具有消耗定额低、乙二醇配料比低、无甲醇回收、生产控制稳定、流程短、投资低等优点，而发展迅速。所以，酯交换法和直接酯化法依然是目前合成聚酯的两大主要工艺路线，目前国内引进的聚酯装置多以后者为主，其生产能力 1997 年就已达到 152 万 t/a。

表8-14　直接化聚酯法生产聚酯对单体的质量要求

对苯二甲酸		乙二醇	
纯度	＞99.9%	纯度	99.8%
光学密度（NH₄OH 溶液，380μmol/L）	＜0.006	相对密度	1.1130～1.1136
铂钴比色值（NaOH 溶液）	＜10	沸点	（140±0.7）℃
含水量	＜0.1%	铂钴比色	＜10
灰分	＜0.001%	二缩、三缩乙二醇	＜0.05%
钾	＜0.003%	水分	＜0.1%
铁	＜0.0001%	酸度	＜0.001%
醛	0	灰分	＜0.0005%
		铁	＜0.00001%
		外观	无色透明

这里只介绍酯交换法和直接酯化法的连续聚合生产过程。

①酯交换法。酯交换法，也称 DMT 工艺，是首先实现工业化的聚酯生产工艺，因为当时提纯工艺可以达到 DMT 所需纯度，但尚不能获得所需纯度的 PTA。DMT 工艺是 DMT 与乙二醇发生的酯交换反应，分两个阶段，第一步是溶液聚合，而第二步反应温度高于聚合物熔融温度，是熔融聚合。

第一阶段：DMT 与乙二醇在 150～200℃下进行酯交换反应，生成对苯二甲酸二羟乙酯和少量低聚物，同时不断蒸出甲醇：

酯交换法生
产聚酯第一
阶段反应

$$H_3COOC\text{—}\bigcirc\text{—}COOCH_3 + HOCH_2CH_2OH \longrightarrow$$

$$HOH_2CH_2COOC\text{—}\bigcirc\text{—}COOCH_2CH_2OH + CH_3OH$$

第二阶段：反应温度升至 270～280℃，在 0.5～1Torr（66～133Pa）的半真空条件下，及时脱除乙二醇。

酯交换法生
产聚酯第二
阶段反应

$$HOCH_2CH_2OOC\text{—}\bigcirc\text{—}COOCH_2CH_2OH \longrightarrow$$

$$H\text{—}[OCH_2CH_2OOC\text{—}\bigcirc\text{—}CO]_n\text{—}OCH_2CH_2OH + HOCH_2CH_2OH$$

②直接酯化法。直接酯化法生产聚酯包括酯化和缩聚两个阶段。

酯化阶段：首先高度精制对苯二甲酸与乙二醇，然后对苯二甲酸和乙二醇直接酯化，在 200℃下先酯化成对苯二甲酸乙二醇酯和少量的短链低聚物的预聚体，同时生成副产物水。酯化反应式如下：

直接酯化法
酯化阶段反
应式

$$\text{HO-C}\underset{O}{\overset{O}{\|}}\text{-}\bigcirc\text{-C}\underset{O}{\overset{O}{\|}}\text{-OH + HO-CH}_2\text{CH}_2\text{OH} \longrightarrow$$

$$\text{HO(CH}_2)_2\text{-O-C}\underset{O}{\overset{O}{\|}}\text{-}\bigcirc\text{-C}\underset{O}{\overset{O}{\|}}\text{-O(CH}_2)_2\text{OH + H}_2\text{O}$$

由于对苯二甲酸仅能部分溶于乙二醇，酯化反应不是均相反应，只有当酯化率和聚合度达到一定程度时，对苯二甲酸被全部溶解，才成为均相反应。

缩聚阶段：缩聚反应是聚酯合成过程中的链增长阶段。通过这一阶段，单体与单体、单体与低聚物、低聚物与低聚物之间互相反应，逐步聚合成聚酯。聚合反应式如下：

$$\text{HO-(CH}_2)_2\text{O-C}\underset{O}{\overset{O}{\|}}\text{-}\bigcirc\text{-C}\underset{O}{\overset{O}{\|}}\text{-O-(CH}_2)_2\text{OH} \rightleftharpoons \text{HO-CH}_2\text{-CH}_2\text{-OH}$$

$$+ \text{HO(CH}_2)_2\text{-O-C}\underset{O}{\overset{O}{\|}}\text{-}\bigcirc\text{-C}\underset{O}{\overset{O}{\|}}\text{-O-[CH}_2\text{-CH}_2\text{-O-C}\underset{O}{\overset{O}{\|}}\text{-}\bigcirc\text{-C}\underset{O}{\overset{O}{\|}}\text{-O]}_{n-1}\text{(CH}_2)_2\text{OH}$$

由于缩聚反应具有可逆性，所以必须及时排出反应生成的小分子物质（乙二醇），以使反应进行完全。为此采用真空及强力搅拌，缩聚反应最终压力不大于266.6Pa，即可获得高分子量的聚酯。一般产品的平均分子量不低于20000，用于制造纤维、薄膜的分子量约为25000。

4. 聚酯生产工艺

从操作方式上看，生产聚对苯二甲酸乙二醇酯的两种主要路线都有间歇操作和连续操作之分。相比较而言，直接酯化法采用连续法比间歇法的成本低20%；酯交换法采用连续法比间歇法的成本低10%。下面主要介绍酯交换法和直接酯化法的连续生产工艺。

〔1〕酯交换法连续生产工艺 酯交换法连续生产工艺包括酯交换、预缩聚、缩聚等过程，其工艺流程如图8-7所示。

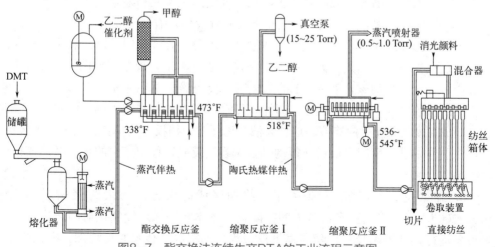

图8-7 酯交换法连续生产PTA的工业流程示意图

$1°F=\dfrac{5}{9}K; \ 1Torr=133.322Pa$

① 酯交换。将原料对苯二甲酸二甲酯连续加入熔化器中，加热至（150±5）℃熔化后，用齿轮泵送入高位槽中。另将乙二醇连续加入乙二醇预热器中预热至150～160℃后，用离心泵送入高位槽中。将上述两种原料按物质的量比1：2分别用计量泵连续定量加入酯交换塔上部。分别将催化剂乙酸锌和三氧化二锑按 DMT 的 0.02% 为加入量，用过量 0.4mol 的乙二醇配制成溶液加入高位槽中，并连续定量送入连续酯交换塔上部。

原料由塔顶加入后，经十六个分段反应室流到最后一块塔板，完成酯交换反应，酯交换的生成物由塔底再沸器加热后流入混合器中。

连续酯交换塔是一个塔顶带有乙二醇回流的填充式精馏柱的立式泡罩塔。酯交换反应控制温度为 190～220℃，反应所生成的甲醇蒸气通过塔板上的泡罩齿缝上升，进行气液交换后进入冷凝器冷凝后流入甲醇储槽中。

② 预缩聚。混合器中的单体通过过滤器过滤后，经计量泵、单体预热器送入预缩聚塔底部。单体由塔底进入后，沿各层塔板的升液管逐层上升，在上升过程中进行缩聚反应，反应所生成的乙二醇蒸气起搅拌作用，可以加快反应速率。当物料到达最上一层塔板后，便得到特性黏度 $[\eta]$ =0.2～0.25 的预聚物，预聚物由塔顶物料出口流出，进入预聚物中间储槽中。

预缩聚塔由十六块塔板构成，控制塔内温度在（265±5）℃。

③ 缩聚。预聚物由计量泵定量连续输送到卧式连续真空缩聚釜的入口。该釜为圆筒形，内有 49 枚圆盘轮的单轴搅拌器，釜的底部有与圆盘轮交错安装的隔板隔成的多段反应室，如图 8-7 所示。以锌作为催化剂时，釜内缩聚反应温度不超过 270℃，加入稳定剂后可控制在 275～278℃，压力小于 133.3Pa。在搅拌器的作用下，物料由缩聚釜的一端向另一端移动，在移动过程中进行缩聚反应。当物料到达另一端时，聚酯树脂的特性黏度逐渐增加到 0.64～0.68。然后经过连续纺丝、拉膜或造粒即得其产品。

（2）直接酯化法连续生产工艺 直接酯化法连续生产工艺分为酯化和缩聚两个阶段，由于酯化和缩聚反应同时发生，很难界定酯化反应和缩聚反应的阶段，通常把正压下反应阶段称为酯化反应，负压下反应阶段称为缩聚反应。

① 酯化反应。对苯二甲酸与乙二醇按摩尔比1：1.33配料，以三氧化二锑为催化剂，在搅拌下，控制酯化温度在乙二醇沸点以上。酯化反应在如图 8-8 所示的反应釜中进行。用平均聚合度为 1.1 的酯化物在反应器中循环，酯化物与对苯二甲酸的物质的量的比为 0.8。控制釜的夹套温度为 270℃，物料在釜内第一区室内充分混合，制成黏度为 2Pa·s 的浆液。这种浆液穿过区室间挡板上的小孔进入下一个区室，物料在前进中进行反应，最后获得均一低聚物。反应过程中产生的水，经蒸馏排出设备外。

② 缩聚反应。在 280℃ 条件下，终缩聚成高聚合度的最终聚酯产品（n=100～200），这一步的生产设备与间接酯化法基本相同。连续酯化后的产物进入缩聚设备进行连续缩聚反应，随着缩聚反应程度的提高，体系黏度增加。在工程上，将缩聚分段在两反应器内进行更为有利。前段预缩聚：270℃，2000～3300Pa。后段终缩聚：280～285℃，60～130Pa。

酯交换工艺流程

预聚合工艺流程

缩聚工艺流程

酯化反应工艺流程

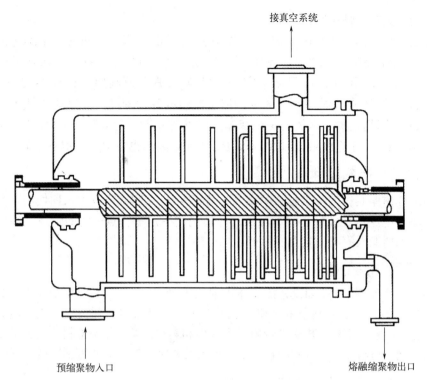

图8-8　卧式连续真空缩聚反应器示意图

缩聚反应
工艺流程

直接酯化法中一般要加入磷酸三苯酯、亚磷酸三苯酯等稳定剂，所以直接酯化法产物的热稳定性和聚合度都较酯交换法高，可作为生产轮胎帘子线的高质量纤维。

工业上，聚酯生产采用熔融缩聚法。但当作为工程塑料或瓶级制品时，要求其聚合度进一步提高。需要将熔融缩聚法得到的适当分子量范围的产品出料后，再进行固相缩聚。

聚酯长纤维
生产工艺
流程

【3】聚酯的后处理

① 聚酯的切片熔融纺丝。将聚酯树脂切片经真空加热干燥（真空度266.6～666.5Pa，温度140～150℃，时间10～20h），脱除吸附的微量水分，并使树脂由无定形变为结晶形后，在惰性气体的保护下加热熔融。再在一定压力下定量压出喷丝孔，冷却形成纤维，再经拉伸、卷曲、切断等工序制成一定规格的可纺短纤维；或经拉伸后进行加捻、定型等后处理工序，制成符合产品指标的长纤维。

② 切片固相增黏。熔融缩聚得到的聚酯原料，分子量还不能满足某些特殊领域的要求，须对切片进一步固相缩聚。固相缩聚是在催化剂作用和高真空条件下，固相聚酯颗粒在低于熔点温度下进行的缩聚反应，以达到提高结晶度、黏稠度并脱醛的目的，所得到的瓶级高黏树脂降解小、色泽好。固相缩聚的聚酯增黏过程可分为原料切片预结晶、固相缩聚和产物冷却三个基本工序。

聚酯增黏的
生产工艺
流程

重要的缩聚
物——聚酯

二、酚醛树脂

凡酚类化合物与醛类化合物经缩聚反应制得的树脂统称为酚醛树脂，其中，最常使用的是由苯酚和甲醛缩聚而成的酚醛树脂，简称PF。这种酚醛树脂是最早实现工业化的一类热固性树脂。

早在 1872 年，德国化学家、合成染料工业的奠基人 Adolf Von Baeyer 就把苯酚和甲醛混合反应，制得酚醛树脂。因为这种物质极难溶解，从而使反应容器报废，所以当时并没有得到化学家的青睐而未被有效利用。直到 1905 年，Leo Baekeland 将这种物质添加木屑加热、加压模塑成各种制品，并以他的姓氏命名为"Bakelite"，因为是加了木屑的电绝缘体，所以俗称为"电木"。1907 年 7 月 14 日，Leo Baekeland 注册了 Bakelite 的专利，Baekeland 因此也被称为"塑料之父"。

1. 酚醛树脂产品性能

用酚醛树脂制得的复合材料耐性高，能在 150～200℃范围内长期使用，并具有吸水性小、电绝缘性能好、耐腐蚀、尺寸精确和稳定等特点。它的耐烧蚀性比环氧树脂、聚酯树脂及有机硅树脂胶都好。

2. 酚醛树脂的用途

酚醛树脂原料易得、工艺简便，树脂固化后性能可满足许多领域要求，PF 模压塑料主要用于日用品、汽车电器和仪表零件等。产品有电器开关、灯头、电话机外壳、瓶盖、纽扣、手柄、电熨斗及电饭锅零件和刹车片等。用酚醛树脂制得的复合材料作为电绝缘材料和耐烧蚀材料在电机、电器及航空、航天工业等领域被广泛应用。

3. 酚醛树脂的生产原理

（1）单体的性质及来源　酚醛树脂由苯酚和甲醛缩聚而成，苯酚的活性基团是邻、对位氢，官能度为 3，甲醛的官能度则为 2。

① 苯酚。俗称石炭酸，无色或白色晶体，有特殊气味。有毒，且有腐蚀性。在空气中变粉红色。在室温下稍溶于水，在 65℃以上能与水混溶；易溶于乙醇、乙醚、氯仿、甘油、二硫化碳等，几乎不溶于石油醚。其水溶液与三氯化铁作用呈紫色。

由于苯环上羟基的作用，使其邻位和对位氢原子很活泼，成为多官能团化合物，与醛类缩合生成酚醛树脂。

苯酚的来源：由煤焦油经分馏，苯磺酸经碱精熔，氯苯经水解，异丙苯经氧化和水解，或甲苯经氧化和水解而制得。

② 甲醛。无色气体，有特殊的刺激气味，对人的眼鼻等有刺激作用。甲醛能溶于水及甲醇，含甲醛 37% 的水溶液称为"福尔马林"，是有刺激性的无色液体。甲醛在水中以甲二醇形式存在，同时还有部分聚合体。60%～70% 的浓甲醛在硫酸或阳离子交换树脂的催化下加热反应，可得到三聚甲醛，后者精制提纯后是聚甲醛的单体。

甲醛的来源：乙醚催化氧化法；烃类直接氧化法；甲醇的氧化及脱氢氧化法。

（2）酚醛树脂的合成原理

① 热塑性酚醛树脂的合成原理。热塑性酚醛树脂是甲醛与苯酚在盐酸、硫酸、磷酸等无机酸或乙酸等催化下缩聚而成的。酸催化酚醛树脂称作 novolacs，是热塑性的结构预聚物，催化剂可以是盐酸、硫酸、磷酸等无机酸，乙酸等有机酸或者二价金属催化剂等。制备时，酚必须过量，一般酚与甲醛的摩尔比为 6∶5 或 7∶6，如果苯酚与甲醛等摩尔比，即使在酸性条件下，也会交联生成热固性酚醛树脂。

通常缩聚用强酸，pH < 3 时，对位氢较活泼，pH=4.5～6 时，则邻位氢活泼。如果在树脂合成阶段使邻位氢先反应，留下对位氢，则可望获得较快的固化速度。

在酸催化下，酚与醛的反应过程如下：

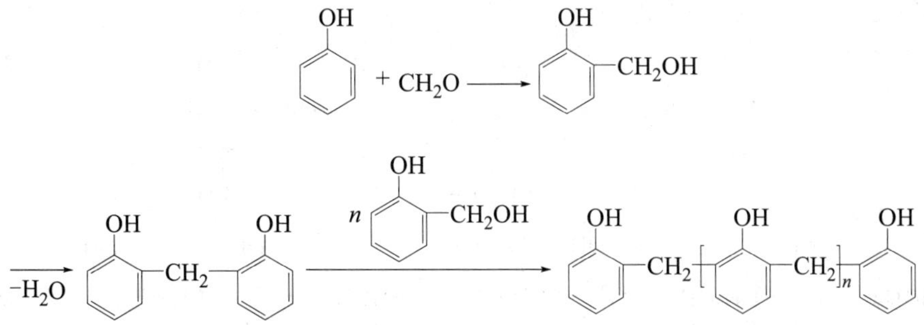

二羟二苯基甲烷   热塑性酚醛树脂

式中的 n 一般为 $4 \sim 12$，其数值的大小与反应物中苯酚的过量程度有关。固化时，利用树脂中酚基未反应的对位活泼氢与甲醛或六甲基四胺作用，即可形成不溶不熔的热固性酚醛树脂。

② 热固性酚醛树脂的合成原理。由苯酚与甲醛在碱催化下缩聚而得，称为 resoles。其反应基团无规排列，是无规预聚物。其中甲醛稍微过量，一般酚与甲醛的摩尔比为 $6 : 7$ 或者活性官能团数比为 $9 : 7$。反应分为 A、B、C 三个阶段。

A 阶段：这一阶段，反应程度小于凝胶点 P_c，可溶、可熔、流动性能良好，形成一羟甲基酚、二羟甲基酚、三羟甲基酚的混合物。例如以氢氧化钠为催化剂，30℃下，苯酚与甲醛水溶液反应 5h，产物中酚醇的成分见表 8-15。

碱催化合成酚醛树脂

表8-15 碱催化酚醛反应（第一阶段）体系中酚醇成分含量

成分	含量	成分	含量
2,4,6- 三羟甲基酚	37%	对羟甲基酚	17%
2,4- 二羟甲基酚	24%	邻羟甲基酚	12%
2,6- 二羟甲基酚	7%	未反应的苯酚	3%

A 阶段反应过程如下：

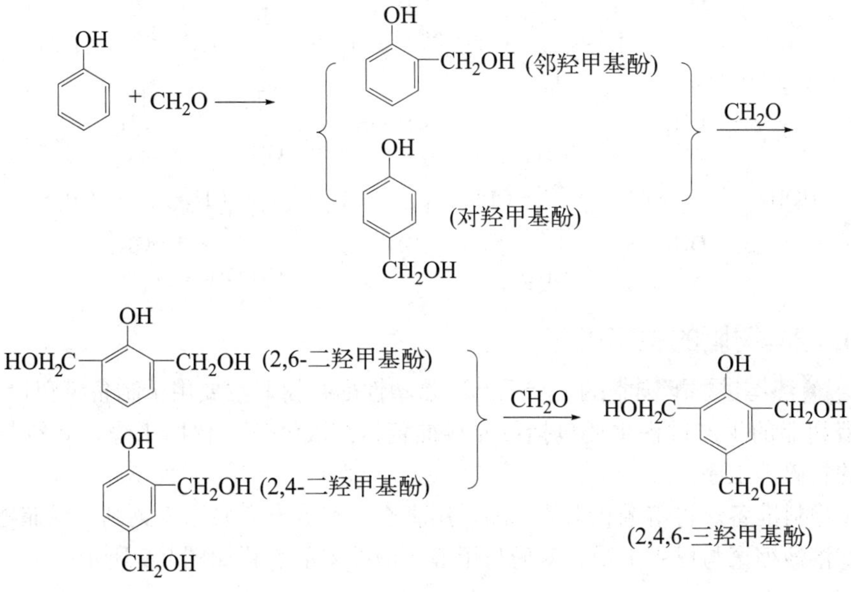

(2,4,6-三羟甲基酚)

B 阶段：各种羟基酚之间进行反应，反应程度接近 P_c，黏度有所提高，但仍能熔融塑化加工。反应过程如下：

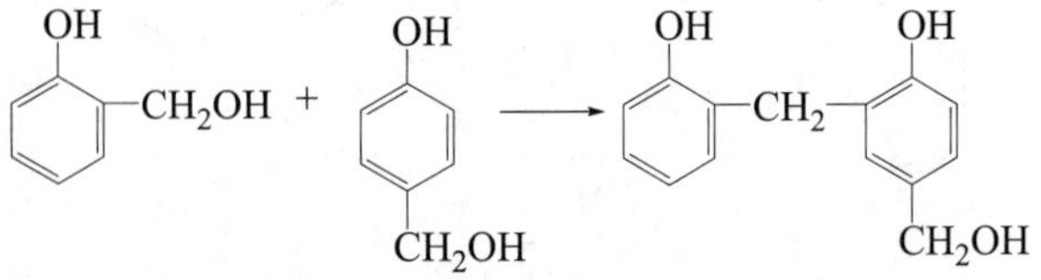

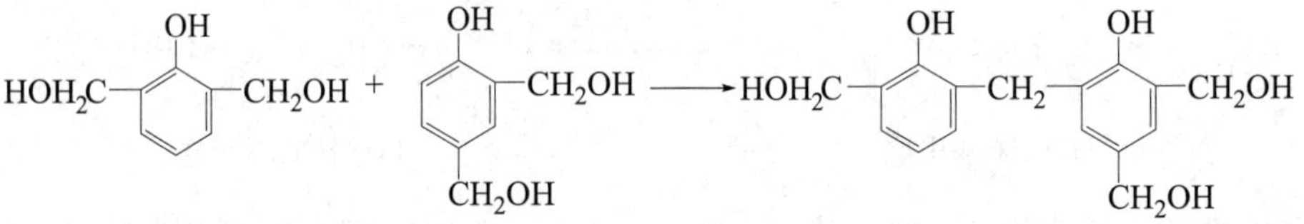

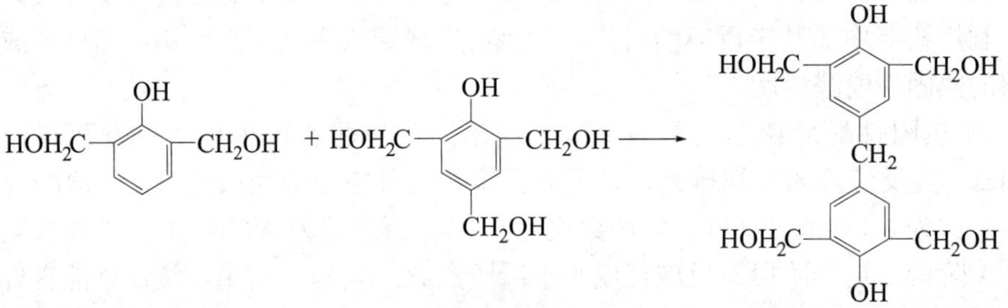

C 阶段：酚醇在碱性和较高温度下交联，在两苯环之间形成亚甲基桥，交联固化形成网状大分子的阶段。A 或 B 阶段预聚物受热时，交联固化，即成 C 阶段（$P > P_c$），产物不再溶解和熔融，成型加工可选择在 B 阶段或 A 阶段。

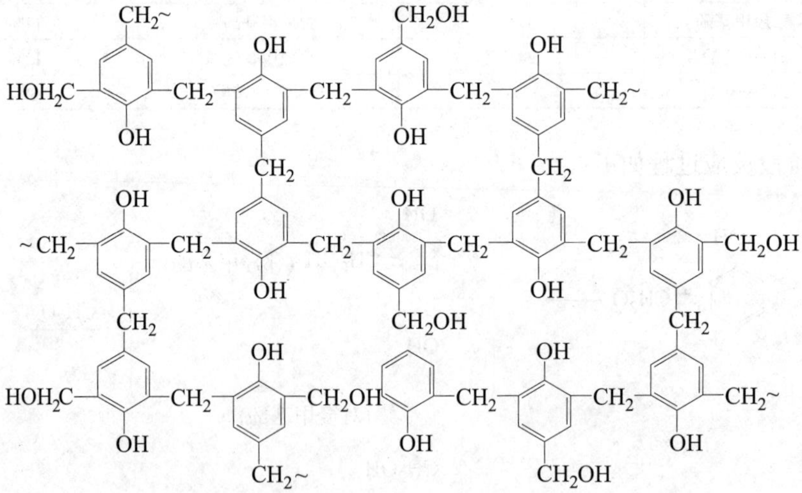

4. 酚醛树脂的生产工艺

（1）热塑性酚醛树脂的生产工艺　热塑性酚醛树脂主要用于制备模塑粉。热塑性酚醛树脂的生产过程主要包括：原料准备、溶液缩聚与树脂干燥、卸料与冷却、树脂的粉碎等工序。

①原料准备。将熔融状态的苯酚，用真空管路或离心泵送入钢制保温储槽。

②溶液缩聚与树脂干燥。苯酚与甲醛溶液缩聚的装置如图 8-9 所示。

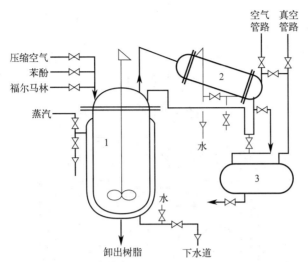

图8-9　溶液缩聚法生产酚醛树脂装置示意图
1—反应釜；2—冷凝器；3—受槽

溶液缩聚：将熔融状态的苯酚（如 65℃）加入反应釜内，先后加入第一批酸（苯酚的 1%～2%）和甲醛水溶液（福尔马林），使釜内混合物料的 pH 达到 1.6～2.3，注意各种原料必须经过准确计量方可投料。然后启动搅拌器搅拌，回流加热，直到树脂密度达到 1.15～1.18g/cm³ 时为止。

树脂的干燥：缩聚完毕后，停止搅拌，酚醛树脂从水中沉析出来，以热水洗涤数次；再对树脂进行真空干燥，以除去树脂中所含的水分、甲醇、催化剂及未反应的甲醛和苯酚。

③ 卸料与冷却：经真空脱水后的树脂很黏稠，应趁热及时出料。树脂由反应釜卸出后，通过以蒸汽保温的出料管，流入卸料室内相互叠置在一起的铁盘中。所有铁盘除最下层外都设有溢流管，便于树脂由上一盘流到下一盘。铁盘高度一般不超过120mm，便于水蒸气与气体从树脂中逸出，而且冷却效果好。当第一列各盘都装满后，转动出料管的可移动部分，树脂即注入第二列盘内。待室内各盘都盛满树脂后，各盘运出，经强制吹风冷却或自然冷却，即可送往粉碎工段。

卸料采用最多的装置如图 8-10 所示。

④ 树脂的粉碎。热塑性酚醛树脂比较脆，极易粉碎。冷却后的树脂，经破碎，即成酚醛树脂粉末。制造模塑粉用的树脂，一般用十字形锤式粉碎机粉碎，粉碎后的树脂有 30% 能通过 0.25 号筛。

酚醛树脂粉末再与木粉填料、六亚甲基四胺交联剂、其他助剂等混合，即成模塑粉。模塑粉受热成型时，六亚甲基四胺分解，提供交联所需的亚甲基，其作用与甲醛相当。同时产生的氨，部分可能与酚醛树脂结合，形成苄胺桥。概括来说，碱性酚醛树脂主要用作黏合剂，生产层压板；酸性酚醛树脂则用于模塑粉。

（2）热固性酚醛树脂的生产工艺　热固性酚醛树脂生产设备与工艺基本与热塑性酚醛树脂的相同，但原料的配料比和采用的催化剂不同。

碱性酚醛预聚物溶液多在厂内就地使用。例如与木粉混匀，铺在饰面板上，经压机热压制合成板；也可将浸有树脂溶液的纸张热压成层压板，热压时，交联固化的同时蒸出水分。

生产热塑性酚醛树脂的溶液缩聚阶段工艺流程

生产热塑性酚醛树脂的干燥阶段工艺流程

生产热塑性酚醛树脂的卸料阶段工艺流程

生产热塑性酚醛树脂的粉碎阶段工艺流程

其他重要的缩聚物

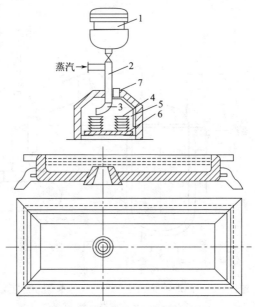

图8-10 酚醛树脂的卸料装置

1—反应釜；2—蒸汽保温的出料管；3—可移动部分；4—铁盘；
5—卸料室；6—铁盘支架；7—连接通风管的接管

单元六 逐步加聚反应

逐步加聚反应是单体分子通过逐步加成，在分子间形成共价键而生成高聚物的反应。这种反应多是不可逆缩聚反应。通过逐步加聚反应可以获得含有氨基甲酸酯（—NHCOO—）、硫脲（—NHCSNH—）、脲（—NHCONH—）、酯、酰胺等键合团的高聚物。

一、氢转移逐步加聚反应

氢转移逐步加聚反应又称聚加成反应，是含活泼氢功能基的亲核化合物与含亲电不饱和功能基的亲电化合物之间的聚合。其通过氢原子转移来完成逐步加成聚合，形式上是加成，机理是逐步的。与缩聚反应不同，其产物的化学组成与单体的化学组成相同，无小分子副产物析出，下面以聚氨酯为例加以介绍。

聚氨酯是最重要的合成聚合物类型之一，常用作弹性体（"Spandex"或发泡橡胶材料）、表面涂料（油漆及木材清漆）以及黏合剂，并广泛应用于生物医药材料。聚氨酯发泡弹性体面临的一个问题是在长时间（几十年）使用后会老化成胶状物，这可能是由于其中的氨基酯键与大气中的水气反应所致。它们也非常易燃。

聚氨酯是由预聚物中的端羟基与二异氰酸酯反应生成的大分子。

$$n\text{O=C=N-R-N=C=O} + n\text{HO-R'-OH} \longrightarrow \text{┤}\underset{\text{O}}{\text{C}}\text{-NH-R-NH-}\underset{\text{O}}{\text{C}}\text{-O-R'-O┤}_n$$

氢转移逐步
加聚反应的
定义和机理

聚氨酯的
应用和特点

二元醇
预聚物

聚合中使用的二元醇预聚物可以是羟基封端的聚环氧乙烷或聚有机硅氧烷或原则上几乎任何其它各种带端羟基的二元醇预聚物。当采用两种不同的二元醇预聚物时，其中之一可以是亲水链段，而另一种可具疏水链段；或其一是"软"的柔性链段，如聚环氧乙烷，另一种为"硬"的非柔性链段。二异氰酸酯也可形成聚氨酯中的硬链段。常用的二异氰酸酯单体有：

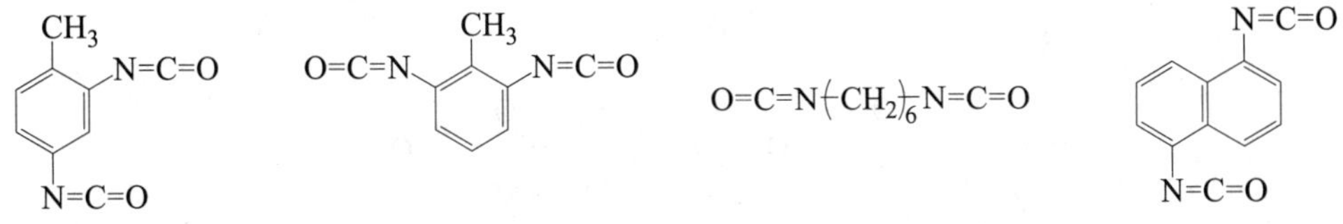

2,4-甲苯二异氰酸酯　　2,6-甲苯二异氰酸酯　　六亚甲基二异氰酸酯　　萘二异氰酸酯

？ 想一想

试着从反应活性中心、聚合机理和反应特点等方面去区分比较加聚反应、缩聚反应和聚加成反应，并举例说明。

二、生成环氧树脂的逐步加聚反应

环氧树脂属于结构预聚物，通常由环氧氯丙烷和双酚 A 经逐步加聚反应制得。主链中有醚氧键，带有侧羟基和环氧端基，可以看作特种聚醚，但环氧基更能显示其特性，故名环氧树脂，而不称作聚醚。环氧基团开环可进行线型聚合，也可交联固化。

环氧树脂的合成：在碱催化条件下，双酚 A 和环氧氯丙烷先缩合成小分子中间体。

合成环氧树脂的机理

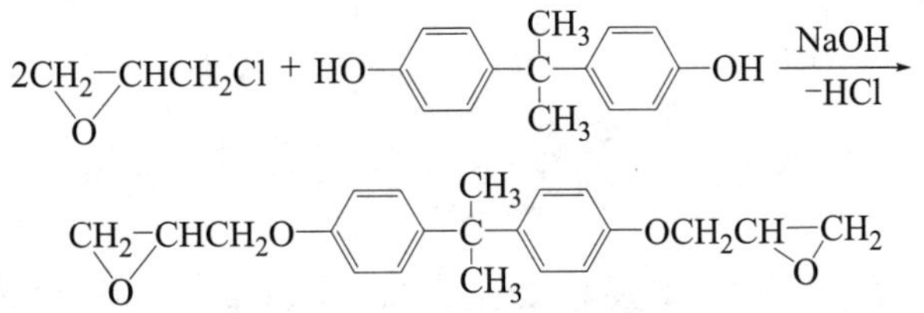

双酚 A 的羟基使中间体的环氧端基开环，而后环氧氯丙烷的氯与羟端基反应，脱 HCl，重新形成环氧端基，如此不断开环闭环，逐步聚合成分子量递增的环氧树脂。

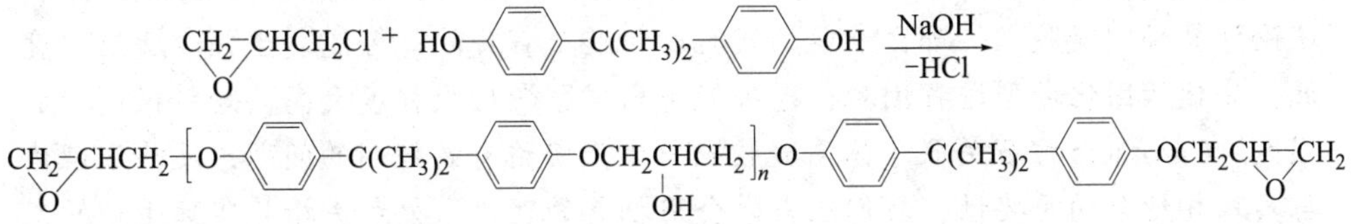

三、Diels-Alder反应

这类聚合是一个不饱和基团（二烯亲合体）与 1,3- 二烯的 [4+2] -Diels-Alder

Diels-Alder 反应合成梯形聚合物

（第尔斯 - 阿尔德）环加成（四中心）聚合反应，利用该反应可合成梯形聚合物，如 2- 乙烯基 -1,3- 丁二烯和对苯醌。

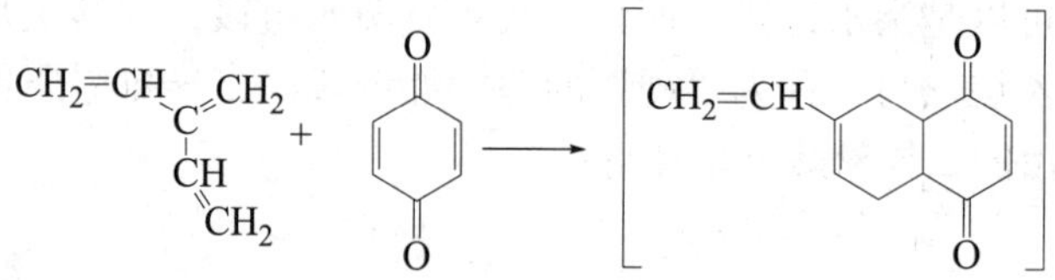

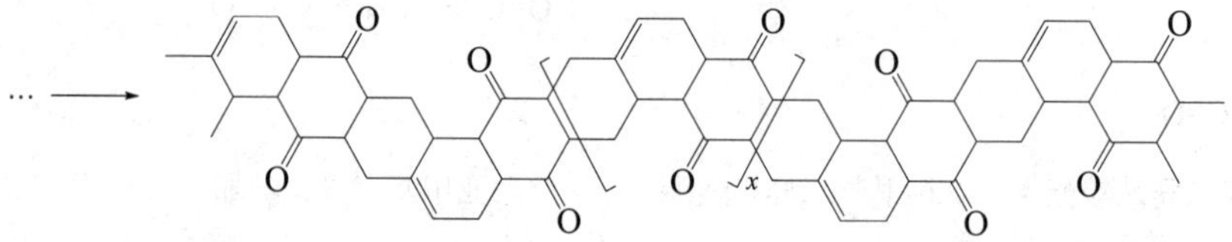

该类高聚物能结晶，能溶解，但不熔化，加热时可分解成石墨状物质。具有很高的耐热性，在 900℃加热时只失重 30%。

四、氧化偶合反应

氧化偶合反应合成聚苯醚

2,6- 二甲基苯酚以亚铜盐 - 三级胺类为催化剂经氧化偶合反应可制得聚苯醚（PPO）。其通常与聚苯乙烯类共混，用作工程塑料。

PPO 是耐高温塑料，可在 190℃下长期使用，已成为高性能聚合物的研究对象。其耐热性、耐水解性、力学性能、耐蠕变性都比聚甲醛、聚酰胺、聚碳酸酯、聚砜等工程塑料好，可用来制作耐热机械零部件。

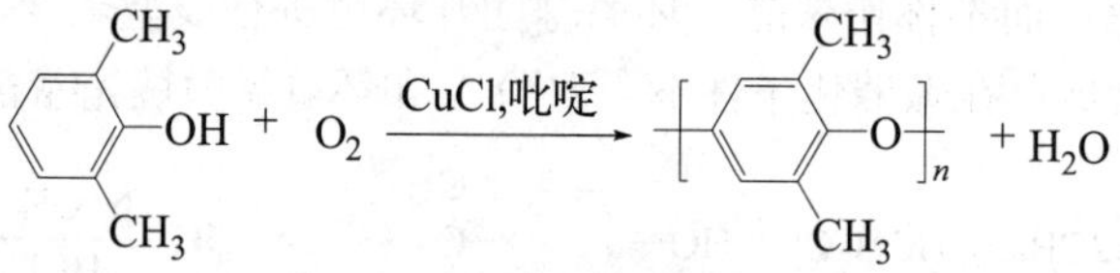

拓展阅读

凡事预则立，不预则废

缩聚反应过程中，在反应釜中进行的预聚阶段，反应程度不可以超过凝胶点，否则会产生凝胶现象，产品失去实际应用的价值。以醇酸树脂的生产为例，熟化阶段可在将醇酸树脂涂于物品表面后再进行。如果不预先采用 Carothers 方程理论计算预测凝胶点，那么缩聚的实施过程就是盲目的，可能发生预聚反应程度低，导致后固化成型过程困难；也可能会出现预聚反应程度太高，物料报废造成损失。Carothers 方程关联了体系凝胶点与生产实施有效控制的问题，反映了理论与实践相结合的重要性，我们应当学会用抽象的理论、公式去指导实际生产的实施，培养解决合成过程调控问题的实践创新能力，这才是我们理论学习的终极目标。我们做学问、养品行也是如此，只有把功夫用到平时，有计划、有步骤，持之以恒地坚持努力，才会厚积薄发，才能学有所成。

小　结

1. 缩聚反应的定义

缩聚反应是官能团间的缩合 - 聚合反应的简称，是在聚合反应过程中生成高聚物，并伴随有小分子物生成的反应。多数按逐步机理进行。缩聚占逐步聚合的大部分，但两词并非同义词。

2. 缩聚反应特征

逐步性，可逆性和复杂性。

3. 缩聚反应的类型

按产物几何形状分线型缩聚和体型缩聚；按参加反应单体分均缩聚、混缩聚和共缩聚。

4. 单体官能度与平均官能度

单体官能度指在一个单体分子上反应活性中心的数目，用 f 表示。平均官能度是指体系内每个单体分子中反应活性中心的平均数，用 $\bar{f}$ 表示。2-2 或 2- 官能度单体体系进行线型缩聚，分子量是其重要控制指标。多官能度单体进行体型缩聚，凝胶点是其主要控制指标。

5. 线型缩聚反应

线型缩聚具有逐步机理特征，有些还可逆平衡。缩聚过程早期单体聚合成二、三、四聚体等低聚物，低聚物之间可以进一步相互反应，在短时间内，单体转化率很高，基团的反应程度却很低，聚合度缓慢增加，直至反应程度很高（＞98%）时，聚合度才增加到期望值。在缩聚过程中，体系由分子量递增的系列中间产物组成。对于平衡常数小的缩聚反应，需升温减压，促使反应向缩聚物方向移动，提高反应程度，保证高聚合度。

双官能团单体进行缩聚反应时，线型缩聚与成环是竞争反应，有成六元环倾向的单体不利于线型缩聚。

6. 体型缩聚反应

凝胶点是体型缩聚中开始交联的临界反应程度，可用 Carothers 法进行理论预测。

$$P_c = \frac{2}{\bar{f}}$$

习　题

一、单选题

1. 聚酯遵循的聚合机理是（　　）。

A. 自由基聚合　　　　B. 离子聚合　　　　　C. 缩聚聚合　　　　D. 配位聚合

2. 下面哪种组合可以制备无支链高分子线型缩聚物？（　　）

A.1-2 官能度体系　　B.2-2 官能度体系　　　C.2-3 官能度体系　　D. 3-3 官能度体系

二、简答题

1. 名词解释并举例说明

（1）缩聚反应（2）线型缩聚反应（3）体型缩聚反应（4）平均官能度

2. 作图比较下列聚合反应中分子量分布随时间的变化：①逐步聚合反应；②链式聚合反应。

3. 工业上为制备高分子量的涤纶和尼龙-66常采用什么措施？

4. 列出可用于生成聚酯的各种二元羧酸及二元醇的统计表。试着预测每对组合的优点或潜在的问题，以及最终聚合产物将具有怎样的性质差别。

5. 试计算下列原料混合物的平均官能度，并判断缩聚产物类型。

（1）邻苯二甲酸和甘油等物质的量；（2）邻苯二甲酸和甘油摩尔比为1.5：0.98；（3）邻苯二甲酸、甘油和乙二醇摩尔比为1.5：0.99：0.02。

6. 写出下列各个聚合反应所得的聚酯结构。

（1）$HO-R-CO_2H$

（2）$HO-R-CO_2H + HO-R'-OH$

（3）$HO-R-CO_2H + HO-R''-OH$
      $\quad\quad\quad\quad\quad\quad\quad\quad\quad |$
      $\quad\quad\quad\quad\quad\quad\quad\quad\quad OH$

（4）$HO-R-CO_2H + HO-R'-OH + HO-R''-OH$
      $\quad\quad\quad\quad\quad\quad\quad\quad\quad\quad\quad\quad\quad\quad\quad\quad\quad |$
      $\quad\quad\quad\quad\quad\quad\quad\quad\quad\quad\quad\quad\quad\quad\quad\quad\quad OH$

7. 等物质的量的己二胺和己二酸进行聚合，反应程度 P 为 0.500、0.800、0.900、0.950、0.970、0.990 和 0.995 时，其平均聚合度各是多少？

8. 反应程度与转化率是否为同一概念？请说明。

9. 由己二酸与己二胺进行缩聚合成聚酰胺，反应程度为 0.995 时，得到了平均分子量为 15000 的产品，试计算两单体的投料比是多少？聚合物的末端官能团又是什么？如果想得到平均分子量为 19000 的聚酰胺呢？

10. 计算下列混合物的凝胶点。

（1）官能团等物质的量的邻苯二甲酸酐和甘油；

（2）摩尔比为 1.500：0.980 的邻苯二甲酸酐和甘油；

（3）摩尔比为 1.500：0.990：0.002 的邻苯二甲酸酐、甘油和乙二醇；

（4）摩尔比为 1.500：0.500：0.700 的邻苯二甲酸酐、甘油和乙二醇。

11. 对于下列各个反应，预测反应产物是线型的、支化的、交联的还是超支化的聚合物。

a. A_2+B_2 b. AB_2 c. AB_3

d. A_2+B_3 e. AB_2+B_3 f. $AB+B_3$

模块九

聚合反应的工业实施方法

知识导读

前面我们介绍了自由基聚合、离子聚合、缩聚和逐步聚合等反应，了解了这些反应的发生机理。在这期间，不管是哪一种聚合反应都是需要通过一定的过程，也就是聚合方法来实施的，但想要得到预期的产品，则需采用不同的工业实施方法，应用不同的反应机理。有时即使是同一种单体，若采取的工艺不同，其设备选用、条件确定及最终的产品性能也会有较大差异，应用场所也会有所不同。在掌握自由基反应的基础上，学习聚合方法及其特点，有助于了解和掌握生产生活中具体某一产品的工业应用案例。本模块主要介绍两部分内容，一是连锁聚合反应的工业实施方法；二是缩聚反应的工业实施方法。

学习目标

知识目标

1. 了解自由基聚合的原理。
2. 了解自由基聚合的影响因素。
3. 掌握自由基聚合的典型工业案例的反应原理、工艺特点、控制因素及原料选择原则等。
4. 掌握反应条件的调节、生产装置的安装及事故处理方法。
5. 掌握正确选择工业实施方法的原则。

能力目标	1. 能持续应用各种方法生产高品质合格产品。
	2. 能拥有对高聚物产品质量进行分析及控制的能力。
	3. 能有效运用各种聚合反应的原理、特点等完成多种产品的生产应用。

素质目标	1. 具有岗位协同操作的良好团队意识。
	2. 具有安全生产和绿色环保的职业规范。
	3. 具有一丝不苟和精益求精的工匠精神。

单元一 本体聚合

本体聚合是单体本身在不加溶剂以及其它分散剂的条件下，由引发剂（有时不加）或直接光热、辐射等作用下引发的聚合反应。体系基本组成为单体和引发剂。在实际生产过程中，为了满足改进产品的性能或成型加工的需要，也会加入抗氧剂、紫外线吸收剂、增塑剂和色料等助剂，这时，体系的组成为单体、引发剂和助剂三部分。

本体聚合的
概念及基本
组成

一、本体聚合的分类

本体聚合根据聚合产物是否溶于单体可分为两类——均相聚合（如苯乙烯、甲基丙烯酸甲酯等）和非均相聚合（如氯乙烯等）；根据单体在聚合时的状态不同，可以分为气相本体聚合、液相本体聚合和固相本体聚合，其中以液相本体聚合应用最为广泛。而在工业上，按照操作方式分类，又可分为连续法和间歇法。目前，本体聚合主要用于合成树脂的生产，典型产品有聚甲基丙烯酸甲酯、聚乙烯、聚丙烯、聚氯乙烯及聚苯乙烯等。

均相和非均
相本体聚合

连续间歇的
本体聚合

二、本体聚合的特点

本体聚合是四种聚合方法中最简单的一种。本体聚合的主要特点是工艺过程简单、反应过程无杂质、产品纯度高、聚合设备简单、生产能力大。在科学研究实验中通常用于高聚物的小试、动力学研究及竞聚率测定等方面，在工业生产中可用于有机玻璃板材、棒材等的制备，低分子量黏合剂等的制备。

本体聚合的
优缺点

但该体系的缺点是黏度大，原因在于其不存在散热介质，随着聚合反应的进行，体系黏度会逐渐增大（如图9-1所示，随着转化率的增加，黏度逐渐增大），因此分子扩散困难，聚合热不易扩散，温度难以恒定，反应难以控制，容易引起局部过热，造成产品变色发黄，自动加速作用明显，产生气泡，严重时可导致爆聚。此外，体系中还存在未反应的单体和引发剂，故产品容易老化。综上，在实际生产中，给一些非常活泼的单体如丙烯酸甲酯、氯丁二烯等的聚合增加了很大的难度。

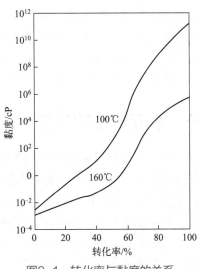

图9-1 转化率与黏度的关系

$1cP=10^{-3}Pa \cdot s$

三、影响本体聚合的主要因素

本体聚合的
散热工艺

1. 聚合热

为了防止局部过热及得到高质量的产品，在实施本体聚合时首先要考虑如何将聚合热移出。烯烃类单体的聚合热为 $63\sim84kJ/mol$。工业上多采用两段聚合工艺。

① 聚合釜中预聚合：在较低温度下预聚合，控制转化率在 $10\%\sim40\%$，这时体系黏度较低，散热较容易。

② 模具中后聚合（薄层聚合或减慢聚合）：更换聚合设备，以较慢速率进行，分步提高聚合温度，同时加强冷却，使单体转化率 $>90\%$。

本体聚合产
物出料方式

2. 聚合产物的出料

在这个过程中第二个要考虑的关键问题是聚合产物的出料问题。如果控制不好，不仅会影响产品质量，还会造成生产事故，故需要根据产品特性选择出料方式，工业上多采用浇注脱模制板材、熔融体挤出造粒、粉料出料等方式。

本体聚合

? 想一想

在日常生活中哪些产品是用到了本体聚合这一生产实施办法？

本体聚合
工业案例

【知识拓展】
本体聚合工
业生产实例

单元二 溶液聚合

溶液聚合的
概念及分类

溶液聚合是指将单体和引发剂（或催化剂）溶解于适当溶剂中进行聚合反应的一种方法，溶剂一般为有机溶剂，也可以是水，以水为溶剂时，则称为水溶液聚合，体系的基本组成为单体、引发剂（油溶性或水溶性）和溶剂，为了满足工业需要，也可加入适当的助剂。溶液聚合是高分子合成过程中一种重要的合成方法，适用于自由基聚合、离子型聚合及配位聚合反应。

一、溶液聚合的分类

溶液聚合根据聚合物与溶剂的互溶情况，可将其分为均相聚合和非均相聚合（沉淀聚合）两类。如果生成的聚合物也能溶解于溶剂中，则产物是溶液，叫作均相溶液聚合，比如丙烯腈在二甲基甲酰胺中的聚合、乙酸乙烯的甲醇溶液聚合，若想要得到最终产物，则可倾入某些不能溶解聚合物的液体中，聚合物会以沉淀形式析出，此外也可将溶液蒸馏除去溶剂得到聚合物。如果生成的聚合物不能溶解于溶剂中，则随着反应的进行生成的聚合物不断地沉淀出来，这种聚合叫非均相（或异相）溶液聚合，比如丙烯腈的水溶液聚合、丙烯酰胺的丙酮溶液聚合，若想要得到最终产物，经过滤、洗涤、干燥等工序即可。

根据聚合的机理则可分为自由基聚合、离子型聚合及配位聚合反应三类。

二、溶液聚合的特点

（1）优点 对于均相反应而言，溶剂作为传热介质，可利用溶剂的蒸发吸热有效移出反应热，控制温度；降低体系黏度，使体系黏度保持在较低水平，能减少凝胶效应，避免局部过热；体系中聚合物浓度较低，不易进行活性链向大分子链的转移而生成支化或交联产物，易于调节产品的分子量和分子量分布；对涂料、黏合剂、合成纤维纺丝液等产品可直接使用。

（2）缺点 溶剂的加入易引起副反应增加，影响聚合反应的进行，降低产品质量，增加成本和工艺；单体被溶剂稀释而浓度小，导致聚合速率慢，转化率低，设备利用率低，易发生向溶剂转移而使聚合产物分子量不高；大量溶剂回收导致回收工艺烦琐，使用有机溶剂容易造成环境污染。

（3）措施 选择适当的溶剂。实现溶液聚合最关键的因素是溶剂的选择，溶剂的选择直接影响聚合速率、产物分子量、产物结构、聚合反应、溶剂回收及经济成本等。

在溶剂选择时要注意尽可能选择没有或较少发生诱导分解反应及链转移反应的溶剂，具体要点如下：①工业上根据单体的溶解情况及生产高聚物溶液的用途来选择合适的溶剂，还需要考虑溶剂极性、链转移大小及对引发剂分解速率等方面的影响，一般自由基聚合反应选择芳烃、烷烃、醇类、醚类、胺类和水作溶剂；离子型与配位溶液聚合选择烷烃、芳烃、二氧六环、四氢呋喃、二甲基甲酰胺等非质子性有机溶剂。②溶剂对聚合活性的影响。溶剂不是惰性的，对引发剂有诱导分解作用，链自由基对溶剂有链转移反应，因此在选择溶剂时要十分周详，常用的溶剂对过氧类引发剂的分解速率的影响从小到大为芳烃、烷烃、醇类、醚类、胺类。③溶剂对聚合物的溶解性能和凝胶效应的影响。用聚合物的良溶剂时，为均相聚合，如果单体浓度不高，可能不会出现凝胶效应，遵循正常的自由基聚合动力学规律。选用沉淀剂时，则成为沉淀聚合，凝胶效应显著。不良溶剂的影响则介于两者之间，影响深度则视溶剂优劣程度和浓度而定。有凝胶效应时，反应自动加速，分子量也增大。链转移与凝胶效应同时发生时，分子量分布将决定于这两个相反因素影响的深度。为了保证聚合体系在反应过程中为均相，所选用的溶剂应该是引发剂或催化剂、单体和聚合物的良溶剂。必要时可采用混合溶剂。对于无法找到理想溶剂的聚合体系，主要从聚合反应需要出发，选择对某些组分（一般是对单体和引发剂）有良好溶解性的溶剂。如乙烯的配位聚合，以加氢汽油为溶剂，尽管对引发体系和聚合物溶解性不好，但对单体乙烯有良好的溶解性。当然，从另一个角度讲，还是希望在聚合结束后能方便地将溶剂和聚合物分离开来。④其它。选择经济性好，易于回收精制，无毒无害，商业易得，便于运输和贮存的溶剂。

此外，选择不同的溶剂，对应的引发剂也需要谨慎选择，选择水作为溶剂时，引发剂一般也为水溶性引发剂，主要有氧化还原引发体系、过硫酸盐、偶氮二异丁脒盐酸盐（V-50引发剂）、偶氮二异丁咪唑啉盐酸盐（VA-044引发剂）、偶氮二异丁咪唑啉（VA061引发剂）、偶氮二氰基戊酸引发剂等。反之，油溶性引发剂主要

溶液聚合

溶液聚合
工业案例

【知识拓展】
溶液聚合工
业生产实例

有偶氮引发剂和过氧类引发剂，偶氮类引发剂有偶氮二异丁腈、偶氮二异庚腈、偶氮二异戊腈、偶氮二环己基甲腈、偶氮二异丁酸二甲酯引发剂等。

 想一想

在日常生活中哪些产品是用到了溶液聚合这一生产实施办法？

单元三　乳液聚合

一、乳液聚合概述

知识链接

第二次世界大战期间，乳液聚合首次应用于丁苯橡胶的生产，是美国合成橡胶工业的开端。乳液聚合的发展得益于天然橡胶的发现和应用，现已成为最重要的工业聚合实施方法之一，不仅应用于乙酸乙烯酯和氯丁二烯的聚合、各种丙烯酸酯的共聚合以及丁二烯与苯乙烯和丙烯腈的共聚合，而且在甲基丙烯酸甲酯、氯乙烯、丙烯酰胺和氟化乙烯的工业聚合中也有应用。

简单来说，单体在水介质中分散成乳液状态的聚合就是乳液聚合。较为完善的乳液聚合的定义为——乳液聚合是在用水或其他液体作介质的乳液中，按胶束机理或低聚物机理生成彼此孤立的乳胶粒，在其中进行自由基聚合或离子聚合来生产高聚物的一种方法。乳液聚合的体系主要由单体、水、水溶性引发剂和乳化剂四种组分组成，在此基础上，也可适当加入其它助剂。

乳液聚合的
定义

乳液聚合

乳液聚合的
分类及
优缺点

1. 乳液聚合的分类

乳液聚合体系是一种由油溶性单体、水溶性引发剂、水溶性乳化剂和水四种成分组成的乳液集合的，被称为"典型的乳液聚合"。除了"典型的乳液聚合"外，乳液聚合还有种子乳液聚合、核/壳乳液共聚合、反相乳液聚合等类型。

2. 乳液聚合的特点

乳液聚合是一种独特的自由基连锁聚合反应实施方法，在聚合物合成工业史册上，一直占据重要地位。它具有的优点有：①以水作为反应介质，价格低廉，环保安全，乳液的黏度与聚合物分子量无必然相关，便于搅拌、传热和管道输送，便于连续生产；②聚合速率大且产物分子量高，可以在较低温度下聚合；③乳液体系（胶体体系）的物理状态有利于过程控制，其散热和黏度问题远不如本体聚合严重，反应热易移出；④特殊的反应机理使其可以同时得到高反应速率和高分子量产品，胶乳可以直接用作油漆、涂料等，工艺简单，无需进一步分离。

乳液聚合的
优点

但乳液聚合也有如下缺点：①若最终产品为固体聚合物时，需要对乳状液进行凝聚、洗涤、脱水、干燥等后工序处理，此时生产成本高；②产物中会残留有乳化剂，影响聚合物的电性能。

乳液聚合的缺点

3. 聚合体系组成及作用

1947 年 Harkin 最早对乳液聚合的物理状态进行了定性描述，随后 1948 年 Smith 和 Ewart 对其进行了定量描述，后又有许多学者对此做了大量的研究，表 9-1 是一个典型的具有代表性的，用苯乙烯 -1,3- 丁二烯单体制备丁苯橡胶的乳液聚合配方。

乳液聚合体系及典型代表

表9-1　苯乙烯-1,3-丁二烯乳液聚合制备丁苯橡胶的配方

成分	质量分数 /%	成分	质量分数 /%
苯乙烯	25	NaOH	0.061
丁二烯	75	异丙苯过氧化氢	0.17
水	180	$FeSO_4$	0.017
乳化剂（Dresinate 731）	5	$Na_4P_2O_7 \cdot 10H_2O$	1.5
正十二烷基硫醇	0.5	果糖	0.5

从表 9-1 可以看出，传统乳液聚合的基本配方由四组分构成：单体、水、水溶性引发剂和水溶性乳化剂。乳液聚合的分散介质通常为水。在乳化剂的作用下，各组分在分散介质中分散成乳液状态。

（1）单体　乳液聚合多半是主单体和第二、三单体的共聚合。能够进行乳液聚合的单体很多，常用的单体有乙烯基类、丙烯酸酯类和二烯烃等。一个合格的单体需满足的三个条件为：①可以增溶溶解但不能全部溶解于乳化剂水溶液中；②可在发生增溶溶解作用的温度下进行聚合反应；③与水或乳化剂无任何活化作用。此外单体在水中的溶解度的不同将影响聚合机理和产品性能，有些单体的水溶性较大如乙酸乙烯酯等，有些单体难溶于水如苯乙烯、丁二烯等，有些单体如甲基丙烯酸甲酯的溶解性则介于两者之间。对于水溶性非常大的单体，如丙烯酸、丙烯酰胺等与水完全互溶，这时不能再采用常规乳液聚合，而另选反相乳液聚合。

合格单体必备要素

（2）水　乳液聚合用水必须为去离子水，水中杂质会影响聚合过程和产品质量。水用来分散介质，从而保证胶乳有良好的稳定性。

必须为去离子水

（3）引发剂　乳液聚合用引发剂采用水溶性引发剂，引发剂多采用氧化 - 还原引发体系，往往主还原剂、副还原剂甚至络合剂并用。需根据单体性质和工艺条件不同来选择适当的引发剂。引发剂会影响聚合反应的速率、转化率及产物的分子量分布等。

（4）乳化剂　乳化剂也被称为表面活性剂，多由阴离子乳化剂与非离子表面活性剂混合使用。具体内容详见"乳化剂和乳化作用"。

（5）其它组分　除了四种基本组分外，水相中还可能有分子量调节剂、pH 调节剂、颜料、防老剂等助剂。

二、乳化剂和乳化作用

乳化剂是能使油和水混合变成相当稳定的难以分层的乳状液的物质，在乳液聚合过程中起着关键的作用。

1. 乳化剂的分类

任何乳化剂分子总是同时含有亲水（极性）基团和亲油（疏水/非极性）基团。按照亲水基团的性质可分为阴离子型乳化剂、阳离子型乳化剂、非离子型乳化剂和两性乳化剂四种。在乳液聚合中，工业上常用阳离子型乳化剂或阴离子型乳化剂与非离子型乳化剂的混合乳化剂。

① 阴离子型乳化剂的极性基团是阴离子，其极性部分一般为羧酸盐（—COONa）、硫酸盐（—SO_4Na）和磺酸盐（—SO_3Na）等，是乳液聚合中使用最多的一种乳化剂，多在碱性介质中使用。其非极性部分一般是 $C_{11\sim17}$ 的直链烷基或烷芳基（其中烷基 $C_{3\sim8}$）。最常见的有皂类（脂肪酸钠 RCOONa，R=$C_{11\sim17}$）、十二烷基硫酸钠（$C_{12}H_{25}SO_4Na$）、烷基磺酸钠（RSO_3Na，R=$C_{12\sim16}$），如二丁基萘磺酸钠 [$(C_4H_9)_2C_{10}H_5SO_3Na$，俗称拉开粉]、松香皂、十二烷基苯磺酸盐（$C_{12}H_{25}C_6H_4SO_3Na$）等。阴离子乳化剂一般在碱性溶液中是比较稳定的，但在遇酸、金属盐、硬水等会形成不溶于水的脂肪酸或金属皂，从而使乳化失效。为了避免该情况发生，配方中需加 pH 调节剂，如磷酸钠（$Na_3PO_4 \cdot 12H_2O$），使溶液呈碱性，保持乳液的稳定。

② 阳离子型乳化剂的极性基团是阳离子，较少在乳液聚合中使用，多用于酸性介质，主要有伯胺盐、仲胺盐、叔胺盐和季铵盐类。

③ 非离子型乳化剂的典型代表为环氧乙烷加聚物，这类乳化剂在水中不发生电离，对酸碱变化不敏感，较为稳定，很少单独使用，通常作为辅助乳化剂与离子型乳化剂合并使用，从而改善乳液稳定性和颗粒特性。如 $R(OC_2H_4)_nOH$、$RCO(OC_2H_4)_nOH$、$RC_6H_4(OC_2H_4)_nOH$ 等，其中 R=$C_{10\sim16}$，n=4～30。

④ 两性乳化剂是一种碱性基团和酸性基团兼具的乳化剂。主要有氨基酸型（如 $RNHCH_2CH_2COOH$）、硫酸酯型（如 $RCONHC_2H_4NHC_2H_4OSO_3H$）、磷酸酯型 [如 $ROONHC_2H_4NHC_2H_4OPO(OH)_2$] 和磺酸型等。

2. 乳化剂的作用

乳液聚合时，乳化剂可存在于水溶液、胶束和液滴表面三个场所。乳化剂的作用总的来说有降低张力（表面张力和界面张力）、乳化、分散、增溶和发泡共五种。

① 降低张力作用。每一种液体都具有一定的表面张力，当向水中加入乳化剂以后，水的表面张力急剧下降，有利于单体分散成细小液滴，液滴数为 $10^{10}\sim10^{12}$ 个 $/cm^3$。经实验证实，加入乳化剂后，水的表面张力明显下降，如表 9-2 所示。当乳化剂的浓度很低时，乳化剂以分子状态溶于水中，在水和空气的界面交界处，亲水基伸向水层，疏水基伸向空气层，所以就将部分或全部油-水界面变成亲油基团-油界面，这样就降低了界面张力。

表9-2 几种乳化剂对水表面张力的影响

乳化剂	温度 /℃	浓度 /(mol/L)	表面张力 /(N/m)
纯水	20	—	72.75×10^{-3}
十八烷基硫酸盐	40	0.0156	34.80×10^{-3}
十二烷基硫酸盐	60	0.0156	30.40×10^{-3}
正十二烷基苯磺酸盐	75	0.005	36.20×10^{-3}
正十四烷基苯磺酸盐	75	0.005	36.00×10^{-3}

② 乳化作用。乳化作用是指能将一种液体分散到第二种不相溶的液体中去的过程。在乳液聚合过程中，乳化剂分子的极性和非极性基团能使油溶性单体分散到水中，并且形成稳定乳状液。

③ 分散作用。将不溶性固体物质的微小粒子均匀地分散在液体中所形成的分散体系，称为分散液或悬浮液，这种作用称为分散作用。单纯的聚合物小颗粒和水的混合物，由于密度不同及颗粒相互黏结的结果，不能形成稳定的分散体系，但在水中加入一定量乳化剂后，聚合物表面就会吸附一层乳化剂分子，使得每个颗粒能稳定地分散并悬浮于水中，这个作用就是乳化剂的分散作用。

④ 增溶作用。使微溶性或不溶性物质增大溶解度的现象称为增溶作用，这是乳化剂很重要的一个作用之一。当乳化剂的浓度很低时，乳化剂以分子状态真溶于水中，水的表面张力开始会急剧下降，继而形成乳化剂分子聚集的胶束，胶束数为 $10^{17}\sim10^{18}$ 个 $/\mathrm{cm}^3$，部分单体按照它在水中的溶解度，以单分子分散状态溶解于水中，形成真溶液，另外，还将有更多的单体被溶解在乳化剂形成的胶束内，恰好形成胶束时所用乳化剂的浓度称为临界胶束浓度，当达到临界胶束浓度时，胶束能把油或固体微粒吸聚在亲油基的一端，因此可增大微溶物或不溶物的溶解度。这种溶解与分子分散状态的真正溶解不同，故此称为乳化剂的增溶作用，乳化剂浓度越大，增溶作用越明显。

临界胶束浓度和增溶作用

⑤ 发泡作用。当加入乳化剂后，水的表面张力明显下降，和纯水相比，乳化后的溶液更容易扩大表面积，所以容易发泡。在整个乳液聚合过程中，泡沫对生产会产生不良影响，因此这种发泡的情况要竭力避免。

3. 临界胶束浓度（CMC）

乳化剂加入后，首先是以单分子的形式溶解在水中形成真溶液，随着乳化剂浓度达到一定程度后，50～100 个乳化剂分子形成一个棒状、层状或球状的聚集体，如图 9-2 所示，它们的非极性基团彼此靠在一起，而极性基团向外伸向水相，乳化剂的浓度超过真正分子状态的溶解度后，往往由多个乳化剂分子聚集在一起，形成胶束（或胶团）。乳化剂开始形成胶束的浓度，称作临界胶束浓度（CMC）。

CMC 是乳化剂性质的一个特性参数。乳化剂的临界胶束浓度一般都比较低，常用的为 1～30mmol/L（0.1～0.3g/L）。在大多数乳液聚合体系中，乳化剂用量为 2%～3%，CMC 为 0.01%～0.03%，乳化剂的浓度比 CMC 高 1～2 个数量级，因此体系中的乳化剂大部分存在于胶束中。典型的胶束直径为 2～10nm，每个胶束含 50～150 个表面活性剂分子。胶束的数量和尺寸取决于乳化剂的用量，乳化剂用量越多，生成的胶束数量就越多，尺寸越小。

乳化剂

临界胶束浓度对乳化能力的影响

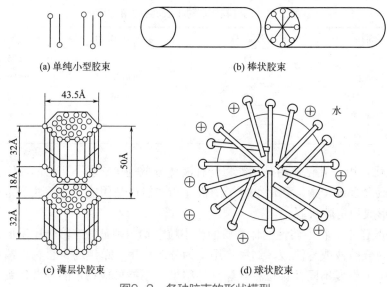

(a) 单纯小型胶束　　　　　　　(b) 棒状胶束

(c) 薄层状胶束　　　　　　　　(d) 球状胶束

图9-2　各种胶束的形状模型
1Å=10⁻¹⁰m

乳化剂浓度低于 CMC 时，溶液的表面张力与界面张力随乳化剂浓度的增大而迅速降低；当乳化剂浓度高于 CMC 后，随乳化剂浓度的增大其表面张力和界面张力变化甚微。对于一种固定的乳化剂来说，在一定温度下，CMC 是一个恒定值，它的大小主要取决于乳化剂的分子结构及水电解质浓度，CMC 值越小，表明乳化剂的乳化能力越强。

4. 乳化剂的选择

乳状液的分类

乳状液有两种类型，一种油包水型，用 W/O 表示；一种水包油型，用 O/W 表示。向乳化剂的水溶液中加入油时，水是连续相，油是分散相，该体系即为水包油型乳液，反之则为油包水型乳液。

HLB 值概念

1949 年 Griffin 提出了一个值叫作亲水亲油平衡值，简称 HLB 值，来表示乳化剂亲水性的大小，HLB 值越大表示乳化剂越亲水。

乳化剂选择原则

乳液聚合时，选择合适的乳化剂有两种方法。方法一：HLB 值法；方法二：经验法。在选择乳化剂时，乳化剂的 HLB 值可为选择提供重要依据。一般先用第一种方法选择合适的 HLB 乳化剂，再借鉴实践经验确定最终的乳化剂种类和比例。这种方法易掌握且使用方便，但存在一定的缺陷，即不能表明表面活性剂的乳化效率和能力，同时没有考虑分散介质及温度等其他因素对乳状液稳定性的影响，所以后来发展了一种方法叫 PIT 法，此处不做过大篇幅讲述，仅做了解。

常见的乳化剂 HLB 值范围及应用见表 9-3。

表9-3　常见的表面活性剂 HLB 范围及应用

HLB 范围	应用	HLB 范围	应用
3～6	油包水型乳化剂	13～15	洗涤剂
7～9	润湿剂	15～18	增溶剂
8～18	水包油型乳化剂		

常规的乳液聚合所用乳化剂大部分属于水包油型（O/W），*HLB* 介于 8～18 范围内，如表 9-4 所示。

表9-4　水包油型（O/W）乳状液的最佳*HLB*范围

水包油型（O/W）乳状液	最佳*HLB*
聚苯乙烯	13.0～16.0
聚乙酸乙烯酯	14.5～17.5
聚甲基丙烯酸甲酯	12.1～13.7
聚丙烯酸乙酯	11.8～12.4
聚丙烯腈	13.3～13.7
聚甲基丙烯酸甲酯与丙烯酸乙酯共聚物（*w/w*=1：1）	11.95～13.05

三、乳液聚合机理

乳液聚合遵循自由基聚合的一般规律，但聚合速率和聚合度却可同时增加，说明其存在着独特的反应机理和成粒机理，应该关注聚合体系的初始相态和聚合过程中的相态变化。链引发、链增长、链终止等究竟在哪一相发生，在哪一相引发成核，而后聚集成胶粒，这是乳液聚合机理需要研究的关键问题。以乳液聚合体系最经典的四组分理想体系进行剖析，乳液聚合过程有四个阶段，即单体分散阶段、乳胶粒生成阶段、乳胶粒长大阶段及聚合完成阶段。

乳液聚合的反应机理和乳化剂的成粒度机理

1. 单体分散阶段

乳液聚合初期，体系由单体液滴、不发生聚合反应的非活性胶束和发生聚合反应的活性胶束组成，微量单体和乳化剂以分子分散状态真正溶解于水中，构成水溶液连续相，如图 9-3 所示。乳化剂分子用 ⊶ 表示，"○"端代表极性部分或离子部分，"—"端代表非极性部分。"•"代表单体分子。

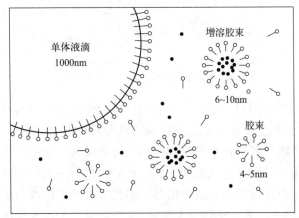

图9-3　乳液聚合体系三相示意图

单分子乳化剂与胶束乳化剂的动态平衡

大部分乳化剂形成胶束，每一胶束由 50～200 个乳化剂分子聚集而成，直径为 4～5nm，胶束数为 10^{17}～10^{18} 个 /cm³，宏观上看，稳定时单分子乳化剂浓度与胶束浓度均为定值。但微观上看，单分子乳化剂与胶束乳化剂之间建立了动态平衡。另

单体在单体液滴、胶束和水相之间的动态平衡

外，单体增溶在胶束内，使直径增大至6～10nm，形成增溶胶束相。增溶胶束中所含的单体量可达单体总量的1%，使得胶束体积膨胀。大部分单体分散成小液滴，直径为1～10μm，液滴数为10^{10}～10^{12}个/cm^3。液滴表面吸附有乳化剂，增强乳液的稳定性，构成单体液滴相。在这个阶段，实际上单体在单体液滴、胶束和水相之间的扩散建立了动态平衡，如图9-4所示。

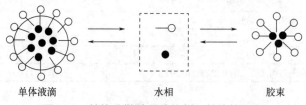

单体液滴　　　　　　　　水相　　　　　　　　胶束

图9-4　单体分散阶段乳化剂和单体的平衡

2. 乳胶粒生成阶段

此阶段一般又称为第一阶段——成核期或增速期，即从乳化剂胶乳到形成胶束再到胶束消失形成乳胶粒的阶段。图9-5为乳胶粒生成阶段聚合体系示意图。乳化剂分子用○—表示，"○"端代表极性部分或离子部分，"—"端代表非极性部分。"●"代表单体分子，"Ⅰ"代表引发剂分子，"R·"代表初级自由基。

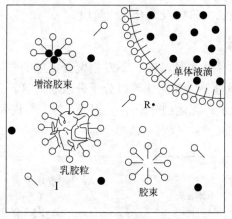

图9-5　乳胶粒生成阶段聚合体系示意图

乳化剂除了有增溶作用，还有一个辅助作用为促成乳胶粒的形成。胶束消失乳胶粒生成时聚合过程进入一个反应加速期。乳胶粒的生成有胶束成核、均相成核和液滴成核三种可能。我们知道乳化剂刚加入时是以单分子的形式溶解在水中形成真溶液，随着乳化剂的浓度越来越高达到饱和后，过量的乳化剂会以胶束的形式存在。进入胶束的自由基可能是初级自由基，但更多的是由溶液中单体聚合而成的聚合度为2～5的短链自由基，如图9-5所示，R·可以扩散进入单体液滴和胶束，体系中胶束的数目（10^{18}个/cm^3）和表面积（$3\times10^6cm^2$/cm^3）远大于单体液滴的数目（10^{12}个/cm^3）和表面积（$3\times10^4cm^2$/cm^3），说明胶束更有利于捕捉水相中的初级自由基和短链自由基，所以一般情况下R·进入胶束。在胶束中增溶的单体被扩散进来的自由基引发聚合，生成乳胶粒，这是乳胶粒生成的胶束机理。胶束、增溶胶束及乳胶粒如图 9-6 所示。

随着反应的进行，乳胶粒中单体的数量逐渐减少，就由液滴内的单体通过水相扩散来补充，保持胶粒内单体浓度恒定，构成动态平衡，直至单体液滴消失为止。这一阶段的单体、乳化剂和自由基之间的平衡如图 9-7 所示。单体液滴只是储存单体的"仓库"，因此，胶束才是乳液聚合的场所而不是单体液滴内，这也是乳液聚合和悬浮聚合的区别之一。

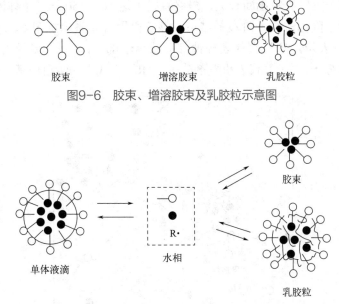

图9-6　胶束、增溶胶束及乳胶粒示意图

图9-7　乳胶粒生成阶段乳化剂、单体及自由基的动态平衡示意图

第二种成核机理为均相（水相）成核机理，是在溶液中聚合的短链自由基变得不溶于水而团聚沉淀下来。水相中多条较长的短链自由基相互聚集在一起，絮凝成核，作为原始微粒，以此为核心，单体不断扩散入内聚合成胶粒。而后吸取水相中的初级自由基和短链自由基，在胶粒中引发增长，这种为均相成核机理。目前研究显示，当乳化剂浓度远高于 CMC 时，单体在水中的溶解性并不是决定成核机理的重要因素，胶束成核机理占优势；乳化剂浓度在 CMC 附近时，胶束成核机理仍占主要地位，但同时存在均相聚合；当乳化剂浓度低于 CMC 时，不存在胶束，所以只能发生均相聚合，当然所有的单体情况都不大相同。常见的苯乙烯和甲基丙烯酸甲酯，以胶束成核机理为主；对于乙酸乙烯酯的颗粒聚合存在均相成核的情况。 均相成核机理

有人提出第三种成核机理——液滴成核。最早形成的聚合物颗粒与其它前体颗粒凝聚在一起，而不发生单体的聚合反应，液滴成核有两种情况，一是液滴小且多，表面积基本与增溶胶束相等，可以液滴为原始微粒参与吸附水中形成的自由基，随后增大为胶粒；二是用油溶性引发剂，溶于单体液滴内，原位引发聚合，类似液滴内的本体聚合。现有一种特殊的悬浮聚合叫作微悬浮聚合，具备以上两种条件，所以微悬浮聚合采用的是液滴成核机理。 液滴成核机理

第一阶段时间较短，相当于 2%～15% 转化率（因单体不同而异），当出现胶粒数恒定、聚合速率恒定的情况时，说明第一阶段趋于尾声。引发速率较低时，第一

阶段变长，达到稳态乳胶粒数目所需的时间也越长，乙酸乙烯酯等水溶性较好的单体完成第一阶段的速度比水溶性差的单体快，这可能是由于水溶性较好的单体能同时发生均相成核和胶束成核。

3. 乳胶粒长大阶段

恒速期

乳胶粒长大阶段一般被称为第二阶段——胶粒数恒定期或恒速期。这一阶段从胶束消失开始，直到单体液滴消失，体系中只有胶粒和液滴两种粒子，因此聚合速率也恒定。这个阶段胶粒不断长大，最终直径可达 50～150nm。单体液滴的消失或聚合速率开始下降标志这一阶段的结束。该阶段聚合体系示意图如图 9-8 所示。乳化剂分子用○—表示，"○"端代表极性部分或离子部分，"—"端代表非极性部分。"●"代表单体分子，"I"代表引发剂分子，"R·"代表初级自由基。

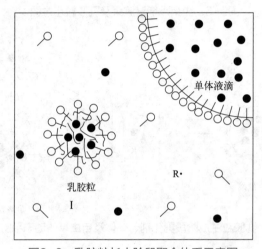

图9-8　乳胶粒长大阶段聚合体系示意图

这一阶段的单体、乳化剂和自由基之间的平衡如图 9-9 所示。随着乳胶粒不断被消耗，单体液滴、水相和乳胶粒之间的动态平衡朝着单体液滴到水相再到乳胶粒的方向移动，聚合物胶粒的粒径不断增加，而单体液滴的粒径不断减小，一段时间后，单体液滴消失，但始终保持乳胶粒内单体浓度不变，反应速率基本不变，处于恒速期。

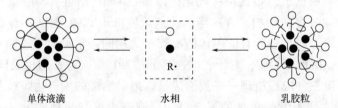

单体液滴　　　　　水相　　　　　乳胶粒

图9-9　乳胶粒长大阶段乳化剂、单体及自由基的动态平衡示意图

第二阶段结束时的转化率根据单体的不同而有所不同，单体的水溶性越高，单体对聚合物胶粒的溶胀程度就越高，第二阶段结束的转化率则越低。对于聚氯乙烯，由于其可以被 30% 氯乙烯所溶胀，所以在这个阶段的转化率可达到 70%～80%，而单体水溶性大的，如苯乙烯可达 40%～50%，甲基丙烯酸甲酯可达 25%，乙酸乙烯酯则低至 15%。

4.聚合完成阶段

此阶段一般又称为第三阶段——降速期。这一阶段聚合体系示意图如图9-10所示。乳化剂分子用〇—表示，"〇"端代表极性部分或离子部分，"—"端代表非极性部分。"●"代表单体分子，"Ⅰ"代表引发剂分子，"R·"代表初级自由基。

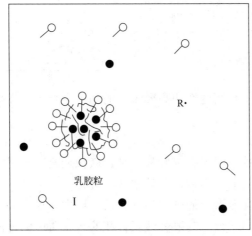

图9-10　聚合完成阶段聚合体系示意图

第三阶段和第二阶段的聚合物胶粒数量是相同的，但是单体液滴已经消失，对于水溶性较大的单体，溶液中的单体可以充当胶粒中单体的"储存仓库"，聚合只能消耗"储存仓库"中的单体，因此胶粒内的单体浓度随反应时间而下降，聚合速率下降。随着聚合的进行，这个阶段最终转化率基本可达到100%。最终的聚合物胶粒是球形的，粒径变化不大，通常为50～300nm，介于起始胶束和单体液滴的粒径之间。需要注意的是，由于单体浓度越来越大，相应的体系黏度也越来越大，使得这个阶段仍存在凝胶效应。

在此阶段，体系中只有乳胶粒和水相，此时的单体、乳化剂和自由基的分布由乳胶粒和水相之间的平衡决定，如图9-11所示。

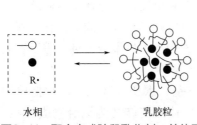

图9-11　聚合完成阶段乳化剂、单体及
自由基的动态平衡示意图

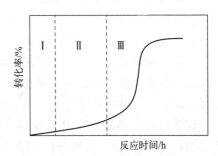

图9-12　乳液聚合转化率-时间曲线

实际上除了单体分散阶段，所有的乳液聚合都可划分成三个阶段——增速期（阶段Ⅰ）、恒速期（阶段Ⅱ）和降速期（阶段Ⅲ），这三个阶段转化率随反应时间的变化曲线如图9-12所示。乳液聚合的机理可总结概括如下：在水相中产生初级自由基和短链自由基，进入胶束成核，在胶束或胶粒内增长，待另一自由基进入胶粒后，链终止，聚合完成，获得具有较高分子量的聚合物。

三个阶段中胶束、胶粒、液滴等粒子和速率变化如表 9-5 所示。

表9-5 乳液聚合过程中颗粒和速率变化

项目		第一阶段（增速期）	第二阶段（恒速期）	第三阶段（降速期）
颗粒数变化 / （个 /cm³）	胶束	胶束数渐减，$10^{17} \sim 10^{18} \to 0$（增溶胶束直径 6~10nm）	0	0
	胶粒	胶粒数增加，$0 \to 10^{13} \sim 10^{15}$	胶粒数恒定，$10^{13} \sim 10^{15}$	胶粒数恒定
单体液滴		液滴数不变，$10^{10} \sim 10^{12}$（液滴直径＞1000nm）	液滴数 $10^{10} \sim 10^{12} \to 0$（直径缩小，＞1000nm → 0）	0

自由基寿命长，兼有高速率和高分子量的动力学特征。在乳液聚合中，聚合速率方程可表示为

$$r_p = k_p [\text{M}]$$

自由基一旦进入胶束或聚合物胶粒内部，就按通常方式进行增长，聚合速率 r_p 取决于增长速率常数 k_p 和胶粒内的单体浓度 [M]。

以上介绍了经典乳液聚合的基本概念、聚合机理和动力学。近年来，乳液聚合技术研究包括乳液定向聚合、辐射乳液聚合和非水介质中的乳液聚合等，关于乳液聚合技术的研究将继续向纵深方向发展。

乳液聚合机理

乳液聚合工业案例

【知识拓展】
乳液聚合工业
生产实例

单元四 悬浮聚合

一、悬浮聚合概述

悬浮聚合的
特点

悬浮聚合是将不溶于水、溶有引发剂的单体，在强烈机械搅拌和分散剂的作用下，以液滴状态悬浮在水中完成聚合反应的一种方法。悬浮聚合的反应机理、动力学与本体聚合类似，其既保持了本体聚合的优点，又克服了本体聚合难以控制温度的不足。悬浮聚合的发生场所为单体液滴，一个溶有引发剂的单体小液滴就相当于一个小本体聚合单元，每个小液滴中实际上只有引发剂和单体，因此，悬浮聚合实质上是本体聚合的一种改进，更加微型化，也被称为小本体聚合。目前需要深入研究的为成粒机理和颗粒控制。

悬浮聚合体系的四个基本组成为单体、引发剂、水和分散剂，通常把单体和引发剂称为单体相，水和分散剂称为水相。从单体液滴转变为聚合物固体粒子，中间需经过聚合物 - 单体黏性粒子阶段，因此为了防止粒子粘连，需要加入分散剂，同时为了在粒子表面形成保护层也可加入适当的助剂。实际配方要更加复杂一些。

悬浮聚合的
工业应用

悬浮聚合目前大都为自由基聚合，但在工业上应用很广，主要用于合成树脂的生产，如聚氯乙烯树脂、苯乙烯型离子交换树脂、可发性聚苯乙烯珠粒及聚乙酸乙烯酯树脂等，可进一步用于各种型材、珠状产品、薄膜等。其发展方向在于悬浮共聚。

1.悬浮聚合的分类

可根据单体对聚合物溶解与否，将悬浮聚合分为均相悬浮聚合（珠状聚合）和非均相悬浮聚合（粉状聚合）两种。均相悬浮聚合中聚合物为透明小珠，典型的有苯乙烯的悬浮聚合和甲基丙烯酸甲酯的悬浮聚合；非均相悬浮聚合中聚合物为不透明的小颗粒，典型的反应有氯乙烯、偏二氯乙烯、三氟氯乙烯和四氟乙烯的悬浮聚合。

2.悬浮聚合的特点

悬浮聚合具有的优点如下：①以水作为分散介质，来源广，价格低廉，无需回收，安全指数高，产物容易分离，生产成本不高；②体系黏度低，温度较易控制，产品质量及分布稳定，杂质含量少，纯度高；③工艺技术路线成熟，后处理操作工序简单，三废少，粒状树脂可用于直接加工成型，且可通过控制分散剂的加入量及搅拌速度控制粒径。

但悬浮聚合目前只能采用间歇生产法分批生产，连续生产法尚处于研究之中，且产物中会留有分散剂残留物，在后续工艺中为了得到透明且性能好的产品，需除净这些残留物，一定程度上增加了设备投资，提高了生产成本。此外聚合产物颗粒会包藏少量单体，不易彻底清除，影响聚合物性能。

综合以上几个特点，悬浮聚合在工业上仍有较为广泛的应用。约80%聚氯乙烯树脂、苯乙烯型离子交换树脂等采用悬浮聚合法生产。

3.悬浮聚合的主要体系组成及作用

悬浮聚合体系基本组成为单体、引发剂、水和分散剂，通常把单体和引发剂称为单体相或油相，水和分散剂统称为水相。

① 单体。悬浮聚合用单体通常情况下选择非水溶性（不溶于水或溶解度很低）的油性单体。这是因为水溶性较大的单体如丙烯酸、丙烯酰胺等不能进行正常的悬浮聚合，但能和非水溶性单体进行悬浮共聚及反相悬浮聚合。此外，选择的单体应对水稳定不会发生水解反应，在聚合过程中应处于液态，要进行的悬浮聚合单体如果是气态要加压变成液态，如果是结晶性单体则需要熔融后变成液态。

② 引发剂。引发剂主要是油溶性引发剂，有偶氮类引发剂和过氧类引发剂两类，常见的引发剂如表9-6所示。一般是根据单体和工艺条件在这两类引发剂中选择单一型或者复合型引发剂。使用时，将引发剂溶解于单体中，边搅拌边向油相中加入水相，随后升至指定温度，开始聚合。但在氯乙烯悬浮聚合过程中略有区别，添加顺序为单体加入溶有分散剂和引发剂的水相中。总的来说加料顺序可因工艺及产品要求而变，可做适当调整。此外，引发剂的种类和用量的不同会影响聚合反应速率、聚合转化率和产物分子量分布等。

表9-6 油溶性引发剂种类

油溶性引发剂分类	常见引发剂
偶氮类引发剂	偶氮二异丁腈、偶氮二异庚腈、偶氮二异戊腈、偶氮二环己基甲腈、偶氮二异丁酸二甲酯引发剂等
过氧类引发剂	过氧化二苯甲酰等

悬浮聚合

均相悬浮聚合和非均相悬浮聚合

悬浮聚合的优点

悬浮聚合的缺点

悬浮聚合体系的组成

油溶性的悬浮聚合引发剂

③ 水。悬浮聚合用水的要求较高，必须为去离子水，如果水中含有杂质不仅会影响产品的外观质量和性能，还会降低聚合速率。水可以使单体呈稳定的液滴状，起分散作用，同时作为传热介质，及时传递聚合热。

④ 分散剂。顾名思义是能降低分散体系中固体或液体粒子聚集的物质，在悬浮聚合中帮助单体分散成液滴，它能降低表面张力。此外，分散剂在液滴表面形成保护膜，防止聚合早期液滴或中后期粒子的黏并，尤其注意聚合开始后，液滴内溶解或溶胀有聚合物时，黏稠液滴间黏并的倾向性大大增加，难以控制，可能会出现结块现象。

水溶性和非水溶性分散剂、无机和有机类分散剂

分散剂按照化学性质可分为水溶性高分子化合物和非水溶性无机固体粉末两大类。按照结构组成有有机和无机之分，有机有聚乙烯醇类，无机有碳酸钙、碳酸镁，硫酸钡等，常用的分散剂见表9-7。具体用哪种分散剂可根据产品的性能要求来决定。

表9-7　悬浮聚合常用分散剂

种类			常用的分散剂
水溶性高分子化合物（0.05%～0.2%）	天然高分子	糖类	淀粉、果胶、植物胶、海藻胶
		蛋白质类	明胶、鱼蛋白
	改性天然高分子	纤维素衍生物	甲基纤维素、甲基羟丙基纤维素、羟乙基纤维素、羟丙基纤维素
	合成高分子	含羟基	部分醇解聚乙烯醇
		含羧基	苯乙烯-马来酸酐共聚物 乙酸乙烯酯-马来酸酐共聚物 （甲基）丙烯酸酯类共聚物
		含氮	聚乙烯基吡咯烷酮
		含酯基	聚环氧乙烷脂肪酸酯、失水山梨醇脂肪酸酯
非水溶性无机固体粉末	无机分散剂	天然硅酸盐	滑石、膨润土、硅藻土、高岭土等
		硫酸盐	硫酸钙、硫酸钡
		碳酸盐	碳酸钙、碳酸钡、碳酸镁
		磷酸盐	磷酸钙
		草酸盐	草酸钙
		氢氧化物	氢氧化铝、氢氧化镁
		氧化物	二氧化钛、氧化锌

水溶性高分子化合物分散剂的作用机理

水溶性高分子化合物包括天然和合成高分子化合物两类，大多是一些非离子型表面活性极弱的物质。一般用量为单体的0.05%～0.2%。最先用明胶、淀粉等天然高分子较多，后渐渐采用一些质量比较稳定的改性高分子及合成高分子。在聚合中可以采用单独一种分散剂，也可以采用几种复合分散剂来提高分散和保护效果。

水溶性高分子化合物的分散作用机理如图9-13所示，高分子吸附在单体液滴表面，外围形成一层保护膜，这层保护膜在保护胶体的同时可增加介质的黏度，减少液滴之间的黏并倾向。部分分散剂如明胶水溶液能降低液滴的表面张力和界面张力，使液滴受到内收的力从而变小。

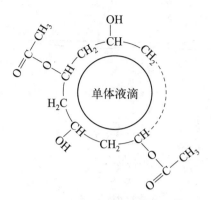

图9-13 聚乙烯醇的分散作用模型

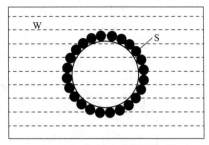

图9-14 无机粉末分散作用模型
W—水；S—粉末

非水溶性无机固体粉末大多要复合使用，一般用量为单体的 0.1%～0.5%，它们吸附在液滴表面，能起到机械隔离的作用，如图 9-14 所示。常用的主要有碳酸钙、碱式磷酸钙和滑石粉等。

⑤ 其他组分。在整个体系中，有时为了控制产品的分子量分布，会加入适当量的助剂，如加入分子量调节剂、阻聚剂、无机盐、pH 调节剂、防黏釜剂和颜料等。

二、悬浮聚合机理

回顾一下本体聚合的过程，既然悬浮聚合被称作特殊的本体聚合，那聚合的机理是否有相似之处？

悬浮聚合发生在每个单体液滴内，整个悬浮聚合过程分两步走，第一步形成单体液滴，第二步形成聚合物粒子，其中均相粒子和非均相粒子的形成又有所区别。

1. 单体液滴的形成过程

将油相（溶有引发剂的单体）倒入水和分散剂形成的水相中，由于密度差异，油状单体将浮于水相上层。进行机械搅拌时，由于受到剪切力的作用，单体液层先被拉成细条形（如图 9-15 中的①），然后分散成单体液滴，大液滴受力，还会变形成小液滴（如图 9-15 中的②）。由于单体和水之间存在一定的界面张力，液滴有始终保持圆球形的趋势。界面张力越大，成球作用力越大，形成的液滴也越大，反之亦然。成千上万的小液滴还会发生聚集形成较大的液滴。在一定的搅拌强度和分散剂作用下，大小不等的液滴通过一系列的分散和凝聚过程，构成一定的动态平衡，最后得到大小均匀的粒子，由于搅拌剪切力的作用大小和方向不是始终一致的，所以最后得到的粒子大小分布在一定直径范围内，并不是完全相同，无分散剂时靠搅拌得到的单体液滴是不稳定的，一旦停止搅拌，液滴仍会与水分层，如图 9-15 中的③～⑤。

非水溶性无机固体粉末分散剂的使用

悬浮聚合作用机制

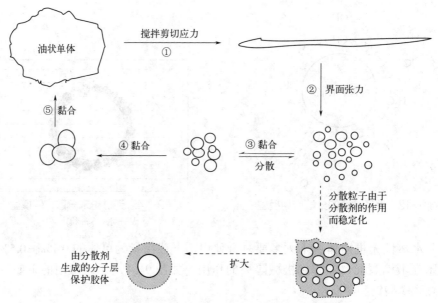

图9-15　悬浮过程中单体液滴分散合一模型

2. 聚合物粒子的形成过程

聚合开始后，随着转化率的提高，单体液滴内溶解或溶胀有聚合物，会发生黏结甚至是结块的不良现象。当聚合转化率达到15%～30%时，单体-聚合物体系黏度开始增大，会有黏并倾向，因此需加分散剂来保护（如图9-16下半部分所示），随着反应进行，当转化率达60%～70%时，液滴变成弹性/刚性固体粒子，这时黏性降低，度过危险期。在聚合物粒子成型过程中，外界搅拌及分散剂的存在会影响粒子的粒径大小。

根据聚合物在单体中的溶解情况，悬浮聚合可分为均相聚合（珠状聚合）和非均相聚合（粉状聚合）两种，其成粒机理是不同的。

① 均相粒子的形成过程。典型的均相粒子有甲基丙烯酸甲酯和苯乙烯，其形成过程主要分成四个阶段。详见模块三自由基聚合"自由基聚合反应宏观动力学"部分。

均相粒子的整个形成过程如图9-16所示。

| 单体液滴 | 聚合初期 | 聚合中期 | 透明粒子 |

图9-16　均相粒子形成过程示意图

氯乙烯均聚合非均相粒子的形成过程

② 非均相粒子的形成过程。典型的非均相粒子有聚氯乙烯的均聚体系，其形成过程主要分成五个阶段。

第一阶段，转化率＜0.1%。在搅拌和分散剂作用下，液滴直径为0.05～0.3mm。以聚氯乙烯液滴为例，其外表面有100Å左右的分散剂保护膜，当单体聚合形成约

10 个碳原子以上高分子链时，高分子链就从单体液滴相中沉淀出来。

第二阶段，转化率为 0.1%～1%，是初级粒子的形成阶段。在单体液滴中沉淀出来的链自由基或者大分子，合并成 0.1～0.6μm 的初级粒子，液滴完成了由单体液相到单体液相和高聚物固相组成的非均相体系的转变。

第三阶段，转化率为 1%～70%，是粒子的生长阶段。随着聚合的进行，初级粒子逐渐增多，慢慢合并成次级粒子，次级粒子间又相互凝结形成一定的颗粒骨架。若分散剂表面张力小，颗粒骨架较疏松，反之，若表面张力大，颗粒骨架较紧实。在该阶段，少部分链自由基扩散到液滴表面可能会与分散剂分子发生链转移反应。

第四阶段，转化率为 70%～85%，被溶胀的单体继续反应直至消耗完，粒子由疏松变得结实而不透明。这时仍有一部分单体保留在气相和水相中，生产上通常在转化率达 85% 时回收残余单体认定这个阶段结束。

第五阶段，转化率＞85%，气相单体在一定压力下重新凝结，并扩散至已聚合粒子的微孔中继续反应，直至残余单体聚合完毕，最终形成坚实而不透明的高聚物粉状粒子，但这一过程很慢。

综上，对悬浮聚合过程中均相及非均相粒子的形成过程从有无相变化、体积变化、危险程度等方面进行比较分析，具体见表 9-8。

表9-8　悬浮聚合过程中粒子形成的特点

方面	特点和区别	
有无相变	非均相粒子 均相粒子	有相变，液—液、固两相—固 无相变，始终保持一相
体积变化	均为体积缩小的过程，但收缩率有所差异。当苯乙烯、甲基丙烯酸甲酯、乙酸乙烯酯和氯乙烯单体 100% 转化时体积收缩率分别为 14.14%、23.06%、26.28% 和 35.80%	
体系危险性	均相聚合体系聚合危险性大于非均相聚合体系，尤其在均相聚合中期，转化率达 20%～70% 期间，体系黏度大易局部过热，能在短时间内产生黏并结块现象，搅拌器可能失效，从而造成生产事故	
分散剂外膜的处理	未结合的分散剂外膜可以在后处理阶段除掉，但通过链转移而与聚合物结合的除不掉	

悬浮聚合机理

悬浮聚合
工业实例

【知识拓展】
悬浮聚合工
业生产实例

单元五　熔融缩聚和固相缩聚

？ 想一想

有哪些典型的反应是缩聚反应，这些反应是怎么发生的？

缩聚反应的工业实施方法通常有熔融缩聚、固相缩聚、溶液缩聚、界面缩聚和乳液缩聚等。

一、熔融缩聚

熔融缩聚是在没有溶剂的情况下，反应温度高于单体和聚合物的熔融温度（一般高于熔点5～10℃）时体系始终保持在熔融状态下进行的一种缩聚反应，体系中还可以加入分子量调节剂、催化剂等。熔融缩聚在高分子合成工业中的研究比较深入，常用于合成涤纶聚酯、酯交换法合成聚碳酸酯、合成聚酰胺等。熔融缩聚的本质类似于本体聚合，只有单体和少量催化剂，产物纯净。

1. 熔融缩聚的特点

熔融缩聚是工业上较常用的一种实施方法，它的优点有：①工艺流程比较简单成熟，可间歇生产，也可连续生产；②反应需在高温下进行（一般在200℃以上，200～300℃常用），聚合速率快，有利于排出小分子副产物，符合一般缩聚反应的可逆平衡规律；③产品纯净，不需要后处理可直接利用，设备利用率高，生产能力强。

但是熔融缩聚反应温度高，反应时间长（一般在几个小时以上），单体容易发生成环反应，缩聚物容易发生裂解反应。此外，熔融缩聚要求较高的单体纯度、精准的原料配比和高真空设备，高温和长时间的熔融状态使产品的色泽等容易受到影响，因此，熔融缩聚也受到一定的限制。熔融缩聚工艺过程的一般特点如图9-17所示。

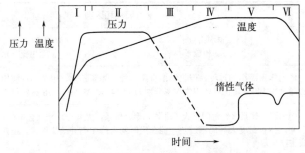

图9-17　熔融缩聚过程的一般特点
Ⅰ—加热；Ⅱ—排气；Ⅲ—降压；Ⅳ—保持阶段；Ⅴ—挤出；Ⅵ—结束

2. 制备高分子量的线型缩聚物的条件

① 温度和压力。考虑到缩聚反应是可逆平衡反应，要使反应正向进行，需采用升温、降压的措施，在实际工业上先高温后低温，控制合理压力，为了防止高温带来的不利影响，可通过通入惰性气体、加入抗氧剂等措施缓解。

② 单体配比。单体配比对产物平均分子量有决定性影响，所以在熔融缩聚的全过程都要严格按配料比进行。过量的单体或单官能团化合物对控制缩聚物分子量具有显著作用，也就是说熔融缩聚对单体纯度要求严格，要想制备高分子量的线型缩聚物，必须严格控制单体官能团的摩尔比。

③ 催化剂。为了提高聚合反应速率，可加入适当催化剂。

3. 熔融缩聚的工业实施案例

工业上，聚酯合成采用的实施方法是熔融缩聚。常见的有如下两种案例。

① 涤纶树脂（PET）的生产。涤纶树脂可通过直接缩聚法（TPA 法）和酯交换法（DMT 法）两种方法生产得到。直接缩聚法为将对苯二甲酸和乙二醇直接进行缩聚得到产品的方法，这种方法工艺简单，投资和成本较低。酯交换法是首先将对苯二甲酸和甲醇反应制备对苯二甲酸二甲酯，然后对苯二甲酸二甲酯和乙二醇进行酯交换生成对苯二甲酸二乙醇酯，再进行缩聚进而得到产品。这种方法是最早发现的也是比较成熟的，我国生产 PET 主要用这种方法。

② 尼龙 -66 的生产。己二胺和己二酸是合成尼龙 -66 的主要原料，尼龙 -66 的生产是非常典型的缩聚反应的工业案例。为了保证单体官能团的摩尔比，目前工业上已把混缩聚变成了均缩聚。尼龙 -66 的生产有间歇法和连续法两种操作方式，其中，连续法较为常用。

二、固相缩聚

固相缩聚概念、分类及优缺点

所谓固相缩聚是指在原料和生成的聚合物熔点（或软化温度）以下温度、玻璃化以上温度进行的缩聚反应。这种方法可以在温度较低的条件下制备高分子量、高纯度的缩聚物，适合于熔点很高或超过熔点容易分解的缩聚物、耐高温缩聚物以及无机缩聚物的制备。固相缩聚较少直接用单体聚合，多作为其它缩聚方法的补充。如工业上，聚酯合成采用的实施方法是熔融缩聚，但当作为工程塑料或瓶级制品时，要求其聚合度进一步提高。这时需要将熔融缩聚法得到的适当分子量范围的产品出料后，再进行固相缩聚。

1. 固相缩聚的分类

固相缩聚按照反应物温度不同可分为反应温度在单体熔点以下的固相缩聚和反应温度在单体熔点以上，但在缩聚物熔点以下的固相缩聚，前者为"真正"的固相缩聚，后者一般先采用常规熔融缩聚制备预聚物，再在预聚物熔点（或软化点）以下进一步进行固相缩聚反应。

此外根据缩聚的机理，固相缩聚可分为体型缩聚反应或环化缩聚反应。一些常用的固相缩聚单体如表 9-9 所示。

表9-9　一些常用的固相缩聚单体

聚合物	单体	反应温度 /℃	单体熔点 /℃	聚合物熔点 /℃
聚酰胺	氨基羧酸	190～225	200～275	—
	二元羧酸与二胺的盐	150～235	170～280	250～350
	均苯四酸与二元胺的盐	200	—	＞350
	氨基十一烷酸	185	190	—
	多肽酯	100	—	—
	己二酸 - 己二胺盐	183～250	195	265
聚酯	对苯二甲酸 - 乙二醇的预聚物	180～250	180	265
	羟乙酸	220	—	245
	乙酰氯基苯甲酸	265	—	295
聚多糖	α-D- 葡萄糖	140	150	—
聚苯硫醚	对溴硫酚的钠盐	290～300	315	—
聚苯并咪唑	芳香族四元胺和二元羧酸的苯酯	280～400	—	400～500

2. 固相缩聚的特点

固相缩聚基本特点如下：①固相缩聚的分子量相对于一般缩聚明显提高，能显著提高力学性能，加大产品使用范围，如采用熔融缩聚只能制得分子量在23000左右的聚酯，而用固相缩聚法可制得分子量在30000以上的聚酯，可作为塑料或轮胎帘子线。②反应温度较低，表观活化能大，反应速率慢，能有效抑制副反应的发生。③工艺环保，流程简单。固相缩聚反应过程中无需使用溶剂，反应产物不需要提纯，也没有溶剂的回收。④反应原料需要充分混合，对固体粒子粒径要求严格，需达到一定细度，此外，生成的小分子副产物不易脱除。

3. 固相缩聚的主要应用

因固相缩聚存在以上所述特点，所以影响固相缩聚的有很多因素，如单体配料比及单官能团化合物的占比、反应程度、温度、添加物和原料粒度等，基于此，固相缩聚主要应用于两种情况：一是结晶性单体进行固相缩聚。有些要求的反应温度过高，所得聚合物难溶或由于单体的空间位阻大难以反应以及易于发生环化反应的单体，采用此方法可得到分子结构高度规整的聚合物。或是为了减少副产物，提高产品质量，也可采用固相缩聚。二是半结晶性单体预聚物进行固相缩聚，主要用来生产分子量非常高和高质量的产品，如聚对苯二甲酸乙二醇酯（PET树脂）、聚对苯二甲酸丁二醇酯（PBT）等。

固相缩聚
典型产品及
生产工艺

熔融缩聚和
固相缩聚

练一练

1. 固相聚合通常用于制备（　　　）。
A. 聚氨酯　　　　　　B. 聚酰胺　　　　　　C. 聚烯烃　　　　D. 聚苯乙烯
2. 工业上为了合成涤纶树脂（PET）可采用（　　　）聚合方法。
A. 固相缩聚　　　　　B. 本体聚合　　　　　C. 熔融缩聚　　　　D. 乳液聚合
3.【判断】工业上合成聚碳酸酯可采用熔融缩聚和固相缩聚法。（　　　）

单元六　溶液缩聚、界面缩聚和乳液缩聚

一、溶液缩聚

溶液缩聚是单体在适当的溶剂中进行缩聚合成聚合物的方法。该方法聚合温度可以较低，是为了防止单体或缩聚产物在不够稳定而易分解变质时衍生出的一种方法，其所用单体一般活性较高，过程副反应少。该种方法工业应用规模较大，仅次于熔融缩聚，适用于熔点过高、易分解的单体缩聚过程。它可以使不熔的或易分解的单体进行缩聚，得到耐热的芳杂环高分子，如聚酰亚胺、聚砜、聚芳酰胺、聚芳酯等。

溶液缩聚的
概念、分类
及优缺点

1. 溶液缩聚的分类

溶液缩聚法根据反应温度可分为高温溶液缩聚和低温（100℃以下）溶液缩聚。高

高温溶液缩
聚和低温溶
液缩聚

温溶液缩聚反应大多是平衡缩聚反应，如二元酸和二元醇或采用高沸点溶剂时的缩聚反应。低温溶液缩聚反应一般适用于高活性单体，如二酰氯与二元胺的反应。由于反应温度低于100℃，可以不必考虑逆反应问题。按缩聚产物在溶剂中的溶解性分为均相溶液缩聚和非均相溶液缩聚。按反应性质可分为可逆溶液缩聚与不可逆溶液缩聚。

2. 溶液缩聚的特点

与熔融缩聚相比，溶液缩聚的基本特点是溶剂的存在。溶剂的存在有利于降低反应温度，稳定反应条件，防止局部过热出现温度难以控制导致产品质量不合格的现象，此外溶剂的性质能改变单体活性直接影响聚合速率。溶液缩聚的优点有：①聚合反应缓和、平稳，不需要高真空；②原料要求宽松，对单体纯度要求不严，对单体官能团的摩尔比要求也不严格；③制得的聚合物溶液可直接作为清漆或成膜材料使用，也可作为纺丝液纺制成纤。 溶液缩聚的
优点

溶液缩聚的缺点有：①需要考虑溶剂回收、精制等，聚合物中残余溶剂的脱除也比较困难，后处理工序复杂，增加了投资和生产成本，且大部分溶剂有一定毒性，欠环保；②要求高反应活性的单体。 溶液缩聚的
缺点

结合溶液缩聚的特点，虽然它有很多优点，但由于其缺点明显，溶液缩聚还是受到了一定的限制，凡是能用熔融缩聚法生产的缩聚物，一般都不用溶液缩聚法。

二、界面缩聚

界面缩聚指两种高反应性能的单体分别溶于两种互不相溶的溶剂中，在两个液相的界面处进行的不可逆缩聚反应，也称相间缩聚或界面聚合。如二元胺和二酰氯，分别溶于水和有机溶剂中，在相界面处进行反应。它可使许多在高温下不稳定因而不能采用熔融缩聚方法的单体顺利地进行缩聚反应，由此扩大了缩聚单体的范围。多适用于实验室或小规模合成聚酰胺、聚砜、聚芳酯、聚碳酸酯、聚亚胺酯等或者其他耐高温的缩聚物，典型的光气法合成聚碳酸酯是界面缩聚的重要应用。 界面缩聚的
概念

1. 界面缩聚的分类

界面缩聚根据体系的相状态可分为液-液界面缩聚和液-气界面缩聚。液-液界面缩聚是将单体分别溶解于两互不相溶的液体内，在两相的界面处进行缩聚反应，是一种非常典型的界面缩聚。液-气界面缩聚就是使一种单体处于气相，另外一种单体溶在液相中，在液-气相界面进行的聚合反应。常见的液-液界面缩聚体系和液-气界面缩聚体系分别如表9-10、表9-11所示。 液-液界面
缩聚和液-
气界面缩聚

表9-10 常见的液-液界面缩聚体系

聚合物	单体	
	溶于有机相	溶于水相
聚酰胺	二元酰氯	
聚脲	二异氰酸酯，光气	
聚磺酰胺	二元磺酰氯	二元胺
聚氨酯	双氯甲酸酯	
含磷缩聚物	磷酰氯	

续表

聚合物	单体	
	溶于有机相	溶于水相
聚酯	二元酰氯	二元酚类
环氧树脂	双酚 A	环氧氯丙烷
酚醛树脂	苯酚	甲醛
聚苯并咪唑	芳酸酰氯	芳族四元胺
螯合聚合物	四元酮	金属盐类

表9-11 常见的液-气界面缩聚体系

聚合物	单体	
	气相	液相
聚草酰胺	草酰胺	己二胺
		癸二胺
		对苯二胺
氟化聚酰胺	磷酰氯	对苯二胺
聚脲	光气	己二胺
聚硫醚	硫光气	对苯二胺
聚硫酯	草酰胺	丁二硫醇
		戊二硫醇

静态法
和动态法
界面缩聚

界面缩聚根据工艺方法的不同可分为静态法和动态法。静态法指的是无搅拌状态聚合，动态法指的是有搅拌状态下聚合。动态法所得颗粒为粒状，通常又被称为粒状界面缩聚。两种方法的说明如图 9-18 和图 9-19 所示。

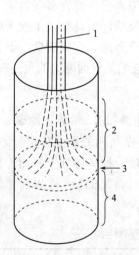
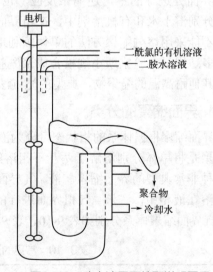

图9-18 静态法界面缩聚说明图示　　图9-19 动态法界面缩聚说明图示
1—拉出的膜；2—己二胺水溶液；
3—界面表面的膜；4—癸二酰氯的四氯化碳溶液

2. 界面缩聚的特点

界面缩聚的特点有：①缩聚温度较低，不必严格单体纯度和量比，但必须能溶于两种互不相溶的溶剂等；②聚合反应速度快，因此限用高活性、高反应性能的单体；③界面缩聚是复相反应，聚合反应为不可逆反应；④两相界面是聚合的重要场所，若想得到高分子量的产物，那么相界面就需要有足够的表面张力；⑤过程的设备比较简单，但溶剂消耗量较大，设备的利用率较低。

溶液缩聚和
界面缩聚

三、乳液缩聚

乳液缩聚体系为液液相，形成缩聚物的缩聚反应在其中一个相的全部体积中进行，我们把这个相称为反应相，这种缩聚过程称为乳液缩聚。乳液缩聚的基本组成为单体、分散相和分散介质。乳液缩聚的应用较少，目前较为成熟的产品有聚碳酸酯、聚芳酰胺等少数产品。

乳液缩聚的
概念

1.乳液缩聚的分类

乳液缩聚按缩聚反应类型可分为乳液聚酰胺化和乳液聚酯化两种。第一种多属于不可逆反应，常见的有芳香族二元酸类和芳香族二元胺的缩聚反应，研究较为成熟。第二种常见的是聚碳酸酯和聚芳酯的生成反应。乳液缩聚按反应性质分为可逆和不可逆，绝大多数乳液缩聚为不可逆反应。乳液缩聚按体系特点可分为水相和有机相完全不混溶的乳液缩聚，水相和有机相部分混溶的乳液缩聚两种，其中部分混溶的较为常见。

聚酰胺化乳
液聚合和聚
酯化乳液
聚合

2.乳液缩聚的特点

乳液缩聚属于内部动力学范畴，是在整个有机相组成的多相体系中进行均相缩聚反应。

 练一练

1.乳液聚合较为成熟的产品为（　　　）。

A.聚氨酯　　　　　B.聚氯乙烯　　　　　C.聚苯乙烯　　　　D.聚芳酰胺

2.要使不熔的或易分解的单体进行缩聚，得到耐热的芳杂环高分子，应选择哪种方法？（　　　）

A.溶液缩聚　　　　B.乳液缩聚　　　　　C.熔融缩聚　　　　D.界面缩聚

3.【判断】界面缩聚常用的单体有二酰氯，其合成操作比较复杂而且有毒。（　　　）

拓展阅读

学以致用，知行合一

掌握了基础的理论知识后，第一步先动起来，在实际案例中观察特点，在学习的过程当中，有些知识是可以触类旁通的。只要掌握了或者懂得了某一事物的学习方法和规律，就可以由此及彼，了解和掌握同类的其它事物，进而发现问题，解决难题，从而更好地归纳总结，迁移应用，不在同一个地方摔倒两次。知者行之始，行者知之成，面对复杂的生产情况，我们要加强理论学习，紧密结合新时代新实践，多思多想，在实践中接受检验。

小 结

1. 自由基聚合中连锁聚合反应的工业实施方法包括本体聚合、溶液聚合、悬浮聚合和乳液聚合 4 种。缩聚反应的工业实施方法包括熔融缩聚、溶液缩聚、界面缩聚、固相缩聚和乳液缩聚 5 种。聚合反应的工业实施方法要根据原料性质、产品用途、质量要求来选择。

2. 本体聚合聚合到一定转化率，体系黏度增加，会产生凝胶效应和自加速现象。工业上多采用两段聚合工艺来有效移出反应热，防止局部过热。

3. 溶液聚合适用于自由基聚合、离子型聚合及配位聚合反应，多用于聚合物溶液直接使用的场合，如涂料、黏合剂、合成纤维纺丝液等产品。

4. 乳液聚合的体系主要由油溶性单体、水、水溶性引发剂和乳化剂四种组分组成。工业上常用阳离子型乳化剂或阴离子型乳化剂与非离子型乳化剂的混合乳化剂。

5. 悬浮聚合既保持了本体聚合的优点，又克服了本体聚合难以控制温度的缺点，在工业上应用很广，主要用于制备 $0.05 \sim 2m$ 粉料或粒料树脂，氯乙烯和苯乙烯是较典型的悬浮聚合实例。

6. 熔融缩聚本质类似于本体聚合，反应温度高，可用于制备高分子量的线型缩聚物，用于生产涤纶树脂、聚酰胺等。固相缩聚适合于熔点很高或超过熔点容易分解的缩聚物、耐高温缩聚物以及无机缩聚物的制备，如聚对苯二甲酸乙二醇酯。溶液缩聚所用单体一般活性较高，过程副反应少，用于聚酰亚胺、聚砜等的生产。界面缩聚是发生在相界面处的一种反应，多用于小规模合成耐高温的缩聚物，典型的有光气法合成聚碳酸酯。乳液缩聚应用较少，主要有乳液聚酰胺化和乳液聚酯化两种。

习 题

一、填空题

1. 适用于连锁聚合反应的工业实施方法有（　　）、（　　）、（　　）和（　　）四种类型。

2. 线型缩聚的主要实施方法有（　　）、（　　）、（　　）、（　　）和（　　）五种，其中（　　）必须采用高活性单体。

3. 悬浮聚合体系一般由（　　）、（　　）、（　　）和（　　）四个基本组分构成。

4. 对于在水中难溶的单体，进行乳液聚合时，链增长的主要场所是（　　）。

二、单选题

1. 目前生产聚氯乙烯（PVC）的方法中，得到粉状树脂的主要方法是（　　）。

A. 悬浮聚合　　　　B. 溶液聚合　　　　C. 乳液聚合　　　　D. 本体聚合

2. 过硫酸铵引发剂属于（　　）。

A. 阳离子引发剂　　B. 阴离子引发剂　　C. 油溶性引发剂　　D. 水溶性引发剂

3. 可以同时提高聚合速率和聚合物分子量的聚合方法是（　　）。

A. 乳液聚合　　　　B. 界面缩聚　　　　C. 熔融缩聚　　　　D. 固相缩聚

4. 自加速效应是自由基聚合特有的现象，它不会导致（　　）。

A. 聚合速率增加　　　　　　　　　　B. 分子量分布变窄

C. 聚合物分子量增加　　　　　　　　D. 爆聚现象

5. 乳液聚合的第二个阶段结束的标志是（　　）。

A. 胶束的消失　　　　　　　　　　　B. 单体液滴的消失

C. 聚合速度的增加　　　　　　　　　D. 乳胶粒的形成

6. 用于乳液聚合的乳化剂需满足其使用浓度（　　）*CMC*。

A. 大于　　　　　　B. 等于　　　　　　C. 小于　　　　　　D. 大于等于

7. 在缩聚反应的实施方法中对于单体官能团等摩尔比和单体纯度要求不是很严格的缩聚是

（　　）。

A. 乳液缩聚　　　B. 界面缩聚　　　C. 熔融缩聚　　　D. 固相缩聚

8. 在乳液聚合过程中，乳化剂存在下列哪些场所中？（　　）

A. 以分子分散在水中、在单体液滴表面和在单体液滴内部

B. 在胶束表面和在增溶胶束表面

C. 在单体液滴表面、以分子分散在水中

D. 在胶束表面、在增溶胶束表面、在单体液滴表面和以分子分散在水中

三、多选题

工业上为了合成聚碳酸酯可采用（　　）聚合方法。

A. 熔融缩聚　　　B. 界面缩聚　　　　C. 溶液缩聚　　　　D. 固相缩聚

四、简答题

1. 名词解释

（1）临界胶束浓度　（2）本体聚合　（3）乳化剂　（4）增溶作用

2. 简述悬浮聚合形成聚合物粒子过程中的均相成核机理。

3. 分析采用本体聚合方法进行自由基聚合时，聚合物在单体中的溶解性对自加速效应的影响。

4. 比较自由基聚合的四种聚合方法。

5. 乳液聚合与悬浮聚合看似有相似之处，但在聚合机理及反应特点上有所不同，请简述不同之处。

6. 常用的逐步聚合方法有几种？各自的主要特点是什么？

模块十
高聚物的化学反应

知识导读

高聚物的化学反应和聚合反应，前者的反应物是高聚物，后者的产物是高聚物；前者是高聚物自身发生的化学反应，后者是制备高聚物的化学反应。参照小分子的加成反应、氧化反应、水解反应和缩合反应等，同时结合聚合反应的自由基反应和离子反应机理，有助于理解和掌握高聚物的化学反应。

学习目标

知识目标

1. 了解高聚物化学反应的意义和特点。
2. 掌握影响高聚物化学反应的物理和化学因素。
3. 掌握高聚物化学反应的特点、类型和应用。

能力目标

1. 能正确判断高聚物的基团反应类型。
2. 能根据高聚物材料的性能需求科学设计高聚物的化学反应。
3. 能正确应用高聚物的化学性质，合理设计高聚物的化学反应。

素质目标

1. 具有良好的工程素养，建立科学、全面的工程观。
2. 具有安全生产、节能减耗和绿色环保的职业规范。
3. 具有科学发展观，勇于创新、实事求是的科学态度与科学精神。

前面几个模块着重介绍小分子单体的聚合反应，本模块进一步讨论聚合物的化学反应。聚合反应按聚合机理分模块表达，聚合物的化学反应本可以参照有机基团反应来延伸，但更应该从产物的应用背景与性能结构的关系来导向。

聚合物的化学反应种类很多，范围甚广，文献浩繁，简短篇幅很难作出全面总结。目前聚合物的化学反应尚难完全按机理分类，不妨暂按结构和聚合度变化先进行归类，即先大致归纳成基团反应、接枝、嵌段、扩链、交联、降解等几大类。基团反应时聚合度和总体结构变化较小，因此可称为相似转变；许多功能高聚物也可归属基团反应。接枝、嵌段、扩链、交联使聚合度增大，降解使聚合度或分子量变小，这些都将引起聚合度和结构的重大变化。老化往往兼有降解和交联，情况更加复杂。

单元一　高聚物化学反应的意义、特征和类型

知识链接

天然橡胶的发现

在拉丁美洲的巴西亚马孙河流域，生长着巴西三叶橡胶树，橡胶树的表面被割开时，树皮内的乳管被割断（见图 10-1），从树上流出的胶乳，是一种以顺-1,4-聚异戊二烯为主要成分的天然高聚物化合物，同时含有少量的蛋白质、脂肪酸、糖分及灰色等。这种胶乳经过稀释后加酸凝固、洗涤，然后压片、干燥、打包，可得生胶，即天然橡胶。

天然橡胶的化学专业名称为聚异戊二烯橡胶，分子链主要是由不同聚合度的顺1,4-聚异戊二烯结构单元聚合形成的高聚物混合物，分子量为 $3.0×10^5$ 左右。天然橡胶的分子链结构柔软且具有较好的可塑性能。天然橡胶的分子通式简写为 $(C_5H_8)_n$，如图 10-1 所示。天然橡胶混合物中，橡胶烃（聚异戊二烯）占 90%～95%，所以分子链上包含了大量的不饱和键。糖类、灰分、脂肪酸和蛋白质等其他非橡胶烃的物质占据了剩余的部分。天然橡胶在室温下虽然也有弹性，但强度很低，而且在低温下变硬，在高温下变软、变黏，无实用价值。生胶能溶解在汽油、苯等溶剂中，加热到 140℃ 左右还会熔融。

天然橡胶的
结构和性能

想一想

为什么从巴西橡胶树上采集的天然胶乳不能直接使用？结构决定性能，请从分子结构的化学性质角度去思考，天然橡胶的性能有什么缺点？

橡胶

在拉丁美洲的巴西亚马孙河流域,
生长着巴西三叶橡胶树,那里也
是印第安人的故乡。

印第安人发现橡胶树的表面被
割开时,树上会流出白色的汁液。

他们把这种汁液叫作cau-uchu,意为"树的眼泪"。
后来被人们称为**天然橡胶**。

橡胶树上采集的白色汁液经乙酸
凝聚,然后脱水、干燥、压片,
可得生胶。

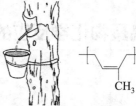

图10-1　天然橡胶的发现和采集

一、高聚物化学反应的意义

　　小分子有机化合物可以参与许多反应,如氢化、氧化、卤化、硝化、碳化、醚化、酯化、水解、醇解、加成等,高聚物也可以有类似的化学反应。研究聚合物基团反应的主要目的如下

1. 扩大高聚物的品种和应用范围

　　① 通过高聚物的化学反应,合成出用单体不能直接合成的高聚物,如用聚乙酸乙烯酯合成聚乙烯醇甚至维纶,合成具有不同组成分布的共聚物。

　　② 对已有高聚物进行改性,提高其性能或者增加官能团引入功能,制备新的聚合物,扩大应用范围。例如,将天然的纤维素转变成乙酸纤维素,将合成的聚乙酸乙烯酯转变成聚乙烯醇,合成接枝和嵌段共聚物,橡胶交联以提高弹性等。

2. 在理论上研究和验证高聚物的结构

　　通过高聚物的化学反应,来证实高聚物的某些结构存在形式。

3. 研究影响老化的因素和性能变化之间的关系

　　通过高聚物的化学反应,了解高聚物老化和降解的原因,一方面有利于废聚合物的处理,另一方面,找出合理的防止老化方法,延长高聚物材料的使用寿命。

4. 合成具有特殊功能的高聚物

　　通过高聚物功能基团反应,制备新的功能高聚物材料,如高聚物催化剂、高聚物试剂等。

练一练

1. 下列关于研究高聚物化学反应的意义描述错误的是（　　）。

A. 在理论上研究和验证高聚物的化学性质

B. 扩大高聚物的品种和应用范围，通过化学反应合成具有特殊功能的高聚物

C. 研究影响老化的因素和性能变化之间的关系

D. 研究高聚物的降解，因为所有聚合物都需要降解

2. 下列不属于聚合度增大反应的是（　　）。

A. 降解　　　　　　B. 接枝　　　　　　C. 交联　　　　　　D. 扩链

二、高聚物化学反应的特征

 想一想

聚丙烯氰的水解反应中，如图 10-2 所示，为何有的氰基水解成了酰胺，有的水解成了羧基，而有的却毫无变化，依然保持着氰基官能团不变？

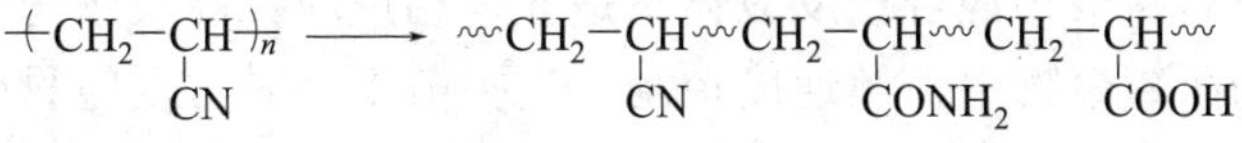

$$\left[CH_2-CH\right]_n \longrightarrow \sim\sim CH_2-CH\sim\sim CH_2-CH\sim\sim CH_2-CH\sim\sim$$
$$\quad\quad CN \quad\quad\quad\quad CN \quad\quad CONH_2 \quad\quad COOH$$

图10-2　聚丙烯氰的水解反应

高聚物化学反应的特点

1. 大分子基团的活性

高聚物和小分子同系物可以进行相似的基团反应，例如纤维素和乙醇中的羟基都可以酯化，聚乙烯和己烷都可以氯化等；但对产率或转化率的表述和基团活性却存在着差异。

基团的活性各异

在高聚物的化学反应中，不宜用分子计，应该以"基团"的转化程度来表述。例如丙酸甲酯水解，可得 80% 纯丙酸，残留 20% 丙酸甲酯尚未转化，水解的转化率为 80%（摩尔分数）。聚丙烯酸甲酯也可以进行类似的水解反应，如图 10-3 所示，可转变成含 80% 丙烯酸单元和 20% 丙烯酸甲酯单元的无规共聚物，两种单元无法分离，因此应该以"基团"的转化程度（80%）来表述。

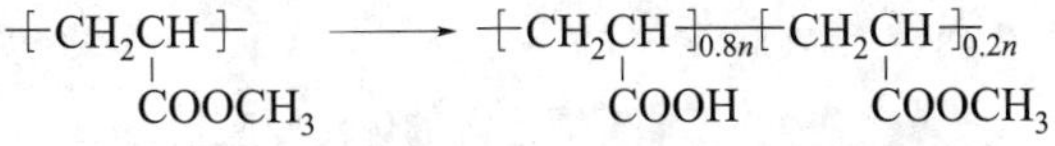

基团转化率

$$\left[CH_2CH\right] \longrightarrow \left[CH_2CH\right]_{0.8n}\left[CH_2CH\right]_{0.2n}$$
$$\quad COOCH_3 \quad\quad\quad COOH \quad\quad COOCH_3$$

图10-3　聚丙烯酸甲酯的水解反应

从单个基团比较，高聚物的反应活性似乎应该与同类小分子相同。但更多场合，聚合物中的基团活性、反应速率和最高转化程度一般都低于同系小分子物，少数也有增加的情况。主要原因是基团所处的宏观环境和微观环境，也就是物理因素

和化学因素不同。

2. 物理因素对基团活性的影响

物理因素对基团反应活性的影响，分为分子聚集态的影响和链构象的影响。

对于高结晶度聚合物，小分子试剂很难渗透入晶区，反应多局限于表面或非晶区。玻璃态聚合物的链段被冻结，也不利于小分子试剂的扩散和反应。所以，反应之前，最好先溶解或溶胀固态聚合物，提高高聚物的溶解度或溶胀度，以加快反应的进行。

高聚物链在溶液中可呈螺旋形或无规线团状态，如图10-4所示。溶剂或者聚集态改变，链构象亦改变，基团的反应性也会发生明显的变化。全同立构高聚物化学反应程度大于无规立构高聚物的化学反应程度。

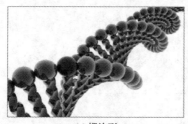

(a) 螺旋形　　　　　　　　　　　(b) 无规线团

图10-4　高聚物链的螺旋形和无规线团状态

相溶性不好的高聚物混合物反应体系是非均相反应。高聚物与化学试剂的非均相反应，受试剂在高聚物中扩散速度控制，当扩散不好时，反应只能发生在高聚物的表面。由于高聚物链很长，当高聚物与小分子试剂进行化学反应时，首先要求基团处于分子级的接触，高聚物的结晶态、相态、溶解度不同，都会影响到试剂的扩散，从而反映出基团表观活性和反应速率的差异。

3. 化学因素对基团活性的影响

影响聚合物反应的化学因素有概率效应和邻近基团效应。

概率效应是指，当聚合物相邻侧基作无规成对反应时，中间往往留有未反应的孤立单个基团——最高转化程度因而受到限制。例如聚氯乙烯与锌粉共热脱氯成环，按概率计算，环化程度只有86.5%，尚有13.5%氯原子被孤立隔离在两环之间，无法反应。实验测定结果与理论计算值相近，这就是相邻基团按概率反应引起的。

聚氯乙烯环化反应的概率效应，如图10-5所示。

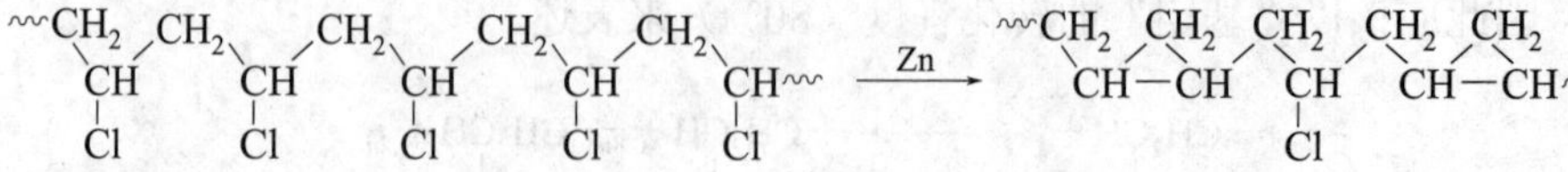

~~CH$_2$ CH$_2$　CH$_2$　CH$_2$　CH$_2$~~　　　　　~~CH$_2$ CH$_2$ CH$_2$ CH$_2$ CH$_2$~~
CH　　CH　　CH　　CH　　CH~~　$\xrightarrow{Zn}$　CH—CH　　CH　　CH—CH~~
Cl　　Cl　　Cl　　Cl　　Cl　　　　　　　　　　　　　　　Cl

图10-5　聚氯乙烯的环化反应

邻近基团效应是指，高聚物中原有基团或反应后形成的新基团的位阻效应和电子效应，以及试剂的静电作用，均可能影响到邻近基团的活性和基团的转化程度。

体积较大基团的位阻效应一般将使聚合物化学反应活性降低，基团转化程度受限。不带电荷的基团转变成带电荷基团的高聚物反应速率往往随转化程度的提高而降低。带电荷的大分子和电荷相反的试剂反应，结果加速；而与相同电荷的试剂反应，则减慢，转化程度也低于 100%。

例如以酸作催化剂，聚丙烯酰胺可以水解成聚丙烯酸，其初期水解速率与丙烯酰胺的水解速率相同。但反应进行之后，水解速率自动加速到几千倍。因为水解所形成的羧基—COOH 与邻近酰胺基中的羰基静电相吸，形成过渡六元环，有利于酰胺基中氨基的脱除而迅速水解。

$$\underset{\text{HO}\quad\text{NH}_2}{\overset{\text{CH}_2}{\underset{\text{O=C}\;\;\delta^+\text{C=O}^{\delta-}}{\sim\text{CH}_2\text{CH}\quad\text{CH}\sim}}} + H_2O \longrightarrow \underset{\text{HO}\quad\text{OH}}{\overset{\text{CH}_2}{\underset{\text{O=C}\quad\text{C=O}}{\sim\text{CH}_2\text{CH}\quad\text{CH}\sim}}} + NH_2$$

又如聚甲基丙烯酸甲酯用弱碱或稀碱液皂化（水解），也有自动催化效应。因为羧基阴离子形成后，易与相邻酯基形成六元环酐，再开环成羧基，而并非由氢氧离子来直接水解。凡有利于形成五、六元环中间体的，邻近基团都有加速作用。

聚甲基丙烯酸甲酯的邻近基团效应：

$$\underset{\text{O}^\ominus\quad\text{OR}}{\underset{\text{CO}\quad\text{CO}}{\overset{\text{CH}_3\quad\text{CH}_3}{\sim\text{CH}_2-\text{C}-\text{CH}_2-\text{C}\sim}}} \xrightarrow{-\text{OR}^\ominus} \underset{\text{O}}{\underset{\text{CO}\;\text{CO}}{\overset{\text{CH}_3\;\text{CH}_2\;\text{CH}_3}{\sim\text{CH}_2-\text{C}\quad\text{C}\sim}}} \xrightarrow{\text{OH}^\ominus} \underset{\text{O}^\ominus\quad\text{OH}}{\underset{\text{CO}\quad\text{CO}}{\overset{\text{CH}_3\quad\text{CH}_3}{\sim\text{CH}_2-\text{C}-\text{CH}_2-\text{C}\sim}}}$$

深入研究聚合物的基团反应时，必须注意上述凝聚态物理因素和化学因素的综合影响。

 练一练

1. 下列哪个不是高聚物化学反应的物理影响因素？（　　　）

A. 相态　　　　　B. 溶解性　　　　　C. 结晶性　　　　　D. 压力

2. 关于高聚物的化学反应，下列说法错误的是（　　　）。

A. 结晶态的高聚物，是无论如何都不能发生化学反应的

B. 结晶态的高聚物，在非晶区是可以发生化学反应的

C. 聚合物与小分子药剂进行化学反应，要求基团处于分子级的接触，结晶、相态、溶解度不同，都会影响到药剂的扩散，从而反映出基团表观活性和反应速率的差异

D. 对于高结晶度聚合物，反应之前，最好使这些固态聚合物先溶解或溶胀

3. 无定形聚集态的高聚物，分子结构比较疏散，是（　　　）发生化学反应的。

A. 容易　　　　　B. 不容易　　　　　C. 不能　　　　　D. 以上均有可能

三、高聚物化学反应的类型

高聚物的化学反应类型分为基团反应、链增长的反应和链缩短的反应。

链增长的反应如交联、接枝、嵌段、扩链等。链缩短的反应如降解、解聚等。见图 10-6。

只是侧基和端基变化，聚合度及总体结构基本不变的反应，称之为基团反应，或者相似转变。如乙烯基聚合物往往带有侧基，如烷基、苯基、卤素、羟基、羧基、酯基等，二烯烃聚合物主链上留有双键，这些基团都可进行基团反应，包括加成、取代、消去、成环等。缩聚物主链中有特征基团，如醚键、酯键、酰胺键等，可以进行水解、醇解、氨解等。

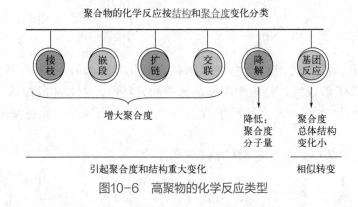

图10-6　高聚物的化学反应类型

单元二　高聚物的各类化学反应

一、高聚物的基团反应

? 想一想

烯烃加氢反应的催化剂如此昂贵，又何必花这么高的代价去进行高聚物的加氢反应呢？

1. 加成反应

和小分子的烯烃加成反应一样，聚二烯烃分子中含有双键，也可以进行加成反应，如加氢、氯化和氢氯化等，从而引入新的原子或基团。

聚二烯烃的加氢反应

（1）加氢反应　顺丁橡胶、天然橡胶、丁苯橡胶、SBS（苯乙烯 - 丁二烯 - 苯乙烯三嵌段热塑性弹性体）等都是以二烯烃为基础的橡胶，大分子链中留有双键，易氧化和老化。经过加氢成饱和橡胶后，以二烯烃为基础的橡胶玻璃化温度和结晶度均有改变，可提高耐候性，部分氢化的橡胶可用作电缆涂层，如图 10-7 所示。加氢的关键是寻找适宜的氢化催化剂，多采用镍系或贵金属类催化剂，并且要关注与氢扩散传递相关的化工问题。

$$\text{\textasciitilde\textasciitilde}CH_2CH=CHCH_2\text{\textasciitilde\textasciitilde} + H_2 \longrightarrow \text{\textasciitilde\textasciitilde}CH_2CH_2-CH_2CH_2\text{\textasciitilde\textasciitilde}$$

图10-7　电缆涂层

【2】**聚乙烯的氯化反应**　氯化反应属于自由基连锁机理。以聚乙烯为例，氯气吸收光量子后，均裂成氯自由基。氯自由基向聚乙烯转移成链自由基和氯化氢。链自由基与氯反应，形成氯化聚乙烯（CPE）和氯自由基。如此循环，连锁进行下去。反应式如下：

聚乙烯的氯化反应机理

$$Cl_2 \xrightarrow{h\nu} 2Cl\cdot$$

$$\text{\textasciitilde\textasciitilde}CH_2-CH_2\text{\textasciitilde\textasciitilde} + Cl\cdot \longrightarrow \text{\textasciitilde\textasciitilde}CH_2-\overset{\cdot}{C}H\text{\textasciitilde\textasciitilde} + HCl$$

$$\text{\textasciitilde\textasciitilde}CH_2-\overset{\cdot}{C}H\text{\textasciitilde\textasciitilde} + Cl_2 \longrightarrow \text{\textasciitilde\textasciitilde}CH_2-CHCl\text{\textasciitilde\textasciitilde} + Cl\cdot$$

聚乙烯与烷烃相似，耐酸、耐碱，化学惰性，但易燃。在适当温度下或经紫外光照射，聚乙烯容易被氯化，形成氯化聚乙烯（CPE），释放出氯化氢。高密度聚乙烯多选作氯化的原料，高分子量聚乙烯氯化后可形成有韧性的弹性体，低分子量聚乙烯的氯化产物则容易加工。CPE 的氯含量可以调节在 10%～70%（质量分数）范围内。氯化后，可燃性降低，溶解度有增有减，视氯含量而定。氯含量低时，性能与聚乙烯相近，含 30%～40% 氯的 CPE 是弹性体，具有阻燃性，可用作聚氯乙烯抗冲改性剂；氯含量＞40% 的 CPE，刚性增加，变硬。

CPE 的氯含量

工业上聚乙烯的氯化有两种方法：a. 溶液法。以四氯化碳作溶剂，在回流温度（如 95～130℃）和加压条件下进行氯化，产物含 15% 氯时，就开始溶于溶剂，可以适当降低温度继续反应，产物中氯原子分布比较均匀。b. 悬浮法。以水作介质，氯化温度较低（如 65℃），氯化多在表面进行，氯含量可到 40%。适当提高温度（如 75℃），氯含量还可提高，但需克服粘接问题。悬浮法产品中的氯原子分布不均匀。

溶液法和悬浮法制备氯化聚乙烯

【3】**天然橡胶的氯化**　聚丁二烯的氯化与加氢反应相似，比较简单。天然橡胶氯化则比较复杂。天然橡胶的氯化可在四氯化碳或氯仿溶液中，80～100℃下进行，产物含氯量可高达 65%，相当于每一重复单元含有 3.5 个氯原子，除在双键上加成外，还可能在烯丙基位置取代和环化，甚至交联。

聚异戊二烯的氯化加成和取代

$$\text{\textasciitilde\textasciitilde}CH_2\overset{\displaystyle CH_3}{\underset{}{C}}=CHCH_2\text{\textasciitilde\textasciitilde} \xrightarrow{Cl_2} \begin{cases} \xrightarrow{\text{加成}} \text{\textasciitilde\textasciitilde}CH_2-\overset{\displaystyle CH_3}{\underset{\displaystyle Cl}{C}}-\overset{}{\underset{\displaystyle Cl}{C}}HCH_2\text{\textasciitilde\textasciitilde} \\ \\ \xrightarrow{\text{取代}} \text{\textasciitilde\textasciitilde}CH_2\overset{\displaystyle CH_3}{\underset{}{C}}=CH\overset{}{\underset{\displaystyle Cl}{C}}H\text{\textasciitilde\textasciitilde} \end{cases}$$

氯化橡胶不透水，耐无机酸、耐碱和大部分化学品，可用作防腐蚀涂料和黏合剂，如混凝土涂层、水坝和船层涂膜（见图10-8）。氯化天然橡胶能溶于四氯化碳，氯化丁苯橡胶却不溶，但两者都能溶于苯和氯仿中。

图10-8　水坝和船层涂膜

（4）聚丙烯的氯化　聚丙烯含有叔氢原子，更容易被氯原子所取代。聚丙烯经氯化，结晶度降低并降解，力学性能变差。但氯原子的引入，增加了极性和黏结力，可用作聚丙烯的附着力促进剂。常用的氯化聚丙烯（CPP）含有质量分数30%～40%的氯，软化点为60～90℃，能溶于弱极性溶剂，如氯仿，不溶于强极性的甲醇和非极性的正己烷。

$$\sim\!CH_2\!-\!\underset{\underset{H}{|}}{\overset{\overset{CH_3}{|}}{C}}\!\sim + Cl_2 \longrightarrow \sim\!CH_2\!-\!\underset{\underset{Cl}{|}}{\overset{\overset{CH_3}{|}}{C}}\!\sim + HCl$$

（5）聚氯乙烯的氯化　聚氯乙烯的氯化可以水作介质在悬浮状态下于50℃进行，亚甲基氢被取代得到氯化聚氯乙烯（CPVC）。聚氯乙烯是通用塑料，但其热变形温度低，约80℃。经氯化，使氯含量从原来的56.8%提高到62%～68%，耐热性可提高10～40℃，溶解性、耐候性、耐腐蚀性、阻燃性等性能也相应改善，因此氯化聚氯乙烯可用于热水管、涂料、化工设备等方面。

$$\sim\!CH_2CH\!\sim + Cl_3 \longrightarrow \sim\!\underset{\underset{Cl}{|}}{CH}\underset{\underset{Cl}{|}}{CH}\!\sim + HCl$$

高聚物的基团
反应——加成
和氯化

2. 醇解反应

聚乙烯醇是维纶纤维的原料，也可用作黏合剂和分散剂。乙烯醇不稳定，无法游离存在，将迅速异构化为乙醛。因此聚乙烯醇只能由聚乙酸乙烯酯经醇解（水解）来制备。

在酸或碱的催化下，聚乙酸乙烯酯可用甲醇醇解成聚乙烯醇，即乙酸根被羟基所取代。碱催化效率较高，副反应少，用得较广。醇解前后聚合度几乎不变，是典型的相似转变。

聚乙酸乙烯
酯的醇解
反应

$$\sim\!CH_2\!-\!\underset{\underset{OCOCH_3}{|}}{CH}\!\sim \xrightarrow[OH^-]{CH_3OH} \sim\!CH_2\!-\!\underset{\underset{OH}{|}}{CH}\!\sim$$

醇解度 *DH*

在醇解过程中，并非全部乙酸根都转变成羟基，转变的摩尔分数称作醇解度，简称 *DH*。产物的水溶性与醇解度有关。纤维用聚乙烯醇要求醇解度 *DH* > 99%；用作氯乙烯悬浮聚合分散剂则要求 *DH*=80%，这两者都能溶于水；*DH* < 50%，则

用作油溶性分散剂。

聚乙烯醇配成热水溶液，经纺丝、拉伸，即成部分结晶的纤维。晶区虽不溶于热水，但非晶区却亲水，能溶胀。因此尚需以酸作催化剂，进一步与甲醛反应，使缩醛化。分子间缩醛，形成交联；分子内缩醛，将形成六元环。由于概率效应，缩醛化并不完全，尚有孤立羟基存在。但适当缩醛化后，就足以降低其亲水性。因此维纶纤维的生产过程往往由聚乙酸乙烯酯的醇解、聚乙烯醇的纺丝拉伸、缩醛等工序组成。聚乙烯醇缩甲醛或缩丁醛可用作安全玻璃夹层的黏合剂以及电绝缘材料和涂料。聚乙烯醇缩甲醛反应如图 10-9 所示。

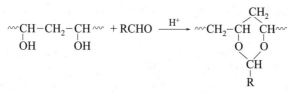

图10-9 聚乙烯醇缩甲醛反应

3. 聚丙烯酸酯类的基团反应

与丙烯腈、丙烯酰胺的水解相似，聚丙烯酸甲酯、聚丙烯腈、聚丙烯酰胺经水解，最终均能形成聚丙烯酸。聚丙烯酸或部分水解的聚丙烯酰胺可用于锅炉水的防垢和水处理的絮凝剂，水中有铝离子时，聚丙烯酸成絮状，与杂质一起沉降除去。

絮凝剂
聚丙烯酸

聚丙烯酸酯类的基团反应：

$$\sim\sim CH_2CH\sim\sim \xrightarrow{OH^-} \sim\sim CH_2CH\sim\sim$$
$$\quad\; COOCH_3 \qquad\qquad\quad COOH$$

4. 苯环侧基的取代反应

如图 10-10 所示，聚苯乙烯中的苯环可以进行系列取代反应，如烷基化、氯化、磺化、氯甲基化、硝化等。苯乙烯和二乙烯基苯的共聚物是离子交换树脂的母体，与发烟硫酸反应，可以在苯环上引入磺酸根基团，即成阳离子交换树脂；与氯代二甲基醚反应，则可引入氯甲基，进一步引入季铵基团，即成阴离子交换树脂。在氯甲基化交联聚苯乙烯中还可以引入其他基团。

聚苯乙烯的
磺化和氯甲
基化

图10-10 聚苯乙烯的取代反应

5. 环化反应

有多种反应可在大分子链中引入环状结构，例如聚氯乙烯与锌粉共热（图10-5）、聚乙烯醇缩醛等的环化（图10-9）。环的引入，使聚合物刚性增加，耐热性提高。

碳纤维

有些聚合物，如聚丙烯腈或黏胶纤维，经热解后，还可能环化成梯形结构，甚至稠环结构，制备碳纤维。由聚丙烯腈制碳纤维大约分成三段：先在 200～300℃预氧化，然后在 800～1900℃碳化，最后在 2500℃石墨化，析出碳以外的其他所有元素，形成碳纤维。碳纤维是高强度、高模量、耐高温的石墨态纤维，与合成树脂复合后，成为高性能复合材料，可用于宇航和特殊场合。聚丙烯腈制备碳纤维反应式为：

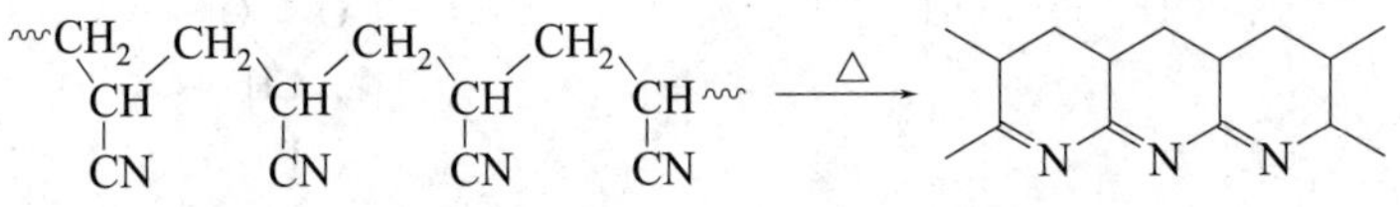

聚二烯烃的环氧化是另一类成环反应，其目的是引入可继续反应的环氧基团。环氧化可以采用过乙酸或过氧化氢作氧化剂。环氧化聚丁二烯容易与水、醇、酐、胺反应。

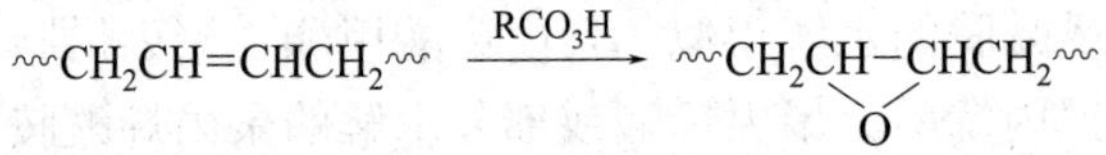

环氧化聚二烯烃经交联，可用作涂料和增强塑料。环氧程度为 33% 的天然橡胶可增加聚乙烯与炭黑的相容性，三者按 18∶80∶2 质量比混合，可用来制备填充型导电聚合物。

6. 纤维素的化学改性

纤维素是第一个进行化学改性的天然高聚物。纤维素广泛分布在木材和棉花中。木材中约含 50% 纤维素，棉花中约含 96% 纤维素。天然纤维的重均聚合度可达 10000～18000，其重复单元由 2 个 D-葡萄糖结构单元按 β-1,4-键接而成。每一葡萄糖结构单元有 3 个羟基，都可参与酯化、醚化等反应，形成许多衍生物，如黏胶纤维和铜氨纤维、硝化纤维素和乙酸纤维素等酯类、甲基纤维素和羟丙基纤维素等醚类。

纤维素分子间有强的氢键，结晶度高（60%～80%），高温下只分解而不熔融，不溶于一般溶剂，却可被浓度 18% 的氢氧化钠溶液、硫酸或乙酸所溶胀。因此纤维素在参与化学反应前，需预先溶胀，以便化学药剂的渗透。

再生纤维素

黏胶纤维和铜氨纤维都属于再生纤维素，制备再生纤维素一般使用价廉的木浆或棉短绒为原料，如图 10-11 所示，经溶胀和化学反应，再水解沉析凝固而成。与原始纤维素相比，再生纤维素的结构发生了变化：一是因纤维素溶胀过程中的降解，聚合度有所降低；二是结晶度显著降低。

纤维素经碱溶胀，后用二硫化碳处理而成的再生纤维素称作黏胶纤维。从纤维素制备黏胶纤维的原理和过程大致为：首先用 18%～20% 氢氧化钠溶液处理纤维素的部分羟基，使溶胀并部分转变成碱纤维素；室温下放置几天熟化，氧化降解，使聚合度适当降低。

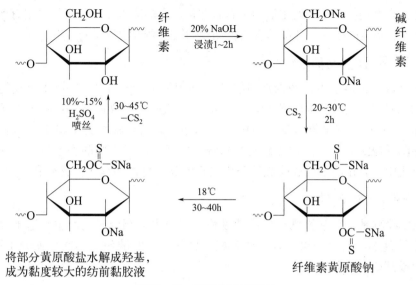

将部分黄原酸盐水解成羟基，
成为黏度较大的纺前黏胶液

纤维素黄原酸钠

图10-11　黏胶纤维的制备

继而在 20～30℃ 条件下，用二硫化碳对碱纤维素进行黄原酸化处理，形成纤维素黄原酸钠胶液，每 3 个羟基只需要平均有 0.4～0.5 个黄原酸，就足以使纤维素溶解。黄原酸及其钠盐的分子结构类似羧酸和羧酸钠，但在性能上则更不稳定，容易水解，脱去二硫化碳，转变成羟基。

黄原酸钠不稳定，在室温下熟化过程中，部分水解成羟基，以增加黏度，成为易凝固的纺前黏胶液。胶液经纺丝拉伸凝固成丝或成膜，进一步入酸浴，与酸反应，水解成纤维素黄原酸，同时脱出二硫化碳，再生出纤维素。释放出来的硫化碳应尽量回收循环使用，并解决尾气对大气的污染问题。

？ 想一想

1. 市场上销售的大豆纤维被子中的大豆纤维是天然高聚物材料吗？
2. 举例说明高聚物基团反应的应用情况。

二、高聚物的扩链反应

分子量不高（如几千）的预聚物，通过适当方法，使两大分子端基键接在一起，分子量成倍增加，这一过程称为扩链。简言之，使聚合物主链增长的过程就叫扩链。

扩链反应在高聚物材料合成中具有非常重要的应用价值，因为扩链反应的主要作用就是增多一些物质的链数，高聚物材料具有较多的支链，并且支链越多得到的高聚物质量越高，扩链反应能够使得聚合物的主链不断增长，主链增长的过程就是扩链反应，并且扩链反应具有非常重要的应用价值，是使得一些聚合物形成高聚物材料的重要方法，能够使得一些聚合物之间进行缩合，能够与一些小分子物质进行缩合，还能够使得一些阴离子进行有效的聚合，能够保障高聚物材料的制作质量，具有非常重要

扩链反应的
应用价值

的意义。高聚物材料在我们生活当中具有非常广泛的应用，所以必须采用有效的方法提高高聚物形成的质量，才能够有效推动我们国家高聚物材料的应用。

1. 异氰酸酯扩链法

异氰酸酯扩链法中，最为常用的是二异氰酸酯扩链。主要适用于末端为羟基的聚合物的扩链。如图 10-12 所示，常用的二异氰酸酯有 2,4 或 2,6- 甲苯二异氰酸酯（TDI）、六亚甲基二异氰酸酯（HDI）、二苯基甲烷二异氰酸酯（MDI）、异佛尔酮二异氰酸酯（IPDI）等。比如异氰酸酯扩链法广泛应用于聚乳酸类生物降解高聚物材料的合成中，TDI 用于合成聚乳酸类生物降解高聚物作药物缓释材料和骨固定材料。

2. 噁唑啉扩链法

双噁唑啉是一种活性强、反应速度快、反应中无小分子物产生、适于反应挤出的优良扩链剂，它可与聚合物（如聚酯、聚酰胺）的端羧基偶联，使分子链增长，显著地提高树脂的黏度。

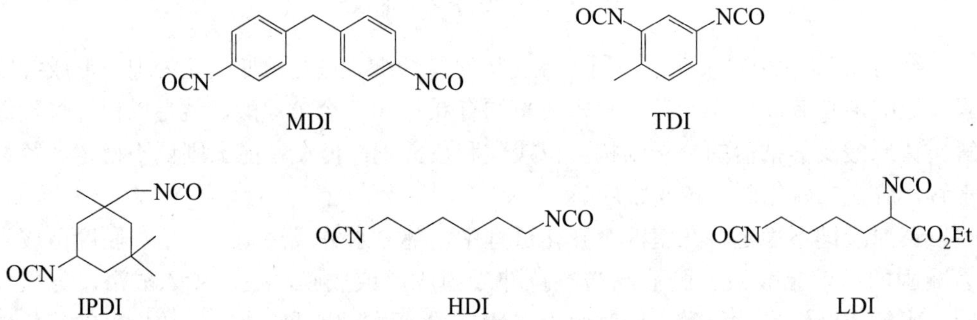

图10-12　常用二异氰酸酯扩链剂的结构

常用的二噁唑啉有 1,3- 苯基 - 双（2- 噁唑啉）、1,4- 苯基 - 双（2- 噁唑啉）、双（2- 噁唑啉）等，化学结构见图 10-13。其中双（2- 噁唑啉）在聚乳酸类生物降解高聚物材料的合成中，效果很好，重均分子量（$\overline{M}_w$）为 1 万的预聚体经扩链反应 10min 后，产物 $\overline{M}_w$ 最高可达 39 万。

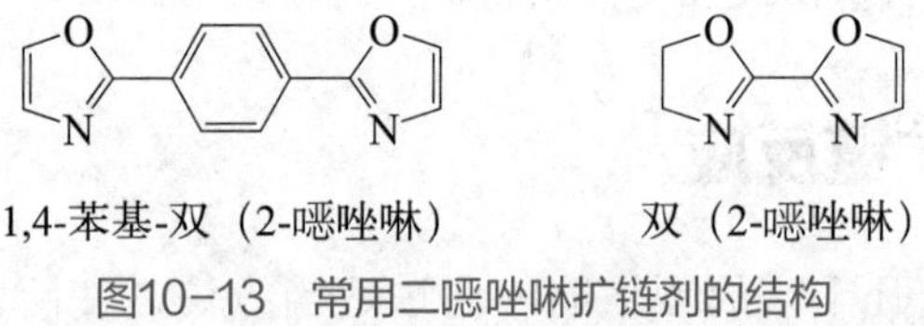

1,4-苯基-双（2-噁唑啉）　　　双（2-噁唑啉）

图10-13　常用二噁唑啉扩链剂的结构

聚酯和尼龙类高聚物是重要的工业化聚合物产品，都具有末端羧基。因此，可用二噁唑啉进行扩链，达到进一步提高分子量、增加黏度，并改善加工性能的目的。

3. 环氧化物扩链法

二环氧化物是羟、羧基加成型扩链剂，但更容易与羧基发生反应，通常选择二缩水甘油酯或者醚类化合物作为扩链剂，使用环氧扩链剂的优点是与末端羧基反应的时候不会产生其他副产物，反应的产物可在聚酯的侧链中引入羟基，从而可以提高聚合物的亲水性，但是当扩链剂加入量过多，尽管侧链羟基反应活性小，但仍会发生支化或者交联反应。

比如在反应性共混条件下，采用二缩水甘油醚类环状二环氧化物，对聚对苯二甲酸二甲醇酯进行扩链反应，因为不会引起任何的副反应，反应后剩余的环氧扩链剂不用除去。用环氧化物作为催化剂不可避免会发生交联，随着反应的进行交联度也会增加，且随着环氧扩链剂的加入，交联程度也会加深，当扩链剂的含量小于1.2%的时候，几乎没有交联反应。

4. 非扩链剂法

不用扩链剂，用自由基或紫外光引发不饱和链的支化反应，也可使聚合物的分子量提高。例如在聚丁二酸丁二醇酯（PBS）的合成中使用马来酸，在 PBS 中引入不饱和基团，再用过氧化苯甲酰（BPO）引发就可扩链；也可把交联剂如双官能团化合物［二甲基丙烯酸乙二醇酯（DF）］、三官能团化合物［三烯丙基三聚氰酸酯（TF）］与 BPO 一起使用。经过扩链反应，引入不饱和键聚酯的 T_g 升高，熔点和洁净度下降，拉伸等力学性能提高，可降解性大大降低。

【知识拓展】
扩链剂

三、高聚物的交联反应

交联反应是指在线型大分子之间用新的化学键进行连接，使之成为三维网状或体型结构的反应，是调节材料性能的重要手段之一，主要用于橡胶制品的硫化、热固性树脂的固化、黏合剂的固化等方面。交联不仅影响着材料的力学性能，对可降解材料，还直接影响其在环境中的降解行为。在某些场合必须使用交联的可降解材料，如对韧性要求特别高的材料，以及可降解纤维增强复合材料，可降解涂料等。交联程度的大小视实际需要而定，如弹性体的交联较少，硬塑料则需要高度交联。交联采用的方法有化学交联和物理交联两类。大分子间由共价键结合起来的，称作化学交联；由氢键、极性键等物理力结合的，则称作物理交联。本节着重介绍化学交联。

高聚物交联
反应的意义

1. 硫化交联

未曾交联的天然橡胶，硬度和强度低，在低温下变硬，在高温下变软、变黏，无实用价值，必须通过硫化获得较好的性能。所谓硫化，就是把生胶同硫黄及硫化促进剂均匀地混合在一起，然后在高温下，使橡胶分子同硫发生反应，在橡胶的分子之间形成硫键，使橡胶由线型的长链分子转变为网状的交联结构。

天然橡胶的
硫化

$$2 \sim\!\!\!\text{CH}_2\text{CH}=\text{CHCH}_2\!\!\!\sim + m\text{S} \longrightarrow \begin{array}{c} \sim\!\!\text{CHCH}=\text{CHCH}_2\!\!\sim \\ | \\ \text{S}_m \\ | \\ \sim\!\!\text{CH}_2\text{CH}-\text{CH}_2\text{CH}_2\!\!\sim \end{array}$$

硫化后的橡胶有很好的弹性和机械强度。弹性伸长率可达 10 倍左右，而且耐寒性、气密性、防水性、耐挠曲性和电绝缘性都十分优异。

单质硫的硫化速率慢，需要几小时；硫的利用率低（40%～50%）。如图 10-14 所示其原因有：①硫交联过长（40～100 个硫原子）；②形成相邻双交联，却只起着单交联的作用；③形成硫环结构等。

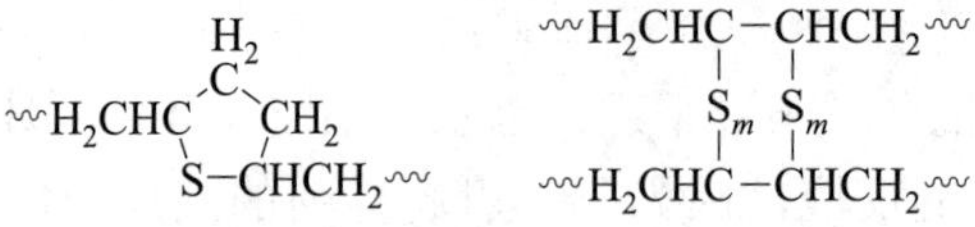

图10-14　环硫和双长硫桥

硫化反应促进剂

为了提高硫化速率和硫的利用效率，工业上硫化常加有机硫化合物作促进剂。例如：四甲基秋兰姆二硫化物、二甲基二硫代氨基甲酸锌、二巯基苯并噻唑、苯并噻唑二硫化物等，结构见图 10-15。单质硫和促进剂单独共用，如硫化速率和效率还不够理想，可再添加氧化锌和硬脂酸等活化剂，速率和效率均显著提高，硫化时间可缩短到几分钟，而且大多数交联较短，只有 1～2 个硫原子，甚少相邻双交联和硫环。

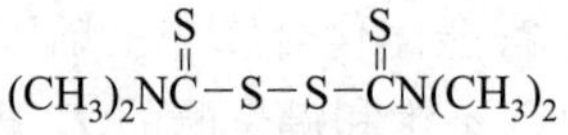

四甲基秋兰姆二硫化物

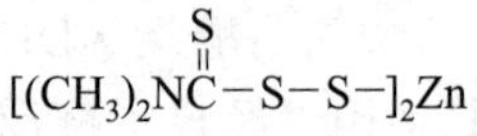

二甲基二硫代氨基甲酸锌

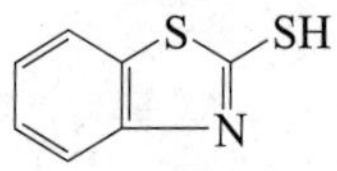

二巯基苯并噻唑

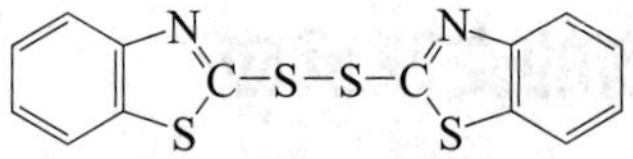

苯并噻唑二硫化物

图10-15　常用有机硫促进剂

2. 自由基交联

聚乙烯、乙丙二元胶、聚硅氧烷橡胶等的高聚物分子中没有双键，无法用硫来实现交联，可采用与过氧化二异丙苯、过氧化叔丁基等过氧化物共热，发生自由基交联。交联后，可提高其强度和耐热性，乙丙二元胶和聚硅氧烷橡胶交联后，可形成性能更好的弹性体。

过氧化物受热分解成自由基，夺取大分子链中的氢（尤其是叔氢），形成大分子自由基，然后发生偶合交联。

$$ROOR \longrightarrow 2RO\cdot$$

$$RO\cdot + \sim CH_2CH_2\sim \longrightarrow ROH + \sim CH_2\dot{C}H\sim$$

$$2\sim CH_2\dot{C}H\sim \longrightarrow \begin{array}{l}\sim CH_2CH\sim \\ \quad\quad\ | \\ \sim CH_2CH\sim\end{array}$$

过氧化物也可以使不饱和聚合物交联，原理是自由基夺取烯丙基上的氢而后交联。

$$RO\cdot + \sim CH_2CH{=}CHCH_2\sim \longrightarrow \sim\dot{C}HCH{=}CHCH_2\sim + ROH$$

$$\downarrow$$

$$\begin{array}{l}\sim CHCH{=}CHCH_2\sim \\ \ \ | \\ \sim CHCH{=}CHCH_2\sim\end{array}$$

聚二甲基硅氧烷结构比较稳定，虽然也可以用过氧化物来交联，但效率比聚乙烯交联低得多。如在分子链中引入少量不饱和基，则可提高交联效率。

醇酸树脂的干燥原理也相似。有氧存在，经不饱和油脂改性的醇酸树脂可由重金属的有机酸盐（如萘酸钴）来固化或"干燥"。氧先使带双键的聚合物形成氢过氧化物，钴使过氧基团还原分解，形成大自由基而后交联。

$$\sim CH_2CH_2CH=CH \sim \xrightarrow{O_2} \sim CH_2CHCH=CH \sim \xrightarrow{Co^{2+}} \sim CH_2CHCH=CH \sim + Co^{3+} + OH^-$$
$$\qquad\qquad\qquad\qquad\quad \underset{OOH}{|} \qquad\qquad\qquad\qquad \underset{O\cdot}{|}$$
$$\qquad\qquad\qquad\qquad\qquad\qquad\qquad\qquad\qquad\qquad\qquad \downarrow$$
$$\qquad\qquad\qquad\qquad\qquad\qquad\qquad\qquad\qquad\qquad\quad 交联$$

在自由基聚合过程中，1 个自由基可使成千上万个单体连锁加聚起来，成为 1 个大分子。但在交联过程中，1 个初级自由基最多只能产生 1 个交联，实际上交联效率还少于 1，因为引发剂和链自由基有各种副反应，例如链自由基附近如无其他链自由基形成，就无法交联。链的断裂、氢的被夺取、与初级自由基偶合终止等都将降低过氧化物的利用效率。

不饱和树脂中混配有苯乙烯，其固化原理属于自由基共聚交联。

3. 缩聚交联

四氟乙烯和偏氟乙烯共聚物是饱和弹性体，可与二元胺通过缩聚反应，脱去氟化氢而交联。

$$\sim CH_2CF_2CF(CF_3) \sim \xrightarrow{-HF} \sim CH=CFCF(CF_3) \sim \xrightarrow{H_2NRNH_2} \begin{matrix} \sim CH_2CFCF(CF_3) \sim \\ NH-R-NH \\ \sim CH_2CF_2C(CF_3) \sim \end{matrix}$$

氯硫化聚乙烯也可用乙二胺或乙二醇直接交联，但更多的是在有水的条件下用金属氧化物（如 PbO）来交联，因为硫酰氯不能与金属氧化物直接反应，而是先水解成酸，再成盐。

$$\underset{SO_2Cl}{\overset{\sim CH \sim}{|}} \xrightarrow{H_2O} \underset{SO_2OH}{\overset{\sim CH \sim}{|}} \xrightarrow{PbO} \underset{O_2S-O-Pb-O-SO_2}{\overset{\sim CH \sim \qquad \sim CH \sim}{|\qquad\qquad\qquad|}}$$

4. 辐射交联

辐射交联与过氧化物交联的机理相似，都属于自由基反应。能辐射交联的聚合物往往也能用过氧化物交联。交联老化将使聚合物性能变坏，但有目的的交联，却可提高强度，并增加热稳定性。只是辐射交联所能穿透的深度有限，限用于薄膜。

聚乙烯（PE）的辐射交联技术是聚乙烯辐射改性的最常用、最有效方法，是最早实现工业化的生产技术。辐射交联一般不需要任何催化剂和引发剂，只需要通过高能射线实现，交联速度高，产品性能在许多方面优于过氧化物交联技术和硅烷交联技术。聚乙烯交联后能形成三维网络结构，耐热性得到明显的改善，交联后的聚乙烯，拥有形状记忆功能，当受热后，能恢复交联前的状态，运用交联后的特点，交联 PE 产品能广泛应用于热缩管、线缆、耐热管材、收缩膜等领域。

有些反应体系交联速率太慢，反不如断链，需要高剂量辐射才能达到一定交联程度，通常还要添加交联增强剂。甲基丙烯酸丙烷三甲醇酯等多活性双键和多官能团化合物是典型的交联增强剂，与聚氯乙烯复合使用，可使交联效率提高许多倍。

有些场合，如宇航，需要采用耐辐射高聚物。一般主链或侧链含有芳环的聚合物耐辐射，如聚苯乙烯、聚碳酸酯、聚芳酯等。苯环是大共轭体系，会将能量传递分散，以免能量集中，破坏价键，导致降解和交联。

5. 光交联

光交联已成为当前构建生物医用水凝胶材料普遍采用的方式，被应用于制备药物、因子、细胞的原位载体以及生物 3D 打印等。此外，光交联水凝胶在临床上应用时，可实现不同形状和大小组织的按需赋型并原位固化成胶，具有操作可控、便捷的临床应用优势，在组织工程和再生医学领域具有广阔的应用前景。

？ 想一想

高聚物的交联反应有什么实际意义，并举出实际应用的例子。

四、高聚物的降解反应

高聚物降解反应是指高聚物受环境因素的综合影响，发生聚合度降低的过程。降解反应会引起高聚物性能变差，如外观上变色发黄、变软发黏、变脆发硬，物化性质上分子量、溶解度、玻璃化温度的增减，力学性能上强度、弹性的消失。

高聚物降解
反应的意义

研究降解的意义一是有效利用，如天然橡胶硫化成型前的塑炼以降低分子量，废聚合物的高温裂解以回收单体，纤维素和蛋白质的水解以制葡萄糖和氨基酸；二是通过解析降解产物，研究聚合物结构，为合成新型聚合物提供导向，如耐热高聚物、易降解塑料等；三是探讨老化机理提出防老措施，延长使用寿命。

高聚物的降解反应类型

高聚物的降解方式有热降解、氧化降解、光降解、化学降解、生物降解、机械降解等。

1. 热降解

聚合物的热降解指的是聚合物在加热时所发生的降解反应。有关聚合物热降解的研究至今已有近 150 年的历史，热降解反应可分为三个基本类型：拉锁降解（解聚）、无规断链和侧基消除。

(1) 拉锁解聚　拉锁解聚可以看成链增长反应的逆反应，高聚物受热后，从聚合物分子链的链端开始降解，以结构单元为单元，像拉锁一样逐一地降解为单体。

聚甲基丙烯酸甲酯（PMMA）的解聚，反应从末端不饱和基开始断裂，生成活性较低的自由基，然后发生 β 键断裂，按连锁机理迅速逐一脱除单体，270℃时 PMMA 可以全部解聚成单体——甲基丙烯酸甲酯（MMA）。MMA 是合成树脂、油漆、涂料、黏合剂工业和医用高聚物工业的重要原料。通过热解聚实现了对废弃有机玻璃单体的回收。

$$\sim CH_2-\underset{\underset{COOCH_3}{|}}{\overset{\overset{CH_3}{|}}{C}}+CH_2-\underset{\underset{COOCH_3}{|}}{\overset{\overset{CH_3}{|}}{C}}\cdot \longrightarrow \sim CH_2-\underset{\underset{COOCH_3}{|}}{\overset{\overset{CH_3}{|}}{C}}\cdot +CH_2=\underset{\underset{COOCH_3}{|}}{\overset{\overset{CH_3}{|}}{C}}$$

基于解聚反应是按逐个分解单体的机理进行的，所以塑料发生这类热降解时，分子量减小较慢，但由于单体易挥发，物料质量损失较快。

〔2〕**无规断链**　无规断链反应是指受热后，在高聚物的分子主链上任意位置发生断链，生成分子量较小的高聚物链。无规断链降解的结果，是聚合度迅速下降，且产物是大小不等的小分子物质，但较少形成单体。

聚乙烯热降解主要就是通过无规断链反应进行的：

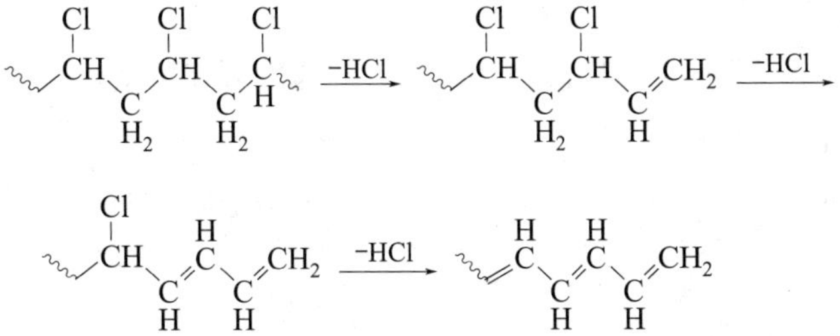

聚乙烯受热时，大分子链可能在任意处直接无规断链，断链后形成的自由基活性高，经分子内"回咬"转移而断链，形成小分子物。利用气相色谱分析聚乙烯热降解产物，乙烯单体含量较少，主要产物为丙烯，同时伴有部分甲烷、乙烷、丙烷，以及一些饱和烃和不饱和烃。

〔3〕**侧基消除**　高聚物链发生侧基消除反应，生成小分子产物。降解的初期高聚物主链不断裂，但当小分子消除反应进行到主链薄弱点较多时，也会发生主链断裂，导致全面降解。小分子消除反应可能从端基开始，也可能是无规消除反应。典型的例子是聚氯乙烯的热降解，在较低温度（100～120℃）下，聚氯乙烯就开始脱氯化氢，颜色变黄；200℃下脱氯化氢更快，形成共轭双键结构生色基团，聚合物颜色变深，强度变差。

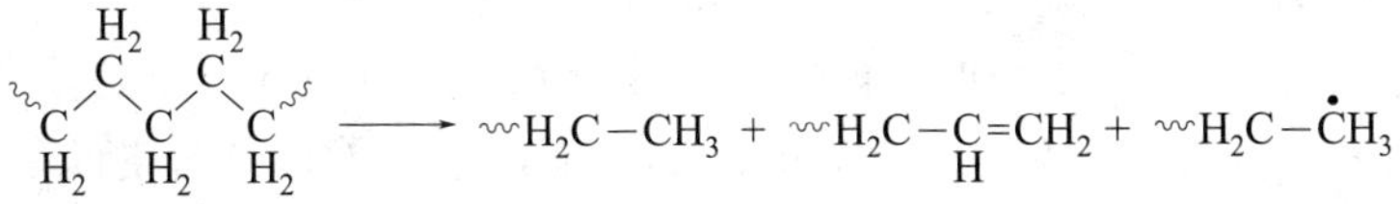

实际上，许多塑料热降解时所发生的并非上述单一类型的降解反应，而是这些反应交织进行的综合结果。

2. 氧化降解

高聚物的氧化降解反应是指高聚物在加工和使用过程中受氧的作用发生高聚物断链的降解反应。

聚合物的氧化活性与结构有关：碳碳双键、烯丙基和叔碳上的C—H键都是弱键，易受氧的进攻。二烯类橡胶、聚丙烯以及支化程度高、结晶性差的低密度聚乙烯易氧化，而无支链的线型聚乙烯和聚苯乙烯比较耐氧化。另外，分子结构中含烯丙基氢、叔氢的高聚物也是容易氧化的，而一级、二级碳氢键则较难氧化。不同结构氧化活性次序见图10-16。

$$CH_2{=}CH{-}CH_2{-}H > CH_3C(O){-}H > (CH_3)_3C{-}H > (CH_3)_2CH{-}H > CH_3CH_2CH_2CH_2{-}H$$

C—H键能/(kJ/mol)	356	358	381	402	410
	烯丙基上的氢	羰丙基上的氢	三级碳上的氢	二级碳上的氢	一级碳上的氢

图10-16　氧化活性次序

C—H 键氧化，则形成氢过氧化物，如聚丙烯的氧化降解。

$$\sim CH_2-CH=CH-CH_2 \sim + O_2 \longrightarrow \sim CH_2-CH=CH-CH_2-\overset{\overset{O-O-H}{|}}{CH}\sim$$

$$\sim CH_2-CH=CH-\overset{\overset{O\cdot}{|}}{CH}-CH_2\sim + \cdot OH \sim CH_2-CH=CH-\overset{\overset{O}{\|}}{C}_{\underset{H}{}} + \cdot CH_2\sim$$

C—C 键氧化，多形成过氧化物，如顺丁橡胶的氧化降解：

$$\sim CH_2-CH=\overset{\overset{CH_3}{|}}{C}-CH_2\sim + O_2 \longrightarrow \sim CH_2-CH-\overset{\overset{CH_3}{|}}{C}-CH_2\sim CH_2-\overset{\overset{O}{\|}}{C}_{\underset{H}{}} + \overset{\overset{CH_3}{|}}{\underset{O}{\|}}C-CH_2\sim$$

3. 光降解

高聚物的光降解是只受光的照射发生的降解反应。有光敏降解和非光敏降解两种。

光敏降解和非光敏降解

有些聚合物分子的吸光能力较弱，或者只能够吸收远紫外光，难以直接实现其光降解。向聚合物材料中加入光敏剂，先使光敏剂吸收光能被激发，然后激发分子与高聚物反应，发生降解。光敏剂按类型可以分为：有机小分子或者染料类光敏剂、过渡金属络合物光敏剂以及无机光敏剂等。

非光敏降解指被一定波长的光激发，诱导高聚物材料内部发生光化学反应，从而使其物理性能显著降低，最终分解成较低分子量的碎片的反应。聚合物受光的照射，是否引起大分子链的断裂，决定于光能和键能的相对大小。共价键的离解能为 160～600kJ/mol，只有光能大于这一数值，才有可能使链断裂。

光的能量与波长有关，波长愈短，则能量愈大。照射到地面的近紫外光波长为 300～400nm，相当于 400～300kJ/mol 的光能，有可能使共价键断裂。聚合物往往对特定的光波长敏感，见表 10-1。不同基团或共价键有特定的吸收波长范围，如 C—C 键吸收波长为 195nm、230～250nm 的光，羰基吸收波长为 230nm 的光，日光中这些波长无法到达地面，因此饱和聚烯烃和含羟基聚合物比较稳定。而醛、酮等中的羰基以及双键、烯丙基、叔氢则易于发生光降解反应。此外，聚合产物中的少量残留引发剂或过渡金属，都能促进光氧化反应。

表10-1 部分高聚物光降解吸收的光的波长

聚合物	敏感波长 /nm	聚合物	敏感波长 /nm
聚酯	325	聚碳酸酯	280.5~305
聚苯乙烯	318.5		330~360
聚丙烯	300	聚乙烯	360
聚氯乙烯	320	乙酸丁酯纤维素	295~298
EVA	327,364	聚苯乙烯 - 丙烯腈	290,325
聚乙酸乙烯酯	280		

虽然 $300\sim400nm$ 的紫外光并不能使许多聚合物直接离解，却可使之转变成激发态。被激发的 C—H 键容易与氧反应，形成氢过氧化物，然后分解成自由基，按氧化机理降解。

4. 化学降解和生物降解

高聚物的化学降解是指大分子中含有的酯键、酰胺键、醚键等反应性基团的高聚物，在受到酸、碱、酶及其他因素的作用下发生的大分子断链的化学反应。

利用化学降解的原理，可使缩聚物降解成单体或低聚物，进行废聚合物的回收和利用。例如纤维素、淀粉经酸性水解成葡萄糖，天然蛋白质水解成白明胶和氨基酸，废涤纶树脂加过量乙二醇可醇解成对苯二甲酸乙二醇酯或低聚物，聚酰胺经酸或碱催化水解可得氨基或羧基低聚物，固化了的酚醛树脂可用过量苯酚降解成酚、醇或低聚物。聚乳酸在体内可水解成乳酸，经代谢循环排出体外，因此可用作手术外科缝合线，术后无需拆线。

生物降解方法主要是利用微生物分泌的降解酶系对聚合物进行降解，具有运行成本低廉、无二次污染、技术成熟等优点。

高聚物化学降解的应用价值

5. 机械降解

机械降解是当施加的机械能大于高聚物碳主链断裂的活化能时，将引发其生成链自由基，通过自由基传递进行降解。

C—C 键能约 350kJ/mol，当作用力超过这一数值时，就会产生分子链的断链，发生机械降解。例如高聚物在塑炼、熔融挤出，或高聚物溶液受强力搅拌时，大分子主链发生断链，分子量降低。

超声波降解是特殊的机械降解。超声波是频率介于 20kHz～10MHz 的一种机械波。溶液受到超声波作用会产生周期性压缩，导致密度发生变化，瞬间出现微粒级的空化气泡，随后空化气泡迅速碰撞，发生破碎、生长等一系列变化，即空穴效应。在空化气泡周围将产生高温高压的热区，引发高聚物链产生羟基自由基，进而发生降解。超声降解与输入的能量有关，当溶液彻底脱气时，难以形成空穴的核，也就减弱了降解。

超声波降解

？ 想一想

可以用哪些降解方法对废有机玻璃进行回收再利用？每种降解方法的原理是什么？

【知识拓展】
微塑料

五、高聚物的老化反应

1. 老化反应

高聚物材料在加工、使用和贮存过程中，由于受到热、光、氧、水、化学介质、微生物和机械力等因素的影响，聚合物的化学组成和结构发生降解、交联等变化，而导致性能变差，如弹性降低、颜色变化、强度降低等，这种现象称为老化。

高聚物老化的内在因素

引起高聚物材料老化的因素分内在和外在两种。其中，内在因素包括材料本身化学结构、聚集态结构和配方条件等；外在因素大致可分为光、热、机械应力等物理因素以及氧、水、化学品、微生物等化学因素。

本节主要讲解老化的外在因素。

（1）光氧老化　在室外使用的高聚物材料受到阳光照射，有可能会引起分子链的断裂，导致其张力、强度降低，颜色发生变化，这种现象称为光氧老化。是否引起分子链的断裂则主要取决于高聚物材料的化学结构稳定性和光能同键能的相对大小。聚合物的共价键键能一般在 160～600kJ/mol 之间，当光能大于这一数值时就有可能使链断裂。而紫外线波长为 200～400nm，能量为 250～580kJ/mol。虽然大部分聚合物对紫外线的敏感波长都不相同（见表 10-1），但大部分高聚物材料长时间暴露在紫外线下都有可能发生分子链断裂的现象。

当高聚物材料吸收光能后，其中的一部分分子或基团会转变成激发态，若激发态能量足够大时就会使化学键断裂，与氧产生作用，产生自由基并形成氢过氧化物；反之，激发态会发射出荧光、磷光，或者转变成热能散发后恢复成基态。

（2）热氧老化　同光氧老化一样，温度升高到一定程度且热能超过其共价键键能时也会引起高聚物材料的分子链断裂，使其张力、强度降低，颜色发生变化。而且因为有氧的存在，导致其变质过程一旦开始就会自动加速。其反应过程如下：

链引发　　$RH + O_2 \longrightarrow R\cdot + \cdot O-OH$

链增长　　$R\cdot + O_2 \longrightarrow R-O-O\cdot$

　　　　　$R-O-O\cdot + RH \longrightarrow ROOH + R\cdot$

链终止　　$2\,R\cdot \longrightarrow$

$R\cdot + R-O-O\cdot \longrightarrow$ 　$\Big\}$ 自由基组

$2\,R-O-O\cdot \longrightarrow$

高聚物分子链断裂后与氧作用生成自由基和氢过氧化物，而自由基一旦生成就会迅速增长、转移，引发连锁氧化过程。这一过程中，生成的大量氢过氧化物很不稳定，逐渐分解，使得高聚物材料变质直至无法使用。

（3）应力作用老化　应力作用下的老化是指高聚物材料在经受外界应力作用时，发生价键断裂，从而发生老化变质的现象。生活中，有时候会碰到塑料制品在被用力弯折后出现白色裂纹的现象，这其实就是一种应力作用下的老化，称之为环境应力开裂。这是材料局部的表面应力超过其屈服应力的结果。C—C 键能约为 350kJ/mol，当材料表面应力超过这一数值时就有可能出现开裂现象。这种开裂也会使材料表面氧化层出现裂缝，同时内部大分子链也可能会断裂，分子链间出现相互滑移，材料内自由体积增加。这些都有利于氧的进入和扩散，从而加速材料老化。

（4）化学试剂作用老化　一般来说，化学介质只有渗透到高分子材料内部才会对材料造成影响。但是，有时候在合成高分子材料的时候会带入一些副产物或者杂质，与共价键发生反应后会改变高分子的结构，包括断链、交联、加成等。虽然这种破坏并没有造成材料化学结构的改变，但是会导致材料聚集态结构发生变化，从而对其整体稳定性形成很大的影响。

（5）水、微生物作用老化　水对高分子材料的老化作用主要体现在水分对材料的溶胀和溶解作用。当高分子材料所处环境水分比较多时，水分子会慢慢渗透到材料分子之间，积累到一定程度就会使材料出现溶胀现象，严重的话甚至会直接溶解，从而破坏了材料的聚集状态。这种老化对于非交联的非晶聚合物有较明显的效果，而结晶形态的塑料或纤维因为水分较难渗透进入，所以影响较小。

同时，湿度较高的环境也有利于微生物对天然高分子和一些合成高分子材料的生化降解。有的微生物会产生能分解高分子的酶，使缩氨酸和糖类水解成水溶性产物。不过，也可以利用这一特性，制作可被生物降解的高分子材料，减少"白色污染"。

2. 高聚物的防老化

高分子材料的老化无法做到根本上的消除，但是可以通过采取一些有效措施来延缓其老化速度，如在高聚物合成或成型加工过程中加入抗氧剂（防老剂）和光稳定剂来防止高聚物的氧化降解和光降解。

【知识拓展】
二醇降解 PET

（1）**抗氧剂与抗氧化作用**　抗氧剂是指能抑制或延缓聚合物氧化过程的添加剂。根据反应机理分为三类，链终止型抗氧剂——主抗氧剂，氢过氧化物分解剂——副抗氧剂，金属钝化剂——助抗氧剂。链终止型抗氧剂能够与已产生的自由基或过氧自由基反应，降低其活性，而其自身也转变成不能继续链反应的低活性自由基；氢过氧化物分解剂能够使高分子过氧自由基转变成稳定的羟基化合物；金属钝化剂主要是与某些过渡金属络合或者螯合，使其减弱对高分子材料的氧化老化。这 3 种抗氧剂如果复合使用，一般会产生很好的协同作用。

主抗氧剂、
副抗氧剂和
助抗氧剂

① 链终止型抗氧剂（AH）可以与 R· 和 ROO· 反应而使氧化反应中断，从而起到稳定作用。

$$R· + AH \xrightarrow{极快} RH + A·$$

$$ROO· + AH \xrightarrow{极快} ROOH + A·$$

链终止型抗氧剂又可以分为自由基捕获型、电子给予体型和氢给予型三种。

a. 自由基捕获型：为醌、多核芳烃和一些稳定的自由基等。它的作用是当它与自由基反应后使氧化反应终止。

b. 电子给予体型：由于给出电子而使自由基消失，如变价金属在某种条件下具有抑制氧化的作用。

自由基捕获
型、电子给
予体型和氢
给予型链终
止型抗氧剂

$$ROO· + Co^{2+} \longrightarrow ROO^-Co^{3+}$$

c. 氢给予型：主要是一些具有反应性的仲芳胺和受阻酚类化合物。它们的作用是：抗氧剂分子上活泼氢与自由基反应（相当于高聚物竞争自由基）而降低高聚物的氧化降解速度；失去氢原子形成稳定自由基的抗氧剂分子，又能捕获自由基而使反应终止。其反应如下：

$$(C_6H_5)_2NH + ROO· \longrightarrow ROOH + (C_6H_5)_2N·$$

$$(C_6H_5)_2N· + ROO· \longrightarrow (C_6H_5)_2NOOR$$

$$CH_3-\underset{\underset{C(CH_3)_3}{|}}{\overset{\overset{C(CH_3)_3}{|}}{\bigcirc}}-OH + ROO· \longrightarrow CH_3-\underset{\underset{C(CH_3)_3}{|}}{\overset{\overset{C(CH_3)_3}{|}}{\bigcirc}}-O· + ROOH$$

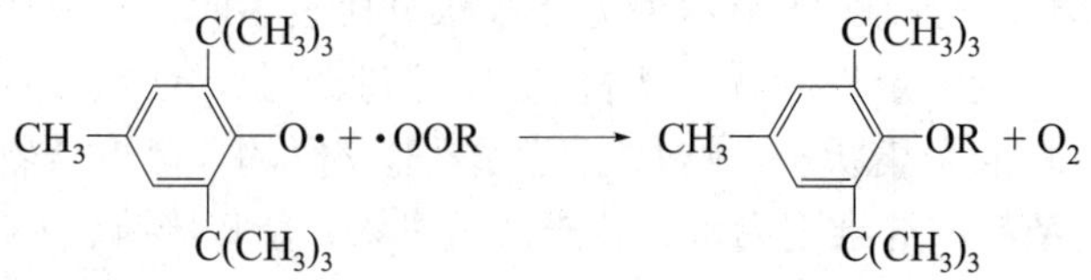

常见的胺类抗氧剂化学结构见图 10-17。

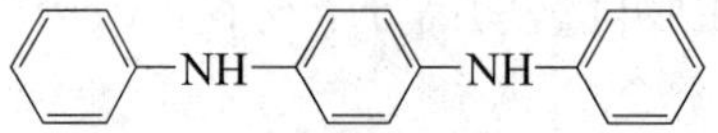

N,N-二苯基对苯二胺
（抗氧剂H）

N-苯基-N'-环己烷对苯胺
（抗氧剂4010）

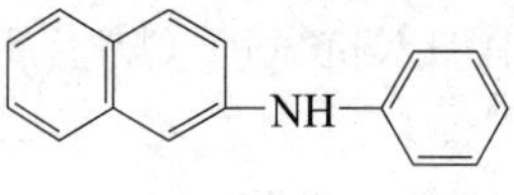

苯基-β-萘胺
（防老剂D）

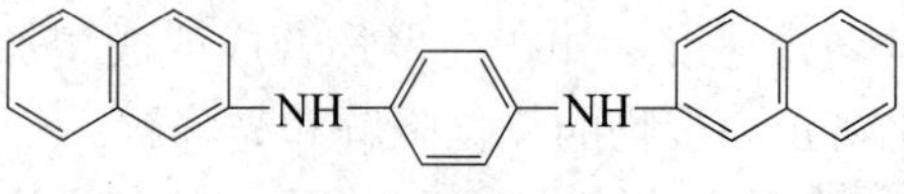

N,N-二(β-萘基)对苯胺
（抗氧剂DNP）

图10-17　常见的胺类抗氧剂

② 氢过氧化物分解剂主要用来及时破坏尚未分解的氢过氧化物，防患于未然。氢过氧化物分解剂实质上是有机还原剂，包括硫醇（RSH）、有机硫化物（R_2S）、三级膦（R_3P）、三级胺（R_3N）等，其作用是使氢过氧化物还原、分解和失活，1分子还原剂可以分解多个氢过氧化物。下列含硫化合物是常用的氢过氧化物分解剂。

$S(CH_2CH_2COOC_{12}H_{25})_2$
硫代二丙酸二月桂酯

$S(CH_2CH_2COOC_{18}H_{37})_2$
硫代二丙酸十八醇酯

$(R'_2NCSS)_2Zn$
二硫代氨基甲酸锌

③ 金属钝化剂的作用是与铁、钴、铜、锰、钛等过渡金属络合或螯合，减弱对氢过氧化物的诱导分解。钝化剂通常是酰肼类、肟类、醛胺缩合物等，与酚类、胺类抗氧剂合用非常有效，例如水杨醛肟与铜螯合。

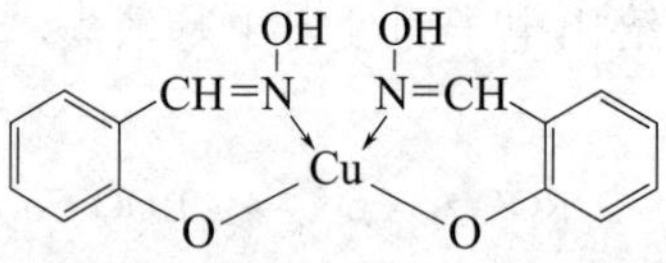

上述三类抗氧剂往往复合使用，复合方案随聚合物而异。

（2）光稳定剂与光稳定作用　光稳定剂是指能阻止高聚物光降解和光氧化降解的物质。按作用机理不同可以分为紫外光屏蔽剂、紫外光吸收剂、紫外光淬灭剂和自由基捕获剂。

① 紫外光屏蔽剂。紫外光屏蔽剂是指能反射紫外光，防止其透入聚合物内部而使聚合物遭受破坏的助剂。炭黑（粒度 15～25nm，2%～5%）、二氧化钛、活性氧化锌（2%～10%）和很多颜料都是有效的紫外光屏蔽剂，与紫外光吸收剂合用，效果更好。

② 紫外光吸收剂。这类化合物能吸收 290～400nm 的紫外光，从基态转变成激发态，然后本身能量转移，放出强度较弱的荧光、磷光，或转变成热，或将能量转

紫外光屏蔽剂和紫外光吸收剂的作用机理

送到其他分子而自身恢复到基态。实际上紫外光吸收剂起着能量转移的作用。

目前使用的紫外光吸收剂有邻羟基二苯甲酮类、水杨酸酯类、邻羟基苯并三咔唑三类，结构示例见图10-18。

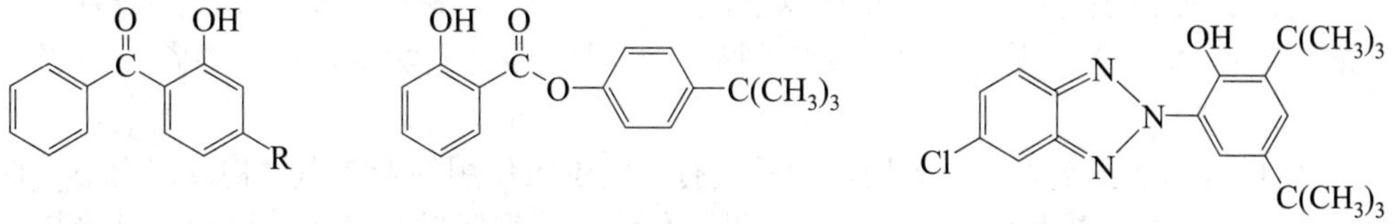

邻羟基二苯甲酮类
R=OCH₃, OCH₈H₁₇

水杨酸对叔丁基苯酯

邻羟基苯并三咔唑

图10-18　常用紫外光吸收剂

图10-18诸式中的供电烷氧基可增进与聚合物的混溶性，有利于能量的散失。

如图10-19所示，以2-羟基苯基苯酮为例，通过分子本身内部能量的转移，来说明紫外线的吸收作用。该化合物的基态是羰基与羟基通过氢键形成的螯合环，吸收光能后开环，即从基态变成激发态，激发态异构成烯醇或醌，同时放出热量，恢复成螯合环基态。光吸收剂本身的结构未变，而把光转变成热。形成的氢键越稳定，则开环所需的能量越多，因此传递给高分子的能量越少，光稳定效果也就越显著。

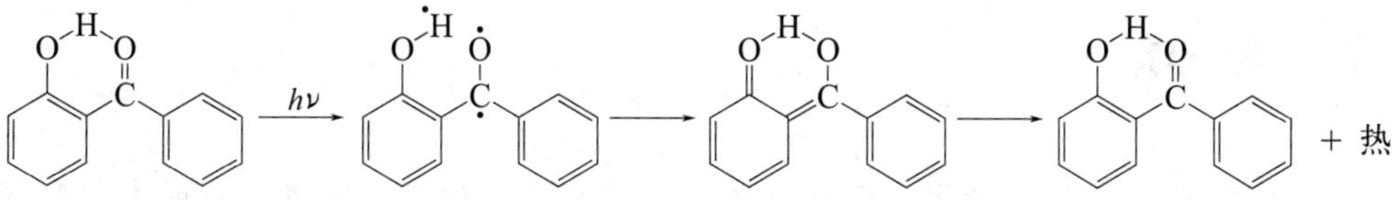

基态　　　　　激发态　　　烯醇或醌　　　　基态

图10-19　2-羟基苯基苯酮对紫外线的吸收反应式

水杨酸酯类是紫外光吸收剂的前体，经光照后，其酚基芳酯结构重排，形成二苯甲酮结构，成为真正的紫外光吸收剂，其作用机理与2-羟基苯基苯酮相似。

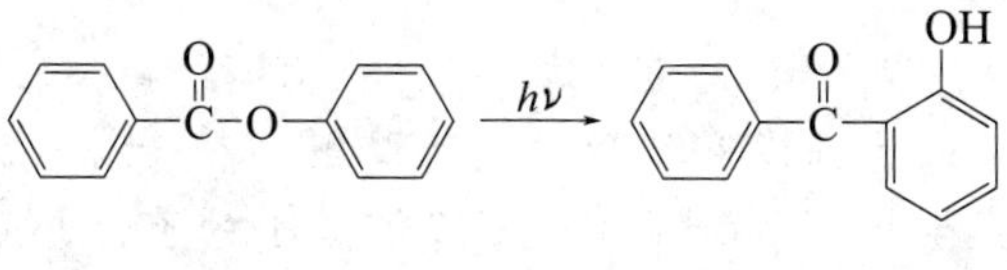

③ 紫外光猝灭剂。紫外光猝灭剂的作用机理简示如下：处于基态的高分子A经紫外光照射，转变成激发态A·。猝灭剂D接受了A·中的能量，转变成激发态D·，却使A·失活而回到稳定的基态A。激发态D·以光或热的形式释放出能量，恢复成原来的基态D。

$$A· +D \longrightarrow A+D· \longrightarrow A+D+ 光或热$$

由此可见，紫外光猝灭剂与紫外光吸收剂的作用机理有点相似，都是使激发态的能量以光或热发散出去，而后恢复到基态。两者的差异是猝灭剂属于异分子之间的能量转移，而吸收剂则是同一分子内的能量转移。

目前用得最广泛的紫外光猝灭剂是二价镍的有机螯合剂或络合物，如双（4-叔辛基苯）亚硫酸镍、硫代烷基酚镍络合物或盐、二硫代氨基甲酸镍盐等。

紫外光猝灭剂的作用机理

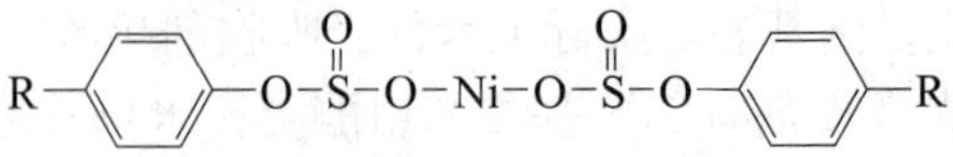

双（4-叔辛基苯）亚硫酸镍

紫外光猝灭剂往往与紫外光吸收剂混合使用，进一步消除未被吸收的残余紫外光能，以提高光稳定效果。户外使用制品常同时添加有光稳定剂和抗氧剂，改善抗老化性能。

④ 自由基捕获剂。这类光稳定剂是具有空间位阻作用的哌啶衍生物。它们不吸收紫外光，而是通过捕获自由基，分解氢过氧化物，传递激发态能量等途径使高聚物稳定。如：

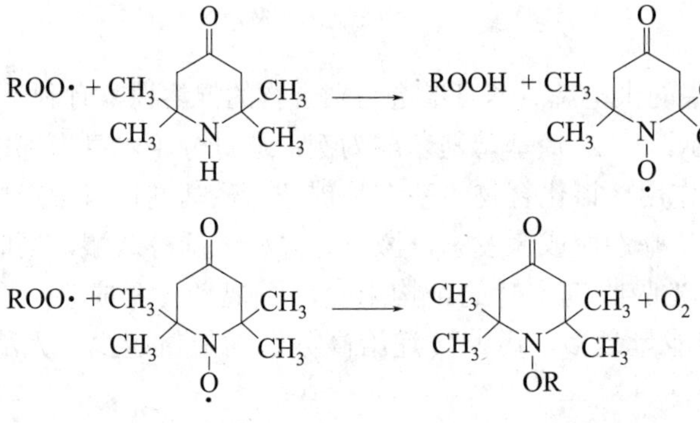

？ 想一想

如何防止高聚物的老化？根据高聚物不同的老化途径，阐述相应的老化防护措施。

拓展阅读

聚乳酸规模降解　服务科技强国

全面治理"白色污染"已成为全球共识，世界各国积极推动实施限塑、禁塑等强制性法律法规，着力开发和使用生物可降解塑料等替代品。聚乳酸（PLA），在自然环境下通过微生物、水等介质逐渐降解成小分子，并最终降解为对环境无害的二氧化碳和水，属于全生物基可降解材料。聚乳酸材料在"白色污染"治理方面不可或缺，是引领生物可降解材料工业发展、拓展相关应用领域的核心要素。聚乳酸作为典型的碳中和、可再生、生物全降解高分子材料，正逐步发展成为国民经济和社会发展所必需的基础性大宗原材料。

坚持科技报国和科技强国，全面理解聚乳酸产业链技术，结合高聚物专业知识，克服国内聚乳酸产业链中存在的技术壁垒，对我国聚乳酸产业高质量发展意义重大。中国科学院长春应用化学研究所陈学思院士及其团队深耕生物基聚乳酸基础研究，并成功孵化"浙江海正生物材料股份有限公司"。陈院士及其团队历经近20年不懈求索、艰苦攻关，先后攻克了聚乳酸千吨级、万吨级产业化技术，实现了国内聚乳酸规模产业化从无到有的突破。

小　结

1. 高聚物的化学反应：研究聚合物分子链上或分子链间官能团相互转化的化学反应过程。高聚物的化学反应根据聚合物的聚合度和基团的变化（侧基和端基）可分为相似转变、聚合度变大的反应及聚合度变小的反应。

2. 聚合物化学反应的分类

（1）聚合度不变的反应（也称为聚合物的相似转变），如侧基的反应、端基的反应等。

（2）聚合度增加的反应，如接枝、扩链、嵌段和交联等。

（3）聚合度减小的反应，如降解反应、解聚反应和分解反应等。

3. 聚合物化学反应特点：复杂、多样、产物不均匀。

4. 聚合物化学反应的影响因素有物理因素和化学因素。

物理因素对基团反应活性的影响，分为分子聚集态的影响和链构象的影响。

影响聚合物反应的化学因素有概率效应和邻近基团效应。

5. 概率效应是：当聚合物相邻侧基作无规成对反应时，中间往往留有未反应的孤立单个基团——最高转化程度因而受到限制。

6. 邻近基团效应是指：高聚物中原有基团或反应后形成的新基团的位阻效应和电子效应，以及试剂的静电作用，均可能影响到邻近基团的活性和基团的转化程度。

7. 高聚物的基团反应：和小分子的化学反应一样，高聚物的基团反应有聚二烯烃的加成反应、聚烯烃和聚氯乙烯的氯化反应、醇解反应、环化反应、苯环侧基的取代反应等类型。

8. 高聚物的氯化反应：天然橡胶的氯化可在四氯化碳或氯仿溶液中、$80 \sim 100℃$下进行，产物氯含量可高达 65%，除在双键上加成外，还可能在烯丙基位置取代和环化，甚至交联。

9. 苯环侧基的取代反应：聚苯乙烯及其共聚物，带有苯环侧基，苯环上的氢原子容易进行取代反应，几乎可进行芳烃的一切反应。

10. 环化反应：在大分子链中引入环状结构，例如聚氯乙烯与锌粉共热，聚乙烯醇缩醛等的环化。环的引入，使聚合物刚性增加，耐热性提高。

11. 高聚物的交联反应是指在线型大分子之间用新的化学键进行连接，使之成为三维网状或体型结构的反应，是调节材料性能的重要手段之一，不仅影响着材料的力学性能，对可降解材料，还直接影响其在环境中的降解行为。

12. 防止高聚物老化的办法是在高聚物合成或成型加工过程中加入抗氧剂（防老剂）和光稳定剂来防止高聚物的氧化降解和光降解。

习　题

一、填空题

1. 聚丙烯经氯化反应，结晶度（　　），力学性能（　　），但氯原子的引入，增加了极性和黏结力，可用作聚丙烯的附着力促进剂。

2. 聚合物的平均聚合度变大的化学反应有（   ）、（   ）和（   ）等。

3. 聚合物的环化反应中，环的引入，使聚合物刚性（   ），耐热性（   ）。

4. 由于"乙烯醇"易异构化为乙醛，不能通过理论单体"乙烯醇"的聚合来制备聚乙烯醇，只能通过（   ）的醇解或水解反应来制备。

二、单选题

1. 聚合度基本不变的化学反应是（   ）。

A. 聚乙酸乙烯醇酯的醇解　　　　　　　B. 聚氨酯的扩链反应

C. 高抗冲聚苯乙烯的制备　　　　　　　D. 环氧树脂的交联固化

2. 聚合度变大的化学反应是（   ）。

A. 聚氨基甲酸酯预聚体扩链　　　　　　B. 纤维素硝化

C. 聚乳酸的水解　　　　　　　　　　　D. 离子交换树脂的制备

3. 聚合物聚合度变小的化学反应是（   ）。

A. 聚乙酸乙烯醇解　　　　　　　　　　B. 纤维素硝化

C. 高抗冲聚苯乙烯的制备　　　　　　　D. 聚甲基丙烯酸甲酯的解聚

4. 聚合物聚合度不变的化学反应是（   ）。

A. 聚乙酸乙烯水解　　　　　　　　　　B. 聚氨基甲酸酯预聚体扩链

C. 环氧树脂固化　　　　　　　　　　　D. 聚甲基丙烯酸甲酯解聚

三、判断题

1. 体积较大基团的位阻效应一般将使聚合物化学反应活性降低，基团转化程度受限。（   ）

2. 纤维素是通过化学改性的第一个天然高聚物。（   ）

3. 玻璃态聚合物的链段被冻结，不利于小分子试剂的扩散和反应。（   ）

4. 在聚合物化学反应中，用分子计来表述产率或转化率。（   ）

5. 物理因素对基团反应活性的影响，分为分子聚合度的影响和链构象的影响。（   ）

四、简答题

1. 高聚物的化学反应有哪些特征？与小分子化学反应有什么区别？

2. 试分析（聚合物化学反应中）影响大分子链上官能团反应能力的主要因素。

3. 写出以乙酸乙烯酯为单体，制备聚乙烯醇的化学反应。

4. 研究高聚物降解的目的有哪些？

模块十一

高聚物的物理性能

知识导读

高聚物材料与小分子物质相比具有多方面的独特性能，其性能的复杂性是由其结构的特殊性和复杂性决定的，而联系高聚物微观结构和宏观性质的桥梁则是材料内部分子运动的状态。一种结构确定的高聚物，当其分子运动形式确定，其性能也就确定；当改变外部环境使分子运动状态变化，其物理性能也将随之改变。这种从一种分子运动模式到另一种模式的改变，按照热力学的观点称作转变，按照动力学的观点称作松弛。例如天然橡胶在常温下是良好的弹性体，而在低温时（＜－100℃）则会失去弹性变成玻璃态，这就是转变。在短时间内拉伸，形变可以恢复，而在长时间外力作用下，就会产生永久的残余形变，这就是松弛。聚甲基丙烯酸甲酯（PMMA）在常温下是模量高、硬而脆的固体，当温度高于玻璃化温度（约100℃）后，其因大分子链运动能力增强而变得如橡胶般柔软；温度进一步升高，分子链重心能发生位移，则变成具有良好可塑性的流体。

学习目标

知识目标

1. 掌握不同情况下的高聚物物理状态。
2. 掌握高聚物的玻璃化温度，了解其他特征温度。

3. 掌握高聚物的应力 - 应变曲线，理解高聚物的松弛性质。

4. 了解高聚物的黏流特性。

5. 掌握高聚物的物理改性方法。

能力目标

1. 能根据高聚物的形变 - 温度曲线类型正确判断高聚物的使用状态及其使用温度范围。

2. 能根据应力 - 应变曲线类型区分高聚物材料的力学特性和应用场合。

3. 能正确分析高聚物材料使用过程出现力学松弛（如蠕变、应力松弛、内耗等）的原因，并能根据实际情况加以避免或利用。

4. 能合理选择增塑剂及填料对高聚物进行物理改性。

素质目标

1. 培养学生综合分析问题和解决问题的能力。

2. 培养学生用科学理论指导工作实践的习惯，培养较好的专业思维能力和良好的职业习性。

高聚物的结构，包括单个分子的结构和凝聚态的结构，是对材料的性能有着决定性影响的因素。高聚物性能中的黏弹性，是高分子材料最可贵之处，也是小分子材料所缺乏的性能。本着"结构⇔分子运动⇔物理性能"这样一条思维线路，本章有选择地介绍了高聚物的物理状态、特征温度、力学形态、黏流特性等，同时通过介绍结构与性能的关系，帮助我们根据使用环境和要求，有目的地选择、使用、改进和设计高聚物材料，扩大高聚物材料使用范围。

单元一 高聚物的物理状态

高聚物的物理状态不但取决于大分子的化学结构及聚集态结构，而且还与温度有直接关系。因此，我们将通过热 - 机械曲线对高聚物的物理状态进行讨论，从而了解高聚物物理状态与结构的关系，掌握一般的实验方法，并学习通过改变结构进行改性的方法。

热 - 机械曲线又称形变 - 温度曲线，是表示高聚物材料在一定负荷下，形变大小与温度关系的曲线。按高聚物的结构可以分为以下三种：线型非晶高聚物形变 - 温度曲线、结晶态高聚物形变 - 温度曲线和其他类型的形变 - 温度曲线。

一、典型非晶态高聚物的形变–温度曲线

热 - 机械曲线一般是在匀速升温（1℃ /min）的条件下，每 5℃ 以给定负荷压试样 10s，以试样的相对形变对温度作图而得到。典型的非晶态高聚物的形变 - 温度曲线如图 11-1 所示。

典型非晶态高聚物的形变 –温度曲线

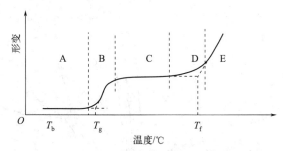

图11-1 一定速率及负荷下高聚物的形变–温度曲线
A—玻璃态；B—过渡区；C—高弹态；D—过渡区；E—黏流态；
T_b—脆化温度；T_g—玻璃化温度；T_f—黏流温度

高聚物的
形变 – 温度
曲线

随着温度的升高，在一定的作用力下，整个曲线可以分为五个区。各区的特点如下。

A 区：当施加负荷时，马上产生相应的形变，10s 内看不到形变的增大，形变值较小。这是一般固体的共有性质，内部结构类似玻璃，故称为玻璃态。在除去外力后，形变马上消失而恢复原状。这种可逆形变称为普弹性形变。

C 区：当施加负荷时，发生部分形变后，随负荷时间增加，形变缓慢增大，形

变值明显较 A 区大，但 10s 后的形变值在一定的温度范围内基本不变。此时材料呈现出类似橡胶的弹性，称为高弹态或橡胶态。这里的形变，除了普弹形变外，主要发生了大分子链段的位移（取向）运动。但大分子间并未发生相对位移，因此在除去外力后，经过一段时间，形变也可以消除，所以是可逆的弹性形变。这种弹性形变，称为高弹性形变，即高弹性，是对普弹性而言的，指在同样的作用力下形变比较大，而且松弛性质较普弹形变明显。

E 区：当施加负荷时，高聚物像黏性液体一样，发生分子黏性流动，呈现出随时间的增加而不断增大的形变值。由于发生了大分子间质量重心相对位移，不但形变数值大，而且负荷除去后，形变不能自动全部消除，这种不可逆特性，称为可塑性。此时，高聚物所处的状态，称为黏流态或塑化态。

A、C、E 分别为玻璃态、高弹态、黏流态，是一般非晶态高聚物所共有的，统称为物理力学三态。

B 区和 D 区：过渡区。其性质介于前后两种状态之间。

从 A 区向 C 区转变的温度（通常以切线法求出），称为玻璃化温度，用 T_g 表示。从 C 区向 E 区转变的温度，称为黏流温度，用 T_f 表示。一般过渡区在 20～30℃ 以上，而确定转折点又有多种方法，所以同一高聚物在不同的文献中往往有不同的 T_g 和 T_f 值。

二、非晶态高聚物和晶态高聚物的物理状态

1. 非晶态高聚物的物理状态

非晶态高聚物和晶态高聚物的物理状态

线型非晶态高聚物的物理力学状态与分子量的大小有关。如图 11-2 所示的不同分子量的聚苯乙烯的形变 - 温度曲线，曲线 1～7 说明当平均分子量较低时，链段与整个分子链的运动是相同的，T_g 与 T_f 重合（即无高弹态）。这种聚合物称为低聚物。随着平均分子量的增大，出现高弹态，而且 T_g 基本不随平均分子量的增大而增高，但 T_f 却随平均分子量的增大而增高，因此，高弹区随平均分子量的增大而变宽。

不同分子量的非晶态高聚物的形变 - 温度曲线

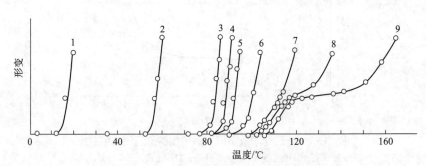

图11-2　不同分子量的聚苯乙烯的热-机械曲线

1—分子量为360；2—分子量为440；3—分子量为500；4—分子量为1140；5—分子量为3000；
6—分子量为40000；7—分子量为120000；8—分子量为550000；9—分子量为638000

非晶态聚合物的物理状态与分子量及温度的关系

非晶态聚合物的物理状态与分子量及温度的关系，如图 11-3 所示。高弹态与黏流态之间的过渡区，随平均分子量的增大而变宽，这主要是与分子量的分布有关。线型非晶态高聚过渡态黏流态物物理力学三态的特性与材料应用的关系如下。

（1）**玻璃态**　在受外力作用时，一般只发生键长、键角或基团的运动，不发生链段及大分子链的运动，具有一般固体的普弹性能。结构上具有相当稳定的近程有序。有一定的力学性能，如刚性、硬度、拉伸强度等。弹性模量比其他区大，在强力作用下，可以发生强迫高弹形变或发生断裂。不能发生强迫高弹形变的温度上限，称为脆化温度 T_b。在常温下处于玻璃态的高聚物材料，一般用作塑料。其使用温度范围一般在 T_b 和 T_g 之间。取向较好的可作纤维使用。

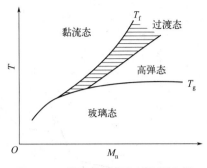

图11-3　非晶态聚合物的物理力学状态与平均分子量、温度的关系

线型非晶态高聚过渡态黏流态物理力学三态的特性与材料应用的关系

（2）**高弹态**　在此状态下，高聚物除了具有普弹性外，还具有高弹性。在受力作用下，高聚物可以发生链段运动，所以具有较大的形变，但因整个分子不能发生位移，所以在外力除去后，这种形变可以完全恢复，因此可以作高弹性材料使用。其弹性模量比塑料小两个数量级，所以比塑料软。高弹性材料的使用温度范围在 $T_g \sim T_f$。因此在常温下处于高弹态的高聚物一般都可以作弹性体使用，如各种橡胶及橡皮。

（3）**黏流态**　此状态下，在受外力作用时，可以通过链段的协同运动，实现整个大分子的位移，这时的高聚物虽有一定的体积，但无固定的形状，属黏性液体。机械强度极差，稍一受力即可变形，因而有可塑性。常温下处于黏流态的高聚物材料可作黏合剂、油漆等使用。黏流态在高聚物材料的加工成型中，处于非常重要的地位。其使用温度范围在 T_f 和热分解温度 T_d 之间。

 练一练

画出非晶高聚物定负荷下的形变 - 温度曲线，并作适当分析。

2. 晶态高聚物的物理状态

按成型工艺条件的不同，结晶态高聚物可以处于晶态和非晶态。晶态高聚物的形变 - 温度曲线根据分子量不同分两种情况。

一般分子量的晶态高聚物的形变 - 温度曲线如图 11-4 中的曲线 1 所示。在低温时，晶态高聚物受晶格能的限制，高分子链段不能活动（即使温度高于 T_g），所以形变很小，一直维持到熔点 T_m，此时由于热运动克服了晶格能，高分子突然活动起来，便进入了黏流态，所以 T_m 又是黏流温度。如果高聚物的分子量很大，如图 11-4 曲线 2 所示，温度到达 T_m 时，仍不能使整个分子发生流动，只能使之发生链段运动，于是进入高弹态，等到温度升高到 T_f 时才进入黏流态。因此，一般结晶高聚物只有两态：在 T_m 以下处于晶态，这时与非晶态高聚物的玻璃态相似，可以作塑料或纤维使用；在 T_m 以上时处于黏流态，可以进行成型加工。而分子量很大的晶态高聚物则不同，它在温度到达 T_m 时进入高弹态，到 T_f 才进入黏流态。因此，这种高聚物有三种物理状态：温度在 T_m 以下时为玻璃态，温度在 $T_m \sim T_f$ 时为高弹态，温度在 T_f 以上时为黏流态。但由于高弹态一般不便成型加工，而且温度高了又容易分解，使成型产品的质量降低，为此，晶态高聚物的分子量不宜太高。

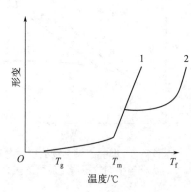

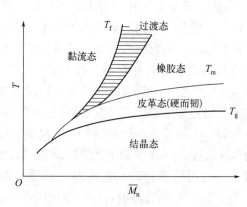

不同分子量
晶态高聚
物的形变 –
温度曲线

图11-4　晶态高聚物的形变–温度曲线
1—一般分子量；2—分子量很大

图11-5　晶态高聚物的物理力学状态与
平均分子量及温度的关系

晶态高聚物
的物理力学
状态与分子
量及温度的
关系

晶态高聚物的物理力学状态与分子量及温度的关系如图 11-5 所示：T_m 和 T_g 一样，平均分子量小时，随平均分子量增大而增高，但平均分子量足够大时，则几乎不变。过渡区也随平均分子量的增大而变宽。

 练一练

画出结晶高聚物定负荷下的形变 - 温度曲线，并作适当分析。

单元二　高聚物的特征温度

常见的高聚物特征温度有：玻璃化温度（T_g）、熔点（T_m）、黏流温度（T_f）、软化温度（T_s）、分解温度（T_d）、脆性温度（T_b）等。本单元重点介绍玻璃化温度。

一、玻璃化温度

高聚物的特征
温度 1：玻璃
化温度

1. 玻璃化温度的定义及应用

玻璃化温度是高聚物链段开始运动（或被冻结）的温度，用 T_g 表示。它是非晶高聚物作为塑料使用时的耐热温度（或最高使用温度）和作为橡胶使用的耐寒温度（或最低使用温度）。

2. 影响玻璃化温度的因素

大分子主链
柔性对玻璃
化温度的
影响

【1】大分子主链柔性的影响　凡是对大分子主链柔性有影响的因素，对玻璃化温度都有影响。柔性越大（刚性越差），玻璃化温度越小。表 11-1 列出了某些高聚物的玻璃化温度与刚性系数的关系。

表11-1　某些高聚物的玻璃化温度与刚性系数的关系

高聚物	T_g/K	刚性系数	高聚物	T_g/K	刚性系数
聚乙烯	160	1.63	聚甲基丙烯酸正丁酯	295	1.98
聚丙烯	238	1.87	聚丙烯酸甲酯	282	2.05
聚三氟氯乙烯	318	2.03	聚乙酸乙烯酯	302	2.16
聚苯乙烯	360	2.3	聚氯乙烯	355	2.32
聚甲基丙烯酸甲酯	318（全同）	2.14	聚丙烯腈	369	2.37
	378（间同）	2.4	聚环氧乙烷	206	1.63
聚异戊二烯（顺式）	201	1.67	聚环氧丙烷	198	1.62
聚异丁烯	203	1.8	聚己二酸乙二醇酯	216	1.68

（2）分子间作用力的影响　分子间作用力越大，则玻璃化温度越高。若在分子间形成氢键，则玻璃化温度较高，如聚酰胺、聚乙烯醇、聚丙烯酸、聚丙烯腈等。表 11-2 中列出部分高聚物的玻璃化温度与分子间作用力的关系。

表11-2　部分高聚物的玻璃化温度与分子间作用力的关系

高聚物	单体蒸发热 /(kJ/mol)	T_g/K	高聚物	单体蒸发热 /(kJ/mol)	T_g/K
聚乙烯咔唑	40	473	聚丙烯酸正丁酯	36.8	223
聚 α- 甲基苯乙烯	37.4	448	聚乙烯异丁醚	31.4	213
聚乙烯环己烷	36.5	413	聚异丁烯	23.5	203
聚苯乙烯	36.5	360	聚异戊二烯（顺式）	27.3	201
聚甲基丙烯酸甲酯	32.7	373	聚氯丁二烯		213
聚乙酸乙烯酯	30.2	302	聚丁二烯	24	173（顺式）
聚丙烯酸环己酯		313			418（反式）
聚丙烯酸甲酯	31	273	聚氯乙烯	24.3	355

（3）分子量的影响

分子量对玻璃化温度的影响，可以参考图 11-2 曲线及相关的解释，也可以用数学经验公式来表示为

$$T_g = T_g^{\infty} - K / \overline{M} \qquad (11\text{-}1)$$

式中，T_g 表示高聚物的玻璃化温度；T_g^{∞} 表示分子量无限大时的玻璃化温度，实际上是与分子量有关的玻璃化温度上限值；K 为常数；$\overline{M}$ 为高聚物的平均分子量。

式（11-1）说明，玻璃化温度随高聚物平均分子量的增加而增大，当高聚物平均分子量增加到一定数值后，玻璃化温度变化不大，并趋于某一定值。

（4）共聚的影响　通过共聚合的方法，可以对高聚物的玻璃化温度进行调整。共聚物的玻璃化温度总是介于组成该共聚物的两个或若干个不同单体的均聚物玻璃化温度之间。对于双组分无规共聚物的玻璃化温度通常可用下式表示为

$$T_g = \varphi_A T_{gA} + \varphi_B T_{gB} \qquad (11\text{-}2)$$

$$1/T_g = \omega_A / T_{gA} + \omega_B / T_{gB} \tag{11-3}$$

式中，T_g 表示共聚物的玻璃化温度；T_{gA} 表示 A 单体均聚物的玻璃化温度；T_{gB} 表示 B 单体均聚物的玻璃化温度；φ_A、φ_B 表示 A、B 单体共聚时的体积分数；ω_A、ω_B 表示 A、B 单体共聚时的质量分数。

接枝共聚物、嵌段共聚物和两种均聚物的共混物，一般都有两个或多个玻璃化温度值。

（5）交联的影响 分子间的化学键交联对玻璃化温度的影响，如表 11-3 所示。当交联度不大时，玻璃化温度变化不大；当交联度增大时，玻璃化温度随之增大。

表 11-3 交联剂用量对高聚物玻璃化温度的影响

硫的质量分数 /%	硫化天然橡胶的 T_g /K	二乙烯基苯的质量分数 /%	交联聚苯乙烯的 T_g /K	交联链的平均链节数
0	209	0	360	0
0.25	208	0.6	362.5	172
10	233	0.8	365	101
20	240	1.0	367.5	92
		1.5	370	58

也可以用下式进行计算

$$T_{gx} = T_g + K_x \rho \tag{11-4}$$

式中，T_{gx} 表示交联高聚物的玻璃化温度；T_g 表示未交联高聚物的玻璃化温度；K_x 为常数；ρ 表示单位体积的交联度。

（6）增塑剂的影响 为改进高聚物的某些物理力学性能或便于成型加工，常常在高聚物中加入某些小分子物质，以降低高聚物的玻璃化温度，增加其流动性，这就是增塑作用。加入的物质称为增塑剂，通常是沸点高、能与高聚物混溶的小分子液体物质。增塑剂的加入一般分两种情况。

一是极性增塑剂加入极性高聚物之中。加入后，玻璃化温度的降低值与增塑剂的物质的量成正比。即

$$\Delta T_g = Kn \tag{11-5}$$

式中，ΔT_g 表示玻璃化温度降低值；K 为比例常数；n 为增塑剂的物质的量。

二是非极性增塑剂加入非极性高聚物之中。加入后，玻璃化温度的降低值与增塑剂的体积分数成正比。即

$$\Delta T_g = \beta V \tag{11-6}$$

式中，β 是比例常数；V 表示增塑剂的体积分数。

（7）外界条件的影响 外力大小对玻璃化温度有较大的影响，如图 11-6 所示。施加的外力越大，玻璃化温度降低得越多，即施加外力有利于链段的运动。另外，外力作用的时间、升温的速率对玻璃化温度都有影响。

交联对玻璃化温度的影响

增塑剂对玻璃化温度的影响

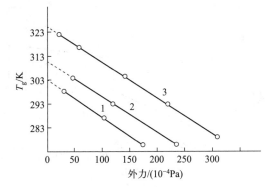

图11-6 外力大小对玻璃化温度的影响

1—聚乙酸乙烯酯；2—聚苯乙烯（增塑）；3—聚乙烯醇缩丁醛

？ 想一想

玻璃化温度对高聚物的使用有什么样的指导意义？

3. 玻璃化温度的测定方法

高聚物在发生玻璃化转变的同时，高聚物的密度、比体积、热膨胀系数、比热容、折光指数等物性参数发生变化。因此，通过相应的实验，对高聚物试样进行测试，就可以测出玻璃化温度值。最常用的方法有：热 - 机械曲线法、膨胀计法、电性能测试法、差热分析法和动态力学法等。如图 11-7 是聚乙酸乙烯酯的热膨胀 - 温度曲线，图 11-8 是天然橡胶的比热容 - 温度曲线。从中可求取玻璃化温度值。

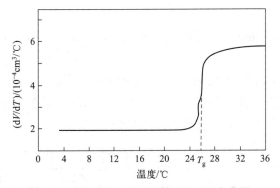

图11-7 聚乙酸乙烯酯的热膨胀-温度曲线

二、其它温度

1. 熔点

（1）熔点的定义与应用 晶态高聚物的熔点是在平衡状态下晶体完全消失的温度，一般用 T_m 表示。对于晶态高聚物的塑料和纤维来说，T_m 是它们的最高使用温度，又是它们的耐热温度，还是这类高聚物成型加工的最低温度。

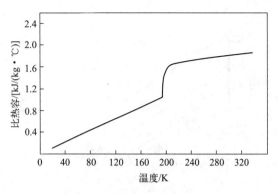

图11-8　天然橡胶的比热容–温度曲线

? 想一想

高分子结晶与小分子结晶有什么异同点?

(2)影响熔点的因素　因为熔点是结晶高聚物的最高使用温度,所以熔点越高,对使用越有利。因此,我们通过对影响熔点因素的分析,找到提高熔点的途径,提高熔点。

影响熔点的因素

在熔点时,高聚物的晶相与非晶相达到热力学平衡,$\Delta G=0$,即

$$\Delta G = \Delta H - T\Delta S = 0 \tag{11-7}$$

所以其熔点为

$$T_{\mathrm{m}} = \Delta H / \Delta S \tag{11-8}$$

式中,ΔH 表示 1mol 重复结构单元的熔化热;ΔS 表示 1mol 重复结构单元的熔化熵。

由此可知,ΔH 越大或 ΔS 越小,则高聚物的熔点越高。ΔH 与分子间作用力的强弱有关,若在高分子主链中或侧基上引入极性基团,或在大分子间形成氢键,均能增大分子间的作用力,进而提高 ΔH,如表 11-4 所示。

表11-4　分子间作用力对熔点的影响

高聚物	T_{m}/K	高聚物	T_{m}/K
聚乙烯	410	聚丙烯腈	590
聚氯乙烯	483	聚酰胺 -6	538
全同立构聚苯乙烯	513		

ΔS 与晶体熔化后分子的混乱程度有关,进而与分子链的柔性有关。柔性越好,晶体熔化后分子链的混乱程度就越大,因此其熔点就越低。当主链引入苯环时,柔性下降,刚性增加,因此使熔点升高,如表 11-5 所示。

另外一种工业上常用的方法,是对结晶性高聚物进行高度拉伸,以使结晶完全,进而提高熔点。

表 11-5　高分子链的柔性对熔点的影响

结构特点	高聚物	T_m/K
主链中有孤立双键	天然橡胶	301
	聚氯丁二烯	353
主链全部是共价单键	聚乙烯	410
	聚甲醛	450
	聚 1-丁烯	399
主链中含苯环	聚对苯二甲酸乙二酯	537
	聚对二甲苯	648
	聚苯	803

（3）熔点的测定方法　熔点的测定方法基本上与玻璃化温度的测定方法相同。

 练一练

解释熔点的定义，并指出熔点的使用价值。

2. 黏流温度

（1）黏流温度的定义与应用　黏流温度用 T_f 表示，是非晶态高聚物熔化后发生黏性流动的温度，又是非晶态高聚物从高弹态向黏流态的转变温度，是这类高聚物成型加工的最低温度。这类高聚物材料只有发生黏性流动时，才可能随意改变其形状。因此，黏流温度的高低，对高聚物材料的成型加工有很重要的意义，黏流温度越高越不易加工。

（2）影响黏流温度的因素　影响黏流温度的因素主要是大分子链的柔性（或刚性）。柔性越大，刚性越小，黏流温度越低。其次是高聚物的平均分子量，平均分子量越大，分子间内摩擦越大，大分子的相对位移越难，黏流温度越高。

（3）黏流温度的测定方法　黏流温度可以用热-机械曲线、差热分析等方法进行测定。但要注意，黏流温度要作为加工温度的参考温度时，测定时的压力与加工时的压力越接近越好。

3. 软化温度

软化温度是在某一指定的应力及条件下（如试样的大小、升温速度、施加外力的方式等），高聚物试样达到一定形变数值时的温度，一般用 T_s 表示。它是生产部门进行产品质量控制、塑料成型加工和应用的一个参数。软化温度常见的表示方法：马丁耐热温度、维卡耐热温度、弯曲负荷热变形温度（简称热变形温度）。

4. 热分解温度

热分解温度是高聚物材料开始发生交联、降解等化学变化的温度，用 T_d 表示。它是高聚物材料成型加工时的最高温度，因此，黏流态的加工区间是在 T_f 与 T_d 之间。有些高聚物的 T_f 与 T_d 很接近，例如聚三氟氯乙烯及聚氯乙烯等，在成型时必须注意，纯聚氯乙烯树脂成型时需加入增塑剂以降低塑化温度，并加入稳定剂以阻

黏流温度的
影响因素及
测定方法

止分解或降解，避免树脂变色。对绝大部分树脂来说，加入适当的稳定剂，是保证加工质量的一个重要条件。热分解温度的测定，可采用差热分析、热失重、热-机械曲线等方法。

5. 脆化温度

脆化温度是指材料在受强力作用时，从韧性断裂转为脆性断裂时的温度，用 T_b 表示。

单元三 高聚物的力学形态

各类高聚物如塑料、橡胶和纤维等作为一种材料使用，要求具有一定形状，并在承受一定的质量或力的情况下基本不变形。是否能满足这样的要求，主要取决于它们的力学性能，即物体受力作用与形变的关系。通过学习相关的知识，为高聚物材料的成型加工打下良好的基础。

一、高聚物的等速拉伸及应力-应变曲线

高聚物的等速拉伸及应力－应变曲线

拉伸是高聚物材料生产及科学研究试验中最经常使用的方法之一，也是分子取向的重要手段。如生产单丝、复丝时，高聚物溶液或熔体从喷丝头喷出后，无论湿纺、干纺或熔融纺丝，都要经过一次或多次拉伸从而达到要求的纤维强度。又如薄膜生产过程中，也要求进行单轴或双轴拉伸以提高薄膜的强度。

1. 非晶态高聚物的应力-应变曲线

线型的无定形高聚物塑料的应力-应变曲线如图 11-9 所示。

非晶态高聚物的应力－应变曲线

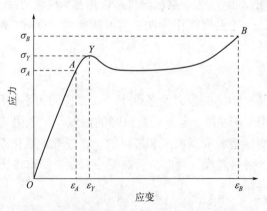

图11-9　线型无定形高聚物塑料的应力-应变曲线

图 11-9 中 A 点以前，σ-ε 关系服从胡克定律，所以称 A 为弹性极限，ε_A 为弹性伸长极限；Y 点称为屈服点，经过 Y 点后，即使应力不再增加，材料仍能继续发生

一定的伸长，σ_Y 为屈服强度，ε_Y 为屈服伸长率；B 点为断裂点，σ_B 为断裂强度，ε_B 为断裂伸长率。

在拉伸过程中，高分子链的运动分别经过三种情况。

（1）弹性形变　试样从拉伸开始到弹性极限之间，应力的增加与伸长率的增加成正比，所以，A 也称为比例极限。曲线在此阶段为一直线，符合胡克定律 $\sigma=E\varepsilon$，斜率 E 为弹性模量。此段主要是由分子链内键长、键角的变化所导致的普弹性形变，有时也包括高弹性形变。

（2）强迫高弹形变　此阶段曲线经过一个最高点——屈服点，由于应力不断增加，此时已达到克服链段运动所需的势垒，因而发生链段运动。对常温下处于玻璃态的高聚物，链段运动是不能发生的，由于施以强力，强迫链段运动，因此这种高弹性称为强迫高弹性。在强迫高弹形变发生之后，如果除去外力，由于高聚物本身处于玻璃态，在无外力时链段不能运动，因而高弹形变被固定下来，成为"永久形变"，因此，屈服强度是反映塑料对抗永久形变的能力。

从负荷读数上看，在屈服点后一般会有所下降。一是由于在拉伸过程中，试样的宽和厚变小了，同一应力下所要求的负荷就减小；二是由于链段运动导致分子沿力场方向取向，释放的热量使试样内的温度升高，因而形变所需的应力也会降低些。

强迫高弹形变可达 300%～1000%。这种形变从本质上说是可逆的，但对塑料来说，则需要加热使温度高于玻璃化温度才有可能消除。

（3）黏流形变　在应力的持续作用下，链段沿外力方向运动，伴随发生分子间的滑动，在应力集中的部位，可能发生部分链的断裂。应力急剧增大，才能使拉伸保持等速伸长，直到最后试样断裂。该阶段的形变是不可逆的，即永久形变。

根据材料力学性能曲线形状，可以把非晶态高聚物的应力-应变曲线大致分为六种，如表 11-6 所示。

表11-6　非晶态高聚物的应力-应变曲线类型及意义

编号	应力-应变曲线	特点	应用
1		材料硬而脆。具有高模量及拉伸强度，断裂伸长率很小，受力时呈脆性断裂，可做刚性制品，但不宜受冲击，用于承受静压力的材料	可作工程塑料，如酚醛制品
2		材料硬而强。具有高模量及拉伸强度，断裂伸长率亦较小，基本无屈服伸长	可作工程塑料，如硬聚氯乙烯

续表

编号	应力－应变曲线	特点	应用
3	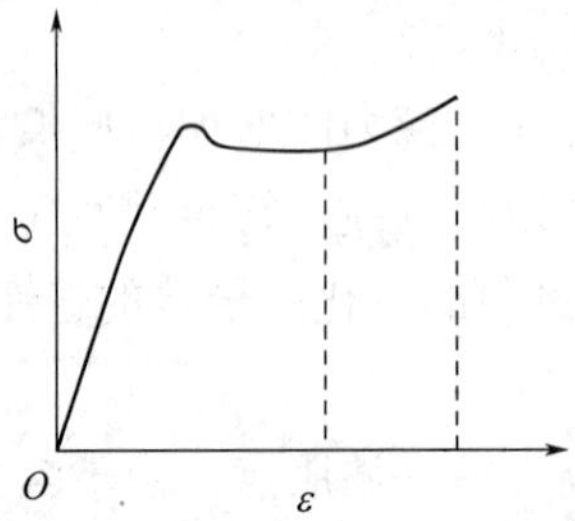	材料强而韧。具有高模量及拉伸强度，断裂伸长率较大，有屈服伸长。材料受力时，多属于韧性破坏，受力部位会发白	可作工程塑料，如聚碳酸酯
4	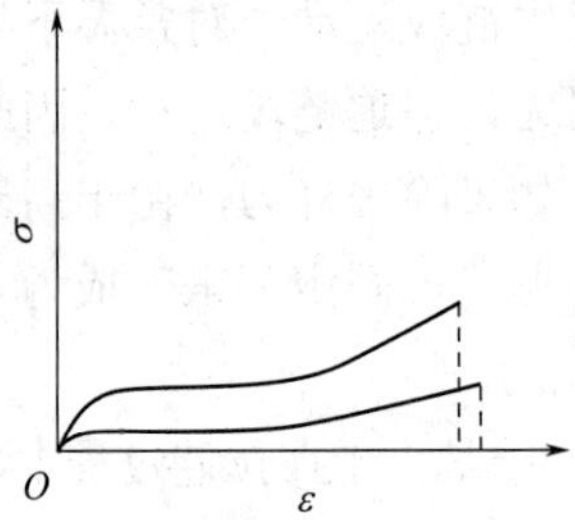	材料软而韧。模量低，屈服强度低，断裂伸长率大（200%～1000%），断裂强度亦相当高，用于要求形变较大的材料	如硫化橡胶、高压聚乙烯等
5	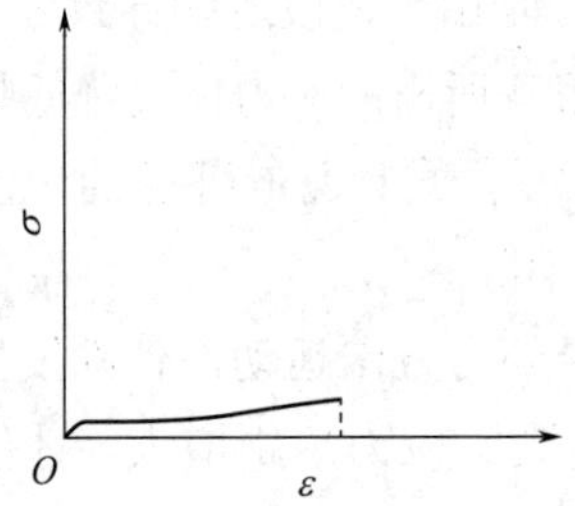	材料软而弱。低模量，低拉伸强度，但仍有中等的断裂伸长率	如未硫化的天然橡胶
6	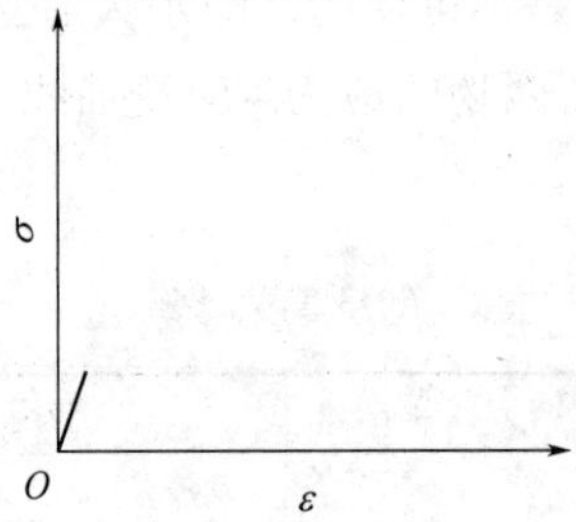	材料弱而脆	一般为低聚物，无应用价值

弹性模量E反映单位弹性伸长所需的应力，表示材料的刚性，其单位为MPa。对一般高聚物，E的范围为：橡胶0.1～1.0MPa，塑料10～10^3MPa，纤维10^3～10^4MPa，小分子晶体10^3～10^7MPa。

脆性断裂是指在拉伸时，未达屈服强度而材料就断裂，一般断裂伸长小，因而曲线下面积小，并且断面较平整或呈贝壳状；所以韧性的大小可用曲线下面积大小来衡量，它表示材料断裂前所能吸收的最大能量。

因此，材料的强弱，可以用断裂强度σ_B来判断；材料的硬软，用弹性模量E的大小来判断；材料的韧与脆，用曲线下面的面积大小来判断。

晶态高聚物的应力－应变曲线

2. 晶态高聚物的应力－应变曲线

未取向晶态高聚物的应力-应变曲线如图11-10所示，它比非晶高聚物的应力-应变曲线具有更明显的转折。整个曲线有两个转折点，划分为三段。

① 曲线的初始段（OY），应力随应变直线增加，试样均匀伸长；

② 达到屈服点（Y）后，试样出现一处或几处"细颈"，由此开始细颈发展阶段（ND），这一阶段的特点是应变不断增加而应力几乎不变或增大不多，直至整个试样全部变细（D 点）；

③ 第三阶段（DB）是已被拉细的试样重新被均匀拉伸，应力随应变增加，直至断裂点（B）为止。

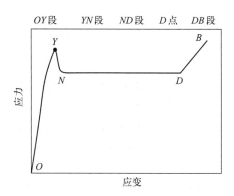
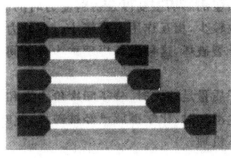

图11-10　晶态高聚物的应力-应变曲线及各阶段试样形状图

3. 不同温度下的高聚物应力 - 应变曲线

图 11-11 是非晶态高聚物和晶态高聚物在不同温度下的应力 - 应变曲线。图 11-11（a）中 1、2 的温度低于 T_b，高聚物处于硬玻璃态，链段完全冻结，无强迫高弹性；3、4、5 的温度介于 T_b 与 T_g 之间，高聚物处于软玻璃态；6、7、8 的温度介于 T_g 与 T_f 之间，高聚物处于高弹态；9 的温度在 T_f 以上，高聚物处于黏流态，近似为直线。图 11-11（b）中 1、2 的温度低于 T_b，拉伸行为类似弹性固体；3、4、5 在较高温度下（远低于 T_m），拉伸行为类似强迫高弹的非晶高聚物；6、7 的温度更高（仍低于 T_m），其拉伸行为类似非晶高聚物的橡胶行为。

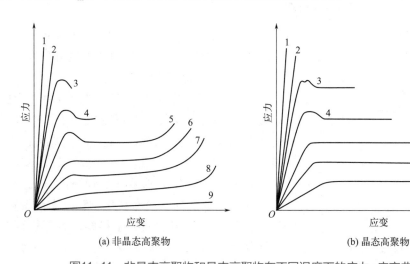

（a）非晶态高聚物　　　　　　　（b）晶态高聚物

图11-11　非晶态高聚物和晶态高聚物在不同温度下的应力-应变曲线

非晶态高聚物和晶态高聚物在不同温度下的应力－应变曲线

另外，以不同的应力作用速率作用于同一种高聚物时，其应力 - 应变曲线也不一样。

练一练

画出结晶高聚物和非晶高聚物的应力 - 应变曲线，并加以适当解释。

二、高聚物的松弛性质

1. 松弛过程

物体从一种平衡状态过渡到另一种平衡状态的过程称为松弛过程。在松弛过程中，物体处于不平衡的过渡态。常见的松弛过程有应力松弛和蠕变。

（1）应力松弛 在保持高聚物材料形变一定的情况下，应力随时间的增长而逐渐减小的现象称为应力松弛。如将橡皮筋拉到一定长度时，初时感觉到有强的收缩力，随时间的增加，这种力逐渐减弱。

（2）蠕变 在一定的应力作用下，形变随时间而发展的现象称为蠕变。例如一条橡皮筋垂直挂着一个重物，随时间的增加，橡皮筋逐步伸长。

应力松弛和蠕变两种现象与材料的结构有关，但并非高聚物所独有，其他材料也有。只是高聚物材料在一般应力范围、常温和短时间内就明显地表现出来。这关系到高聚物材料的尺寸稳定性问题，在应用及选材上很重要。能作为结构材料或机械零件使用的工程塑料，均要求蠕变或应力松弛小。

从另一个角度看，如果材料很难发生蠕变或应力松弛，则材料容易出现脆性和应力开裂。在注射成型的塑料制品中，分子链沿物料流动方向形成内应力，如果这些内应力不能在制品冷却过程中迅速松弛，那么在存放或使用时就容易出现应力开裂。因此，在实际应用中，对蠕变和应力松弛，要用两分法进行分析，了解它的本质和规律，便于在合成新材料和应用选材时，有的放矢。

2. 蠕变曲线、应力松弛曲线

（1）蠕变曲线 蠕变试验在蠕变仪上完成，所需的仪器设备包括恒温系统、施加负荷和形变大小的测量等部分。根据实验测定的结果，蠕变曲线大致可分为三种类型，如图 11-12 所示。

① 停止型。在应力作用下迅速发生一定的形变后，随时间增加，总形变值趋于一个极限值（图 11-12 曲线 1）。若在某个时间除去应力，能马上恢复一部分形状，然后形变逐步减小，最后基本上恢复原来形状。这种情况对应于常温下处于玻璃态的非晶态高聚物和晶态高聚物。作为工程塑料使用的高分子材料，为了保证其长期使用的要求，一般应选用具有这类型蠕变的材料，并且蠕变极限值越小越好。

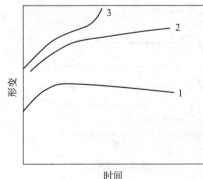

图11-12 蠕变曲线示意图

② 稳变型。在应力作用下迅速发生一定的形变后，随时间增加，形变增加的速率逐步减小，最后趋向一恒定的形变速率，即总形变以恒定速率增大（图11-12曲线2）。这种情况对应于常温下处于高弹态的非晶高聚物，如图11-13天然橡胶的压缩蠕变曲线和回弹。若在某个时间除去应力，样品马上开始回弹，其变化规律与开始受力时相似，但不能马上恢复，只能趋于另一平衡值，即发生了塑性形变，又称为永久形变。受力的时间越短，可恢复的弹性部分越大，即永久形变越小。

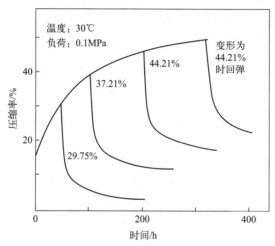

图11-13　天然橡胶的压缩蠕变曲线和回弹

③ 增长型。在一定应力作用下，形变迅速增大，最后断裂。在断裂前往往有一段加速形变的过程（图11-12曲线3）。这种情况对应于常温下处于黏流态的非晶态高聚物，发生了黏性流动。

（2）应力松弛曲线　应力松弛试验在应力松弛仪上进行。由恒温系统、应力的测量和计时三部分组成。应力松弛曲线主要有停止型和减少型两种形式，如图11-14所示。一般对线型高聚物来说，停止型只是减少型的中间阶段，由于松弛所需的时间长，在实验时间内未能明显观察到应力进一步减小的情况，作为工程塑料需要这种类型。

高聚物的应力松弛曲线

从本质上看，蠕变和应力松弛都是分子链运动的结果，只是运动时的条件不同。从应力松弛来看，在 σ_1 的作用下，分子链发生运动，导致微观上分子出现相应的"蠕变"，"蠕变"后分子链处于另一状态，此时 σ_1 就降低为 σ_2；在 σ_2 的作用下，分子链又"蠕变"至另一状态，使 σ_2 降为 σ_3……直至应力全部因分子链的卷曲而松弛，此时材料处于新平衡状态，如图11-15所示。但在这个过程中，"蠕变"不能在形变上反映出来，而在应力上表现出来。一般所说的蠕变只指宏观上虽然是形状的变化，在材料内部却是通过分子链的位移实现的。

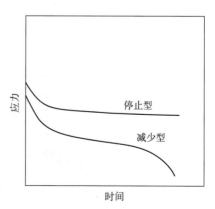

图11-14　应力松弛曲线示意图

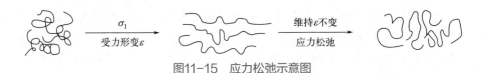

图11-15　应力松弛示意图

3. 影响蠕变、应力松弛的因素

（1）内因　是指与高聚物本身的化学及物理结构有关的因素。凡能使大分子间相互作用力增大或使链段长度增大的因素，都能使蠕变及应力松弛减小。如分子量增大，侧基大，分子链极性强，有交联、有结晶等情况下，均能使蠕变及应力松弛减小。如图 11-16、图 11-17、图 11-18 所示。

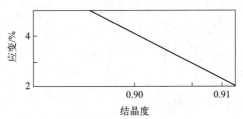

图11-16　聚丙烯结晶度与蠕变大小的关系

负荷：8MPa；24 h；23℃

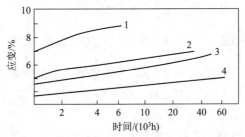

图11-17　聚乙烯分子量与蠕变大小的关系（聚乙烯密度0.916）

1—4.2MPa，熔融指数：0.33；2—2.8MPa，熔融指数：2.20；
3—2.8MPa，熔融指数：0.60；4—2.8MPa，熔融指数：0.30

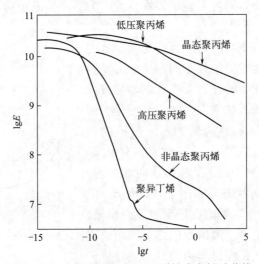

图11-18　一些高聚物在25℃时的应力松弛曲线

（2）**外因** 外因是指与温度、应力、填料、增塑剂等有关的因素。

① 温度。温度增高，蠕变速率和数值增大（图11-19）。而且随着温度的升高，蠕变从停止型依次向稳变型、增长型转变。

② 应力。应力增大，其效果与温度升高相类似（图11-20、图11-21）。

③ 填充、增强。有利于降低材料的蠕变值。

④ 增塑剂。加入增塑剂，材料的塑性增加，因此有利于应力松弛及蠕变的发展。

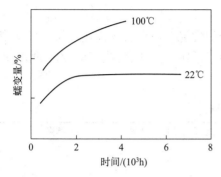

图11-19 聚砜的蠕变曲线与温度的关系

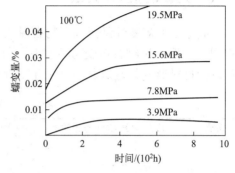

图11-20 聚碳酸酯的蠕变曲线与作用力的关系

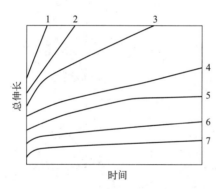

图11-21 高聚物材料的蠕变曲线
温度一定，从1→7应力减小或应力一定，从1→7温度降低

4. 松弛时间

完成松弛过程所需的时间，称为松弛时间，一般用 τ 表示。τ 的定义为：

$$\tau = A\mathrm{e}^{\frac{\mu}{RT}} \tag{11-9}$$

式中，τ 表示松弛时间；A 为常数；μ 表示重排位垒；R 是气体常数；T 表示热力学温度。

 想一想

高聚物的蠕变和应力松弛对高聚物材料的使用存在怎样的利弊？

单元四　高聚物的黏流特性

在高聚物的成型加工过程中，多数高聚物（尤其是热塑性塑料）都要经过黏流状态，因此，必须要了解高聚物的黏流特性。

一、高聚物的流变性

高聚物的
流变性

材料形变的
类型

高聚物的流变性是指高聚物有流动与形变的性能。我们首先简述高聚物的形变类型。根据高聚物材料受力后应变与时间的关系和应力与应变或切变速度的关系，可以把材料形变分为如表 11-7 所示的九种类型。

表11-7　材料形变的类型

编号	应变 (ε)- 时间 (t) 关系	应变 (ε) 或切变速度 - 应力 (σ) 关系	特点
1			符合胡克定律的理想弹性体
2			不符合胡克定律的理想弹性体
3			能完全回复的非理想弹性体
4			具塑性的非理想弹性体
5			非理想塑性体
6			理想塑性体或称宾厄姆流体

续表

编号	应变（ε）- 时间（t）关系	应变（ε）或切变速度 – 应力（σ）关系	特点
7			具黏弹性的非牛顿流体
8			非牛顿黏性流体
9			牛顿流体

高聚物材料形变的类型

表 11-7 中，第 1、2、3 类属于弹性形变，形变可全部回复，称为可逆形变，包括普弹形变和高弹形变，依据 ε-t 的关系有理想与非理想之分。4、5、6、7 类属于黏弹体或塑弹体（高聚物多属于此类），同时具有弹性和塑性，其中第 4 类是以弹性为主，例如处于高弹态的线型高聚物；第 5、6 类以塑料为主；第 7 类以黏性为主。第 8、9 类属黏性液体。

黏性与塑性都具有流动性质，一般从是否有致流点来区分，有致流点（σ_1）的就是塑性，无致流点的是黏性。黏性体与塑性体的形变均不能回复，都是不可逆形变。

理想液体流动符合牛顿定律

$$D = \frac{\sigma}{\eta} \tag{11-10}$$

式中，η 是常数。即切变速度 D 与剪应力 σ 的一次方成正比，因此，流动曲线为一直线，如第 9 类。对于大多数小分子液体，只有在剪应力足够小时，此式才成立。

大多数液体是非理想液体，如第 8 类。它的流动性随剪应力而变化，一般式为

$$D = \frac{\sigma^n}{\eta}, \quad n \begin{cases} >1 \\ =1 \\ <1 \end{cases} \tag{11-11}$$

当 $n=1$ 时，式（11-11）变为式（11-10），则 η 为表观黏度，它不但与流体的特性有关，而且还与 σ 的大小有关。

当 $n \neq 1$ 时，式 (11-11) 代表非牛顿流动。其流动关系不是直线，而是上翘或下弯的曲线。一类是表观黏度随应力增加而下降的液体，大多数高聚物的熔体和高聚物在良溶剂中的溶液属于此类，称为假塑性液体。它们在流动时，大分子发生解纠缠或取向等现象，使液体的黏度下降。另一类是表观黏度随应力增加而上升的液体，大多固体含量高的悬浮液属于此类，如处于较高剪切速率下的 PVC 糊。其原因可能

是高剪应力下流动时，固体粒子的紧密堆砌被破坏，体系有膨胀，所以这类液体称为膨胀性液体。

第7类为具有黏弹性的液体，形变部分可逆。在黏流温度附近，高聚物熔体流动时，这种特性比较明显，有"弹性流动"之称。

第7、8、9类 D-σ 曲线均过坐标原点，即材料受力后马上开始流动。若材料要在应力加到 σ_1 之后才发生流动，如第4、5、6类的情况，那么关系式应写成：

$$D = \frac{(\sigma - \sigma_1)^n}{\eta} \tag{11-12}$$

式（11-12）概括了除弹性部分外的所有流动情况。当 $\sigma_1 = 0$，得到式（11-11）。式（11-12）也说明了很黏的液体-固体，在应力小于 σ_1 时，材料不发生流动，仅呈现弹性。

当 $n=1$，$D = \frac{\sigma - \sigma_1}{\eta}$，称为理想塑性体或宾厄姆型流体，如第6类的情况。大多数高聚物在良溶液中的浓溶液都属于宾厄姆型流体。它们在静止时，内部存在凝胶性结构，但当应力达 σ_1 后，这种结构即被破坏而流动。

当 $n>1$ 或 <1，如第4、5类情况时，称为黏性体或非理想塑性体。高聚物多属于这种固体。σ_1 数值越大，物体就越硬。对同一黏弹体，σ_1 与作用时间长短有关，力作用时间越长，σ_1 值越小。因此按照 σ_1 的数值来区分固体与液体。当 σ_1 大于破坏应力时，材料为脆性固体，σ_1 小于破坏应力时，材料呈韧性破坏。

从 ε-t 关系看，有时液体在恒温及恒应力下，其表观黏度会随应力作用时间的增加而增大或减小，但经一定时间，达到某一平衡值后，即不再发生变化。η 随时间 t 增加而增加的液体称为震凝性液体；η 随时间 t 增加而减小的液体称为摇溶性液体，亦称触变性液体。聚电解质液体、油漆等等就属于这一类。

高聚物黏性流动的机理表述可以借鉴小分子物质的流动情况。当温度升高，小分子物质由固体变为液体时，体积要膨胀，在体系内产生很多空穴。分子要能够迁移到相邻的空穴中去，首先要获得一定的能量以克服周围分子对它的相互作用，这种能量被称为流动活化能。经过迁移后，原来分子所处的地方成为新的空穴，又可以让后面的分子迁移进去。因此，可以把流动过程看成是空穴与分子交换位置的过程。当温度升高时，产生的空穴增大，流动时的阻力变小，此时分子间相互作用力减小，流动活化能容易得到满足，流动容易实现。

对于高聚物而言，大分子在流动时，其迁移单位不是一个分子，而是通过链段的逐步位移来完成整个分子链的位移。

二、高聚物流变性的影响因素

高聚物液体多数是非理想液体，按式（11-11）和式（11-12）关系变化，但变化的情况与高聚物的结构、分子量及其分布、温度、压力等有关。

1. 分子量及其分布的影响

黏度是液体流动时内摩擦力的表征。对刚性高分子链，其链段的尺寸趋近于整个大分子链的大小，因此平均分子量越大，流动时的有效体积越大，即黏度越大，流动性越小。

对柔性高分子链，在受热时，链段运动是无规则的，但在外力作用下，链段沿着受力方向运动，因而发生流动。分子量越大，链段数目就越多，各链段都向同一方向流动，所需的活化能也就越大，故表观黏度就大。

对聚苯乙烯等高聚物，当分子量较低时，黏度与分子量的关系如下：

$$\lg\eta = (1.5 \sim 2.0)\lg M + A \tag{11-13}$$

式中，A 为与温度有关的常数。

当分子量高于某一临界值以后，分子链间形成了"缠结"，使流动单元变大，流动阻力增大，因而黏度的增高更快。黏度与分子量的关系如下：

$$\lg\eta = 3.4\lg M + A \tag{11-14}$$

分子量分布情况对流动性也有一定影响。对于平均分子量相等的高聚物，通常分布较窄的高聚物在流动行为上要较多地接近牛顿流体，但分布较宽的高聚物黏度较小，这是由于低分子量部分对高分子量部分起了增塑作用。

2. 温度的影响

高聚物链段流动的表观黏度与温度的关系如下：

温度对高聚物流变性的影响

$$\eta = \eta_0'e^{\Delta U/RT} \tag{11-15}$$

式中，η_0' 为比例常数，与自由体积有关，并随温度而变；ΔU 表示高聚物的流动活化能（也称表观黏流活化能）。常见高聚物的表观黏流活化能如表 11-8 所示。

表11-8　常见高聚物的表观黏流活化能

高聚物	表观黏流活化能 ΔU/(J/mol)	高聚物	表观黏流活化能 ΔU/(J/mol)
聚乙烯	$2.7\times10^4 \sim 2.9\times10^4$	聚苯乙烯	9.5×10^4
聚丙烯	$3.8\times10^4 \sim 4.0\times10^4$	聚 α-甲基苯乙烯	1.3×10^5
聚异丁烯	$5.0\times10^4 \sim 6.8\times10^4$		

在不同的温度范围内，高聚物的表观黏流活化能有所不同。当温度 $>T_g+100℃$ 时，高聚物的表观黏流活化能基本恒定；但当温度 $\leqslant T_g+100℃$ 时，高聚物的表观黏流活化能并不恒定，而是随温度的下降而急剧增大。其原因可以从两点考虑，一是链段在迁移时，能否克服能垒；二是是否存在能够接纳它的空穴。当温度较高时，由于高聚物内部的自由体积较大，空穴容易获得，因此迁移仅仅取决于能否克服能垒，这与一般活化过程相同，所以表观黏流活化能为恒定值。当温度较低时，由于自由体积减小，空穴难以保证，从而阻碍链段的迁移，造成能垒的增高，使高聚物的表观黏流活化能随温度下降而增大。

根据高聚物的表观黏流活化能的大小，可以判断分子链柔性的大小。如表 11-8 中的聚乙烯分子链柔性最大，表观黏流活化能最小；聚 α-甲基苯乙烯分子链刚性大，表观黏流活化能最大。

3. 应力的影响

从自由体积的角度看，如果增加压力或剪应力，自由体积会变小，从而使熔体

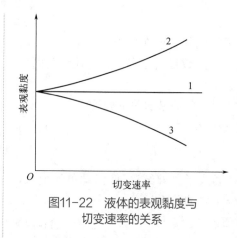

图11-22　液体的表观黏度与
切变速率的关系

的表观黏度增加；从聚集态结构看（因高聚物不同而异），经受力后，结构受到破坏，就可能使自由体积变大，或降低链段位移的活化能，从而使表观黏度降低。其变化规律可以从图11-22看出，图中曲线1为牛顿流体，曲线2为膨胀性流体，曲线3为假塑性流体，在切变速率为零时，它们有相同的表观黏度。

此外，在流动时，大分子链会发生构象的变化。如柔性高分子链的自然状态原是卷曲的，在外力作用下流动时，链段和整个大分子链沿外力的方向变形和取向。分子间的相互作用力及纠缠情况发生变化，流动时的阻力也发生变化。变形和取向程度依赖于剪应力的大小。应力太小，取向很小或基本上不能发生；应力太大，切变速度高，流体扰动大，分子沿流线取向亦难以实现。在变形和取向开始发生时，黏度随时间的变化很明显，达到平衡构象后就不再发生改变，分子链沿外力方向取向，液体处于层流状态，流动阻力小，黏度就变小。因此，在测定高聚物熔体流动时，必须让分子有一个达到平衡构象的必要时间，才能测得黏度的可靠数值。

通过上述的分析，说明高聚物的流动性受材料本身结构以及外界因素（如温度和压力等）的影响。但对于一个选定的高聚物，压力和温度就是决定流变性的重要因素。如图11-23和图11-24，是塑料流变性曲线图。它们对在成型过程中如何选择工艺条件以达到预期效果有一定的参考价值。例如从图11-23聚碳酸酯流变性曲线1中得知，η-$(1/T)$的斜率比η-σ的大，即表观黏度对温度的依赖性大于对切应力的关系。当注射成型中遇到聚碳酸酯流动性差而注不满模腔时，应该首先考虑提高温度，其次才考虑注射压力。反之，聚乙烯的黏度对σ的依赖性较大，则提高注射压力比提高温度对流动性影响的效果明显。

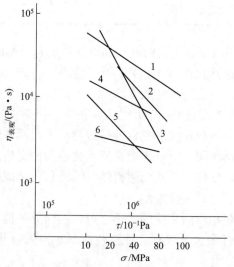

图11-23　高聚物的表观黏度与压力的关系

1—聚碳酸酯（280℃）；2—聚乙烯（200℃）；3—聚甲醛（200℃）；
4—聚甲基丙烯酸甲酯（200℃）；5—乙酸纤维（180℃）；6—尼龙（230℃）

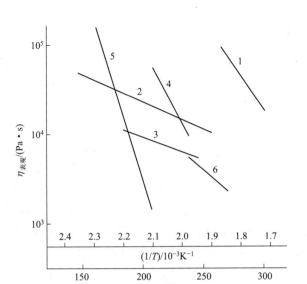

图11-24　表观黏度与温度的关系

1—聚碳酸酯（4MPa）；2—聚乙烯（4MPa）；3—聚甲醛（4MPa）；4—聚甲基丙烯酸甲酯（4MPa）；
5—乙酸纤维（4MPa）；6—尼龙（1MPa）

 练一练

说明材料形变的类型，并简述影响高聚物流变性的因素。

单元五　高聚物的物理改性

通过物理和机械方法在高聚物中加入无机或有机物质，或将不同种类高聚物共混，或用化学方法实现高聚物的共聚、接枝、嵌段、交联，或将上述方法联用，以达到使材料的成本下降，成型加工性能或最终使用性能得到改善，或赋予材料独特功能等效果，统称为聚合物改性。这里重点介绍物理改性方法，即增塑、增强及填充、高聚物的共混等。

高聚物材料的
增塑及增强

一、高聚物材料的增塑

所谓高聚物的增塑作用是指能使大分子链的柔性或材料的可塑性增大的作用，可以分为内增塑、外增塑和自动增塑三类。

高聚物材料
的内增塑和
外增塑

1. 内增塑作用

通过改变大分子链的化学结构，达到增塑的目的，称为内增塑作用。它实际上是化学改性，即通过共聚、大分子反应等化学方法来改变大分子链柔顺性。这种增塑效果最稳定，如高抗冲聚苯乙烯。

2. 外增塑作用

在刚性链高聚物中加入小分子液体或柔性链的聚合物以达到增塑的目的，称为外增塑作用。加入小分子液体可以增塑的原因，是由于小分子液体的黏度比高聚物的黏度低得多，相差可达 10^{15} 倍，在高聚物中混入小分子时，其百分组成每改变 20%，黏度就要降低为原来的 1/1000，这有利于加工，如聚氯乙烯的增塑。

增塑作用的机理：主要是增塑剂起了屏蔽和隔离作用，即以大分子与小分子之间的相互作用代替了大分子链之间的作用，使高分子的链段运动容易，结果使玻璃化温度降低。其降低的结果可用式（11-5）、式（11-6）计算。

增塑剂的选择原则：首先增塑剂必须与高聚物互溶；其次增塑剂应不易挥发（沸点较高），能长时间稳定存在于制品中；此外还应该考虑毒性、颜色、价格等因素。从分子间相互作用来看，增塑剂与高聚物相混溶应服从溶解度参数相近规律。因此，可利用溶解度参数数据来选择适用的增塑剂（表11-9）。增塑剂可以单独使用，也可以混合使用。

柔性链的聚合物也可作为增塑剂使用，但需要在较高温度下捏合才能混溶，优点是持久性好。

表11-9　某些常用增塑剂的溶解度参数 δ

增塑剂	$\delta /(J/cm^3)^{1/2}$	增塑剂	$\delta /(J/cm^3)^{1/2}$
石蜡油	31.40	二苯甲醚	41.19
芳香油	33.49	癸二酸二丁酯	37.26
樟脑	31.40	邻苯二甲酸二异辛酯（DOP）	37.26
己二酸二异辛酯	36.43	邻苯二甲酸二-2-丁氧乙酯	38.94
癸二酸二辛酯（DOS）	36.43	邻苯二甲酸二丁酯（DBP）	39.46
邻苯二甲酸二异癸酯	36.84	磷酸三苯酯	41.03
磷酸三甲苯酯	41.03	甘油三乙酸酯	41.19
磷酸三二甲苯酯	41.45	邻苯二甲酸二甲酯	43.96

3. 自动增塑作用

高聚物材料的自动增塑

自动增塑作用是指非人为加入增塑剂，而是由于某些自身的原因，如高聚物中含有单体、低聚物或混入了杂质、吸收了水分所引起的增塑作用。

增塑剂的加入对高聚物力学性能有很大的影响，如图 11-25 所示。压缩强度、拉伸强度都随增塑剂的加入而下降；当增塑剂量少时，冲击强度有所提高，当超过某一限度时，又明显下降。伸长率随增塑剂加入量的增大而升高。

二、高聚物材料的增强及填充

高聚物材料的增强及填充是获得具有独特功能新型高分子化合物最便宜的途径，是在保证使用性能要求的前提下降低制品成本最有效的途径，也是提高产品技术含量，增加其附加值的最适宜的途径。

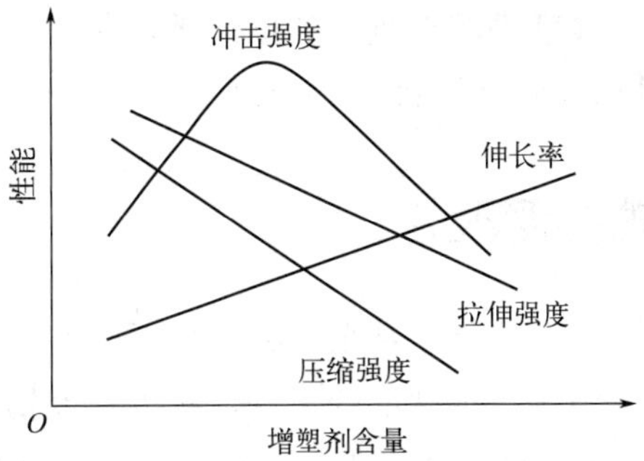

图11-25　增塑剂对高聚物力学性能影响的示意图

填料也称为填充剂，是高聚物材料中的重要固体添加剂之一。将其添加入高聚物材料中可增加体积、降低成本，同时还能改善高聚物材料某些方面性能，如强度、刚度、热稳定性等。尤其是一些功能性填料还可赋予高聚物材料特殊的电、磁、阻燃、耐磨、耐辐射等性能，拓宽其应用领域，填料已被认为是一种功能性添加剂。

高聚物的增强改性往往是通过使用玻璃纤维、碳纤维、金属纤维以及云母、硅灰石等具有特大长径比或径厚比的填料。

为了保证能用注塑机、挤出机成型，热塑性塑料的增强，最常用的是玻璃纤维。经过玻璃纤维增强后的材料与纯树脂相比，以下性能得到改变。

静态强度：如拉伸强度、弯曲强度提高2～4倍；

动态强度：耐疲劳性能提高2～3倍；

冲击强度：脆性材料提高2～3倍，韧性材料则变化不大；

蠕变强度：提高2～5倍；

热变形温度：均有所提高，但幅度不大（10～200℃不等），其中无定形树脂提高的幅度小，结晶高聚物提高的幅度较大。

线膨胀系数、成型收缩率及吸水率等均下降。

各种热固性树脂的增强材料俗称玻璃钢。一般以玻璃布、棉布、麻布、合成纤维织物、玻璃纤维或棉花等作增强剂，经高温层压成型。可以做成机体、船壳、汽车盖、螺旋桨等。随原料不同、增强剂不同、加工方法不同，玻璃钢的性能差别很大。如表11-10所示。

表11-10　由不饱和聚酯制成的玻璃钢与纯聚酯、金属的强度比较

性能	玻璃钢	纯聚酯	建筑钢	铝
密度 /(10^3kg/m^3)	1.9	1.3	7.8	2.7
压缩（抗压）强度 /MPa	4.9	150	350～420	70～110
弯曲（抗弯）强度 /MPa	1050	90	420～460	70～180
冲击（抗冲）强度 /(kJ/m^2)	156	7	100	44

高聚物的填充改性就是在高聚物材料成型加工过程中加入无机填料或有机填料。可使用活性填充剂（即填充剂与高聚物材料有较强的相互作用，能使强度提高），如橡胶中填充炭黑后，可以提高轮胎的耐磨性和弹性模量，所以称它为补强

剂。对强度无影响的称为非活性填充剂，如碳酸钙、黏土、木屑等。颗粒状活性填充剂具有交联作用，可以提高材料的强度和刚性。

三、高聚物材料的共混改性

将结构不同的均聚物、共聚物，甚至将分子量不同的高聚物，通过一定的方法相互掺混，以获得材料的某些特定性能的方法，称为高聚物材料的共混改性。与增塑、增强相比，共混改性也是增塑或增强的一种，只是改性剂为聚合物。

高聚物材料的共混，可以采用溶液法、乳液法、机械混炼等不同的方法。方法不同，所得材料的相态也不相同。总的来说，在固态高聚物共混体系中，除少数用溶液法制备的两种完全互溶的均聚物能形成均相体系外，一般均为微观或亚宏观结构上的多相体系。若两组分之间的混溶性很小，则分散相不能很好地分散，即使强行分散了，所制得的共混物的力学性能也不会很好。若两组分混溶性良好，但力学性能又相近，即使分散得较好，也不能指望其共混物的力学性能有较大的改善。这种共混，往往是为了提高材料的加工性能。为了获得所需的力学性能，往往取力学性能相差较远的高聚物作为共混的对象。这样的高聚物通常彼此间的混溶性不够好，需要加入对共混两组分均有一定混溶性的第三组分来改善共混物的性质。如在聚丙烯与聚乙烯共混体系中，加入乙烯-乙酸乙烯共聚物（EVA），它能改善 PP/PE 共混材料的层离现象，并使抗冲击性能有较大提高（表 11-11）。

表11-11　材料冲击强度和组成的关系

材料	PP	PP/PE=80/20	PP/PE/EVA=80/20/5
无缺口冲击强度 /(kJ/m²)	64.8	140.6	189
缺口冲击强度 /(kJ/m²)	6.4	15.5	16.3

共混高聚物材料的力学性能，除了取决于原料高聚物的性能及配比外，在很大程度上还取决于它们的混合状态，即各组分的混溶性及分散状态。一般来说，共混高聚物的力学性能，介于各组分均聚物之间。如等规聚丙烯与低密度聚乙烯共混体系就是如此。见图 11-26 和图 11-27。

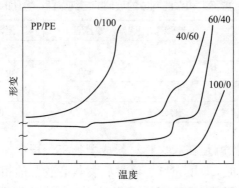

图11-26　PP/LDPE共混材料的热-机械曲线

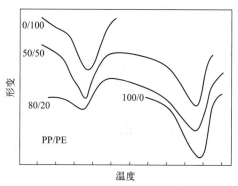

图11-27　PP/LDPE共混材料的DTA谱线

如果两个高聚物是不互溶的，则共混材料存在两相，呈现两个玻璃化温度，对应各原组分的玻璃化温度，在动态力学性能曲线上也相应地发生变化。

为了提高刚性高聚物材料的抗冲击性质，一般使用类橡胶高聚物作为改性剂。这种类橡胶高聚物应具备三个条件：一是玻璃化温度必须远低于使用温度；二是橡胶不溶于刚性高聚物而成第二相；三是两种高聚物在溶解行为上相似，两相之间有较好的黏着作用。当第三条件达不到时，可加入第三组分。这样，一个脆性的刚性高聚物的冲击强度能提高 7～10 倍，塑料与橡胶共混就是如此。

？ 想一想

如何增加高聚物的强度？

拓展阅读

高分子物理学宗师——钱人元

新中国成立初期，我国的学科发展迈入新纪元，在迫切需要发展我国高分子工业的大背景下，国家急需高分子学科的创建与发展，而此时的高分子学科发展完全是零基础。20 世纪 50 年代之初，钱人元响应国家号召，成为了我国高分子科学的先驱者和领路人。

钱人元童年时期就受到爱国主义教育，立志勤奋学习，走振兴中华之路。在 20 世纪 30~40 年代，钱人元完成了他的大学学业。1948 年中华人民共和国成立前夕，钱人元毅然回到祖国，满腔热情地投身到创建祖国高分子科学的事业中。在完全与西方发达国家学术界隔绝的环境下，钱人元与我国第一代杰出高分子学先驱们一起从无到有地创建了我国的高分子学科，培养了数以万计的高分子人才队伍。其间，钱人元自力更生，在艰苦条件下仅用 4 年时间，就建立起当时国际上正在使用的各种高分子测试体系，测试结果达到当时的国际先进水平。钱人元不断开拓新领域，注重理论联系实际，为丙纶纤维的开发做出了重大贡献，也为我国的高分子学科打下了较坚实的基础。

小 结

1. 高聚物的物理状态可通过热 - 机械曲线（线型非晶高聚物和结晶态高聚物）进行了解。玻璃态、高弹态、黏流态，是一般非晶态高聚物共有的物理力学三态。

2. 高聚物常见的特征温度有玻璃化温度、熔点、黏流温度、软化温度、分解温度、脆性温度等，其中玻璃化温度需要重点掌握。

3. 高聚物的力学性能可用应力 - 应变曲线和松弛性质来表示，常见的松弛过程有应力松弛和蠕变。

4. 高聚物的流变性对其成型加工非常重要，它主要受到高聚物分子量及分布、温度和应力的影响。

5. 高聚物可通过增塑、增强、填充及共混等方法进行物理改性，达到降低材料成本，改善材料性能，或赋予材料独特功能等效果。

习 题

一、单选题

1. 塑料具有使用性的状态和橡胶具有使用性的状态是（　　　）。

A. 黏流态、玻璃态　　　　　　B. 高弹态、黏流态

C. 玻璃态、高弹态　　　　　　D. 高弹态、玻璃态

2. 油漆属于高聚物的（　　　）物理状态。

A. 玻璃态　　B. 高弹态　　　C. 过渡态　　　D. 黏流态

3. 高聚物中含有的单体、低聚物所引起的增塑称为（　　　）。

A. 内增塑　　B. 外增塑　　　C. 自动增塑　　D. 小增塑

4. 下列填料在橡胶中等量填充时，哪种增强效果最好？（　　　）

A. 炭黑　　　B. 碳酸钙　　　C. 黏土　　　　D. 木屑

二、多选题

1. 高聚物的物理状态一般可以分为（　　　）。

A. 玻璃态　　B. 高弹态　　　C. 过渡态　　　D. 黏流态

2. 具有下列特性的哪些材料可以用作工程塑料？（　　　）

A. 硬而脆的材料　　　　　　　B. 硬而强的材料

C. 强而韧的材料　　　　　　　D. 软而韧的材料

3. 增塑剂选择的原则包括（　　　）。

A. 相容性　　B. 挥发性　　　C. 毒性　　　　D. 颜色　　　　　E. 价格

三、判断题

1. 作为结构材料或机械零件使用的工程塑料，因对尺寸稳定性的要求，蠕变和应力松弛均要求越小越好。　　　　　　　　　　　　　　　　　　　　　　　　　　　　（　　　）

2. 塑料的使用温度高于玻璃化温度时，塑料变软，所以说玻璃化温度是塑料的最低使用温度。　　　　　　　　　　　　　　　　　　　　　　　　　　　　　　　　　（　　　）

3. 硬而脆的高分子材料断裂伸长率很小，受力时呈脆性断裂，因此不宜受冲击，不具有使用价值。　　　　　　　　　　　　　　　　　　　　　　　　　　　　　　　　（　　　）

模块十二

高聚物杂谈

知识导读

聚合物单体大部分是无毒的，但是近 50% 的产品中添加了大量有害填充物，遇热或油脂会释放出致癌致病的化学物质，严重危害人体健康。因此，食品包装的高聚物材料与食品安全密切相关，我们需要学习食品包装高聚物材料的种类及安全性，利用专业知识维护我国的食品安全，保证国民的饮食健康。专利的质量与数量是技术创新能力和核心竞争能力的体现，随着我国对高分子材料研究的投入逐年增加，知识产权的地位也日趋重要，为了更好地促进高分子材料的发展，我们应该了解高分子材料领域的相关专利申请趋势、技术构成以及专利保护的策略和布局。

学习目标

知识目标

1. 熟悉食品包装中高聚物材料的种类及其安全性。
2. 了解高分子材料在汽车轻量化中的应用。
3. 了解材料轻量化在汽车轻量化技术发展中的展望。
4. 了解高分子材料企业专利保护的策略。
5. 了解高分子材料企业专利布局。

能力目标

1. 综合运用所学知识，科学思考和分析生活中与高聚物相关的实际问题。
2. 能初步设计高聚物领域的专利保护策略。

素质目标

1. 树立绿色安全的职业道德和社会规范。
2. 具有自主探究学习的能力，良好的思维习惯。
3. 形成科学的价值观、社会责任感和职业道德。

单元一 高聚物材料的安全性

食品安全是关系人民幸福安康的大事，食品包装高聚物材料与食品安全密切相关，我们需要明确和熟悉食品包装高聚物材料的种类及安全性，尽可能地降低或消除食品包装材料对食品安全的影响，从而最大程度上维护我国的食品安全，保证国民的饮食健康。

食品包装高聚物材料，也通常被称为食品包装塑料，常见的主要有聚乙烯（PE）、聚丙烯（PP）、聚对苯二甲酸乙二醇酯（PET）、聚碳酸酯（PC）、聚苯乙烯（PS）、聚酰胺-6（PA-6）等。

高分子材料安全吗？

1. 聚乙烯

聚乙烯在食品包装塑料中使用最为广泛，也是日常生活中最常用的高聚物材料之一。根据聚合方式、分子量的大小、链结构的差异，聚乙烯可分为高密度聚乙烯（HDPE）、低密度聚乙烯（LDPE）以及线型低密度聚乙烯（LLDPE）。

其中，高密度聚乙烯，熔点约为130℃，具有优良的刚度和韧度，可以很好地耐热和耐寒，被广泛应用于食品和药品包装、购物塑料袋、垃圾桶、清洁沐浴用品等的使用。低密度聚乙烯，抗冲击和耐穿刺性能较好，低温时依旧保持柔软，能抵御大多数酸碱的腐蚀，在食品领域常被制作成薄膜材料，用于生产保鲜膜、牛奶盒、休闲食品内膜等，为我们的生活提供便利。

高密度聚乙烯和低密度聚乙烯的区别

2. 聚丙烯

聚丙烯，无臭、无色、无毒，在80℃以下能抵御酸碱的侵蚀，其较聚乙烯透明度、光泽性更好。聚丙烯自身的力学性能、耐化学性、耐热性优良，并且其韧性和耐磨性强度较高，接枝和复合功能也良好。在食品工业中，聚丙烯材料能在120℃的条件下正常使用，而且力学性能良好，不易变形破损，是比较被认可的较为安全的食品包装材料之一。相较于聚乙烯材料而言，聚丙烯的熔点更高，耐热性更好，因此在我们生活中，聚丙烯常被用作塑料保鲜盒、一次性外卖打包盒、塑料餐具等食品包装中，尤其是可以被用作微波炉餐盒等蒸煮包装和微波加热包装。

3. 聚对苯二甲酸乙二醇酯

聚对苯二甲酸乙二醇酯（PET），无毒、无味，呈乳白色，其表面平滑、光泽度好，具有优良的阻隔性能，且耐蠕变、耐摩擦、耐气候性、耐弱酸和有机溶剂。在食品包装工业中，PET被广泛用作可乐、矿泉水等饮料的包装瓶。但是PET不耐高温，高于70℃时就会变形并伴有塑化剂的释放。因此，这种PET材料多数被用于冷饮盛装瓶的制作，而不用于热量较高的饮品的包装中，且不可高温加热和重复使用，否则将会危害身体健康。

4. 聚碳酸酯

聚碳酸酯，无味无臭、无色透明，弹性系数好、冲击强度好、尺寸稳定性强、

双酚A奶瓶的禁用

蠕变小、耐疲劳、耐热老化、耐溶剂且可自由染色。常被用于制作太空杯、餐具、桶装水桶等食品包装相关的器具。聚碳酸酯主要由双酚 A 和光气合成，其合成单体双酚 A 溶入食品后可能会造成乳腺癌、前列腺癌、糖尿病等疾病发病率的提高，还会导致婴幼儿提前发育，严重威胁胎儿和儿童的健康。因此，2011 年，卫生部等 6 部门发布《关于禁止双酚 A 用于婴幼儿奶瓶的公告》（2011 年 第 15 号），明确禁止了生产商使用双酚 A 制造奶瓶。

5. 聚苯乙烯

聚苯乙烯，无毒、无臭、无色透明，电性能良好、耐腐蚀、刚度强、玻璃化温度较高、隔热性好、印刷性好而且价格低廉。聚苯乙烯的玻璃化温度高于 100℃，因此可被用来制作可耐此温度及以下温度的食品盛装容器，如泡沫保温盒、泡面盒等，此外聚苯乙烯常见的包装制品还有透明蛋糕盒、快餐盒盖等发泡餐具。

6. 聚酰胺 -6

聚酰胺 -6（PA-6），俗称尼龙 -6，耐油、耐化学品、耐破裂、抗冲击、抗穿刺。聚酰胺薄膜拥有较好的拉伸强度和较好的气体阻隔性，并且能在较宽的温度区间内使用，被用于咖啡、糕点、酱料、果冻、酸奶、奶酪等食品的包装和盛放。但由于聚酰胺 -6 有较强的吸水性，所以其不适合用于盛装含水量较高的食物及饮品。

单元二　汽车中的高聚物材料

汽车材料的轻量化

汽车工业快速发展，在给人们带来便利的同时，也带来了环境污染和能源消耗的问题，最大限度地减少能源消耗以及有限控制汽车尾气排放成为汽车行业迫切需要解决的两大问题。在汽车用电池与发动机技术提升难度日益增加的背景下，无论是传统的燃油汽车还是新兴的新能源汽车，汽车轻量化是提升汽车节能和解决环保问题的关键技术之一。汽车自重每减少 10%，燃油消耗量可降低 6%~8%，汽车每减重 100 公斤，一百公里油耗可降低 0.4L、二氧化碳排放可减少 1 公斤。

汽车轻量化技术主要包括轻量化材料技术、轻量化设计技术和轻量化制造技术，而开发新型的汽车材料，是目前汽车轻量化技术的主要发展方向。高分子材料和高分子基的复合材料，正逐渐受到世界各汽车厂商的青睐。

一、高分子材料在汽车上的应用

与金属材料相比，高分子材料具有更低的密度、更多的颜色样式、更自由的成型方式、更低廉的成本，增加汽车中塑料类材料的用料量，可为整车轻量化以及节能减排做出有效的贡献。如图 12-1 所示，目前高分子材料已在汽车零部件上获得广泛应用，包括保险杠、门板框、车灯、方向盘、仪表板、座椅等。

汽车中的塑料类材料

中央置物盒

前后轮眉

门板框

后视镜壳

车顶行李架

仪表盘

轮壳罩板

前挡板

前后踏板

前后护杠

车灯

风口格栅

图12-1　高分子材料在汽车上的应用

1. 仪表板

国内汽车仪表板材质

目前，国内汽车生产采用的仪表板分为硬质和软质两种。硬质仪表板常被用在轻、小型货车，大货车和客车上，多使用聚丙烯（PP）、聚苯醚（PPO）、丙烯腈 - 苯乙烯树脂（AS）、丙烯腈 - 丁二烯 - 苯乙烯共聚物（ABS）以及 ABS/PC 共混物等高聚物材料。软仪表板多采用 ABS 和改性聚氯乙烯（PVC）片材，经真空吸塑成型后放入模具中，再注射聚氨酯（PU）发泡而成。

欧洲汽车仪表板材质

欧洲汽车的仪表板多以 ABS/PC 共混物及增强 PP 材料为主；美国汽车的仪表板多用耐热、耐冲击的苯乙烯 / 顺丁烯二酸酐共聚物（SMA）；日本汽车的仪表板曾采用 ABS 和增强 PP 材料，目前则以玻璃纤维增强的 AS 为主，有时也采用耐热性更好的改性聚苯醚（PPO）。随着电子技术的应用，将把高度的控制技术、发动机前置、前轮驱动汽车操纵系统以及其它中央控制系统集中在仪表板周围。因此，目前覆盖在 PU 发泡体表面的聚氯乙烯表皮很有可能会被纺织物取代。

由于半硬质 PU 泡沫的开孔性，它具有良好的回弹性，并能吸收 50%~70% 的冲击能量，安全性高，耐热、耐寒，坚固耐用且手感好。但是，PU 材料的再生利用极为困难。为了便于回收利用，正在发展用热塑性聚烯烃弹性体（TPO）表皮和改性 PP 骨架及 PP 发泡材料构成的仪表板。

2. 座椅

汽车座椅上的坐垫、靠背、头枕是人们乘坐汽车时舒适性最敏感的地方，因而对产品的性能要求十分严格。

目前国内汽车座椅坐垫、靠背、头枕等产品均采用高回弹冷模塑软质泡沫塑料。汽车座椅面套的材料主要是聚氯乙烯（PVC）人造革，PVC 人造革是以纺织或针织材料为底基、PVC 树脂为涂层的仿革制品，其特点是近似天然皮革，外观鲜艳、耐磨、耐折、耐酸碱等。汽车座椅纺织面套主要使用聚对苯二甲酸乙二醇酯（PET）长丝，安全带使用 PET 纤维。汽车座椅的外侧护盖和内侧护盖主要是聚丙烯（PP）塑料。在汽车座椅前 / 后碰撞试验中，安全带收紧限制假人运动，在此过程中安全带会对外侧护盖产生较大的挤压力和剪切力；而安全带锁扣也会对内侧护盖产生较大的挤压力。因此，汽车座椅用 PP 材料要求具有较高强度和较好的韧性，典型汽车座椅用 PP 材料的物理力学性能见表 12-1。

表12-1　典型汽车座椅用PP材料的物理力学性能

项目	测试标准	测试条件	技术指标	测试数据
密度	ISO 1183	23℃	$0.91 \pm 0.02 g/cm^3$	$0.912 g/cm^3$
熔体流动速率	ISO 1183	230℃ /2.16kg	≥ 32g/(10min)	34.55g/(10min)
拉伸强度	ISO 527	50mm/min	≥ 21MPa	25.1MPa
断裂伸长率	ISO 527	50mm/min	≥ 30MPa	71MPa
弯曲弹性模量	ISO 178	2mm/min	≥ 1100MPa	1167MPa
弯曲强度	ISO 178	2mm/min	≥ 27MPa	31.1MPa
悬臂梁缺口冲击强度	ISO 180	23℃	$≥ 7kJ/m^2$	$8kJ/m^2$

汽车里的
ABS

　　丙烯腈 - 丁二烯 - 苯乙烯共聚物（ABS）可用于制造汽车座椅的各种电机调节开关按钮，ABS 具有优异的表面涂饰性能，可在其制品表面进行丝印、移印等工艺。普通 ABS 的维卡软化点为 85℃ 左右，而汽车内部温度一般较高，尤其是夏季户外停车时；此外，在汽车发生侧碰撞时，要求座椅外侧护盖不能产生伤人锐角，电机调节开关不可以脱落飞出。因此，要求汽车座椅用 ABS 材料，具有优良的抗冲击性能、化学稳定性及电绝缘性，同时具有较好的耐热及阻燃性能。

3. 方向盘

　　方向盘的包覆物一般采用自结皮的硬质 PU 泡沫材料高压或低压发泡而成。方向盘结构要求挺拔、坚固、轻便、外韧内软，并能耐热、耐寒、耐光、耐磨。因此，包覆物多用 PU、改性 PP、PVC、ABS 等树脂，骨架一般选用钢骨架与铝压注而成，考虑到轻量化，现在也有用玻璃纤维增强尼龙替代金属芯的趋势。为了追求豪华、舒适、手感好，现在的方向盘表面部分增加了桃木饰纹或真皮蒙皮等。

4. 保险杠

汽车保险杠
的功能和
材质

　　汽车保险杠是外观装饰与安全防护综合结构部件，不仅需要为车辆提供尽可能高的安全防护性能，还要尽量降低结构件的质量。保险杠的用材一般采用改性聚丙烯，为增强整体抗冲击性，会加入三元乙丙橡胶或高弹性高分子材料；保险杠加工制备最常用的另外一类高分子材料是发泡聚丙烯，发泡聚丙烯具有良好的抗震吸能性，在外力作用下产生变形以后的回复率高，同时具有优异的耐热性、耐化学品性。

5. 顶棚、后围

车内顶棚、后围（后围主要对重型车而言）是内饰件中材料和品种最多的复合层压制品，它不仅起到装饰作用，还起着隔热、隔音等特殊功能。顶棚、后围由基材和表皮构成，基材一般使用热塑性 PU 发泡内材、PP 发泡内材、热塑性毡类内材、玻璃纤维瓦楞纸、蜂窝状塑料带等，具有轻量、刚性高、尺寸稳定、易成型等特点。表皮材料可用织物、无纺布、TPO 防水卷材、PVC 等。国产轿车顶棚一般使用 TPO 发泡片材、玻璃纤维、无纺涤纶布材料层压成型。

顶棚的种类有成型顶棚、粘接顶棚和吊装顶棚，其中成型顶棚占 70% 以上。卡车主要用成型顶棚，基材采用热固性或热塑性毡类压制成型，表皮材料选用针织面料、无纺布、PVC 等。

二、高分子复合材料在汽车轻量化方面的应用

高分子复合材料是以有机聚合物为基体，由短切、长切或连续纤维与热固性或热塑性树脂基体复合而成，是目前制造技术比较成熟且应用最为广泛的一种复合材料。与传统材料相比，高分子复合材料具有比强度比模量高、可设计性强、抗疲劳断裂性好、耐化学腐蚀性好、减振性好以及结构功能一体化等优点，正成为航空航天、汽车工业、化工、医学等领域的主导材料之一，有着广阔的发展前景和越来越高的应用价值。

汽车用复合材料根据基体的不同分为热固性树脂基复合材料和热塑性树脂基复合材料。热固性树脂基复合材料的成型方法包括手糊成型、喷射成型、片状模塑料（SMC）模压成型、树脂传递模塑（RTM）成型、缠绕成型、拉挤成型、热压罐成型、冲压成型等，SMC 工艺和 RTM 工艺广泛应用于汽车的零部件制造。与钢制汽车零件相比，SMC 材料质量更轻，对模具的要求小，结构设计自由，并且制件的整体性好，在一定程度上降低了生产成本，由 SMC 工艺生产的汽车零部件主要有散热器护栅板、扰流板、保险杠、后背门、发动机罩盖等。由 RTM 工艺生产的汽车零部件主要有门板、底板、横梁、车顶、侧裙板、承载式车身等。欧洲汽车公司采用 RTM 工艺，成功试制出了轿车的碳纤维复合材料底板，零件数量少，质量较金属减轻了 50%，整体性能达到原车身水平。

热塑性树脂基复合材料的成型方法包括挤出成型、吹塑成型、长纤维增强热塑性材料（LFT）模压成型、挤拉成型、玻纤毡增强热塑性材料（GMT）模压成型等。LFT 成型工艺已在汽车防撞梁、前端模块、仪表盘骨架、座椅骨架板、备胎仓等结构件和半结构件中得到广泛的应用，德国大众公司采用 LFT 模压成型工艺制造的乘用车前端模块比金属制造的质量减轻了 60%，轻量化效果明显；GMT 模压成型工艺在汽车上通常用于生产前端部件、座椅壳体、保险杠、遮阳板、备用车轮、汽车防护装置和其他内部材料，如韩国现代汽车利用 GMT 模压成型工艺制造出的保险杠相比之前一代质量减轻了一半，同时由于 GMT 材料的可回收再加工特点，实现了材料的可持续利用。

三、展望

材料轻量化是目前汽车轻量化技术的主要途径，从实际应用上看，高强度的复合材料是汽车材料轻量化的理想材料。汽车车身的轻量化与材料轻量化的发展方向保持一致，传统的车身以钢铁为主，占汽车质量的30%～40%，如果将部分零件替换为镁铝合金，甚至是碳纤维等高强度复合材料，那汽车减重的效果会更加可观，随着近几年新能源汽车的迅猛发展，汽车电池系统增重明显，各大汽车厂商将整车轻量化作为重点研究目标，推动了复合材料的快速发展。

未来，高分子复合材料的发展将面临着以下挑战：在环保方面，需加快研究复合材料可循环使用技术，提高复合材料的再利用率，降低环境污染，实现资源的可持续发展；在性能方面，为了弥补单一增强体复合材料的性能不足，可以向多尺度增强体复合材料的方向拓展，使复合材料在汽车上的应用更加多元化；在整体发展方面，复合材料的发展需要整个汽车产业链的一体化协同发展，包括材料、加工工艺、模具、设计、设备、试验等方面，形成产学研合作的技术创新体系，技术提升发展的空间很大。

单元三 高聚物材料的专利保护

高聚物材料的专利保护包括对产品、工艺和用途的保护。产品既包括聚合物本身，也包括由聚合物制备的复合材料、纤维、薄膜等制品。在一个新的高聚物化合物的诞生初期，对纯树脂结构及其制备工艺申请专利进行保护，是专利布局的第一步。而随着技术的发展和市场需求的变化，对于高性能聚合物材料以及下游产品和用途的布局则成为企业专利保护的主要目标。另外，基于产品质量、生产成本以及环境保护等方面考虑，制备工艺和设备的改进也是高聚物材料研发和专利布局的一个重要方面。下面通过几个案例介绍企业专利保护的策略以及对我国高分子材料企业专利布局的启示。

一、聚苯乙烯发泡材料的专利保护

聚苯乙烯泡沫塑料是巴斯夫（BASF）的经典之作，如图12-2所示，其具有优异的耐热保温性能，在房屋保温以及安全包装领域具有划时代的意义。据报道，德国模塑部件制造商Schaumaplast集团旗下的Thermocon保温箱就采用了巴斯夫的可发泡聚苯乙烯（EPS）颗粒Styropor® 和Neopor®。

1951年，巴斯夫首次开发出了保温隔热材料聚苯乙烯泡沫Styropor®，并申请了专利进行保护。之后，巴斯夫对该产品不断进行性能改进和专利布局，以持续维持其在该领域的主导地位，Styropor® 系列产品现在仍然是巴斯夫的主打产品之一，用途广泛，市场占有率高。

高分子复合材料发展的挑战

高分子材料专利保护策略

【知识拓展】新质生产力的创新内涵

巴斯夫的聚苯乙烯泡沫材料专利保护策略

　　而在经过了多年的技术研发和积累的基础上，巴斯夫于 1997 年又推出了 Styropor® 的升级款 Neopor®——基于石墨增强聚苯乙烯的银灰色硬质泡沫保温材料，该材料的保温性能比 Styropor® 提升了 30%。与传统的 Styropor® 相比，Neopor® 聚合物基体中添加的石墨能够反射热辐射，从而将保温性能提高百分之三十，这是技术上的巨大突破。因此，巴斯夫非常重视对该产品及其相关领域的专利布局。

图12-2　EPS颗粒的应用路径

　　首先，在产品的研发阶段，巴斯夫已经开始在德国本土申请相关专利。在 1997 年推出 Neopor® 产品之际，巴斯夫就含有石墨的可发性聚苯乙烯聚合物以及制备方法申请了两项核心专利，并将其布局到多个目标国家和地区。随后，巴斯夫抓紧时间，在一两年内集中申请了大量专利，迅速完成了对于该系列产品的专利布局。并且，巴斯夫每次在技术改进和发布新产品之际，都会集中对新产品及其制备工艺进行全面的专利布局，体现出专利和市场两者之间的相互依托和支撑关系。

　　其次，在产品保护策略方面，巴斯夫没有拘泥于石墨增强聚苯乙烯复合材料的结构/组成的保护，考虑到聚苯乙烯颗粒形状、泡沫开孔等性能参数的重要性，巴斯夫以这些技术特征对产品进行限定，申请了多项专利，从不同角度对产品做了全面的保护。并且，为了满足市场的不同需求，巴斯夫还在不断地改进和更新产品，在 2007 年至 2014 年之间，巴斯夫又陆续推出了多款 Neopor® 系列的产品，并相应申请了大量专利进行保护，例如包括通过在石墨聚苯乙烯复合材料中添加特定的阻燃剂来进一步改善产品的阻燃性能。

　　另外，除了对产品本身以及制备工艺的保护之外，巴斯夫公司还对石墨增强聚苯乙烯的产品的上下游的全产业链进行了专利布局。其中上游产品包括聚苯乙烯粒子和石墨材料，下游产业链包括复合材料的制品，如泡沫板和复合板，以及在建筑等领域的应用的专利布局。当然，虽然是追求全产业链布局，但巴斯夫也是主次分明，有针对性地进行布局。例如，其在建筑领域的布局是基于包含 Neopor® 产品的外墙保温系统在德国的节能改造项目中的成功和认可后，开启了大量的建筑领域的专利申请。可见，巴斯夫对于其核心专利的保护是有力的，对于下游应用领域的保护，则是根据具体的应用情况以及市场反馈而进行的有针对性的保护。

二、芳纶纤维的专利保护

芳纶纤维的全称是芳香族聚酰胺纤维，属于世界三大高性能纤维之一。在航空航天、军工国防以及民用领域有广泛的应用。芳纶纤维的主要品种包括间位芳纶和对位芳纶，如对位芳纶的代表产品是美国杜邦公司的 Kevlar 产品及日本帝人公司的 Twaron 和 Technora，间位芳纶的代表产品是杜邦的 Nomex 和帝人的 Conex。对位芳纶因其高模量、高强度的特性，主要用于安全防护、防弹材料、车用摩擦材料、光学纤维、轮胎等领域。间位芳纶具有优异的耐高温性、阻燃性和绝缘性，主要用作防护服、汽车零部件、过滤以及电气绝缘等领域。

杜邦公司是芳纶纤维的最早研发和生产者，时至今日，其生产的对位芳纶和间位芳纶的市场占有份额依然位居世界第一。从二十世纪五六十年代至今，杜邦公司对芳纶纤维产品、制备工艺和应用领域做了全面的专利布局。但是在不同时期由于研发、生产和市场销售的侧重点不同，以及竞争对手的出现时机等因素，杜邦对专利布局的思路和策略也在进行着因地制宜、与时俱进的调整，形成了一套符合自身特色的完整的专利保护机制。

首先，在专利的区域分布方面，杜邦初期的申请主要集中在美国本土以及欧洲的几个国家。随后日企如帝人公司等进入了芳纶纤维领域，杜邦开始在日本进行专利申请和布局。而从二十世纪八十年代开始，杜邦一方面针对日韩等竞争对手，在日本和韩国进行了大量的专利布局；另一方面，杜邦也看到了中国这个巨大的市场，开始在中国进行专利布局。

其次，在专利的保护对象方面，由于随着技术的进步，芳纶产品的制备工艺趋于成熟，而芳纶纤维的应用以及相应的制备则越来越受到市场的关注和欢迎。因此，杜邦的研发除了对于产品的改进外，更多在于对产品应用领域的开发，例如芳纶纤维在防护用品、电气绝缘材料、过滤材料等方面出现了大量的专利申请。

三、聚苯硫醚的专利保护

聚苯硫醚作为特种工程塑料的第一大品种，具有优异的耐热性、阻燃性和绝缘性，广泛应用于汽车、环保、军工、航空航天等领域。聚苯硫醚的产品包括 PPS 树脂、PPS 复合材料、PPS 纤维、PPS 涂料和 PPS 薄膜。最早是美国的菲利普公司对 PPS 申请专利并进行商业化生产。后来东丽公司通过合并、收购的方式，从菲利普公司手中获得了 PPS 树脂的专利权和生产线，并进行扩建投产，进而成为了全球 PPS 树脂的主要生产企业之一。

除了东丽以外，日本的几大公司如 DIC 油墨公司、吴羽化学公司等以及美国的特氟龙公司也是聚苯硫醚的主要研发主体和生产企业。因此，在聚苯硫醚领域，东丽公司并不是一家独大。在这样的情况下，东丽公司对于专利布局的区域选择和重视程度也是有所区别的。首先，在前期各大企业未进行全球竞争的情况下，东丽在日本境内的专利申请和保护是第一位的。而随着聚苯硫醚的国际市场的竞争环境的出现，东丽同其他各大公司一样，开始积极地在全球范围内进行专利布局，这里主要包括中国、美国、欧洲以及印度和东南亚国家。

由于聚苯硫醚的关键技术之一在于树脂的制备，因此，对于制备工艺和产品性能的改进，是东丽公司的研发重点，也是其专利布局的关键所在。而相应的，对于复合材料、纤维、涂料和薄膜等中下游产品和用途的专利保护相对较少。随着 PPS 纤维和薄膜在过滤等方面的广泛应用，获得高性能 PPS 纤维和薄膜也成为聚苯硫醚产业领域的一个热点。基于此，东丽公司也进行了大量的研发和专利保护，对 PPS 纤维和薄膜的保护紧跟而上。

另外，虽然高聚物领域对于生产设备的保护相对较少，但是就聚苯硫醚而言，其产品性能的高低与生产设备息息相关，东丽等大型跨国公司通过对设备的改进，制备了高纯度聚苯硫醚树脂，相应的，东丽公司在设备方面的专利保护也有一定的分量。

四、专利保护策略总结和对我国企业的启示

通过上述分析，了解了几家大型跨国化工企业对于其代表产品的专利保护策略的特点，希望对于我国企业在高聚物领域的专利布局具有一定的启示。

第一，基于高聚物材料的研发和产业链的特色，在进行专利布局时，既要有初期对于树脂及其制备工艺方面的保护，又要有随着技术发展而进行的中下游产品和用途的开发，因此，对于高聚物材料的专利布局应该包括上下游全产业链的全面保护。

第二，全面保护并不意味着一视同仁，对于不同的高聚物材料，根据研发和应用的侧重点不同，在兼顾全面保护的基础上，可以选择不同的保护策略。例如，对于以制备工艺为关键点的聚合物，应该重点保护聚合物产品和制备工艺本身；对于以性能改进为关键点的聚合物，应该重点研究和保护复合材料；而对于成熟产品的再开发，则应重点保护产品的不同制品以及用途。

第三，应该注重专利布局的时机以及时间节点的把握。在推出新产品之际，应该在研发成果的基础上提前进行专利布局，即做到市场未动，专利先行，这是专利布局的基本要求。另外，除了考虑专利布局的全面性，更应该考虑专利布局的时效性，在较短的时间内集中完成专利布局。

第四，现在新品种的开发空间越来越小，更多的研究是对现有产品的结构和／或性能的改进，以及对于用途的扩展。因此，当我国企业在历尽艰辛研究出一种与现有产品结构相似、性能更优异的产品的情况下，除了保护基础核心专利外，还应该未雨绸缪，进行全面布局，尤其是对于产品中下游产业链的有效保护，以

避免被竞争对手利用我们专利保护的真空带进行围剿，从而损失下游市场和发展机会。

第五，对于专利布局的地区和/或国家的选择，应该关注国际市场的情况以及未来的发展趋势和目标，进行合理布局。例如东丽早期的市场在日本，因此其首先是在日本本土进行专利布局，扎实生存根基，并未在我国提早进行专利布局。而随着中国市场的扩大，尤其目前中国成为PPS的消耗大国，东丽对于PPS制备工艺的改进以及下游产品PPS纤维在中国的专利保护也随之增加。

拓展阅读

专利策略助力汽车工程材料自主创新

新质生产力已经在实践中形成并展示出对高质量发展的强劲推动力、支撑力。同时，也要看到，制约高质量发展的因素还大量存在，比如，一些关键核心技术受制于人，产业存在"大而不强""全而不优"问题。目前汽车工程材料技术领域发展迅速，为了保证中国汽车产业在世界范围内的竞争优势，打造自主可控、安全可靠、竞争力强的现代化产业体系，实现依靠创新驱动的内涵型增长，着手实施汽车工程材料专利战略研究刻不容缓。

全面的专利检索和分析可以预测未来汽车工程材料的发展趋势，同时还能间接增强战略性材料产业技术创新能力。随着人们对生活质量要求的提高，未来汽车技术朝着节能环保、安全舒适、智能的方向前进。而这些技术的实现，材料的发展与创新起着至关重要的作用。汽车工程材料领域的90%最新科研创新结果基本都通过专利文献的形式加以保护。专利文献的内容包含了丰富的技术信息、市场动向和法律状态，故深入分析相关技术领域的专利文献信息，可以了解到该产业范围的技术研发热点、发展方向以及市场发展策略。充分利用这些信息，上升到专利战略高度，制定出指导行业发展的决策，可以提高企业自身创新能力，进而提高整体竞争力。

小 结

1. 食品包装中高聚物材料的安全性。食品包装塑料，常见的主要有聚乙烯（PE）、聚丙烯（PP）、聚对苯二甲酸乙二醇酯（PET）、聚碳酸酯（PC）、聚苯乙烯（PS）、聚酰胺-6（PA-6）等。

2. 汽车中的高聚物材料。与金属材料相比，高分子材料具有更低的密度、更多的颜色样式、更自由的成型方式、更低廉的成本，增加汽车中塑料类材料的用料量，可为整车轻量化以及节能减排做出有效的贡献。目前高分子材料已在汽车零部件上获得广泛应用，包括保险杠、门板框、车灯、转向盘、仪表盘、座椅等。

3. 高聚物材料的专利保护。可从产品结构、组成、制备工艺以及区域分布等角度，加强对我国高聚物领域的专利布局。

习 题

简答题

1. 列举生活中用于食品包装或盛放的高聚物材料有哪些?

2. 试着寻找应用于电器的高聚物材料有哪些?

3. 查阅资料,寻找高聚物材料发展历史上的重要专利成果。

4. 试着总结高聚物领域的专利布局策略。

5. 试着对高分子材料领域的相关专利申请趋势、技术构成、申请人类型、中国地域分布等方面进行分析。

参考文献

[1] 潘祖仁. 高分子化学 [M]. 北京：化学工业出版社，2011.

[2] 侯文顺. 高聚物生产技术 [M]. 2 版. 北京：化学工业出版社，2020.

[3] 张立新. 高聚物合成技术 [M]. 北京：化学工业出版社，2012.

[4] 黄丽. 高分子材料 [M]. 2 版. 北京：化学工业出版社，2019.

[5] 王国建. 功能高分子材料 [M]. 2 版. 北京：同济大学出版社，2014.

[6] 董炎明. 奇妙的高分子世界 [M]. 北京：化学工业出版社，2011.

[7] Brock F H.Reactivity of Aryl Isocyanates[J]. Journal of Organic Chemistry, 1959, 24: 1802-1804.

[8] Kienle R H, Meulen P A V D, Petke F E . The Polyhydric Alcohol-Polybasic Acid Reaction. Ⅲ. Further Studies of the Glycerol-Phthalic Anhydride Reaction[J]. Journal of the American Chemical Society, 1939, 61: 2258-2268.

[9] Carothers W H . Polymers and polyfunctionality[J]. Transactions of the Faraday Society, 1936, 32: 39.

[10] 王明珍，强俊超，房喻，等. 凝胶形成动态过程在线监测方法的比较 [J]. 应用化学，2000, 17(6): 603-606.

[11] Karger-Kocsis J, Mahmood H, Pegoretti A. Recent advances in fiber/matrix interphase engineering for polymer composites[J]. Progress in Materials Science, 2015, 73: 1-43.

[12] Haralabakopoulos A A, Taiourvas D, Palms C M. Chain extension of poly(ethylene terephthalate) by reaction blending using diepoxides[J]. Journal of Applide Polymer Science, 1999, 71(13): 2121-2127.

[13] Guo B, Chan C M. Chain extension of Poly(butylene terephthalate) by reactive extrusion[J]. Journal of Applied Polymer Science, 1999, 71(13): 1827-1834.

[14] Jin H J, Kim D S, Lee B Y, et al. Chain extension and biodegradation of poly(butylene succinate) with maleic acid units[J] . Journal of Polymer Science Part B Polymer Physics,2000, 38(17): 2240-2246.

[15] 袁征. 聚乳酸与环氧类扩链剂的扩链反应 [D]. 杭州：浙江大学，2008.

[16] 汪朝阳，赵耀明，王浚. 扩链法合成聚乳酸类生物降解材料 [J]. 合成化学，2003, 11(2): 106-110.

[17] 史晓林，谢怀勤，张贞浴. 可体内降解的骨固定材料的制备研究 [J]. 北京航空航天大学学报，2003，29(2): 144-146.

[18] Tobin E B, Kristi S A. Spatiotemporal hydrogel biomaterials for regenerative medicine[J].Chemical Society Reviews, 2017, 46: 6532-6552.

[19] Rúben F P, Paulo J B. 3D bioprinting of photocrosslinkable hydrogel constructs[J]. Journal of Applied Polymer Science, 2015, 132(48): 42458.

[20] Yu C, Schimelman J, Wang P, et al. Photopolymerizable Biomaterials and Light-Based 3D Printing Strategies for Biomedical Applications[J]. Chemical Reviews, 2020, 120(19): 10695-10743.

[21] 平郑骅，汪长春. 高分子世界 [M]. 上海：复旦大学出版社，2001.